文昌鱼演化生物学
——追溯脊椎动物起源

Evolutionary Biology of Amphioxus:
Tracing Origin of Vertebrate

张士璀 著

By Zhang Shicui

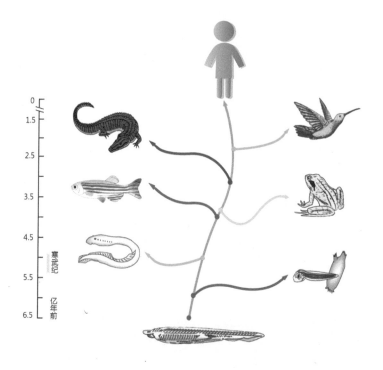

科学出版社

北京

内 容 简 介

脊椎动物的起源和演化一直是生命科学的一个重大课题。本书作者全面总结了自己多年来在文昌鱼演化和发育生物学方面的研究成果，结合对文昌鱼演化生物学研究历史和现状的梳理，系统阐述了文昌鱼是脊椎动物祖先的"活化石"。全书共分十四章，第一章系统介绍了文昌鱼形态结构、习性和分布及生殖和发育，第二章从总体上阐明了文昌鱼是研究脊椎动物起源和演化的模式动物，第三~十四章详细描述了文昌鱼的神经内分泌系统、循环系统和免疫系统等，阐述了文昌鱼是现存脊椎动物祖先的代表。全书每章主题明确，内容翔实，自成体系，同时，又彼此密切相关，互为整体的一部分，体现了全书统一的学术思想。书中力求充分反映当前文昌鱼演化生物学研究的新发现、新进展和重要的理论知识。

本书兼具专业性和通俗性，可读性强，可作为高等院校生命科学相关专业本科教学和研究生教学的辅助性教材，也可作为从事演化生物学和发育生物学研究的专家学者与研究生的参考用书。

图书在版编目（CIP）数据

文昌鱼演化生物学：追溯脊椎动物起源/张士璀著. —北京：科学出版社，2020.9

ISBN 978-7-03-066112-8

Ⅰ. ①文… Ⅱ. ①张… Ⅲ. ①文昌鱼科–进化生理学
Ⅳ. ①Q959.287

中国版本图书馆 CIP 数据核字(2020)第 174968 号

责任编辑：朱 瑾 田明霞 李 悦 / 责任校对：郑金红
责任印制：吴兆东 / 封面设计：无极书装

科 学 出 版 社 出版
北京东黄城根北街 16 号
邮政编码：100717
http://www.sciencep.com

北京虎彩文化传播有限公司 印刷
科学出版社发行 各地新华书店经销

*

2020 年 9 月第 一 版 开本：787×1092 1/16
2021 年 1 月第二次印刷 印张：18 1/2
字数：433 000
定价：258.00 元
(如有印装质量问题，我社负责调换)

序

文昌鱼是现存的最低等脊索动物，处于由无脊椎动物演化到脊椎动物的关键节点。正因为这一点，长期以来文昌鱼在脊椎动物的起源和演化这一重大的生物学命题研究中发挥着无可替代的作用。近 240 年来，文昌鱼作为研究对象，曾经历了被青睐、被冷落到再被青睐的循环。自 1774 年被发现开始到 19 世纪末，生物学家发表的有关文昌鱼的研究论文已达数百篇，其中，绝大多数研究成果涉及胚胎学和形态解剖学。这一方面得益于组织切片技术的发展，另一方面得益于德国哲学家兼生物学家黑格尔（Ernst Haeckel）的狂热推动。黑格尔对文昌鱼偏爱有加，在其 1874 年出版的《人类演化》（*The Evolution of Man*）一书中写道："在所有已灭绝的动物中，唯有文昌鱼能使我们勾画出志留纪最早的脊椎动物祖先。"文昌鱼对黑格尔提出"生物重演律"也产生过重要影响。从 20 世纪初到 50 年代末，由于研究手段发展相对滞后和文昌鱼取材比较困难，有关其研究论文的发表速度和数量都显著下降。到了 60 年代，文昌鱼室内产卵技术的成熟（这主要归功于以童第周先生为代表的我国科学家的贡献）和电子显微镜技术的进步，又激发了生物学家对文昌鱼的研究兴趣。特别是自 90 年代起，随着分子生物学技术应用于文昌鱼研究，又一次出现了对文昌鱼研究的高潮，并且一直持续至今。与此同时，舒德干等在寒武纪早期的澄江动物群中不仅发现了最古老的脊椎动物昆明鱼，还发现了 5.2 亿年前的酷似文昌鱼的早期头索动物华夏鳗。大量分子生物学研究结果表明，尽管尾索动物与脊椎动物构成紧密姐妹群，但文昌鱼和生活在 5 亿多年前的脊椎动物的直接祖先具有许多相似性。所以，文昌鱼在动物学研究史上好像绕了个大圈又回到了原处，在被忽视了一段时间之后，又重新占据了演化生物学研究的中心舞台，成为研究脊椎动物起源和演化的模式动物。

　　该书作者从事文昌鱼生物学研究 30 余年，在文昌鱼神经内分泌系统、凝血系统和免疫系统等方面取得了一些重要研究成果。作者在书中全面总结了自己多年来在文昌鱼演化和发育生物学方面的研究成果，结合对文昌鱼演化生物学研究历史与现状的梳理，系统阐述了文昌鱼是脊椎动物祖先的"活化石"这一观点。该书很好地兼顾了专业性与通俗性，是非常值得向广大从事生物学研究的专家学者和生物学爱好者推荐的一本好书。

舒德干

中国科学院院士

2020 年 6 月 15 日

前　言

　　包括人类自身在内的脊椎动物的起源与演化，长期以来一直是生命科学的重大命题之一。文昌鱼和鱼、蛙、鳖、鸟、猴乃至我们人类等脊椎动物一样，同属脊索动物门，具有脊索动物特有的脊索、背神经管、鳃裂和肛后尾等特征，其胚胎发育过程和分子调控机制，也与脊椎动物相似。因此，作为从无脊椎动物过渡到脊椎动物的最原始的脊索动物，自1774年被发现以来，文昌鱼就吸引着一代又一代动物学家的关注，一直占据着演化生物学研究的中心舞台。尤其是近30年来，国内外学者对文昌鱼给予了极大重视，并利用其作为模式动物研究脊椎动物的起源和演化，产生了一些重要研究成果。我与文昌鱼结缘，是从1981年在中国科学院海洋研究所攻读硕士研究生的时候开始的。此后的时间里，我一直从事文昌鱼演化和发育生物学的研究，并在文昌鱼神经内分泌系统、凝血系统和免疫系统等方面取得了一批新成果，受到国内外有关学者的极大关注。

　　在解释文昌鱼系统演化地位时，会反复遇到的一个问题是区分一些组织结构到底是脊索动物祖先原有的特征，还是演化形成的次生结构。毫无疑问，解决这一问题，需要整合、分析各个不同学科的研究成果和知识。我结合自己多年的科学研究成果，全面梳理了文昌鱼演化生物学研究的历史和现状，系统阐述了文昌鱼与脊椎动物起源和演化的关系。本书共分十四章。第一章系统介绍了文昌鱼形态结构、习性和分布及生殖和发育；第二章从总体上阐明了文昌鱼是研究脊椎动物起源和演化的模式动物；第三～十四章详细描述了文昌鱼的神经内分泌系统、循环系统和免疫系统等，阐述了文昌鱼是现存脊椎动物祖先的代表。

　　在本书撰写过程中，许多朋友给予了大力支持和帮助。首先感谢宋微波院士，他多次督促我把相关研究成果总结成专著，并给予了许多指点！感谢刘振辉、李红岩、张宇、孙晨、汲广东、梁宇君、李萌阳、曲宝臻、王鹏和刘守胜等在初稿撰写阶段给予的帮助！感谢张宇、王雅硕、马增钰、宋丽丽、倪守胜、姚兰、周洋和李明月等帮助绘制部分插图！

　　需要指出的是，由于演化和发育生物学新发现、新知识正以空前的速度涌现和积累，加之作者水平所限，书中不当之处在所难免，恳请读者不吝赐教。

张士璀

2019 年 8 月 12 日

于中国海洋大学鱼山校区

目 录

Contents

第一章

文昌鱼简介

文昌鱼因形状像条小鱼，而且能游泳，所以谓之"鱼"。但是，其身体前端没有脊椎动物样的眼睛、鼻子和耳朵等感觉器，也没有明显分化的脑，因而没有脊椎动物样的头部，属于无头类（acraniate）；加之文昌鱼又缺乏鱼类所具有的脊椎，因此，文昌鱼不是真正的"鱼"。其实，它是介于无脊椎动物和脊椎动物之间的过渡型动物，是最原始的脊索动物，有时被冠以一个很有意思的名字——"无脊椎脊索动物"（invertebrate chordate）。

文昌鱼终生具有脊索动物的 4 个主要特征：脊索、背神经管、鳃裂和肛后尾。在分类位置上，文昌鱼属于脊索动物门（Chordata）头索动物亚门（Cephalochordata）狭心纲（Leptocardia）或文昌鱼纲（Amphioxi）。狭心纲仅文昌鱼目（Amphioxiformes）一目，现存 2 个科：文昌鱼科（Branchiostomidae）和侧殖文昌鱼科（Epigonichthyidae）。文昌鱼科只有文昌鱼属（*Branchiostoma*），记录有 24 种（Poss and Boschung, 1996）；侧殖文昌鱼科一般认为也只有侧殖文昌鱼属（*Epigonichthys*），记录有 6 种。侧殖文昌鱼属也称偏文昌鱼属（*Asymmetron*）。侧殖文昌鱼的显著特点是只在身体右侧有生殖腺。文昌鱼为最原始的脊索动物，属于尾索动物和脊椎动物的姐妹群，所以一直占据脊椎动物起源和演化研究的中央舞台。此外，文昌鱼不饱和脂肪酸和必需氨基酸含量高，营养丰富（梁惠和张士璀，2006），具有一定的经济价值，也是养殖和应用研究的对象。

第一节　名称由来

对文昌鱼的研究迄今已有 240 多年的历史。文献上首次记录的文昌鱼是在英国康沃尔郡（Cornwall）近海捕获到，后寄给当时德国著名动物学家 Peter Simon Pallas，由他于 1774 年完成鉴定的（Gans, 1996）。Pallas 认为它属于肺螺类软体动物，将其定名为 *Limax lanceolatus*。大约 60 年后即 1834 年，O. G. Costa 更正了 Pallas 的鉴定，认为文昌鱼是一种原始的脊索动物，学名订正为 *Branchiostoma lanceolatus*。又过了 2 年即 1836 年，W. Yarrell 建议采用 *Amphioxus* 作为文昌鱼属名（Gans, 1996）。但是，根据命名法优先原则，*Branchiostoma* 使用在先，所以被接受为正式属名，一直沿用至今。不过，amphioxus（通常译作"双尖鱼"）一词则被作为普通名词保留下来，和英语 lancelet 可以互相交换使用。

关于文昌鱼名称的来历，我国至少流传着 4 种说法。一说在 1000 多年前的唐代贞元年间（公元 785～805 年），广东潮州一带鳄鱼成灾，韩愈（公元 768～824）奉命赴粤杀鳄，一条受伤鳄鱼逃到厦门，后来死亡而生蛆，逐渐变为文昌鱼。因此，文昌鱼又名"鳄鱼虫"。据说厦门附近的长方形小岛鳄鱼屿，即由此而得名。二说宋代（公元 960～1279 年）朱熹（1130～1200）到厦门用"朱笔"杀死鳄鱼后，沙中出现很多文昌鱼，也暗示文昌鱼由鳄鱼变化而来。三说明代（1368～1644 年）末年郑成功（1624～1662）率海军来到厦门，士兵把吃剩的米饭倒到海里，遂漂浮起很多文昌鱼，于是他们捕其食之。因此，文昌鱼又被称为"米鱼"。四说文昌鱼是"文昌帝君"赐给他的信徒的礼物。此外，厦门及其附近地区的人还称文昌鱼为"扁担鱼"和"银枪鱼"。文昌鱼得名"扁担鱼"是因为其两头尖中央宽，形似扁担，而得名"银枪鱼"

则是因为它看起来很像银色的枪头。现在，文昌鱼已成为通用的中文名。文昌鱼的"文昌"二字很可能源于"银枪"的谐音，后来又与"文昌帝君"联系起来，变得富有神话色彩了。

从以上这些传说可以看出，我们的先人有可能早在 1000 多年前至少在 360 年前，就在厦门附近海域发现了文昌鱼，但遗憾的是缺乏详细记载和科学描述，所以一直不为世人所知。第一个向世界科学界报道厦门文昌鱼的人是 1923 年时任厦门大学教授的 S. F. Light，他在当年的 *Science* 期刊上发表了《厦门大学附近的文昌鱼渔业》（*Amphioxus Fisheries Near the University of Amoy，China*）一文，遂使厦门文昌鱼逐渐广为世人所知晓（Chin，1941）。

第二节　形态结构

文昌鱼具有脊索动物特有的脊索、背神经管、鳃裂和肛后尾等特征，也有文昌鱼特有的一些形态结构，如头索和围鳃腔等。文昌鱼前端（也称头部）和躯干分界不明显，所以，对文昌鱼体形进行描述时，一般很少用"头"和"躯干"这样的术语，而主要依据口、肛门、咽和围鳃腔等标志性结构进行描述。文昌鱼身体具有明显的不对称性。

一、体形和体色

文昌鱼身体呈纺锤形，两端稍尖，全身左右侧扁，半透明（图 1-1），体长一般在 30～50mm。产于美国圣迭哥（San Diego）的加州文昌鱼（*B.californiense*）体长可达 83mm，是目前已知的同属动物中身体最长的一种。相比之下，产于我国青岛和厦门等地的文昌鱼体长一般为 40mm 左右。

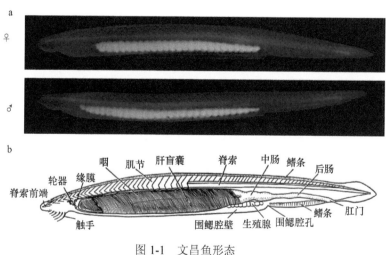

图 1-1　文昌鱼形态
a. 青岛文昌鱼照片；b. 文昌鱼示意图（左侧观），示主要结构

文昌鱼的体色随个体变化很大，一般呈乳白色或粉红色。成体文昌鱼存在明显的结构不对称性。文昌鱼早期胚胎呈左、右两侧对称，经过器官发生，形成一些不对称结构，其中一些不对称结构一直维持到成体，如肌节左右不对称，肝盲囊位于身体右侧，而肛门略偏于身体左侧。

二、表皮

文昌鱼的皮肤有表皮（epidermis）和真皮（dermis）的分化（图 1-2）。表皮位于身体最外层，是上皮组织，来自外胚层；真皮位于里层，是结缔组织，来自中胚层。文昌鱼的表皮不像脊椎动物表皮由多层上皮细胞构成，它只由一层柱状上皮细胞构成。柱状上皮细胞外表面在幼体时期生长有纤毛，成体时纤毛消失。成体文昌鱼表皮细胞的外表层高度角质化，形成一层薄薄的角质层（cuticle），外面覆盖有黏液。因此，文昌鱼体表平整、坚韧而又光滑，这使得徒手抓取文昌鱼很难，文昌鱼极容易从手指间滑掉溜走。文昌鱼角质层内是否含有类似于脊椎动物多层上皮细胞所产生的角蛋白，迄今尚不清楚。

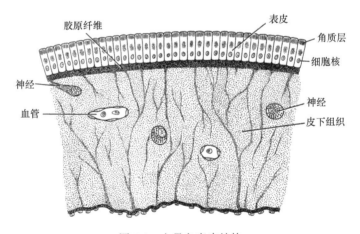

图 1-2　文昌鱼表皮结构

文昌鱼表皮里存在感觉细胞，可能还有一些单细胞黏液腺。黏液腺细胞为杯状细胞，散布于柱状上皮细胞之中。黏液腺的分泌方式为局部分泌（merocrine secretion）。表皮下面为一层薄的胶状结缔组织即真皮，真皮下面为皮下组织（subcutis）。真皮和皮下组织主要由分散的类似于脊椎动物成纤维细胞（fibroblast）样细胞的分泌物所形成。真皮和皮下组织具有内皮衬里和皮管（cutaneous canal）系统。

三、消化系统

文昌鱼最前端为圆形的吻（rostrum）。吻后腹面是两排触手（tentacle），也称口须（oral cirri），保护通向前庭（vestibule）或口腔（buccal cavity）的开口（图 1-3）。口须两侧具有对称的乳突（papilla），末端有时有分叉，基部表皮与肌肉连成一片。不同年龄的文昌鱼口须数目不同，一般每边 21 条，最少的 18 条，最多的 25 条。口须后面是前庭，其两侧是颊状的口笠（oral hood）。在正常情况下，左右两排口须交叉排列，像筛子一样，罩住前庭，可以防止粗颗粒物流入口内。文昌鱼口位于口笠内部，呈椭圆形，无上下颚。具有纤毛的前庭内表面有 2 个特殊结构：轮器（wheel organ 或 Müller's organ）和哈氏窝（Hatschek's pit）。前者是排列在前庭内表面的纤毛沟；后者是前庭腔壁背部中线处的一个凹陷，是身体左侧第一个体腔通向外界的开口。轮器的摆动可以把食物颗粒送入口内；哈氏窝和脊椎动物脑垂体具有同源性。

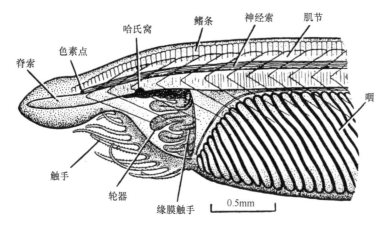

图 1-3　文昌鱼前端结构

文昌鱼口后面为咽部。前庭和咽部之间被称为缘膜（velum）的肌肉隔膜分隔开来。缘膜开口处有一圈缘膜触手（velar tentacle）。咽部两侧有许多鳃裂。鳃裂外面是围鳃腔（atrium）。围鳃腔由外胚层发育而来。文昌鱼早期胚胎是没有围鳃腔的。当幼虫形成 6～7 个鳃裂后，围鳃腔的雏形就出现了。起初，在消化道下方的外胚层和体壁向下延伸，形成一对凸出，逐渐延长，最终左右两部分相互融合而形成一空管，即早期的围鳃腔。随后，围鳃腔把整个鳃部包住，只在后端约占身体全长 3/4 的腹中线处保留着一个较大的永久开口，即围鳃腔孔（atriopore）。在靠近身体后端腹部中线略偏左侧，还有一个较小的开口，即肛门（图 1-1）。围鳃腔孔向后，围鳃腔一直延伸到肛门，形成围鳃腔盲囊（atrial cecum）。

水从口流入，经鳃裂到围鳃腔，再从围鳃腔孔排出体外。在水流进出的过程中，文昌鱼进行着呼吸和摄食作用。围鳃腔急剧收缩时，能把水喷得很远。有时文昌鱼还能关闭围鳃腔孔，由口将水喷出，从而把不适宜的食物从围鳃腔吐出去，这有点儿类似于人的咳嗽反射（cough reflex）。水流通过鳃之后由围鳃腔孔流出，就这点而言，围鳃腔孔和软骨鱼类的鳃盖孔或鲨鱼的喷水孔有相似之处。

文昌鱼围鳃腔孔前面，身体的腹部比较扁平，所以这部分的横切面呈三角形（图 1-4a）。在身体这一部分腹部左右两侧，有两条纵行的从吻部向后延伸直达围鳃腔孔的鳍状隆起物，即腹褶（metapleural fold）。腹褶是发育早期由身体腹部两侧表皮隆起下垂而形成的。文昌鱼围鳃腔孔向后，身体横切面呈扁豆状。

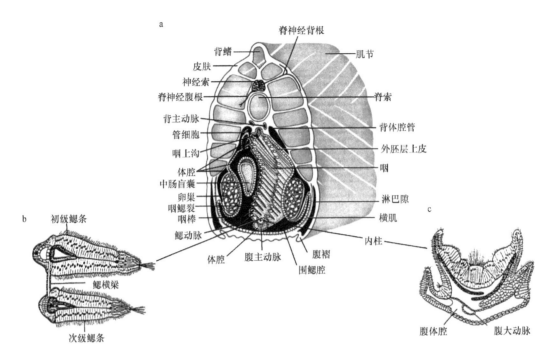

图 1-4　文昌鱼横切面示意图
a. 通过文昌鱼咽部的横切面；b. 鳃条放大；c. 内柱放大

文昌鱼不能靠身体运动去主动捕捉食物，而是被动摄食，即依靠本身纤毛摆动所形成的水流，将食物连同氧气一起带进口和咽部。凡是依靠水流过滤食物的动物，都需要有一个大的食物接触面，以便获取足够多的食物。所以，咽部作为文昌鱼过滤、收集食物的器官，约占身体全长的一半以上。咽壁被大量（7～180 对，随年龄增加而增加）的鳃裂洞穿。在幼体时期，文昌鱼的鳃裂和脊椎动物的鳃裂一样，直接开口于体外。后来，由于形成了围鳃腔，文昌鱼鳃裂就不再直接与体外相通，而是开口于围鳃腔内了。围鳃腔以围鳃腔孔与外界相通。

水流带着食物由口进入文昌鱼咽部。沿着咽的底部有一条纵沟，称为咽下沟（hypopharyngeal groove）或内柱（endostyle）。内柱沟壁含有腺细胞和纤毛细胞（图 1-4c）。沿着咽的背部还有一条纵沟，称为咽上沟或背板。咽上沟的壁上也含有纤毛细胞。内柱与咽上沟在前端靠近缘膜处，借着围咽纤毛带而相连接。进入咽部的食物颗粒，被内柱腺细胞所分泌的黏液粘连成食物小团，再借内柱纤毛的摆动，将食物团驱入围咽纤毛带，进而到达咽上沟，向后流进肠管进行消化。

文昌鱼的肠管从咽部后方直通肛门，没有弯曲，缺乏进一步分化。肠管壁由单层纤毛上皮细胞组成，外表面分布有少量肌肉细胞。在肠管大约前 1/3 处的腹面向右前方突出形成一根中空的盲囊（图 1-1），插到咽右侧，称为肝盲囊（hepatic caecum）。肝盲囊因为内壁部分细胞含有许多糖原和脂肪，所以被认为是脊椎动物肝脏的同源器官。肝盲囊也可能是脊椎动物胰腺的同源器官，因为其内壁有柱状腺细胞，能分泌消化酶。另外，在文昌鱼切片中，可见在肝盲囊后面肠管有一段染色较深、被称为回结环（ileo-colon ring）的结构。在回结环部分的肠管内有纤毛，混有黏液和消化液的食物团在此处被剧烈搅拌形成螺旋状的食物环，其中消化酶被彻底混匀，从而有利于食物的充分分解（图 1-5）。文昌鱼除能进行胞外消化外，在肝盲囊和后肠部分还能进行细胞内消化，因为这两个部位的细胞都能吞噬小的食物颗粒。实验证明，文昌鱼从口吃进去的洋红颗粒，可以在后肠细胞内检测到。所以，营养物质的吸收主要在肠后部进行。肠末端以肛门开口于体外。

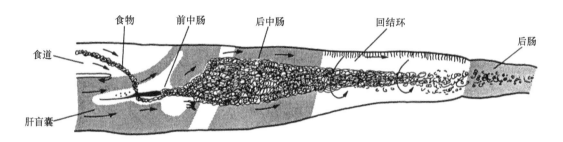

图 1-5　将文昌鱼放入含有洋红颗粒的海水中，可见中肠部分的食物和
纤毛运动方向（Barrington，1938）

箭头示纤毛摆动方向

四、鳍

文昌鱼从吻部起沿背部中线全长有一个由表皮凸出形成的鳍，称为背鳍（dorsal fin），它和身体后端比较宽大的尾鳍（caudal fin）紧连（图 1-1）。由围鳃腔孔后面沿腹部中线向后端形成的凸起称为腹鳍（ventral fin），也与尾鳍连在一起（图 1-1）；其中围鳃腔到肛门之间的腹鳍称为肛前鳍（preanal fin）。背鳍、腹鳍和肛前鳍都是单一的鳍，不成对。

文昌鱼背鳍和腹鳍都由纵向排列的一系列充满胶质的鳍隔（fin box）或鳍条隔（fin ray chamber）组成。鳍隔其实是被隔膜分开的体腔（coelom）。背鳍有数百个单列的鳍隔体腔，而腹鳍只有 15～40 个鳍隔体腔。在成熟个体中，背鳍的每个鳍隔体腔都含有一个由胞外物质构成的半球形结构从体腔基部凸出到体腔中，形成所谓的鳍条（fin ray）；而腹鳍的每个鳍隔体腔中具有一对鳍条。吻部和尾鳍都缺少鳍隔体腔，但皮下有根空管，使它们变得较为坚硬。

五、肌肉

透过文昌鱼半透明的表皮，可以看见下方的肌肉。文昌鱼肌肉大部分集中在背部，不似无脊椎动物的肌肉那样在皮肤下面均匀分布。文昌鱼全身肌肉保持着原始的肌节（myotome 或 myomere）形态，没有任何分化。肌节呈 "<" 形，尖端指向身体前部，在

身体两侧交错排列（图 1-1）。文昌鱼肌节这种排列形式，也决定了其生殖腺和脊神经交错排列。肌节之间以结缔组织构成的间隔或肌隔（myosepta 或 myocomma）分开。肌隔并非呈直线由背部通到腹部，也呈"<"形排列。但是，肌纤维都是前后走向呈直线排列，形成纵肌。肌节是负责文昌鱼身体运动的主要肌肉。文昌鱼肌节的排列方式，使它能够在水平方向上做弯曲运动。

文昌鱼按体节排列的横纹肌肌纤维以肌肉片层形式存在。肌肉片层含有纵向的肌原纤维，并在相邻两肌隔之间铺开。肌肉和神经索之间的连接很独特，它不是通过运动神经纤维，而是通过被早期学者称为"腹神经根"的肌肉细胞本身所形成的凸起和神经索连接的（图 1-6）。肌肉细胞的凸起向中央延伸，与脊髓连接，并与中央神经元的轴突形成胆碱能突触（cholinergic synapse）。肌肉片层有两类：第 1 类很狭，位于靠近体侧的表面处，含有不规则的肌原纤维、大量线粒体和糖原；第 2 类很宽，主要由肌丝组成，具有较粗的腹神经根纤维。文昌鱼第 1 类和第 2 类肌肉片层，很可能分别相当于脊椎动物的慢肌（含肌浆较多）和快肌。

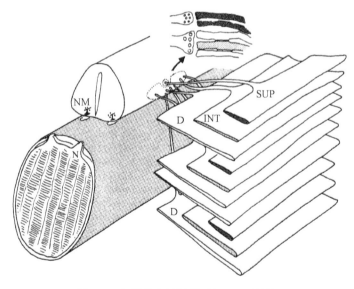

图 1-6　文昌鱼中轴系统（Bone，1989）

含有副肌球蛋白纤维的脊索（N），受神经管腹部的神经纤维（NM）支配。肌纤维有两种，即表面肌纤维（SUP）和深层肌纤维（D），它们都伸出尾巴样的纤维与中枢运动终板的不同区域连接。中间肌纤维（INT）伸出尾巴样的纤维和深层肌纤维伸出的尾巴连接到同样的中枢运动终板

除按体节排列的横纹肌之外，文昌鱼在围鳃腔底部、口笠部分和触手上、缘膜及肛门等处也具有横纹肌。围鳃腔底部的横纹肌是横肌，收缩使围鳃腔缩小，使腔内液体或生殖细胞迅速向外排出。口笠部分和触手上的横纹肌，可分为外斜肌、内斜肌和括约肌。文昌鱼依靠这些肌肉的运动，使口部运动自如。缘膜和肛门横纹肌起括约肌作用，可以使口孔和肛门放大或缩小。

文昌鱼的肌肉主要是横纹肌，平滑肌很少。少量的平滑肌主要分布在消化道上和血管管壁上。

六、神经系统

文昌鱼背中线表皮下面是一根中空的神经管，位于脊索背上方。神经管前端稍短于脊索，眼点是它最前端的分界线。神经管后段逐渐变细变尖，一直延伸到脊索末端。文昌鱼整条神经管很原始，分化程度很低。神经管的最前端并不比后面部分粗大多少，管壁也不加厚，只是前端神经管的腔略有膨大，称为脑泡（cerebral vesicle）。这说明文昌鱼虽然没有分化明显的脑，但脑泡毕竟与神经管的其他部分多少有些不同，可能代表脑的萌芽，相当于脊椎动物胚胎时期神经管前端刚形成膨大的阶段。

文昌鱼神经管的背面未完全愈合，因此在神经管的背部尚有一条纵行的裂缝，而不是完全封闭的管。在幼体时期，脑泡以神经孔与外界相通；但在成体时期，此神经孔已关闭，仅在神经孔出口处留下一个凹陷，称为嗅窝（olfactory pit 或 Kölliker's pit）。

由神经管发出的神经称为周围神经。由前面脑泡发出的两对"脑"神经，分布在身体前端；由神经管其余部分即脊髓（spinal cord）发出的按体节分布的神经为"脊"神经。每一体节都有一对背神经根和数条腹神经根（图1-7）。背神经根起源于神经管的背面，它在脊索动物中很独特，只有单一的神经根，无神经节，兼有感觉和运动神经纤维。神经纤维的细胞体即雷济厄斯细胞（Retzius cell）大部分位于中枢神经系统内，沿脊髓背部形成连续排列的两行细胞。感觉纤维来自皮肤，运动纤维分布到肠壁肌肉（内脏运动纤维），类似于植物性神经纤维。腹神经根从神经管腹面发出，由分离的数条神经根组成，专管运动，分布于肌节上。其实，文昌鱼的腹神经根也颇为特殊，

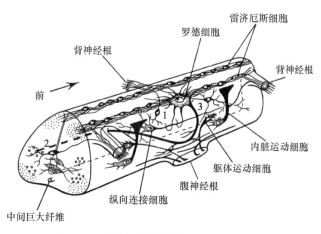

图1-7　文昌鱼脊髓结构（Bone，1958）

图中1、2、3代表受体细胞

感受系统由连续的雷济厄斯细胞及各种小细胞组成。这些受体细胞（见图中1、2和3）被认为与脊椎动物背根神经节相似。其他类型受体细胞是罗德细胞（Rohde cell），它具有大的轴突和精细的树突系统。有些罗德细胞可能还有外周轴突连接到背神经根。内脏运动细胞按体节排列，每节一个。躯体运动细胞位于脊髓腹部不同水平。脊髓中其他细胞为各种联络细胞

在腹神经根内并不包含神经纤维，而是含有一束极细的肌丝，这些肌丝由体壁横纹肌肌纤维延伸而来，它们通过腹神经根进入脊髓，在脊髓内和神经纤维接触，直接感受刺激。由于左右肌节交错排列，因此左右脊神经分布也不对称。背神经根和腹神经根之间没有联系，并不合并为一混合脊神经。

文昌鱼脑泡大部分由单层上皮细胞构成。脑泡可以分成 4 个区域（图 1-8）。前区即第 1 区位于第 2 对背神经根前，它接受由口笠和触手感受器、嗅窝及眼点传送来的感觉纤维，经第 1 对背神经根进入其中。中区即第 2 区位于第 2~4 对背神经根之间，含有位于背部的大的神经元和许多小神经元。后区即第 3 区位于第 4~6 对背神经根之间，含有许多位于背部的大的神经细胞，其中有些细胞具有下行轴突。最后一区即第 4 区位于第 6~7 对背神经根之间，为连接脑泡和脊髓的部分，主要由纤维纵束（longitudinal tract）组成。在第 3 区腹部是由一些具纤毛的柱状上皮细胞组成的漏斗器（infundibular organ）。漏斗器上纤毛的运动方向和脑泡其他部分纤毛的运动方向相反。再者，雷斯纳纤维（Reissner's fibre）也是由漏斗器产生的。雷斯纳纤维是一条不具细胞结构的纤维，存在于所有脊椎动物神经管中央。在文昌鱼中，雷斯纳纤维由神经管前端漏斗器分生出来，向后延伸，最后并入脊髓后段一囊内，而在脊椎动物中，它由位于间脑背部的连合下器（subcommissural organ）的室管膜分泌细胞产生。显然，文昌鱼漏斗器的雷斯纳纤维和脊椎动物连合下器的雷斯纳纤维具有相似性。

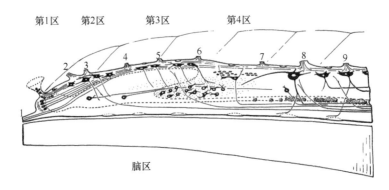

图 1-8   文昌鱼脑泡和前端脊髓示意图（Guthrie，1975）

用聚乙醛品红（paraldehyde fuchsin）染神经分泌物表明，漏斗器细胞含有类似于在脊椎动物垂体束（hypophysial tract）纤维中发现的神经分泌物。漏斗器很可能占据神经控制系统的中心位置。对文昌鱼漏斗器的深入研究，将有助于阐明脊椎动物间脑控制系统的起源及其意义等许多重要生物学问题。

文昌鱼脊髓为一细长的腔管，其组成元件和脊椎动物的一样，即紧挨着脊髓腔的室管膜（ependyma）、细胞层（"灰质"）和纤维质外层（"白质"）。神经胶质细胞大部分位于室管膜中，其细胞体靠近中央管腔，凸起末端附着在外膜上（图 1-7）。脊髓内无血管。神经元不像在脊椎动物中那样排列成角状。体壁运动神经元形状奇特，具有一个宽大的凸起和一个分枝末端；凸起连到中央管腔，末端终止于肌肉部分。内脏运动神经元具有树突和轴突，均位于脊神经根内。

　　脊髓内最显著的细胞是大型的罗德细胞（Rohde cell），位于背部前端和后端，但在第 13～19 肌节的脊髓内缺乏。罗德细胞都有一个轴突和许多树突；轴突在前端向后延伸，但都贯通脊髓全长。罗德细胞的轴突可能和体壁运动细胞相连接。最前端的罗德细胞最大，向腹部正中发出一根大纤维，分布于内脏运动细胞附近。

　　文昌鱼的周围神经和脊椎动物的周围神经系统不同，主要表现在以下几个方面。文昌鱼背神经根和腹神经根不合并为一混合神经；文昌鱼神经纤维周围没有包含肌素（myolin）的神经鞘包被，而由神经外膜（epineurium）和结缔组织细胞包围，但在神经纤维周围找不到施万细胞（Schwann cell）；文昌鱼脊神经根上无神经节，脊神经根兼有感觉和运动神经纤维，左右脊神经不对称。

七、感觉器官

　　文昌鱼感觉器官不发达，尚没有形成集中的嗅觉、视觉和听觉等器官，这可能与文昌鱼栖息于沙中且缺少活动的生活方式有关。沿文昌鱼整条神经管两侧有一系列黑色小点，称为脑眼或单眼（ocellus）。每个单眼都由一个感光细胞和一个色素细胞组成。感光细胞具有不规则的感光膜，且每个感光细胞都有一部分被色素细胞包围（图 1-9）。感光细胞和色素细胞之间的连接方式及其功能尚不清楚。有人认为光线可以透过文昌鱼半透明的身体，投射到单眼上。因此，单眼可以起到感光的作用，这可能有助于文昌鱼在游泳和钻沙的时候确定位置。

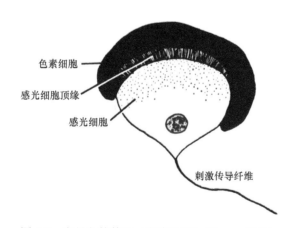

色素细胞
感光细胞顶缘
感光细胞
刺激传导纤维

图 1-9　文昌鱼的单眼（光感受器）（Kent，1992）

　　在神经管的前端还有一个色素点，比单眼大。实验证明它没有感光功能。文昌鱼经常竖着插立在海底沙中，前端露出沙面。因此，有人认为色素点可以遮挡住光线，避免光线透过它而直射到单眼上面。

　　文昌鱼的嗅窝是幼体时脑泡神经孔的残余，在成体已与神经管失去联系，仅为脑泡上面稍偏左侧的一个凹陷，由具纤毛的上皮细胞构成。嗅窝曾一度被认为有嗅觉功能。现在，普遍认为它可能没有嗅觉功能，因为其中未发现有特殊的感觉细胞。

位于口笠里面背部中央处的哈氏窝,在发生上是左侧第1个体腔囊直通外界的开口,曾经被认为有味觉的功能。但是,最新的研究结果表明,它和脊椎动物脑垂体具有同源性,在神经内分泌调控系统中起重要作用。

漏斗器是位于脑泡底部的一个凹陷,由具长纤毛的柱状上皮细胞组成(图 1-10)。有人认为,漏斗器的功能是感知神经管内液体压力的变化。此外,文昌鱼表皮内散布有零星的感觉细胞,特别是在口笠和触手上的一些感觉细胞多为化学感受器(图 1-11),能感知水的化学性质,也能感知进入口内的水流。

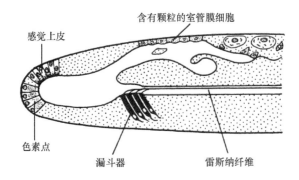

图 1-10　文昌鱼神经系统前端示意图(Young,1981)

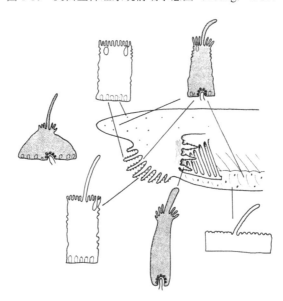

图 1-11　文昌鱼身体前端的感觉细胞(灰色)分布(Bone and Best,1978)
其他纤毛细胞为非感觉细胞

八、呼吸系统

文昌鱼没有专门的呼吸器官,呼吸作用主要通过鳃裂完成。文昌鱼咽部鳃裂的长度一般占围鳃腔的 2/3,约为整个身体长度的一半。鳃裂和身体纵轴基本垂直,但遇到刺激时，围鳃腔收缩，鳃裂会向身体后端倾斜。鳃裂的边缘是鳃条（gill bar）和舌条（tongue bar）。鳃条和舌条也分别称为初级鳃条（primary gill bar）和次级鳃条（secondary gill bar）。鳃条产生较早，形状也比舌条略大，下方分叉。舌条由鳃条的上方向下生出，直达鳃裂下缘。因此，每个鳃裂被舌条纵分成两部分。在鳃条和舌条的横断面上，可以看出两者明显不同。在鳃条靠围鳃腔一侧外端含有一部分体腔，而舌条的外端则没有体腔。

鳃条和舌条横断面外端的细胞都是不具鞭毛的柱状上皮细胞，而里端和两侧的细胞都是具有鞭毛的柱状上皮细胞（图1-4）。在鳃条和舌条的外端一侧都有三角形的骨骼支撑着。在鳃条和舌条的外端与里端，分别具有鳃外血管和鳃内血管各一条。另外，在鳃条体腔的外侧，还有一条鳃体腔外缘血管。

鳃条和舌条之间通过鳃横梁（synapticula）相连接。鳃横梁的内部构造和舌条相似，具有支撑的骨骼和两条血管。血管可使鳃条的血液向舌条内流动。

进入文昌鱼口中的海水，借着鞭毛的摆动流经咽部鳃裂到达围鳃腔，最后由围鳃腔孔流出体外。在这一过程中，含有氧气的水流经鳃裂与咽壁血管中的血液进行气体交换，水中的氧气进入血液中，而血液中的二氧化碳排到水中。含有二氧化碳的海水由围鳃腔经围鳃腔孔排出体外。需要指出的是，目前尚无足够证据说明文昌鱼血液的氧合作用是在鳃中完成的。文昌鱼表皮也可能执行部分呼吸作用。据研究，文昌鱼可以通过靠近皮肤表面特别是腹褶处的淋巴窦直接从海水中吸收氧气进入血液。

九、脊索

文昌鱼体内没有骨质的骨骼，脊索是支撑身体的主要结构。文昌鱼脊索是一根富有弹性的棒状支撑结构，中段稍粗，两头较细。脊索位于神经管下方和左右两排肌节之间，周围有脊索鞘包围。文昌鱼脊索纵贯身体全长，由吻端开始，直达尾部末端；前端比神经管长出一段，即神经管前端稍短于脊索。这是文昌鱼所独有的结构，在其他脊索动物中都不存在。也正是因为这一点，文昌鱼才获得了"头索动物"（cephalochordate）这一称谓。

文昌鱼脊索主体由一串扁平盘状细胞从身体前端向后端排列构成（像横放的一摞硬币）。脊索背部和腹部各有一条纵向延伸的沟，分别称为背沟（dorsal canal）和腹沟（ventral canal）。在背沟和脊索鞘及腹沟和脊索鞘之间，都含有不同于脊索扁平盘状细胞的米勒细胞（Müller's cell）。米勒细胞很长，彼此连接在一起，沿身体从前向后分布。脊索背面的米勒细胞间或发出细长的细胞质分枝（cytoplasmic arborization），穿过背沟，伸向扁平盘状细胞背缘。此外，在脊索扁平盘状细胞侧面和脊索鞘之间，也能发现有一些米勒细胞。

构成文昌鱼脊索的扁平盘状细胞其实是液泡化的盘状肌肉细胞，细胞核被挤压到细胞背部或腹部。扁平盘状肌肉细胞内都有条纹（striate）贯穿。超微结构研究表明，脊索细胞含有粗、细两种纤维。粗纤维具有14.5nm横纹周期，而细纤维直径约5nm，不具横纹。在偏振光（polarized light）下观察，粗纤维显示双向折射性，细纤维显示单向折射性。粗纤维和软体动物闭壳肌（catch muscle 或 adductor muscle）相似，由副肌球蛋白（paramyosin）组成（Flood et al.，1969），而细纤维则相当于横纹肌的肌动蛋白丝。

　　文昌鱼的脊索鞘是含有胶原纤维的结缔组织，由外周中胚层细胞分泌形成，本身并无细胞结构（Ruppert，1997）。脊索和外面的脊索鞘使得文昌鱼难以纵向收缩，但可以向侧面弯曲。脊索和肌肉都与文昌鱼波浪式摆动运动有关。脊索鞘除包围着脊索之外，还包围脊索上方的神经管以及更上方的鳍条室。鳍条室含有类似软骨的支撑物，它和脊椎动物鳍的支撑物之间有什么关系尚不清楚。文昌鱼骨骼系统除脊索之外，还包括口须、口笠、缘膜触手和鳃中类似软骨的支撑物及结缔组织。

十、循环系统

　　文昌鱼循环系统属于闭管式，即血液完全在血管中流动，与脊椎动物的血液循环情况基本相同，但比较原始（图 1-12）。一般认为，文昌鱼没有心脏（heart），但其咽部有4 根主要血管：背部的 2 根背主动脉（dorsal aorta）、肝盲囊后面的肝门静脉（hepatic portal vein）和位于内柱基部的内柱动脉（endostylar artery）。内柱动脉是一根可收缩的血管，也称为腹主动脉（ventral aorta）。腹主动脉的位置和脊椎动物位于腹部的心脏相当。从腹主动脉向上分出许多成对的鳃动脉（branchial artery），进入鳃间隔。鳃动脉基部略膨大，形成所谓的"鳃心"（branchial heart）。鳃动脉不再分为毛细血管。经过气体交换后的血液汇入成对的背动脉根。背动脉根向前为身体前端提供新鲜的血液，向后则在身体后部合并成为背大动脉。背大动脉也发出脏壁动脉分布到肠壁上，并在肠壁上形成毛细血管。文昌鱼的静脉系统和脊椎动物胚胎时期的静脉系统相似。在身体前端由体壁返回的血液经成对的体壁静脉（parietal vein）集中于一对前主静脉（anterior cardinal vein）；在身体后部返回的血液经体壁静脉汇入一对后主静脉（posterior cardinal vein）。左右前主静脉和左右后主静脉汇入一对总主静脉，又称居维叶管（ductus Cuvieri）。左右总主静脉汇合处称为静脉窦（sinus venosus），然后注入腹主动脉。由肠壁返回的血液汇集成为肠下静脉，向前流至肝盲囊处又形成另一毛细血管网。这条血管由于两端都是毛细血管，故而称为肝门静脉。自肝盲囊毛细血管再汇合成肝静脉（hepatic vein），最后汇入静脉窦。

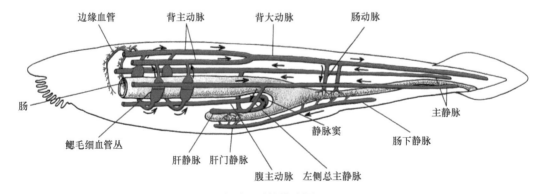

图 1-12　文昌鱼循环系统模式图（Rähr，1979）

　　文昌鱼的腹主动脉（即内柱动脉）、"鳃心"和肠下静脉都能独立地进行收缩，它们之间好像没有什么调控系统协调彼此的收缩。收缩节律很慢，一般为 1～2min 收缩一次。

　　文昌鱼的血液无色，不含任何呼吸色素，血液中也没有可以自由流动的血细胞。不过，文昌鱼血管内可能存在着粒细胞（granulocyte）和巨噬细胞（macrophage）。文昌鱼的血液除在具有管壁的血管内运行外，也存在于淋巴窦（lymph space）中。文昌鱼所需要的氧气很可能有相当一部分是通过靠近体表的淋巴窦中的血液直接吸取水中的氧而来的。

　　弄清文昌鱼的循环系统，对了解脊椎动物循环系统的结构和发生有一定的帮助。对比文昌鱼和脊椎动物的循环系统，可以发现如下几个特点。①文昌鱼尚无心脏的分化，但它有一条位于围鳃腔腹部的能够伸缩的腹主动脉。有人认为它代表原始的单室心脏，因为脊椎动物胚胎时期的心脏最初也是简单的一根管子。②脊椎动物胚胎的背部血管开始也是成对的，位于脊索两侧，到后来才融合成一条背部中央血管，而文昌鱼终身保持一对背血管的原始形态。③文昌鱼肠下静脉是最重要的静脉系统，它把来自肠的微血管的血液送入肝盲囊再分成微血管，因此，在生理上它起门脉的作用，而在形态上还是肠下静脉。类似文昌鱼静脉系统的这种情形，在鱼类和两栖类的胚胎中都存在，到胚胎后期才消失。可见，低等脊椎动物的胚胎和成体文昌鱼具有相似的肠下静脉系统。另外，文昌鱼血液流动方向正好和无脊椎动物相反：文昌鱼血液在背部血管向后流，在腹部血管向前流，而无脊椎动物血液在背部血管向前流，在腹部血管向后流。

十一、排泄系统

　　文昌鱼由 90～100 对原肾管（protonephridium）来执行排泄功能。原肾的正常形状在活文昌鱼上比较容易看到。从生殖细胞已排空的文昌鱼个体上把鳃解剖下来，加一些尼罗蓝（Nile blue）放在显微镜下观察，可以清楚地看到原肾结构。原肾位于鳃壁背方的两侧。原肾管是短且弯曲的小管，其一端以具纤毛的肾孔开口于围鳃腔，另一端以一组特殊的管细胞（solenocyte）紧贴血管，而血管壁将管细胞与体腔上皮分开（图 1-13）。管细胞具有细的内管道，其中有一根鞭毛，它的盲端膨大成球状。血管分支在原肾区域特别丰富。鳃条的体腔外缘血管和舌条的鳃外血管到原肾处分成网状，称为"脉球"。原肾就是从这些分支多且活动慢的小血管里把血液中的代谢废物靠渗透作用吸入管细胞，由鞭毛的摆动驱使废物经开口进入围鳃腔，再靠水流排出体外的。

　　文昌鱼不像脊椎动物那样，肾组织集结在一个共同的基质内，它的原肾是分散的器官。有趣的是，低等脊椎动物鲨鱼胚胎时期肾的形态和文昌鱼十分相似。文昌鱼原肾不具有公共排泄管，但是我们可以设想围鳃腔就是粗大的排泄管。据估计，文昌鱼

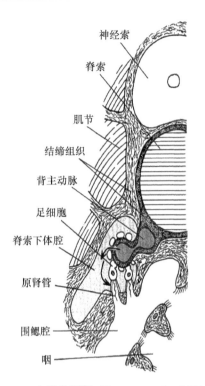

图 1-13　文昌鱼原肾（Ruppert et al., 2004）

血液过滤进入脊索下体腔，形成原尿。原尿经脊索下体腔调整后，由纤毛摆动驱入原肾管和围鳃腔，经围鳃腔孔排出体外

每根原肾管约含有 500 个管细胞，而每个管细胞长约 50μm。这样，一条文昌鱼按 200 个原肾管计算，其体内排泄管的总长度应不短于 5m（Goodrich，1902）。

过去一直认为文昌鱼管细胞的形态与机能都和扁形动物或环节动物的焰细胞（flame cell）相似。但是，对管细胞的电镜观察表明，这些在光镜下被认为类似于焰细胞的管细胞，其超微结构和典型的无脊椎动物的焰细胞明显不同。文昌鱼原肾管的管细胞实际上是由体腔上皮细胞衍生而成的，这和脊椎动物肾小囊（renal capsule）衬里的足细胞（podocyte）很相似。

除原肾管外，文昌鱼在口腔背面左侧的头腔中靠近脊索处还有一不成对的哈氏肾管（Hatschek's nephridium），它开口于缘膜口之内，也能进行排泄。用尼罗蓝染色时，该肾管内有许多颗粒着色，很容易和神经及血管区分开来。另外，在围鳃腔底壁上还有不规则分布的细胞团，称为围鳃腔腺（atrial gland），其内含有颗粒状物质，有人认为这些细胞也有排泄的功能。

第三节　分布和习性

文昌鱼广泛分布于热带和温带海域。在世界各地海洋中，特别是北纬 40°至南纬 40°之间的区域，都发现有文昌鱼分布（Barrington and Jefferies，1975）。我国文昌鱼资源非常丰富，南面从海南岛到广东汕头和湛江、香港、广西合浦、福建厦门、台湾，再到北方山东青岛、烟台、威海和河北昌黎，均发现有文昌鱼。决定文昌鱼分布和习性的因素有多种，主要包括底质、盐度、温度、光线和食物等。

一、底质

海洋中文昌鱼生存的底质称为"文昌鱼底质"（amphioxus ground）。文昌鱼是在沙中生活的动物，沙是文昌鱼底质的主要组分，是其生存必不可少的条件。总的来说，文昌鱼喜居于由光滑的沙构成的、渗透性好、表层稳定的底质中。

成体文昌鱼在底质中的分布主要由两个因素决定。一方面，波浪的干扰作用影响文昌鱼分布。文昌鱼有敏锐的触觉。当波浪冲击底质沙面，沙粒移动时，文昌鱼便受到移动沙粒的刺激，会立即离开刺激发源地。另一方面，底质中沙的组成也影响文昌鱼的分布。当沙中直径小于 0.2mm 的细沙达 25%（重量比）或沙中淤泥超过 1.5%时，底质中便不会有文昌鱼生存。沙中细颗粒含量超出上述水平，沙质的渗透性（permeability）便迅速降低。我们知道，进入文昌鱼口中并由围鳃腔孔排出的水流不但为其提供食物和氧气，而且排出代谢废物，而渗透性差的底质显然影响文昌鱼摄食、呼吸和排泄，不利于其生存。我国学者金德祥（1957）也发现文昌鱼的分布受沙粒度影响。有趣的是，文昌鱼身体可根据底质的通透性差异而采取相应的姿势。在粗沙中，文昌鱼通常全身埋于沙表层下面；在中等粒度的沙中，其口部露在沙外，身体其余部分埋在沙中；在细沙中，则只有身体后端埋于沙中，口和围鳃腔孔均露在沙外。

底质的沙粒是否尖利以及是否含有腐烂的有机物也影响文昌鱼的分布。当文昌鱼在表面粗糙或者边缘尖利的沙间运动时，能感受到刺激，最终将离开这种底质环境。文昌鱼对腐烂的有机物也很敏感。本来适合文昌鱼生存的底质可能由于受腐烂有机物（如未经处理的废水）的污染，而变成文昌鱼无法生存的场所。适应性实验证明，尼日利亚文昌鱼（*B. nigeriense*）不喜欢具有粗糙或尖利沙粒的底质，也不喜欢含有腐烂有机物的底质，而偏爱由光滑沙粒构成、不含腐烂有机物并有大量微生物生长的底质。文昌鱼在适合的底质上聚居，好像是对底质进行反复探测的结果。一旦找到适合的底质，它们便定居下来。假如底质不被破坏且没有干扰，它们便一直静止不动。在不适合的底质中，文昌鱼迟早要迁移到别处。

二、盐度

文昌鱼生存海区的海水盐度往往常年都比较恒定。我国厦门文昌鱼产地海水盐度 6月最低，为 24.3‰；7 月最高，为 28.5‰。最高盐度和最低盐度相差只有 4.2‰。据认为这主要是由文昌鱼生存区域的地形特点决定的。福建省南部最大的淡水河是九龙江，它的入海口在厦门南部。在雨季，大量淡水流入海中，使沿岸海水盐度发生较大变化。但是，在厦门北部海面和南部海面之间有较狭窄的地方数处，特别是集美和高崎之间的狭窄海面，把南部和北部海水天然地隔离起来。再者，厦门南部海水在退潮时，将来自九龙江的淡水带进外海。这些淡水在下一次涨潮前已和外海的海水充分混合，再涨潮流入北部海域时，对海水盐度的影响已变得微乎其微。

厦门文昌鱼生存的最适盐度为 19.2‰～29.2‰。在盐度低于 19.2‰ 或高于 29.2‰ 的海水中，厦门文昌鱼也能生存，但是生存时间不能维持太久。在盐度为 14.0‰ 的海水中，文昌鱼只能生活 4min 左右；在盐度为 35.5‰ 的海水中，文昌鱼生活最多不超过 2 天。可见，文昌鱼对海水盐度要求还是比较严格的。文昌鱼产地的海水不但盐度常年比较恒定，其酸碱度和化学组成一年四季也基本维持不变。例如，厦门文昌鱼产地海水 pH 常年都在 8.09～8.18，相差只有 0.09。

三、温度

文昌鱼属暖水性动物，大多数种类生存在北纬 40° 和南纬 40° 之间的海区内，因为这一区域内的海水温度很少降至 10℃ 以下。我国厦门沿海文昌鱼栖息区的海水温度最低为 12℃，最高为 30.5℃，年平均为 18.5℃。尼日利亚文昌鱼最适生存水温为 25～30℃，当海水降至 17℃ 时，它们便在海水中不停地游动。欧洲文昌鱼是生活在较冷海水中且向北分布最远的种类，它在挪威卑尔根（Bergen）附近北纬 61° 的海区也有分布。但是，无论是分布在欧洲北海还是分布在地中海的欧洲文昌鱼，都在水温 10～20℃ 时最活跃。在水温 0～3℃，欧洲文昌鱼可以存活几个月。但是，当水温持续低于 10℃ 时，其性腺不能正常发育，产卵也不能正常进行，很可能这就是全世界已经发现的近 30 种文昌鱼的分布都局限于北纬 61° 和南纬 45° 之间海区的原因。

四、光线

在热带和温带浅海海域，光线可以穿过海水照射到海底表面。一般来说，直射到海底表面的光线对底栖动物是有害的，除非它们身体透明或者身体被致密的黑色素遮蔽起来或者逃避到岩石底下或者钻入底质中。实验证明文昌鱼极不愿意钻出沙外。有人观察到，在含有 150 尾成体文昌鱼的一小盆沙中，剧烈搅动几分钟，只有 3 尾文昌鱼短暂露出沙面。原因可能是文昌鱼习惯于在黑暗环境中生活，对光线很敏感。让文昌鱼在黑暗中生活 4min，再见光时，它们就会不停地运动，在没有沙子存在时可持续运动近 50s。

五、食物

文昌鱼是滤食性动物，它主要靠过滤海水中的浮游生物生活（Glimour，1996）。通常在文昌鱼栖息海区的底质上，有成千上万尾文昌鱼把前端露出沙外，张开口，摆动着体内纤毛，使含有丰富浮游生物的海水由口部进入体内。在滤食海水中浮游生物的同时，也在进行呼吸作用。对厦门文昌鱼所做的食性分析表明，在 8mm 长的小文昌鱼消化道内，食物主要有海链藻、圆筛藻、菱形藻、舟形藻和根管藻。相比之下，成体文昌鱼的消化道内，食物主要为星形柄链藻、轮形藻、圆筛藻、小环藻、六幅辐裥藻、三角藻、盒形藻、粗船藻、舟形藻、变异双眉藻、诺马斜纹藻、双菱藻、马鞍藻和菱形藻等。其中，最重要的是圆筛藻、舟形藻和小环藻（金德祥，1957）。

第四节   生殖和发育

　　文昌鱼为雌雄异体动物，但也有雌雄同体的报道。在繁殖季节卵巢呈淡黄色，精巢呈乳白色。除此之外，雌雄个体并无外形上的差异。生殖腺平均 26 对，按体节排列在围鳃腔壁的两侧并向围鳃腔内突入。生殖腺被双层细胞包围：外层是围鳃腔细胞，内层是体腔细胞。文昌鱼缺乏生殖导管，成熟的生殖细胞穿过生殖腺壁和体壁出来，进入围鳃腔，随水流由围鳃腔孔排出体外，在海水中行体外受精。曾有人报道文昌鱼可以从口排放卵子。的确，卵子一定是由围鳃腔经过鳃裂到达咽部，然后向前由口排出的。需要指出的是，文昌鱼的生殖器官和排泄器官没有任何联系，这一点是与脊椎动物不同的。

　　文昌鱼是由无脊椎动物演化到脊椎动物的过渡型动物，处于从无脊椎动物到脊椎动物的节点位置。因此，研究文昌鱼的生殖和发育具有重要意义，可以发现无脊椎动物和脊椎动物两者在系统演化中的一些联系。事实上，Kowalevsky（1867）正是基于对文昌鱼胚胎发育的研究，才确立了文昌鱼在动物界的真正地位。

一、性染色体和性别

　　文昌鱼性腺成熟后，卵巢呈淡黄色，精巢呈乳白色。所以，进入繁殖季节，文昌鱼雌雄从个体表面上很容易区分开来。但是，文昌鱼并不存在真正的两性异形（sexual dimorphism），因为雌雄个体除性腺及其颜色不同之外，身体其他组织结构看不出任何区别。

1. 性染色体

　　一般来说，文昌鱼为雌雄异体动物。Nogusa（1957）在观察白氏文昌鱼（*B. belcheri*）精子发生时，发现其二倍体染色体为 32 条，单倍体 16 条染色体都呈棒状。他描述道，15 对常染色体形态相同，另外一对 XY 染色体为异形二价体（heteromorphic bivalent），在第 1 次减数分裂时分离成 X 和 Y 染色体，并由此导致两类生殖细胞的形成。但是，Howell 和 Boschung（1971）及 Colombera（1974）发现佛罗里达文昌鱼和欧洲文昌鱼二倍体染色体均为 38 条，且未发现有 X 和 Y 染色体的存在。我们用青岛文昌鱼的胚胎细胞作材料，对其染色体数目和核型进行了比较系统的研究，发现青岛文昌鱼染色体是 36 条（Wang et al.，2003）。这与 Saotome 和 Ojima（2001）所报道的结果一致。在 36 条染色体中，除第 1 对染色体属亚端部着丝粒染色体（st）

外，其余染色体均为端部着丝粒染色体（t），未见中着丝粒染色体（m）、近中着丝粒染色体（sm）及随体（图 1-14）。因此，青岛文昌鱼的核型是 $2n=36$，$2st+34t$，$FN=36$。这是有关文昌鱼染色体核型的首次报道。从文昌鱼的核型推测，脊椎动物的共同祖先可能具有形态较小的端部着丝粒染色体。

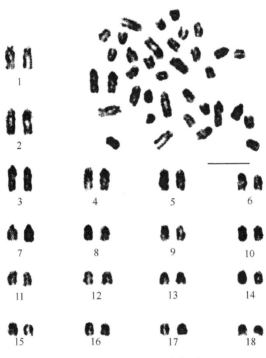

图 1-14　青岛文昌鱼核型

标尺 5μm

染色体 G 带染色表明，青岛文昌鱼染色体中第 2 对染色体分为 2 种亚型，即 A 型和 B 型（Wang et al.，2004）。在所观察的 30 例中期相中，有 14 个中期相的第 2 对染色体属于 B 型，该型 2 条染色体无论形态还是相对长度都相同，将其定名为 2B 型。在另外 16 个中期相中的第 2 对染色体属于 A 型，该型 2 条染色体形态相同，但相对长度有极显著的差异（$P<0.01$）。将第 2 对染色体中较长的那条染色体命名为 2A′型，较短的那条命名为 2A 型。进一步分析显示，2A 染色体在相对长度上与 2A′染色体有很大的不同，但其在形态和相对长度上与 2B 染色体完全相同。因此，2A 染色体和 2B 染色体是相同的染色体。由于第 2 对染色体即 2A′型和 2A 型在形态上有差别，推测它们可能是一对性染色体（图 1-15）。同样，染色体 R 带和 C 带染色结果都表明，文昌鱼第 2 对染色体的 R 带和 C 带全都显示有明显的差别（图 1-16，图 1-17；Zhang et al.，2004）。这进一步证明青岛文昌鱼的第 2 对染色体是一对性染色体。不过，青岛文昌鱼的性染色体到底如 Nogusa（1957）所报道的那样是 XY 型，还是 ZW 型，目前尚不确定。根据 Shi 等（2020）最新报道，佛罗里达文昌鱼 Nodal 基因是性染色体连锁基因，有关 Nodal 突变体繁育后代性别分析显示，佛罗里达文昌鱼的性染色体属于 ZW 型。

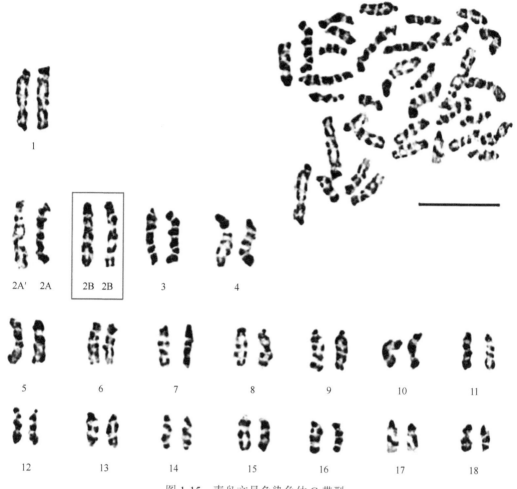

图 1-15　青岛文昌鱼染色体 G 带型

第 2 对染色体大小和 G 带与其他染色体明显不同。标尺 5μm

2. 雌雄同体

和性别决定有关的一个问题是雌雄同体个体的存在。由于文昌鱼一般为雌雄异体，但是，确实也存在雌雄同体。早在 1912 年，Goodrich 就发现一尾欧洲文昌鱼身体两侧性腺为 25 对，除左侧一个性腺为卵巢外，其余性腺全部为精巢。Orton（1914）在英国的普利茅斯港附近也发现一尾雌雄同体文昌鱼，情形和 Goodrich（1912）描述的十分相似。这尾文昌鱼共有 43 个性腺，右边 22 个性腺全为精巢；左边 21 个性腺中 20 个为精巢，余下的一个即前端第 5 个性腺为卵巢，内部充满卵子。在上述两尾雌雄同体文昌鱼中，都是左侧前端某一性腺为卵巢，其余性腺全部为精巢。我国学者陈子英和金德祥都曾发现另一种形式的雌雄同体文昌鱼，即同一个体中的卵巢和精巢的数量相等，且淡黄色的卵巢和乳白色的精巢相间排列（图 1-18），外表非常好看（Chen，1931；Chin，1941）。

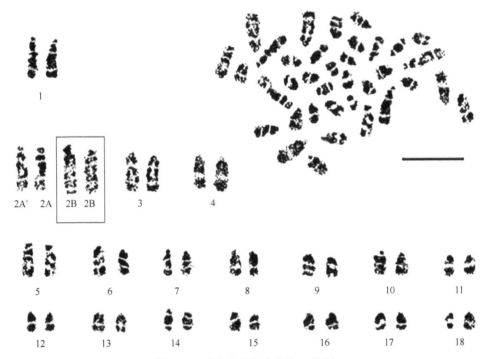

图 1-16　青岛文昌鱼染色体 R 带型

第 2 对染色体大小和 R 带与其他染色体明显不同。标尺 5μm

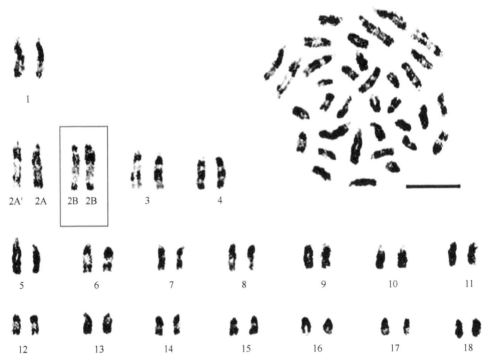

图 1-17　青岛文昌鱼染色体 C 带型

第 2 对染色体大小和 C 带与其他染色体明显不同。标尺 5μm

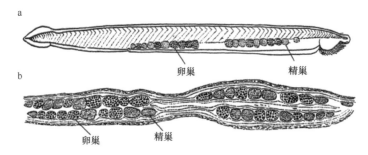

图 1-18 雌雄同体文昌鱼（Chen，1931）

a. 右面观，示前后端生殖腺。前端 10 个生殖腺，6 个是精巢，4 个是卵巢；后端也有 10 个生殖腺，4 个是精巢，6 个是卵巢。b. 雌雄同体文昌鱼通过生殖腺水平的切片

　　还有一种形式的雌雄同体文昌鱼是在同一性腺中既含有精子又含有卵子。Langerhans（1875）曾在欧洲文昌鱼早期卵母细胞中间发现有精子尾部存在。后来，Riddell（1922）在切片上观察到文昌鱼同一性腺中同时含有精子和卵子。方永强和齐襄（1991）也发现一尾雌雄同体厦门文昌鱼，其同一性腺中既含有精子又含有卵子，称为精卵巢类型。在精卵巢类型性腺中，一种情形是在两侧相对的性腺中，卵子全都位于精子内侧，卵子只占性腺空间的 1/5 左右；另一种情形是一侧性腺中多数为精子，只有少数几个（2~5 个）卵母细胞，而另一侧相对的性腺中 2/3 的空间为卵原细胞和卵母细胞所占据，精子数量相对较少。

　　雌雄同体文昌鱼卵子和精子能否自体受精，目前还没有报道。至于雌雄同体文昌鱼形成的机制也不清楚。有趣的是，文昌鱼还存在性转换现象。Zhang 等（2001）发现，实验室养殖的雌性文昌鱼有超过 3% 的个体可以转换成雄性文昌鱼（图 1-19），但是没有发现雄性文昌鱼转换成雌性文昌鱼的现象。这与鱼类普遍存在的由雌性个体转变成雄性个体的性转换规律一致。

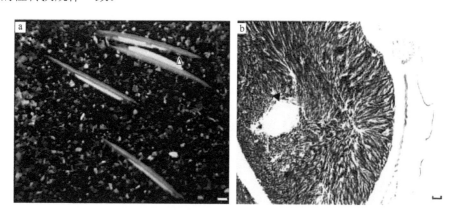

图 1-19 实验室养殖文昌鱼的性转换（Zhang et al.，2001）

a. 示由雌性转变为雄性的个体，具有精巢（Δ），标尺 3mm。b. 性转换个体切片，注意充满精子细胞的生殖腺及其中间的空隙（▲），标尺 100μm

二、生殖细胞的发生

　　文昌鱼初次性成熟与体长、年龄之间的关系比较复杂，即使是同一种文昌鱼情况也

是如此。据 Willey（1894）报道，体长 5mm 的欧洲文昌鱼幼虫内性腺已经开始发育。但是，Wickstead（1975）认为文昌鱼幼虫的性腺何时开始发育，与体长无关，而和变态存在一定联系。意大利墨西拿（Messina）港附近的文昌鱼变态完成时体长约为 3.5mm，而同一种文昌鱼在温度较低的英国普利茅斯港附近在体长达到 5mm 之后才开始变态。迄今为止，还没有见到在变态完成前的文昌鱼幼虫体内性腺已开始发育的报道。因此，与其说文昌鱼幼虫性腺开始发育的时间和身体大小有关，不如说它与变态完成有关。

上面讲的是文昌鱼性腺何时开始发育以及初次性成熟的问题。那么，文昌鱼的性腺原基（gonadal anlage）是怎样形成的？Boveri（1892）曾观察到，在欧洲文昌鱼前端第 11～36 对肌节基部的肌节腔（myocoel）上皮，向肌节腔前部凸出，形成一个囊状结构。由肌节腔衬里上皮即生殖上皮（germinal epithelium）细胞形成的原始生殖细胞（primordial germ cell）就位于囊状结构内，构成生殖腺囊（gonadal pouch）。包含有原始生殖细胞的生殖腺囊即性腺原基，逐渐和原来的肌节腔脱离，吊系于紧挨着的前一个肌节腔内（图 1-20）。随着性腺原基的生长发育，其体积不断增大，最终形成彼此紧靠在一起的精巢或卵巢，内部充满成熟的精子或卵子。

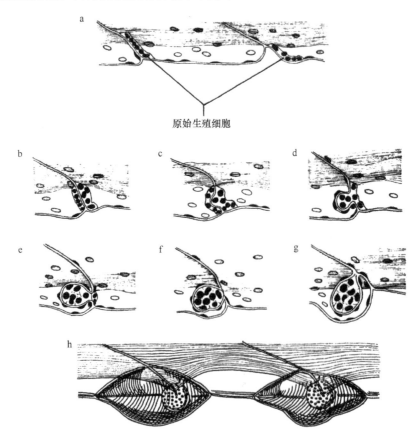

图 1-20　文昌鱼生殖器官发育模式图（Boveri，1892）

a～g. 侧面观，示原始生殖细胞来自肌节腔上皮；h. 侧面观，示一个体长 13mm 文昌鱼中突出到围鳃腔的生殖腺囊

1. 精子发生

　　文昌鱼精子发生和其他动物精子发生一样，没有什么特别之处。文昌鱼的精原细胞（spermatogonia）来源于生殖上皮细胞。精原细胞经有丝分裂产生初级精母细胞（primary spermatocyte）。初级精母细胞生长达一定体积时，进行第 1 次减数分裂，由此每个初级精母细胞形成 2 个次级精母细胞。次级精母细胞经第 2 次减数分裂形成精子细胞（spermatid），精子细胞再进一步发育形成精子（sperm）。

　　早在 19 世纪初，Retzius（1905）就在光镜水平对文昌鱼精子的形态进行过观察。后来，Franzén（1956）证实了 Retzius 的观察结果。这些早期观察都发现，文昌鱼精子具有稍圆的细胞核、顶体（acrosome）和少量线粒体，并认为它属于后生动物"原始精子"（primitive sperm）类型之一。原始精子一般由头部、中部和尾部三部分组成。头部呈卵圆形，内有细胞核和顶体；中部很短，通常由 4 个或 4 个以上线粒体环绕在细胞核基部；尾部则为一根很长的鞭毛，长约 50μm。也有人报道文昌鱼精子中部有 4～6 个线粒体环绕，认为它属于典型的原始精子。20 世纪 70 年代，对欧洲文昌鱼精子的电镜观察证明，中部的线粒体为一个，并非多个（图 1-21）。陈大元等（1988）对青岛文昌鱼精子的电镜观察也发现，其中部只有一个线粒体，但在纵切面上可见到主轴两侧排列有 2～5 个线粒体的断面。这并不是因为有几个线粒体存在，而是一个长的线粒体呈螺旋状缠绕主轴造成的结果。因此，早期在光镜下观察到文昌鱼精子中部有多个线粒体存在，可能是赝象。

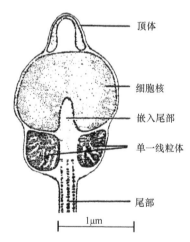

图 1-21　文昌鱼精子超微结构模式图（Wickstead，1975）

　　据陈大元等（1988）观察，文昌鱼精子还存在颈部，但是，颈部被细胞核包裹而不显露出来。精子头部前端具有一个锥形的顶体，它分成内外两部分，外侧的电子密度强，内侧电子密度较弱；顶体下方为细胞核，其中央部分电子密度最强，周围部分电子密度较弱；细胞核下方为中心粒。近端中心粒正前方嵌入细胞核凹陷中，远端中心粒与精子主轴平行，其后端与尾部轴丝相连。头部的外面被质膜包裹，顶体顶部质膜较平坦，核区质膜有隆起和皱褶。尾部又分为中段、主段和末段。中段镶嵌在核区的后方，有一个大型线粒体形成的鞘包围主轴。在中段和主段连接处，线粒体鞘内陷，质膜褶曲形成终环（end ring

或 annular structure）和隐窝（recess）。这是精子演化中的一个标志。终环和隐窝只有在较高等的脊椎动物精子中才存在，而绝大多数无脊椎动物的精子是不具备该结构的。

2. 卵子发生

文昌鱼卵子发生初期和精子发生基本相同。卵原细胞（oogonia）来源于生殖上皮细胞。卵原细胞经有丝分裂形成初级卵母细胞（primary oocyte）。初级卵母细胞不断生长发育，其体积不断增大，内部逐渐积累大量卵黄和其他早期胚胎发育所需的信息物质，最终达卵子最大体积，称为长足的初级卵母细胞，亦常称作"卵巢卵"（ovarian egg）。据 Cerfontaine（1906）的观察，"卵巢卵"通过生殖上皮排至"次级卵巢腔"（secondary ovarian cavity），并经第 1 次减数分裂而形成次级卵母细胞。随后，次级卵母细胞进行第 2 次成熟分裂，并中止于减数分裂中期，而成为可受精发育的卵子。

Cowden（1963）曾用细胞化学方法研究加勒比文昌鱼（B. caribaeum）的卵母细胞发育，并把卵母细胞的发育分为 3 个时期：第 1 期为卵黄生成（也称卵黄形成）前期，第 2 期为卵黄生成期，第 3 期为成熟期。第 1 期的主要特点是大量合成 RNA，第 2 期的主要特点是积累卵黄，第 3 期的主要特点是卵子皮层和皱缩核膜（crenated nuclear membrane）发育。Reverberi（1971）对欧洲文昌鱼卵子发生进行电镜观察时，也沿用 Cowden 的分期方法。电镜观察结果进一步证明了 Cowden 的观察。

文昌鱼第 1 期卵母细胞中，不具有卵黄粒，生发泡（germinal vesicle）很大。生发泡内具有一个结构紧密的核仁，位于生发泡中央。核仁大量转录 rRNA，并通过核膜转运到胞质中。这一转运过程的证据是核膜内外都黏附有电子致密体（electron-dense mass）。电子致密体内具有杆状结构存在，它们可能就是核蛋白的聚合体。

文昌鱼第 2 期卵母细胞中，生发泡周围区域很独特，有大量双层扁平囊泡存在。它们可能由核膜先凸起或凹陷（indentation），然后形成囊泡（vesicle），最后变扁平而形成。由于不断有新囊泡形成，以致它们互相挤到一起，形成扁平囊泡层。扁平囊泡壁上连接有核糖体。扁平囊泡层有时形成环形片层，中间被线粒体、卵黄粒、内质网或无定形物质占据。环形片层很可能相当于 Guraya（1968）所观察到的卵黄核（yolk nucleus），参与卵黄粒的形成。方永强和齐襄（1992）对厦门文昌鱼卵子发生的电镜观察结果显示，卵黄粒可以在粗面内质网中形成，也可以在高尔基液泡中形成。粗面内质网具有合成和运输卵黄物质的功能，高尔基液泡能运输并浓缩卵黄物质。可见，环形片层、粗面内质网和高尔基液泡都参与文昌鱼卵内卵黄粒的形成。在文昌鱼第 2 期卵母细胞内，伴随着上述变化的发生，核仁结构也由致密变为液泡状，再变为环状。环状核仁并非均质，中间散布着一些致密团块。目前，核仁环化的意义尚不清楚。

文昌鱼第 3 期卵母细胞中，具有大量卵黄粒。卵黄粒的大量形成标志着卵母细胞的发育进入最后阶段并趋于成熟（图 1-22）。此期卵母细胞核膜继续凸起或凹陷，形成核周围的扁平囊泡；细胞质变化的最大特点是皮层颗粒和卵膜的形成。皮层颗粒密集分布于卵子质膜下面，内部充满着链状结构（chain-like structure）。皮层颗粒可能由胞饮作用（pinocytosis）形成（Guraya，1967），因为当新液泡形成时，早先形成的液泡会被挤压到更内层。同时，液泡不断增大，并最终在卵子四周形成连续的一层颗粒。卵膜包括卵黄膜（vitelline membrane）和胶质层（jelly layer）。卵黄膜厚约 1μm，包裹着卵子，胶质层厚约 1.5μm，经常是一块一块不连续地包围在卵黄膜的外面。第 1 次减数分裂排出的极体位于动物极附近的卵黄膜外面。卵子表面有许多长约 1μm 的微绒毛（microvilli）凸起，插入卵黄膜内。文昌鱼成熟卵子滞留在第 2 次减数分裂中期，等待受精。文献中普遍描述文昌鱼卵内的染色体和纺锤体位于动物极附近，但是，在文昌鱼未受精卵子切片中，很难观察到处于有丝分裂中期的染色体和纺锤体。我们发现，如果将文昌鱼卵子用乙酸：乙醇（$V:V$=1：3）固定后，再用 DNA 荧光染料 Hoechst 33342 染色，就能在卵子动物极附近清楚地看到处于有丝分裂中期的浓缩的染色体。

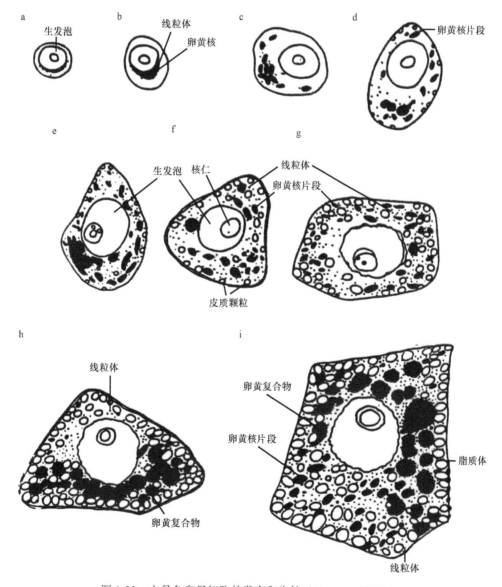

图 1-22　文昌鱼卵母细胞的发育和生长（Guraya，1983）

文昌鱼卵子皮层以内的细胞质中含有许多核糖体和线粒体。此外，还有卵黄颗粒均匀分布于其间，因而文昌鱼卵子被称为均黄卵（isolecithal egg）。文昌鱼卵内卵黄颗粒直径为 2～5μm。宋裕昌和吴尚懃（1986）曾发现文昌鱼卵子卵黄颗粒内存在一种由 7～9 根直径为 500～700Å 的小管呈环形排列而成的类似于"微管"的结构。它用乙酸铀和柠檬酸铅染色呈负染色性，恰好与微管的正染色性相反。用秋水仙碱和细胞松弛素处理，其结构不受丝毫影响，可见其组成成分既不是微管蛋白也不是肌动蛋白。因此，他们推测文昌鱼卵子卵黄内，这些类似于"微管"结构的主要成分为糖蛋白、脂蛋白和中性脂肪，其功能可能是为胚胎发育早期迅速分裂的细胞提供构建细胞膜的物质。另外，在文昌鱼卵子植物极靠近皮层的细胞质中，存在几堆片层结构，它们通常由致密颗粒物质形成的 2～4 片层摞在一起构成。片层结构的片层走向和卵子质膜平行，片层之间常常夹杂有光面内质网。

3. 性腺发育的周年变化

宋裕昌和许梅青（1989）曾系统观察过青岛文昌鱼卵巢和卵母细胞发育的周年变化。青岛文昌鱼繁殖季节为每年 6 月，在繁殖季节过后的 7～8 月，文昌鱼在外形上难以分辨雌雄。9 月以后，雌性文昌鱼腹壁出现比雄性略深的按肌节分布的黄色小点，即卵巢。组织切片上可见到卵巢内有许多呈索状排列的卵原细胞索，其间分布有直径约为 23μm 的圆形卵母细胞，其生发泡直径约为 15μm，胞质呈弱嗜碱性。10 月之后，卵巢体积增大。组织切片观察表明，卵巢由结缔组织分隔成许多卵囊。在卵囊褶曲处，卵母细胞体积普遍较大。此时，卵母细胞直径一般约为 34μm，生发泡位移到卵母细胞靠近卵巢壁的一侧，直径约为 18μm；个别卵母细胞直径可达 60μm，已出现卵黄积累，核仁呈环状，胞质嗜碱性减弱。但是，在文昌鱼种群中，不同个体间卵巢发育并不同步。同一个体中，前后两端卵巢的发育也不及中部好。在同一卵巢内，周围的卵母细胞先出现卵黄积累，位于中间的卵母细胞稍后才出现卵黄积累。到 11 月，文昌鱼左右两侧卵巢在腹部会合，卵巢内主要为处于卵黄生成期和卵黄生成早期的卵母细胞，核膜凸起或凹陷成指状，胞质呈强嗜酸性。当年 12 月至翌年 2 月，卵巢体积进一步增大，卵囊褶曲处有些卵母细胞已转变成卵黄生成晚期的卵母细胞。在半薄切片上，可见卵母细胞之中存在许多原生质小岛。到 3～5 月，卵巢越来越丰满，卵巢内绝大多数卵母细胞已达卵黄生成晚期。至 6 月，绝大多数卵母细胞直径达 110μm 左右，生发泡直径约 36μm 左右。从 6 月下旬开始，卵母细胞成熟，卵子经过破裂的卵巢壁从围鳃腔孔排出体外。当排卵行将结束时，未成熟卵子连同一些结缔组织（呈白色雾状）随成熟卵子一起排至体外。

由此可见，青岛文昌鱼卵母细胞从开始发育到成熟需要 9～10 个月。在早期，不同个体甚至同一个体不同肌节之间卵母细胞的发育并不同步，但到达卵黄生成期以后，发育就变得相对同步了。早在当年 12 月，卵巢内有些卵母细胞已达卵黄生成晚期，而此时大多数卵母细胞还处于卵黄生成前期和卵黄生成早期。但是，它们都于翌年 6～7 月成熟。

厦门文昌鱼性腺发育的周年变化与青岛文昌鱼非常相似。厦门文昌鱼也在繁殖季节过后 1～2 个月性腺开始发育，至卵母细胞成熟也需 9～10 个月。这与青岛文昌鱼从性腺开始发育至卵母细胞成熟所需的时间完全一致。厦门文昌鱼雌雄个体月平均性腺指数 5 月开始上升，6 月达最大值，7 月下降，表明其生殖季节为 5～7 月，6 月为繁殖旺季。

三、胚胎发育

对文昌鱼胚胎发育的研究始于 Kowalevsky（1867），他发现文昌鱼发育方式，特别是胚胎期和神经系统的形成，与低等脊椎动物的发育非常相似。之后，Hatschek（1893）、Cerfontaine（1906）和 Conklin（1932）等著名学者，对文昌鱼胚胎学做了更为精准的描述。到 20 世纪 50～60 年代初，我国学者童第周等在文昌鱼实验胚胎学方面进行了系统研究，取得了许多重要成果。到 20 世纪 90 年代，日本和美国一些学者对文昌鱼胚胎发育的超微结构进行了观察（Hirakow and Kajita，1991，1994；Stokes and Holland，1995），进一步完善了对文昌鱼胚胎发育的描述。

1. 受精

文昌鱼精子维持受精能力的时间相对比较长。厦门文昌鱼精子排到海水中后，平均可存活 21min 左右，即在 21min 内，精子仍具有剧烈运动的能力。一般认为，文昌鱼精子按顺时针方向转圈或做直线运动。我们发现，青岛文昌鱼精子运动形式比较复杂。它们在精浆中不运动，在与精浆等渗的生理溶液中也不运动。把精液用海水稀释后，精子运动便被激活。文昌鱼精子运动的激活是 Ca^{2+} 和渗透压（变小）协同作用的结果（Hu et al.，2006）。文昌鱼精子经海水激活 0.5min 之后，可观察到 4 种运动形式（图 1-23）：精子呈直线向前运动，平均速度为（93.6±23.7）μm/s，约占 28%；精子呈弧形曲线运动，平均速度为（55.6±18.9）μm/s，约占 44%；精子左右摆动，平均速度为（27.4±13.4）μm/s，约占 15%；精子平均运动速度低于 5μm/s，被视为不运动，约占 13%（胡家会等，2006）。

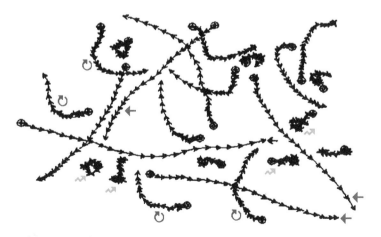

图 1-23　成熟文昌鱼精子激活 0.5min 后，连续 3min 的运动轨迹
红色箭号示直线向前运动；蓝色箭号示弧形曲线运动；绿色箭号示左右摆动

随着激活时间的延长，文昌鱼精子的运动状态发生改变，直线向前运动和弧形曲线运动精子比例逐渐减小，而左右摆动和不运动的精子数量逐渐增加。不过，激活 10min 之后，呈直线向前运动和弧形曲线运动的精子比例仍分别维持在 7%和 40%以上。

文昌鱼精子运动时间维持的长短，与海水盐度、pH 及温度都有关系。据报道，维持厦门文昌鱼精子运动的最适盐度为 25‰～33‰，最适 pH 为 8.5～9.0。在最适盐度和 pH 条件下，厦门文昌鱼精子置于 3℃冰箱，至少可存活 3 天。但是，文昌鱼卵子排到海水中后，受精能力到底能维持多久，还不清楚。

文昌鱼和多数脊椎动物一样，精子只有在卵子第 2 次成熟分裂中期才能进入卵中。过去一度认为，文昌鱼精子由卵子植物极附近进入。精子进入卵子后，头部旋转 180°，同时，精子的中心粒形成星光，由此带动雄原核向动物极移动。精子进入卵子后引起皮层反应，首先皮层颗粒由精子入卵处发生破裂，然后波及整个卵子表面（Sobotta，1897；Cerfontaine，1906；Conklin，1932）。但是，Holland 和 Holland（1992）发现，文昌鱼精子的入卵点其实靠近动物极附近，皮层反应在多数卵子中几乎同时在整个卵子表面发生。

文昌鱼卵子受精后 20～30s，卵黄膜开始举起，由此在卵子质膜和卵黄膜之间出现的空隙称为卵周隙（perivitelline space）。多数情况下，卵黄膜在整个卵子表面同时举起。在卵黄膜开始举起的同时，整个卵子表面的皮层颗粒都开始向外排放内容物。皮层颗粒内容物的排出，通常先是皮层颗粒的外膜囊泡化，然后与卵子质膜融合，破裂，释放出内部物质。皮层颗粒物质排出后，在卵子质膜上留下空泡状凹陷。皮层颗粒排出的物质充斥卵周隙，卵周隙逐渐变大，卵黄膜被挤压逐渐变薄。与此同时，由皮层颗粒排出的部分物质和卵黄膜内表面结合，形成一层由致密细颗粒构成的新膜。它与卵黄膜和卵黄膜外面的胶质层一起构成受精膜（fertilization membrane）。显而易见，文昌鱼受精膜由三层膜构成，即最外面的胶质层、位于中间的卵黄膜和最内层由皮层颗粒排出的部分物质结合到卵黄膜内表面形成的膜。有人将卵黄膜称为受精膜外层，而把皮层颗粒排出的部分物质结合到卵黄膜内表面所形成的膜称为受精膜内层。

皮层颗粒释放到卵周隙的物质除部分参与形成受精膜内层之外，大部分于受精后80s 左右会合形成透明层（hyaline layer）。Sobotta（1897）最早对透明层做过详细描述。透明层平均厚约 10μm，主要由弥散的低密度的纤维颗粒状物质（fibrogranular material）构成。透明层内散布着许多可能来自卵子表面的微绒毛碎片。

文昌鱼精子带着尾部进入卵黄膜。卵黄膜可能具有诱导精子发生顶体反应的作用。精子进入卵内的时间一般发生在精子和卵子接触后 30～45s。刚进入卵内的精子位于动物极质膜下方。至受精后大约 45s 时，精子核膜消失，细胞核开始膨大，染色体由周围向内逐渐变松散。此外，植物极的片层结构聚集到一起，位移到植物极一侧卵黄颗粒较少的区域。Holland 和 Holland（1992）把文昌鱼受精卵内的片层结构及其周围细胞质称为极质（polar plasm）。极质在卵裂期间，被分配到一个分裂球中，据认为极质可能具有决定文昌鱼原始生殖细胞形成的功能。

文昌鱼精子入卵后，立即由动物极向植物极移动，并在受精后 2～6min，在卵子植物极皮层部分形成雄原核，同时星光出现。接着，在受精后 6～10min，雄原核又从植物极皮层部分向卵子中央迁移。

　　受精后约 8min，卵子排出第 2 极体，留在卵细胞质中的染色体都由双层膜包裹，位于靠近卵子动物极皮层内侧。随后，染色体的膜彼此融合，膨大，逐渐形成雌原核（Holland and Holland，1992）。从时间上看，文昌鱼雌原核的形成晚于雄原核，通常是在雄原核由植物极皮层向卵子中央迁移时，雌原核才形成。雌原核形成后即由动物极向卵子中央移动。

　　受精后约 16min，雌原核和雄原核迁移到赤道偏上的动物极部分，并相遇融合。雌原核和雄原核融合形成的合子核（zygote nucleus）大小约为 $8\mu m \times 12\mu m$，其内侧各有一个中心粒，随后形成有丝分裂纺锤体，开始第 1 次卵裂。

　　和哺乳动物中情形一样，文昌鱼受精卵内原核的迁移也受微丝控制。在受精后 3min，分别用秋水仙碱（抑制微管形成）和细胞松弛素（抑制微丝形成）处理文昌鱼受精卵，结果发现秋水仙碱不能影响雄原核的迁移，但细胞松弛素可以抑制雄原核的迁移，而且只要细胞松弛素存在，雄原核就仍处于卵子皮层部分。这表明雄原核的迁移运动受肌动蛋白形成的微丝控制。

　　Conklin（1932，1933）曾报道，和海鞘受精卵一样，文昌鱼受精卵内决定内胚层、中胚层和外胚层形成的物质已经出现区域性分布。他具体描述道：在第 1 次卵裂前，卵子后端有一块染色较深呈新月形的细胞质，将来形成中胚层，称为中胚层新月（mesodermal crescent）。中胚层新月前面的植物极部分含大量卵黄，将来形成内胚层。与中胚层新月相对的卵子前端部分是一个轮廓不清的新月区，将来形成脊索和神经板。动物极的绝大部分将来形成外胚层。未来幼虫的前后轴和卵子主轴倾斜交叉，幼虫前端和极体呈 35°～40° 角。无论从哪方面讲，文昌鱼卵内的物质分布和海鞘卵内的物质分布都是相同的（Conklin，1933）。以后，这一结果被不断引用。但是，在青岛文昌鱼受精卵内显然观察不到 Conklin 所描述的可见的不同胚层物质分布情况。对文昌鱼受精卵进行的超微结构观察也表明，在受精卵内并不存在类似于海鞘受精卵内的胞质区域性分布现象（Holland and Holland，1992）。

2. 卵裂

　　文昌鱼卵裂为全裂。卵裂方式为辐射卵裂（radial cleavage）。卵裂的速度与温度密切相关。青岛文昌鱼在 24.5℃海水中，受精后 50min 开始第 1 次卵裂。第 1 次卵裂为经裂，所形成的 2 个分裂球大小一般相等。第 2 次卵裂亦为经裂，分裂面与第 1 次卵裂垂直，形成 4 个分裂球。第 3 次卵裂为纬裂，形成大小几乎相等的上层动物极 4 个分裂球和下层植物极 4 个分裂球（图 1-24）。有时，可明显辨别出上面的动物极 4 个分裂球较小，下面的植物极 4 个分裂球较大。在欧洲文昌鱼中，动物极和植物极分裂球的大小区别更明显，动物极分裂球较小，约占卵的 1/3，植物极分裂球较大，约占卵的 2/3。文昌鱼第 4 次卵裂又为经裂，结果形成动物极 8 个小分裂球和植物极 8 个较大的分裂球。第 5 次卵裂为纬裂，形成由 4 层分裂球组成的胚胎，每层有 8 个分裂球。从动物极到植物极，这 4 层分裂球分别命名为 an1 层、an2 层、veg1 层和 veg2 层（Tung et al.，1958）。

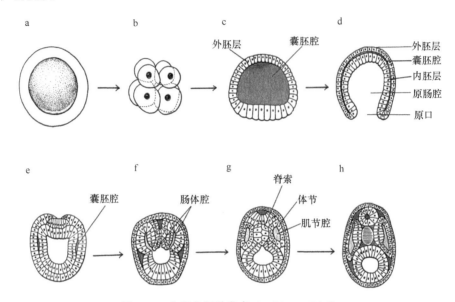

图 1-24　文昌鱼胚胎发育（Willey，1894）

a. 受精卵；b. 8-细胞胚胎；c. 囊胚；d. 原肠胚；e. 神经和体节开始形成期胚胎；f. 脊索形成期胚胎；g 和 h. 器官形成期

　　在第 2 次卵裂形成 4-细胞时就可看到分裂球之间存在小缝隙，此即卵裂腔，也称囊胚腔（blastocoel），其两极均与外界相通。随着卵裂进行，囊胚腔逐渐增大。在 32-细胞时，动物极处囊胚腔和外界相通的孔首先封闭；64-细胞时，囊胚腔和外界相通的孔相继闭合，这样就形成了一个圆球状的囊胚腔（图 1-24）。文昌鱼受精卵前 7 次卵裂（形成 128-细胞胚胎），所有分裂球的分裂都是同步进行的。从第 8 次卵裂开始，分裂球的分裂速度就不一致了，植物极分裂球的分裂较动物极分裂球慢。很可能，文昌鱼胚胎从第 8 次卵裂开始，进入类似于斑马鱼胚胎的中期囊胚转换期。

　　Conklin（1993）曾认为，欧洲文昌鱼 8-细胞期胚胎如同海鞘 8-细胞期胚胎一样，可以根据分裂球的大小和内部所含物质的不同区分出未来胚胎的前端和后端以及背部和腹部。对于青岛文昌鱼来说，8-细胞时动物极 4 个分裂球有时略小于植物极 4 个分裂球，但是，分裂球内所含物质除植物极分裂球具有较多卵黄颗粒外，光镜下看不出明显的区别。因此，虽然文昌鱼未来胚胎的前后端以及背腹部在 8-细胞时可能是存在的，但是，并不能根据分裂球大小和所含物质的不同从形态上区分出来。

　　Conklin（1933）还根据他所认为的受精卵内不同胚层物质的分布及其卵裂时在不同分裂球内的分配情况，绘制了文昌鱼 8-细胞期器官原基分布图，它与 Conklin 本人所绘制的海鞘 8-细胞期器官原基分布图极其相似。根据 Conklin 所绘制的器官原基分布图，文昌鱼胚胎的中胚层新月物质主要分布在植物极后端 2 分裂球内靠近第 3 次卵裂面的地方，还有一小部分分布于植物极前端 2 分裂球内；脊索物质位于中胚层新月对面，主要分布于植物极前端 2 分裂球内靠近第 3 次卵裂面的地方，还有一小部分分布于动物极前端 2 分裂球内；神经物质位于脊索物质上方，主要分布于动物极前端 2 分裂球内靠近第 3 次卵裂面的地方，还有一小部分分布于植物极前端 2 分裂球内；外胚层物质分布于动物极分裂球的其余部分，而内胚层物质则分布于植物极分裂球的其余部分。值得指出的是，虽然文昌鱼受精卵内不存在 Conklin 所描述的胞质定位现象，但是，他所绘制的 8-细胞期器官原基分布图是基本正确的。

和其他动物胚胎情形一样，文昌鱼胚胎的卵裂方向由纺锤体决定，而纺锤体的旋转则依赖于微丝的存在。在第 1 次卵裂的分裂沟刚出现时，用细胞松弛素处理文昌鱼卵子，结果卵裂被抑制。但是，洗去受精卵内细胞松弛素，卵裂又继续进行。不过，卵裂方向发生了改变，形成的 4 个分裂球呈"一"字形排列，与对照胚胎明显不同。据认为，微丝是纺锤体旋转的动力。在刚开始分裂时，用细胞松弛素处理受精卵，这时受精卵的纺锤体虽已形成，但由于微丝被细胞松弛素处理而解聚，纺锤体不能行使功能，染色体也就不能向两极移动，因为纺锤体的运动需要肌动蛋白和肌球蛋白之间相互作用。另外，细胞松弛素可以破坏分裂沟处的收缩环（微丝组成），使分裂沟消失，所以卵裂停止。把受精卵内细胞松弛素洗去后，虽然微丝重新聚合，但是，纺锤体已错过旋转的"良机"，不再旋转，因而第 2 次卵裂平面由一个变成两个，出现了与正常情况完全不同的 4 个分裂球排列成一条直线的现象。

3. 囊胚

卵裂和囊胚之间并无明显界限。早在 4-细胞期，文昌鱼分裂球之间已出现囊胚腔。到 64-细胞时，囊胚两极和外界相通的孔全部封闭。一般认为，文昌鱼胚胎到第 8 次卵裂即分裂球的分裂不再同步时，囊胚完全形成（图 1-24）。欧洲文昌鱼囊胚呈球形，中间为空腔即囊胚腔，四周被一层细胞包围。文昌鱼囊胚的囊胚腔内充满胶质，它可能由分裂球所分泌。胶质不断吸水，使囊胚腔和囊胚逐渐膨大，以致囊胚的直径较卵子直径大出约 1/3。但是，青岛文昌鱼囊胚腔中并未发现有胶质，可囊胚腔和囊胚还是同样膨大的。可见，囊胚腔和囊胚的膨大与胶质的存在似乎没有直接的关系。

文昌鱼胚胎分裂球的大小差异在第 3 次卵裂时就已出现，到 64-细胞时则变得更为明显，从植物极到动物极的分裂球逐渐由大变小。到囊胚期时，从切片上可以看出，外胚层细胞含卵黄较少，细胞较小，位于动物极；内胚层细胞含卵黄较多，细胞略大，位于植物极。在囊胚期，第 2 极体仍然位于动物极附近，可以据此确定胚胎方向。

4. 原肠胚

文昌鱼原肠作用（又称原肠胚形成）开始时，组成胚胎的细胞大约为 400 个（Hirakow and Kajita, 1991）。原肠作用首先是囊胚的植物极变扁平，随后整个植物极凹陷，所以在原肠胚早期背唇和腹唇很不容易分辨（图 1-24）。植物极内陷的细胞层逐渐排挤囊胚腔而与动物极细胞靠近，形成一双层壁的杯状结构，其外面一层为外胚层，将来形成神经系统和表皮层，里面一层为中内胚层（mesendoderm），将来形成脊索、中胚层和内胚层。双层杯状结构所围成的腔称为原肠腔（archenteron），它与外界相通的孔称为胚孔

（blastopore）。起初，原肠胚的边缘处内外两细胞层之间仍保留有一个小腔，为残余的囊胚腔，最后它随着原肠胚的发育而消失。

中胚层细胞在侧唇部分随内胚层细胞内陷，同时向脊索细胞两侧集中，一起向内卷入（图 1-24）。另外，在原肠胚外面的外胚层细胞迅速增生，向前向后进行外包。当原肠作用完成时，整个原肠胚的外表除背部中央部分被神经细胞占据外，其余部分均为外胚层细胞所包围。脊索细胞位于原肠腔上方背部中央，中胚层细胞位于其两翼，原肠腔的两侧和腹部均由内胚层细胞构成。随后胚胎沿胚轴伸长，在原肠胚外面的未来神经细胞向背中线处集中形成加厚的一条带，刚好位于脊索上方。此后，胚胎背部逐渐变平坦，胚孔逐渐收缩变小，但仍为一圆形。胚孔处细胞为未分化细胞，它们可以迅速分裂，为胚胎的伸长以及补充三胚层和相应器官的增长供应所需的细胞。

文昌鱼胚胎原肠作用的细胞运动方式主要有 5 种：内陷、内卷、集中、伸展和外包。它们往往相互配合，协同进行，但有时以一种方式为主，辅以别的方式。原肠胚形成后，胚胎的外胚层产生纤毛，由于纤毛的摆动，胚胎一直在卵膜内发生转动。青岛文昌鱼受精后约 12h，当形成 7~8 个肌节时，胚胎开始孵化。文昌鱼胚胎孵化后，离开卵膜进入海水，并依赖外胚层细胞上纤毛的摆动游泳。靠纤毛摆动而自由游泳的文昌鱼幼虫好像是无脊椎动物和脊椎动物之间联系的一个纽带，因为无脊椎动物胚胎外胚层具有纤毛，并靠纤毛摆动游泳是非常普遍的现象，而在脊椎动物中，只有文昌鱼幼虫外胚层具纤毛并由纤毛摆动进行游泳（Willey，1894）。文昌鱼幼虫体表的纤毛可能到变态完成时才消失（Wickstead，1967）。

5. 神经胚

神经胚的形成，首先是原肠胚背部预定形成神经的组织变扁平，细胞层加厚形成神经板（neural plate），接着神经板中央下陷，形成神经沟（neural groove）。从胚胎的后端（胚孔处）开始向前，在神经沟的两侧出现两条纵褶，此即神经褶（neural fold）。它们向上在背部中央合并而形成神经管（neural tube）。神经褶的合并首先在第 1 对体节处完成，然后向前、向后继续进行合并。在胚胎后端，神经管并不完全闭合，而是与胚孔相通，这一通道称为神经肠管（neurenteric canal）。神经肠管在胚胎的发育早期仍保留着，到尾部形成时才消失。神经肠管的存在意义尚不明确，但在鱼类、两栖类和鸟类的胚胎发生中，均可见到这种现象。神经胚的前端神经管也保留有一孔，开口于体外，此即神经孔（neuropore），它在成体中发育成嗅窝。

当神经板开始下凹、两侧形成神经褶时，其边缘仍与表皮层相连。当神经褶在背中线合并形成神经管时，它便与表皮层脱离。接着，表皮层向上伸展，并在中线处从后向前逐渐合拢，结果表皮层覆盖在神经管背面并连成一片，这样向前一直延伸到神经孔为止。

在形态上，神经胚的神经外胚层和表皮外胚层看不出任何区别，并且它们都可以表达酚氧化酶（phenol oxidase）。但是，当神经板形成时，神经外胚层中的酚氧化酶活性开始降低。到神经外胚层和表皮外胚层完全分离时，神经外胚层中的酚氧化酶活性已经检测不到（Li et al.，2000）。因此，酚氧化酶是区分文昌鱼神经外胚层和表皮外胚层的一个很好标记。

神经管在脊索的背面形成，这是从脊索动物才开始出现的新现象。背神经管是所有脊索动物的一个代表性特征。

6. 器官形成

原肠腔顶部中央有一条窄的细胞带，此即脊索，其两侧为中胚层细胞带。当中胚层与其内侧的脊索带及其外侧的内胚层脱离时，脊索带便暂时与内胚层相连接。接着，脊索带中央向背部拱起形成一沟，称为脊索沟（notochordal groove），其凹面朝向原肠腔（图 1-24f），并逐渐与两侧相连的内胚层细胞脱离而形成一实体的脊索棒，脊索沟随之消失。脊索棒的形成开始于第 1 对肠体腔囊处，从该处向前、向后延伸，形成棒状的脊索。在第 9～10 对体节形成之后，脊索与内胚层开始分离，到第 15～16 对体节形成时完全与内胚层脱离。脊索细胞开始时与中胚层和内胚层细胞相似，以后逐渐产生许多液泡，泡内充满胶状物质，出现了脊索的特征。当脊索与内胚层脱离时，两侧的内胚层就相连而形成完全由内胚层组成的消化管。

在神经板开始形成神经管时，原肠背部两侧的中胚层带开始与脊索和内胚层分离，同时中胚层带出现分节（图 1-24），每节由许多呈方形的细胞组成。在中胚层带的腹部产生向背外侧拱起的一条纵沟，其凹面朝向原肠腔，并随着中胚层带分节逐渐加深，而后断开，结果每一中胚层分节均形成一个具开口的囊状凹陷，封闭后成为肠体腔囊（enterocoelic pouch）。之后，中胚层带与脊索及内胚层完全脱离而位于外胚层、脊索及内胚层之间。需要指出的是，文昌鱼胚胎中胚层带形成肠体腔囊的情况只限于前面的 2 对体节，后面的中胚层带与内胚层分离之前，并不产生明显的肠体腔囊，而是产生一条缝隙或以实心的细胞团分出，然后在细胞团内产生新的体腔囊即裂体腔囊（schizocoelic pouch）。

当中胚层从消化管分出之后，它们在两侧向腹面生长，最后于消化管的腹中线处相遇。在背部的中胚层仍保持分节，将来即发育成为成体体节，但其外侧腹面不分节。这样，整个中胚层就分为背中胚层（体节）和侧中胚层。起初，背中胚层和侧中胚层之间有一空腔相通，以后两者之间产生一隔将两者完全分开，于是背中胚层中的空腔成为肌节腔（myocoel），而侧中胚层中的空腔成为体腔（coelom）。

背中胚层（体节）的最上部为生肌节（myotome），由它产生成体的肌。在生肌节的背方分出的细胞形成一薄层，此即生皮节（dermatome），由它分化为成体的真皮组织。在生肌节的腹内侧，位于生肌节和脊索之间的中胚层，构成生骨节（sclerotome），将来形成脊索和神经周围的鞘膜及其他支持组织。

侧中胚层由外侧的体壁中胚层（somatic mesoderm）和内侧的脏壁中胚层（splanchnic mesoderm）组成，前者形成腹腔衬里的腹膜（peritoneum），后者形成消化管和大血管的脏壁组织。体壁中胚层和脏壁中胚层之间的空腔即为体腔；体腔在开始时也随中胚层分节而各不相通，以后才连通成一连续的体腔，包围在消化管的周围。

在脊索、中胚层和内胚层脱离之后，原肠（消化管）全由内胚层细胞构成。位于第 1

对体节之前的消化管背部形成一个两侧对称的凸起，此即前肠盲突（anterior diverticulum）。这对盲突开始十分相似，以后逐渐分开，大小和位置都发生改变。最后，右边盲突变成一个壁薄而大的凸起，并向前延伸至消化管前方的中线处，位于脊索和外胚层之间，将来形成漏斗状的口前腔（preoral cavity），亦称头腔（head cavity），而左边盲突变成一个较小的凸起，但其壁较厚，并转向背面将来成为口前窝（preoral pit）。在口前窝后面的左侧，内胚层和外胚层互相贴紧，以后开口，即为成体的口。在前肠盲突分开之后，消化管前部腹面形成一个槽状凹陷，此即咽下沟（hypopharyngeal groove）或称内柱（endostyle）。在内柱后面消化管的腹部和右侧形成一个与背腹呈横斜方向的外凸（evagination），即棒状腺（club-shaped gland）。在棒状腺后面，消化管腹部右侧上皮加厚，成为鳃器官形成区，其壁先形成皱褶，然后产生鳃裂；鳃裂两边的上皮较厚并有纤毛。受精后120h的幼虫，尚未形成肝盲囊；大约到较晚时期，才从中段消化管前部腹面向右前方突出一盲囊，此即肝盲囊，也称肝胰脏。当神经肠管消失时，该处内胚层和外胚层相通，成为肛门，原先位于腹面，后由于尾鳍的生成而移至左边。

四、幼虫和青春期发育

文昌鱼发育可分为 3 个时期：胚胎发育期、幼虫发育期和青春期（adolescent period）。胚胎发育期是指从受精卵开始到口、第 1 鳃裂和肛门形成的时期。胚胎发育期可再分为胚胎发育早期和胚胎发育晚期，前者从受精卵开始到胚胎孵化为止，而后者为胚胎从受精膜内孵化出来开始到口、第 1 鳃裂和肛门形成为止。幼虫发育期包括从第 1 鳃裂出现开始到幼虫完成变态并开始营底栖生活为止。幼虫发育期可再分为幼虫发育早期和幼虫发育晚期，前者从第 1 鳃裂出现开始到形成 12～15 个鳃裂且围鳃腔形成为止，而后者从形成围鳃腔开始到完成变态为止。幼虫发育晚期也称为变态期（Just et al.，1981），主要发育阶段包括在身体右侧形成次级鳃裂、初级鳃裂转移到身体左侧，以及口移至身体前端腹面正中位置。青春期是指从完成变态的幼文昌鱼生长到性成熟的时期。

Lankester 和 Willey（1890）及 Willey（1891）曾对欧洲文昌鱼的幼虫发育做过详细描述。这也构成我们对文昌鱼幼虫发育的主要叙述内容。

1. 幼虫早期发育

文昌鱼孵化后，身体逐渐变长，肌节增多。欧洲文昌鱼大约受精后32h，在身体前端左侧形成口，腹中线处形成第1鳃裂。文昌鱼幼虫口和第1鳃裂形成后不久，肛门也出现。至此，文昌鱼胚胎期结束，幼虫期开始。

当文昌鱼幼虫出现 1～6 个鳃裂时，便开始向水面上游泳，幼虫的浮游期亦随之开始。浮游幼虫的运动除上升游泳外，也可以下沉游泳。上升游泳通过身体波浪式运动实现，而下沉游泳则是被动运动，下沉时左侧开口朝向下方。文昌鱼浮游幼虫的上升游泳和下沉游泳不但有利于其捕食海水中浮游生物和有机悬浮物，而且有利于浮游幼虫总是保持在接近海水表面的地方，以便随水流漂移。浮游幼虫相对于水面的位置取决于主动上升游泳和被动下沉游泳发生的频率及其持续时间。

文昌鱼浮游幼虫对盐度和温度都很敏感。西非拉各斯沿海表层水温为 27～28℃，表层海水盐度由于受来自河流的淡水影响而显著降低。该海区的尼日利亚文昌鱼（*B. nigeriense*）幼虫总是下沉到盐度较高且温度较低的海水中生活，一般在 3.5～36.5m（Webb and Hill，1958）。除盐度和温度外，文昌鱼浮游幼虫对光线也很敏感。Chin（1941）发现，夜晚，在厦门沿海从表层到底层的海水中都有白氏文昌鱼幼虫存在，但在白天，表层海水中很少见到白氏文昌鱼幼虫。Wickstead 和 Bone（1959）发现新加坡沿海的白氏文昌鱼幼虫也存在类似行为。

幼虫在浮游生活期间，逐渐形成 12～15 个不成对的初级鳃裂。咽部前面 2/3 区域的初级鳃裂都是先在腹中线处形成，随后转移到身体右侧。但是，最后 2～3 个初级鳃裂似乎一直保持在腹中线处，不发生转移。当幼虫形成 12～15 个初级鳃裂后，幼虫一般开始沉落到底质上，但并不会钻入沙内。

当文昌鱼身体右侧出现 9～10 个鳃裂时，身体腹部中间凹陷，两侧凸起，形成两条纵褶，即将来成体的腹褶（Lankester and Willey，1890）。刚形成时，纵褶为实心结构，但其中的结缔组织中间会很快形成一空腔。纵褶形成之后不久，其内侧各生出一水平凸起，成为围鳃腔下褶（sub-atrial fold）。围鳃腔下褶逐渐增长，最先于未来围鳃腔孔处交会，融为一体，然后在晚期幼虫发育过程中，左右围鳃腔下褶交会融合逐渐向前延伸，最终形成一空管。这就是早期的围鳃腔。随后，围鳃腔向背方扩大，从腹面和两侧包围咽部，将体腔挤压到咽的背部两侧，成为一纵行的体腔管。此外，在内柱的腹侧也保留有一狭窄的体腔，被包围在围鳃腔壁里面。初形成的围鳃腔前后两端都有开口，后来前端的开口封闭，仅保留后端的开口，这就是围鳃腔孔。围鳃腔形成后，鳃裂不再直接开口于体外，而是通过围鳃腔并由围鳃腔孔和外界相通。据认为，文昌鱼的腹褶可能和鱼类的鳃盖（operculum）具有同源性（Kowalevsky，1867），也有人认为它和鱼类的鳍具有同源性（Lankester and Willey，1890）。

2. 幼虫晚期发育

幼虫的晚期发育即变态是文昌鱼生活史中的一个关键时期（图 1-25）。其间，幼虫形态结构发生深刻变化：幼虫器官消失，成体器官形成，身体结构由不对称重新变得对称。

欧洲文昌鱼幼虫开始变态时，鳃裂数目一般为 14 个；厦门文昌鱼幼虫变态时鳃裂数目一般为 13 个；尼日利亚文昌鱼幼虫变态时鳃裂数目一般为 21～22 个。可见，不同种文昌鱼幼虫开始变态时，其鳃裂数目不同。即使同一种文昌鱼幼虫，由于大小不同，开始变态时鳃裂数目也不相同。Webb（1958）发现，尼日利亚文昌鱼幼虫变态时体长一般为 4.9～5.4mm，鳃裂为 21～22 个，但是，有些个体变态时体长平均为 6.7mm，鳃裂则为 25 个。幼虫的晚期发育，根据形态变化可以分为以下 8 个阶段。

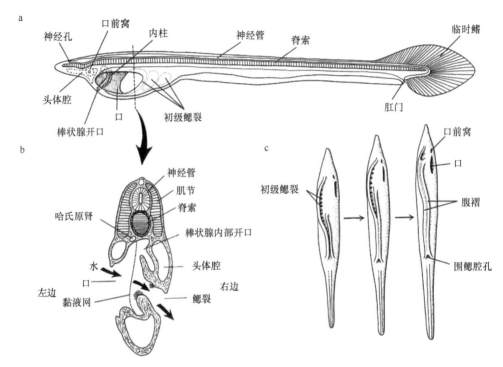

图 1-25　文昌鱼幼虫发育和变态（Willey，1894）

a. 幼虫左侧观。b. 通过幼虫口部的切面，示不对称性、水流和过滤食物的黏液网。c. 变态期腹面观，示幼虫鳃裂被腹褶形成的围鳃腔包围。之后，口和口前窝（口前凹）从头部左侧的位置向腹部迁移，并被口腔包围。幼虫的口变为成体的缘膜，口前窝分化为哈氏窝和轮器

第 1 阶段，首先是幼虫右侧咽部初级鳃裂上方形成一连续的纵褶。纵褶在初级鳃裂相间位置上，同时形成 6 个卵圆形加厚（oval thickening）小点，将来形成次级鳃裂。卵圆形加厚小点由咽壁和体壁融合形成，第 1 个卵圆形加厚小点位于第 3~4 个初级鳃裂上方，而且第 1 个和第 6 个卵圆形加厚小点较其余 4 个略小些。在初级鳃裂和具有卵圆形加厚小点的纵褶之间，可见到一纵行血管，最终发育成内柱下方的血管。另外，围鳃腔前端有宽阔开口。

内柱在胚胎早期就已形成，它由一些柱状内胚层细胞向后倾斜弯曲并向前方折叠起来构成。内柱位于第 1 肌节处的口腔右侧，其上臂明显短于右侧的下臂。

鳃裂前面紧靠内柱后缘有一棒状腺，倾斜着位于口腔右侧，下端弯曲并逐渐变细，开口于口腔左侧下方。棒状腺在胚胎发育至 9~10 对肌节时，由第 1~2 对肌节之间的消化道腹面形成一横向皱褶，然后和消化道完全脱离而形成。在早期幼虫中，棒状腺上端无开口，但在晚期幼虫中，它开口于口腔背面。身体左侧口缘四周具纤毛。在口前窝和口前端背面之间有一纤毛沟。仔细观察，可以看到口部边缘向纤毛沟中伸出的微凸起，这是口由左侧向前端腹中线转移的最早征兆。口下方在棒状腺下端和外界相通的开口处后面有一环形结构，这是形成口前触手（preoral cirri）骨骼的软骨样结构（cartilaginous structure），由口下唇中胚层分化形成，其上面被表皮覆盖。

从内柱前端上方向后，在鳃腔上缘左右各形成一条咽上纤毛带，由咽部上皮内胚层

细胞凸出形成。左侧咽上纤毛带前端和内柱下臂基部相连，右侧咽上纤毛带前端和内柱上臂相连。

第 2 阶段，幼虫发生的主要变化是形成次级鳃裂的卵圆形加厚小点形成洞穿孔。一般是第 2~5 个卵圆形加厚小点先形成洞穿孔，接下来是第 1 个卵圆形加厚小点形成洞穿孔，最后才是第 6 个卵圆形加厚小点形成洞穿孔。次级鳃裂开始很小，鳃裂内有纤毛。与此同时，第 14 个初级鳃裂开始封闭。围鳃腔向前交会融合至第 7~10 个初级鳃裂处，但是，内柱和棒状腺较前期无变化。口前端背面向纤毛沟进一步隆起，同时口前面部分向身体右侧越陷越深。口笠开始形成，其上部由口前窝和纤毛沟的上缘连续向下生长形成一个表皮皱褶而产生，而下部则从口下唇下方产生，将来口须全部从口笠下部形成。

第 3 阶段，幼虫围鳃腔的交会融合进一步向前延伸，但前端仍留有一很小开口。所有鳃裂均已被透明的围鳃腔壁覆盖起来。已形成的 6 个次级鳃裂逐渐变大，同时在它们前端出现一个新的次级鳃裂，位于第 2~3 个初级鳃裂上方。可见，位于最前端的次级鳃裂并不是最先形成的鳃裂。第 14 个初级鳃裂完全封闭，其余 13 个初级鳃裂向左侧延伸。

内柱开始向后移动，棒状腺覆盖在内柱后缘。口前壁内陷形成口右侧缘膜。随着口向右侧转移，口前窝也跟着向右侧转移，且随着口笠的发育逐渐变扁平，最终成为口笠下面的纤毛束（ciliated tract）。口须已形成 3~4 个。

第 4 阶段，幼虫 13 个初级鳃裂已转移到咽部下方；第 1 个初级鳃裂明显变小，第 13 个初级鳃裂正在封闭。在已经形成的 7 个次级鳃裂中，第 3~5 个次级鳃裂最大，其背部中间向下延伸，形成次级鳃条，把初级鳃裂一分为二。另外，围鳃腔前端已完全封闭。

内柱进一步向后移动，位置由以前倾斜状态变成水平状态，呈纵向位于腹部。口笠下半部长出 5~6 根口须。棒状腺和外界相通的开口仍然存在，但被口须盖住，不易见到。

第 5 阶段，初级鳃裂已迁移到身体左侧，但在咽基部仍能见到 12 个初级鳃裂，第 1 个初级鳃裂开始萎缩，第 12 个初级鳃裂正在封闭。初级鳃裂背部中间向下生长，形成鳃条，但尚未和其腹部交会。次级鳃裂已形成 8 个，在较大的次级鳃裂中，鳃条已经完全形成。

棒状腺开始萎缩，其细胞逐渐脱落下来，流入消化道并被消化道细胞吸收。第 1 个初级鳃裂的封闭好像总是和棒状腺的萎缩同时发生。

内柱位于初级鳃裂和次级鳃裂前端。可以清楚看出左边咽上纤毛带自内柱上臂发出，右边咽上纤毛带自内柱下臂发出。内柱的上臂部分和下臂部分，以后分别构成内柱的左侧和右侧部分。

口笠下部和上部连接起来，分别构成口笠的左侧和右侧。在口笠上下两部分的连接处形成一个皱褶，内含软骨样组织。口笠下部具有口须，但口须尚未向口笠上部延伸。由于口笠左边和右边起源不同，口须骨骼完全由口笠下部或右侧的中胚层形成，然后转移到口笠上部或左侧。

第 6 阶段，大多数初级鳃裂和次级鳃裂的形状及大小都变得基本相同。具体来说就是，除去前端 2 个鳃裂和后端 2 个鳃裂之外，其余所有初级鳃裂和次级鳃裂的长度与宽度都基本相同。另外，初级鳃裂和次级鳃裂中的所有鳃条都已和其腹部交会。

第 1 个初级鳃裂完全封闭，第 11 个初级鳃裂正在开始封闭。因此，此时幼虫身体左侧第 1 个鳃裂其实是原来第 2 个初级鳃裂，第 2 个鳃裂其实是原来第 3 个初级鳃裂，其余以此类推。同时，由于身体左侧第 1 个初级鳃裂消失，身体右侧第 1 个鳃裂即第 1 个次级鳃裂便位于左侧第 1~2 个鳃裂对面中间位置。

口笠上下两部分连接进一步加强。口部缘膜前壁进一步向右转移。缘膜上已初步形成 4 个触手。

左侧咽上纤毛带和内柱下臂即左侧接合。棒状腺已完全消失。

值得一提的是，此前各期幼虫中，均可见到肾管（nephridium）存在。肾管位于口前窝和口部之间脊索下面左侧，一端开口于口腔。有关肾管的变化不详，其存在意义也不明了。

第 7 阶段，初级鳃裂和次级鳃裂都开始上下延长，即在和身体长轴垂直的方向上延长。身体右侧通常有 8 个鳃裂，身体左侧一般有 9 个鳃裂，第 9 个即原来第 10 个初级鳃裂正在封闭。

口前窝纤毛束形态发生变化，中间出现凹陷。在原有 4 个缘膜触手之间形成一些新的缘膜触手。缘膜触手最终有 12 个。另外，内柱明显增长，已抵达第 4 个鳃裂位置。

第 8 阶段，随着幼虫身体左侧第 9 个鳃裂消失，左右两侧的鳃裂数目趋于一致，一般各为 7~9 个，多数情况下为 8 个。此时幼虫进入"临界期"（critical stage）。临界期的结束即文昌鱼幼虫期的完结，也就是说文昌鱼幼虫已完成变态，成为幼文昌鱼，并开始钻沙，营底栖生活。临界期内文昌鱼幼虫的鳃裂数目和脊椎动物典型的鳃裂数目大致相符。虽然文昌鱼幼虫临界期持续时间较长，但是，其间所发生的变化不大，主要的变化包括：鳃裂垂直高度进一步增长；口完全移到前端腹中线处，但口笠和口笠触手尚未发育完全；内柱上下臂成并行排列，分别构成内柱的右侧和左侧，其位置延伸到第 5 个鳃裂处；咽部后面的咽下纤毛带开始退化，并逐渐消失。

随着变态进行，身体后面的肌节也不断增加；到幼虫变态即将结束时，肌节数目增加到同成体一样多（Lankester and Willey，1890；Wickstead，1967）。另外，文昌鱼幼虫主要依靠体表纤毛摆动而运动，但随着变态进行，幼虫体表纤毛逐渐消失，幼虫也逐渐依靠肌肉进行运动（Bone，1958；Wickstead，1967）。

文昌鱼幼虫变态完成后，幼文昌鱼在身体左右两侧原有 8 个鳃裂。以后，又陆续形成一些新鳃裂，称为三级鳃裂（tertiary gill-slit）。

3. 幼虫的不对称性

在发育早期，文昌鱼幼虫的身体结构变得不对称。人们曾提出许多假设来解释文昌鱼幼虫的不对称性（Bone，1958；Medawar，1951；van Wijhe，1913；Willey，1891）。其中，Willey（1891）的观点最具代表性。他认为，文昌鱼幼虫的不对称性只是暂时的个体发生现象，并非其祖先特征。

文昌鱼祖先的脊索可能并不延伸到身体前端。文昌鱼胚胎发育早期，其脊索虽然已越过神经管前端开口，但并未延伸到胚胎最前端。在脊索前端下方是位于肌节前端的消化道部分。所以，脊索延伸到身体前端可能是文昌鱼适应钻沙生活的结果，是次生现象。同样，文昌鱼祖先的口可能也不位于身体前端侧面，而可能像海鞘幼虫一样，位于前端背部。当文昌鱼脊索越过神经管一直向前端延伸时，口才被迫放弃原先占有的背部位置，而被挤到一侧。正如文昌鱼幼虫前端的神经孔一样，它开始位于背部，但随着背鳍的发育而被挤到侧面。还有肛门，它开始位于腹部，但由于尾鳍的发育而被挤到一侧。因此，文昌鱼幼虫的口位于左侧可能是脊索向前端延伸的结果，或者说是随着脊索向前延伸而发生的（Willey，1891；Medawar，1951）。脊索向前延伸不但可能导致口从背部转移到左侧，而且可能导致原来位于左侧的鳃裂不得不向右侧转移。文昌鱼鳃裂的不对称性可能就是这样形成的。我们知道，文昌鱼幼虫后端的初级鳃裂比前端的初级鳃裂更接近腹中线。还有，虽然初级鳃裂背面上方的血管实际上位于身体右侧，但是，形态学上它代表幼虫的腹中线，称为"形态学中线"（morphological middle line）。这也说明文昌鱼幼虫的不对称性是咽部发生扭转的结果（Willey，1891；Medawar，1951）。

　　另外，也有人认为，文昌鱼幼虫口位于身体一侧不是脊索向前延伸的结果；恰恰相反，脊索向前端延伸是由口先发生扭转到身体一侧引起的（van Wijhe，1913；Bone，1958）。幼虫口发生扭转很可能是幼虫适应高效摄食的结果。文昌鱼幼虫靠体表纤毛摆动向前游泳时，从后面观其身体通常不停地从左向右即逆时针方向旋转，虽然幼虫偶尔也呈顺时针方向旋转（Bone，1958）。当幼虫在水中游泳时，水由左侧的口流入而从右侧鳃裂流出，不但可以使幼虫更有效地滤食水中浮游生物（van Wijhe，1913），而且可能有助于幼虫旋转运动（Wickstead，1975）。另外，Bone（1958）对文昌鱼脊索延伸到身体前端是否有利于其钻沙运动也持怀疑态度，因为偶尔可以观察到文昌鱼用尾部钻入沙内。

　　据 Willey（1891）观察，文昌鱼幼虫中凡是位于内柱背面的器官都在"形态学中线"右侧，而凡是位于内柱腹面的器官都在"形态学中线"左侧。因此，从理论上讲，棒状腺和口腔相通的孔位于右侧，而初级鳃裂位于左侧。

　　棒状腺起源于内胚层，一端开口和体外相通，另一端开口和消化道相通。在整个动物界，还没有发现有和文昌鱼棒状腺类似的结构。Willey（1891）认为，棒状腺是由身体右侧第 1 个鳃裂变形而来，与之相对应的是身体左侧第 1 个初级鳃裂。棒状腺和第 1 个初级鳃裂不但起源相同，而且同时形成并且同时消失。第 1 个次级鳃裂总是和第 2 个初级鳃裂相对应，尚未发现有和位于"形态学中线"左侧的第 1 个初级鳃裂对应的次级鳃裂形成，而棒状腺和消化道相通的孔位于幼虫内柱背面，因此位于"形态学中线"右侧，恰好和第 1 个初级鳃裂相对应。因此，棒状腺很可能是右侧第 1 个鳃裂因咽部扭转而被拉长成管状所形成。

　　对于 Willey 的棒状腺由右侧第 1 个鳃裂变化而来的观点，van Wijhe（1913）持不同看法。他发现，文昌鱼完成变态后，鳃裂变得对称属于真正的对称，而口由左侧转移到腹中线处的对称性只是表面现象。文昌鱼口内壁的神经和肌肉组织均来自身体左侧，无一来自身体右侧部分。据此，van Wijhe 认为，文昌鱼的口和脊椎动物对称的口不具有同源性。文昌鱼的口很可能是身体左侧第 1 个鳃裂变化而来的,与之相应的右侧的鳃裂就是棒状腺。口和棒状腺两者都位于第 2 肌节处。van Wijhe 还认为,文昌鱼幼虫的口前窝可能和脊椎动物的口具有同源性。Goodrich(1930)对文昌鱼幼虫棒状腺进行组织学观察后也认为,棒状腺代表一个变态的鳃裂,而且它应属于右侧鳃裂,因为棒状腺由消化道右侧内胚层加厚形成,而且加厚部分从不越过腹中线抵达左侧消化道。

有关棒状腺的功能尚一无所知。Wickstead(1967)认为,棒状腺具有分泌功能,其分泌物调节文昌鱼幼虫生活并诱发变态;随着变态进行,棒状腺逐渐退化消失,与此同时,内柱逐渐发育,并接替棒状腺开始调节文昌鱼的新陈代谢。目前,还没有任何证据支持或否定 Wickstead 的假设。脊椎动物的咽部在内分泌系统发生方面起重要作用。甲状腺、甲状旁腺和胸腺都起源于咽部。文昌鱼内柱可能和脊椎动物甲状腺具有同源性,因为它由咽部消化道部分形成。同样,文昌鱼棒状腺也由咽部消化道部分形成。在脊椎动物中,胸腺在幼体中特别发达,在成体中逐渐萎缩。文昌鱼幼虫的棒状腺在幼虫期发达,至变态完成的幼文昌鱼体内也已消失。由此可以看出,文昌鱼的棒状腺似乎和脊椎动物的胸腺具有一定的可比性。

4. 青春期发育

有关文昌鱼青春期发育的资料十分有限。文昌鱼幼虫在变态期间,体长一度不增加,有时甚至缩短(Wickstead,1967;van Wijhe,1913;Willey,1894)。但是,变态完成后,幼文昌鱼便以较快速度生长,体长不断增加。例如,6 月完成变态的厦门文昌鱼,到 8 月体长可达 10mm,而至年底,体长可达 18mm(金德祥,1957)。厦门文昌鱼胚胎和幼虫发育期约为 10 天。当变态完成后,厦门幼文昌鱼体长一般为 4.5mm;当幼文昌鱼体长达到 5mm 时,生殖腺便开始发育,当体长达 17mm 时,生殖腺可区分出精巢和卵巢。厦门文昌鱼幼虫,一年后就可发育到性成熟,可以产精排卵,繁育后代(金德祥,1957)。初次性成熟厦门文昌鱼最小个体体长为 30mm 左右(金德祥,1957)。

青岛文昌鱼繁殖季节一般为 6 月中旬至 7 月中旬,胚胎和幼虫发育期一般持续 50 天左右。文昌鱼胚胎孵化后大约 50 天,幼虫完成变态,成为幼文昌鱼,开始钻沙生活。根据我们对实验室全人工培育的青岛文昌鱼的观察(Wu et al.,1994),幼体在变态完成后的 2~3 个月(每年 9~10 月),月平均生长速度为 2.8mm 左右。随后,冬季来临(当年 12 月至翌年 4 月),水温下降,其月平均生长速度降至 1mm 左右。当下一年春夏季来临、水温升高时,其月平均生长速度又恢复为 2.8mm。当年生青岛文昌鱼至翌年 6~7 月即整 1 龄时,体长为 9~23mm,平均体长为 18mm。青岛文昌鱼到 2 龄时,体长约 20mm 才能发育到性成熟。

五、实验胚胎学

历史上,最早进行文昌鱼实验胚胎学研究的人是美国学者 E. B. Wilson。1892~1893 年,Wilson 将 2-细胞期和 4-细胞期文昌鱼胚胎放到盛有半管海水的试管内,用力摇晃，使分裂球分开，研究分离的分裂球的发育潜能。他发现 2-细胞期分开的 1/2 分裂球以及 4-细胞期分开的 2/4 分裂球都能进行分裂，形成结构完全但只有正常幼虫一半大小的幼虫；有时，两个分裂球未完全分开，结果便形成两个连在一起的双胞胎幼虫；有一个 4-细胞期分开的 1/4 分裂球形成一个结构完全但只有正常幼虫 1/4 大小的幼虫。根据这些结果，Wilson 认为，文昌鱼卵子属于调整性卵（regulative egg），其分裂球至少在 4-细胞时还保留有全能性。

大约 40 年后，Conklin（1933）重复 Wilson 的实验。他发现 2-细胞期分开的 1/2 分裂球形成身体较小的正常幼虫；4-细胞期沿着第 1 次卵裂面分开的 2/4 分裂球都能形成身体较小的正常幼虫，但沿第 2 次卵裂面分开的 2/4 分裂球则无一形成正常幼虫；而 4-细胞期分开的 1/4 分裂球都不能形成正常幼虫。根据这些结果，Conklin 认为文昌鱼卵子属于镶嵌型卵（mosaic egg），其分裂球仅在 2-细胞时具有全能性。

Wilson 和 Conklin 结论的不同之处显而易见。对此，我国学者童第周等对文昌鱼早期分裂球的发育潜能进行了深入细致的研究，发现文昌鱼分裂球的发育潜能既不像 Wilson 所说的那样是全能的，也不像 Conklin 所说的那样是镶嵌型的（Tung et al.，1958）。

1. 分裂球发育能力和器官原基分布图

童第周等运用两种方法研究文昌鱼早期分裂球的发育能力：活体染色法和分裂球分离培养。前者是将某些分裂球用活性染料尼罗蓝（Nile blue）染色，观察所着色分裂球形成幼虫哪些组织和器官；后者是将分裂球分离出来培养，观察它们发育成什么组织，由此推测分裂球的发育潜能（Tung et al.，1958，1960a，1960b，1962a，1962b，1965）。

在 2-细胞期染色其中一个分裂球，多数情况下，着色的分裂球形成幼虫身体半边的脊索、肌肉、消化道和神经管。外胚层形成的表皮由于极薄，难以分辨是否着色。在少数情况下，2-细胞期所染色的一个分裂球只形成脊索和神经管或者幼虫后部的肌肉和消化道。据此，他们认为文昌鱼受精卵的第 1 次卵裂面多数时候和胚胎两侧对称面一致，从而把受精卵分成左右两部分；偶尔，第 1 次卵裂面和两侧对称面垂直而把受精卵分成前后两部分。2-细胞期当所染色的一个分裂球形成幼虫身体半边的脊索、肌肉、消化道和神经管时，说明所染色的分裂球是左边或右边的分裂球；当所染色的分裂球仅形成幼虫的脊索和神经管时，说明所染色的分裂球是前端分裂球；当所染色的分裂球形成幼虫后部的肌肉和消化道时，说明所染色的分裂球是后端分裂球。在 4-细胞期，沿第 2 次卵裂面染色一侧两个分裂球，所得结果和 2-细胞期染色其中一个分裂球所得结果相同，只是多数情况下所染色的两个分裂球形成身体后半部分的肌肉和消化道或者仅形成位于身体背部的脊索和神经管，少数情况下所染色的两个分裂球形成身体一侧的脊索、肌肉、消化道和神经管。

在 4-细胞期染色其中 1 个分裂球，结果可分成两种类型。第 1 种类型是幼虫的着色组织包括整条脊索和神经管、身体前端至尾部末端的背部表皮和身体前端至消化道前端的腹部表皮、头部第 1 体节至色素点前端的肌节、消化道前端膨大部分，以及所有前端内胚层器官包括头腔、口前窝和棒状腺。第 2 种类型是幼虫的着色组织包括尾部背面表皮和消化道前端至尾部末端的腹部表皮、身体后部的肌节，以及消化道前端膨大部分后面至末端的消化道部分。童第周等认为，第 1 种类型的结果说明所染色的分裂球是胚胎前端的一个分裂球，而第 2 种类型的结果说明所染色的分裂球是胚胎后端的一个分裂球。

在 8-细胞期染色动物极 1 个分裂球，结果也可分成两种类型。第 1 种类型中幼虫的着色组织和 4-细胞期染色前端 1 个分裂球所发育幼虫中的着色组织相同，包括前端至尾部前面的表皮和前端至消化道前端膨大部分腹面的腹部表皮，以及脑泡和前面约 2/3 神经管部分。第 2 种类型中幼虫的着色组织和 4-细胞期染色后端 1 个分裂球所发育幼虫中的着色组织相同，只有表皮着色，包括除前端一小部分外所有的腹部表皮和一部分背面尾部表皮。显而易见，第 1 种类型的结果说明所染色分裂球是胚胎前端的一个分裂球，而第 2 种类型的结果说明所染色的分裂球是胚胎后端的一个分裂球。

在 8-细胞期染色植物极 1 个分裂球，所得结果同样可分成 2 种类型。第 1 种类型是幼虫的着色组织包括前端 1/3 肌节、整条脊索、消化道前端部分及神经管后端 1/3 部分。第 2 种类型是幼虫的着色部分包括后端 2/3 肌节和消化道的后端部分。把这些结果和 4-细胞期染色一个分裂球所得结果进行比较，可以看出第 1 种类型中的着色组织除表皮和神经系统外，和 4-细胞期染色前端一个分裂球所发育的幼虫中的着色组织相同；第 2 种类型中的着色组织除表皮外，和 4-细胞期染色后端一个分裂球所发育的幼虫中的着色组织相同。显然，第 1 种类型的结果说明所染色的分裂球是胚胎前端的一个分裂球，第 2 种类型的结果证明所染色的分裂球是胚胎后端的一个分裂球。

在 8-细胞期染色动物极 4 个分裂球，所发育的幼虫的着色组织包括全部表皮、脑泡及前端 2/3 神经管部分。相比之下，在 8-细胞期染色植物极 4 个分裂球，所发育的幼虫的着色组织包括脊索、肌节、消化道和后端 1/3 神经管。

在 32-细胞期染色 an1 层 8 个分裂球，所发育的幼虫的着色组织只限于身体前端至中间的背部和腹部表皮。相比之下，在 32-细胞期染色 veg2 层 8 个分裂球，所发育的幼虫的着色组织包括前端至消化道前面部分的脊索、前端几个肌节和消化道的绝大部分。

分裂球分离培养实验结果和活体染色结果基本一致。在 2-细胞期或 4-细胞期，沿第 1 次卵裂面将分裂球分开，所分开的分裂球的发育有 5 种情况：①形成一对正常的幼虫；②形成一个正常幼虫和一个不正常但具有全部组织如表皮、脊索、神经管、肌肉和消化道的幼虫；③形成两个都不正常但都具有全部组织的幼虫；④形成一个正常幼虫和一个只具有表皮、消化道及少许肌纤维但缺乏脊索和神经管的幼虫；⑤形成一个不正常但具有全部组织的幼虫和一个不正常且仅具有表皮、肌肉与消化道的幼虫。其实，上述 5 种发育情况可归纳成两组：前 3 种属于一组，这一组中分开的分裂球都发育成一对具有全部组织的幼虫，约占总数的 87%；后 2 种属于另一组，这一组中分开的分裂球发育成一个具有全部组织的幼虫和一个仅具有表皮、消化道、肌肉但缺乏脊索与神经管的幼虫，约占总数的 13%。沿第 1 次卵裂面分开的分裂球发育成一对具有全部组织的幼虫，说明第 1 次卵裂面和胚胎左右对称面吻合，把受精卵分成左右两部分；而沿第 1 次卵裂面分开的分裂球发育成一个具有全部组织的幼虫和一个仅具有表皮、消化道和肌肉的幼虫，说明第 1 次卵裂面和胚胎左右对称面垂直，把卵子分成前后两部分。值得指出的是，在分开的分裂球所形成的一对具有全部组织的幼虫中，很多时候一个幼虫左边肌节较少，而匹配的另一个幼虫则右边肌节较少。另外，神经管也存在类似的不对称发育情况。这表明 2-细胞期分开的分裂球形成的幼虫多多少少显示出"半胚"（half-embryo）的特征。

在 4-细胞期沿着第 2 次卵裂面将分裂球分开，分开的分裂球所形成的幼虫的类型和 2-细胞期沿第 1 次卵裂面分开的分裂球所形成的幼虫相似，只是形成一对具有全部组织的幼虫的比例较少，而形成一个具有全部组织的幼虫和一个仅具有表皮、消化道、肌肉的幼虫的比例较大。这和第 2 次卵裂面多数时候把胚胎分成前后两部分，而少数时候把胚胎分成左右两部分的结论是一致的。

在 4-细胞期，将分裂球分成 4 个，多数情况下，4 个分裂球中有 2 个形成包含全部组织的幼虫，而另外 2 个则形成仅有表皮、消化道和肌纤维但缺乏脊索与神经管的幼虫。偶尔，4 个分裂球中有 3 个发育成具有全部组织的幼虫，而另外 1 个发育的幼虫缺乏脊索和神经管，只具有表皮和消化道。这可能是因为第 1 次卵裂面既不和两侧对称面吻合，也不和它垂直，而是与之倾斜交叉成一角度，从而把预定脊索和神经物质分配到 4 个分裂球的 3 个之中。

综上所述，文昌鱼早期分裂球具有较强的调整能力，不但在 2-细胞期分离的左侧 1/2 分裂球和右侧 1/2 分裂球能够调整发育成正常幼虫，而且在 4-细胞期分离的前端 1/4 分裂球也能调整发育成正常幼虫。但是，文昌鱼胚胎早期分裂球的调整能力又有一定限度。这主要表现在以下两个方面：2-细胞期分离的后端 1/2 分裂球（第 1 次卵裂面和两侧对称面垂直时形成）和 4-细胞期分离的后端 1/4 或 2/4 分裂球都不能调整发育成正常幼虫；由 1/2 分裂球形成的一对幼虫中，调整作用也不完全，幼虫经常表现出"半胚"特征，即一个幼虫左边肌节较少或者神经管发育不良，而匹配的另一个幼虫右侧肌节较少或者神经管发育不良。

在 8-细胞期沿着第 3 次卵裂面将分裂球分成动物极和植物极两组。动物极 4 个分裂球先发育成外胚层球（ectodermal ball），其细胞表面有纤毛，纤毛摆动使外胚层球在海水中不停地游动。随后，外胚层球表面逐渐形成褶皱，成为形状不规则的外胚层囊（ectodermal vesicle）。有时候，在外胚层囊内可以看到消化道或肌肉，有时甚至还可以看到神经或脊索组织。这很可能是由于第 3 次卵裂面低于正常分裂面，从而把预定的部分内胚层、中胚层以及脊索和神经物质分割到动物极 4 个分裂球中。8-细胞期分离的植物极 4 个分裂球形成的胚状体（embryoid）通常具有消化道、脊索、肌肉和神经管，但一般缺乏具纤毛的外胚层，因而不能游动。植物极 4 个分裂球形成的胚状体由于缺少外胚层，细胞很容易分离脱落，一般很难培养超过 3 天。显然，8-细胞期分开的动物极 4 个分裂球和植物极 4 个分裂球都不能形成完整幼虫。动物极 4 个分裂球一般形成外胚层囊，植物极 4 个分裂球一般形成缺乏外胚层但含有脊索、肌纤维、消化道和神经管的胚状体。

在 32-细胞期，将分裂球分离成 4 层即 an1 层、an2 层、veg1 层和 veg2 层，每层各由 8 个分裂球组成。an1 层分裂球只形成表皮；an2 层分裂球除形成表皮外，有时还形成一些肌纤维；veg1 层分裂球主要形成脊索和肌纤维，偶尔也形成一些外胚层或内胚层结构；veg2 层分裂球形成消化道。

根据上述 2-细胞至 32-细胞期文昌鱼胚胎分裂球活体染色和分裂球分离培养实验结果，童第周等绘制了青岛文昌鱼 8-细胞期和 32-细胞期器官原基分布图（图 1-26）。青岛文昌鱼在 8-细胞期，预定神经系统主要分布在动物极前端 2 个分裂球内，它形成脑泡和前面 2/3 左右的神经管，还有一小部分分布在植物极半球前端 2 个分裂球内，它形成后面 1/3 左右的神经管。预定脊索区全部分布在植物极前端 2 个分裂球内，位于神经系统区域的下面。预定中胚层区域除分布在植物极后端 2 分裂球内之外，还有相当大一部分分布在植物极前端 2 个分裂球内。在后端 2 个分裂球内的中胚层区域形成自色素点略前的区域起，到幼虫末端的肌节，而在前端 2 个分裂球内的中胚层区域形成自前端起，到色素点略前区域的肌节。预定表皮区域分布在动物极前端和后端分裂球内，即在神经系统区域和中胚层区域之间。预定内胚层区域分布在植物极分裂球内。植物极前端 2 个分裂球中的内胚层区域形成消化管前段和其他内胚层器官，植物极后端分裂球中的内胚层区域形成消化管后段。

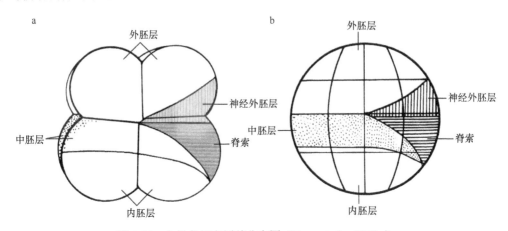

图 1-26　文昌鱼器官原基分布图（Tung et al.，1962a）

a. 8-细胞期；b. 32-细胞期

在 32-细胞期，预定表皮区分布在 an1 层和 an2 层的大半部，前者形成身体前段的表皮，后者形成身体后段的表皮。预定神经系统区大部分分布在 an2 层，一小部分分布在 veg1 层。预定脊索区绝大部分分布在 veg1 层，一小部分分布在 veg2 层。veg2 层中的脊索区将来形成最前面的一小段脊索。预定中胚层区绝大部分分布在 veg1 层，一小部分分布在 veg2 层。veg2 层的中胚层区将来形成身体最前端的少数肌节。预定内胚层区绝大部分分布在 veg2 层，一小部分分布在 veg1 层。veg1 层中的内胚层区将来形成消化道后段。

青岛文昌鱼器官原基分布图和欧洲文昌鱼器官原基分布图总体而言基本相同，区别在于区域范围的宽广度略有不同。青岛文昌鱼器官原基分布图的中胚层区域比欧洲文昌鱼的长，向前一直伸展到 8-细胞期植物极前端 2 个分裂球中和 32-细胞期部分 veg2 层分裂球中。另外，青岛文昌鱼器官原基分布图的脊索区比欧洲文昌鱼的宽，在8-细胞期分布在植物极前端2个分裂球中，在32-细胞期分布在veg1层和veg2层分裂球中。青岛文昌鱼器官原基分布图和欧洲文昌鱼器官原基分布图之间的差异可能是由物种的不同引起的，因为欧洲文昌鱼卵子似乎比青岛文昌鱼卵子含有更多的卵黄，8-细胞时其植物极分裂球体积约为动物极分裂球的2倍。但是，也不能排除由于实验和观察方法不同而导致两者之间有差别的可能性。欧洲文昌鱼器官原基分布图是Conklin根据他所认为的受精卵内不同胚层物质的分布及其卵裂时在分裂球内的分配情况绘制的，不能完全排除有主观臆测成分。Conklin认为文昌鱼胚胎发育包括受精卵内物质分布、卵裂方式、分裂球发育命运的决定和原肠作用等都和海鞘相似，而实际上，文昌鱼卵子内物质分布、卵裂方式和分裂球命运决定方式，都和海鞘卵子不一样。

2. 分裂球的调整能力

　　将活体染色结果和分裂球分离培养实验结果进行比较，不难发现两者之间存在一些细微差别。首先，在2-细胞期染色一个分裂球或4-细胞期染色一个分裂球，幼虫中的着色组织只限于左边或右边一半，但是，2-细胞期分离的1/2分裂球或4-细胞期分离的1/4分裂球都能形成一个正常幼虫。其次，在32-细胞期染色veg2层分裂球，幼虫的脊索前段明显为着色组织，但是，分离的veg2层分裂球不能形成脊索。最后，在8-细胞期染色动物极4个分裂球，幼虫的前端2/3神经管为着色组织，但是，分离的动物极4个分裂球不能形成神经管。上述差别促使童第周等对文昌鱼胚胎分裂球的调整能力作进一步探讨。他们在32-细胞期分别除去其中一层8个分裂球，观察剩余部分发育情况。结果发现：除去an1层分裂球，剩余部分（an2+veg1+veg2）能形成正常幼虫，可见去掉动物极一半分裂球对胚胎正常发育没有影响；除去an2层分裂球，剩余部分（an1+veg1+veg2）也能形成正常幼虫，这时幼虫的脑泡由正常情况下不能形成脑泡的an1发育而来；除去veg1层分裂球，剩余部分（an1+an2+veg2）同样能形成正常幼虫；除去veg2层分裂球，剩余部分（an1+an2+veg1）多数情况下形成消化道发育不全或缺乏消化道的幼虫，但是，偶尔也能形成正常幼虫。综合上述结果可以看出，在32-细胞期，除去其中任意一层8个分裂球，剩余部分都能形成正常幼虫，说明文昌鱼胚胎32-细胞期的分裂球仍具有很强的调整能力。

　　分裂球分离重组实验也说明文昌鱼胚胎32-细胞期的分裂球仍具有很强的调整能力。将文昌鱼32-细胞期的4层分裂球分开，然后作如下成对组合：an1+veg2、an2+veg1、an1+veg1、an2+veg2。培养结果表明，所有的组合体都能发育成正常幼虫。这也提示文昌鱼胚胎发育中存在明显的诱导作用。

3. 胚胎诱导

　　Conklin（1933）认为文昌鱼胚胎的前后轴和背腹轴早在第1次卵裂时或此前就已决定。所以，文昌鱼的胚胎发育为镶嵌型发育，没有胚胎诱导现象。但是，分裂球组合体an1+veg2发育的幼虫具有正常的神经系统，说明文昌鱼胚胎发育中存在胚胎诱导作用，因为分离的 an1 层分裂球单独培养时从不形成神经管，而 veg2 为内胚层细胞，不会产生神经组织。an1+veg2 组合体所形成的幼虫的神经管是不是由内胚层分裂球 veg2 诱导外胚层分裂球 an1 产生的呢？Tung 等（1960a，1960b）发现，将原肠胚早期的胚孔唇（blastoporal lip）移植到同期胚胎的囊胚腔内，可以在寄主胚胎内诱导形成具有脊索、肌肉和神经管的次生胚胎；将原肠胚早期内陷部分的内胚层移植到同期胚胎的囊胚腔内，一般发育为内胚层，参与形成寄主消化道的一部分，不能诱导神经管的形成。他们还发现，32-细胞期，将 veg2 层分裂球的一部分或全部移植到同期胚胎的囊胚腔中，移植的细胞一般发育为内胚层，参与形成寄主消化道的一部分，没有诱导外胚层产生神经管的现象；32-细胞期，将 veg1 分裂球的一部分或全部移植到同期胚胎的囊胚腔中，移植的细胞大部分参与形成寄主消化道的一部分，但有时也能诱导神经管的形成。从上述一系列实验可以看出，神经管总是和脊索同时出现。但是，没有见到肌肉细胞单独与神经管联系在一起的例子。据此他们认为，文昌鱼胚胎神经管的形成不是一个自主的过程，外胚层只有在脊索诱导之下才能形成神经管，而肌肉对神经管的形成没有明显的诱导作用。这和两栖类胚胎神经管的诱导形成十分相似。

分裂球旋转实验也证明文昌鱼神经管的形成依赖于诱导作用。从文昌鱼器官原基分布图上可以看出，在 8-细胞期，预定神经物质只存在于动物极前端 2 个分裂球中，动物极后端 2 个分裂球中没有预定神经物质。当动物极分裂球旋转 180°后，再和植物极分裂球组合，这样一来，不含预定神经物质的后端 2 个分裂球便占据前端分裂球原有位置，位于含有预定脊索物质的植物极前端 2 个分裂球之上。结果，动物极分裂球旋转 180°后的胚胎仍能发育成正常幼虫。显而易见，将动物极分裂球旋转 180°后形成的幼虫的神经组织不是由预定神经物质形成的，而是由后端外胚层细胞产生的。后端外胚层细胞受到来自植物极半球的诱导刺激而分化成脑泡和神经管，而含有预定神经物质的前端分裂球由于缺乏诱导刺激而形成表皮。这说明文昌鱼胚胎神经系统的形成需要来自植物极半球的外来刺激（Tung et al.，1960b）。有趣的是，外胚层细胞好像也能促进脊索和消化道的分化。吴尚懃等在 64-细胞期，将来自 veg1 层分裂球靠近第 1 次卵裂面的前端或后端 1 个或 2 个分裂球分离出来（Wu，1985）。按器官原基分布图，veg1 前端的分裂球含有预定脊索物质和预定内胚层物质，偶尔也含有少许预定中胚层物质；后端的分裂球则含有预定中胚层物质和预定内胚层物质。把分离的 1 个或 2 个分裂球单独培养，或者塞进 an1 层分裂球内或贴在 an1 层分裂球表面培养，结果显示，分离的分裂球单独培养后全不能形成脊索，但可以形成消化道，比例仅为 7%。相比之下，分离的分裂球塞进 an1 层分裂球内培养，所发育的胚胎中有 28%形成脊索，33%形成消化道；分离的分裂球贴在 an1 层分裂球表面培养，所发育的胚胎中，有 14%形成脊索，52%形成消化道。据此他们认为，外胚层对脊索和消化道的分化有明显的作用，对肌原纤维的分化则似乎没有直接的影响。

4. 不同胚层细胞的相互转化

童第周等在 32-细胞期或 64-细胞期进行分裂球互换实验（Tung et al.，1960a，1960b；

Wu，1985），即去掉 veg1 层的 1 个或 2 个预定脊索中胚层细胞，再补上经尼罗蓝染色的 an1 层 1 个或 2 个预定外胚层细胞，或者反过来用 veg1 层的 1 个或 2 个预定脊索中胚层细胞取代 an1 层 1 个或 2 个预定外胚层细胞。结果表明，在 32-细胞至 64-细胞期，文昌鱼胚胎的外胚层细胞放在内胚层区域可以形成内胚层器官，如消化道；而脊索中胚层细胞放在外胚层区域也可以形成外胚层组织，如表皮。因此，文昌鱼胚胎细胞在 32-细胞至 64-细胞期时，其发育命运尚未完全决定，仍具有一定的可塑性。

Tung 等（1958）的分裂球分离实验表明，在文昌鱼胚胎 16-细胞期分离的植物极 8 个分裂球主要形成消化道，有时也有脊索、肌节和神经管出现，但是，绝大多数胚胎缺乏外胚层，无纤毛，因而胚胎不能游动。我们重复了这一实验（Zhang et al.，1999），发现 16-细胞期所分离的植物极 8 个分裂球形成的胚胎中，有 14% 能游动。相比之下，将分离的 8 个植物极分裂球形成的胚胎在同期胚胎发育至囊胚期之前用 $10\mu mol/L\ Ca^{2+}$ 载体 A23187（calcium ionophore A23187）处理 $1\sim1.5h$，最终形成的胚胎有 88% 能游动。扫描电镜观察显示，这些胚胎表面细胞出现许多表皮细胞特有的纤毛。由此可见，植物极细胞经 A23187 处理后已经转化成外胚层细胞。但是，将分离的植物极分裂球形成的胚胎在同期胚胎发育至原肠胚时再用 A23187 处理同样时间，所发育的胚胎则不能产生纤毛，因而也不能游动。我们认为，在囊胚期之前，文昌鱼胚胎植物极细胞的发育命运尚未完全定型，仍然是可塑的，而人为增加植物极细胞内的 Ca^{2+} 浓度可使它们朝外胚层细胞方向分化。但是，在原肠作用之后，文昌鱼胚胎植物极细胞的发育命运已经决定，即使增加细胞内 Ca^{2+} 浓度也不能改变其发育方向。

总而言之，文昌鱼是早已适应海洋环境的一种古老的脊索动物，其形态、结构和发育方式都与脊椎动物存在诸多相似性。同时，由于文昌鱼介于无脊椎动物和脊椎动物之间，在系统演化上占据关键节点位置，因此，长期以来，其一直被视为研究包括人类自身在内的脊椎动物起源和演化的珍贵模式动物。

参 考 文 献

陈大元, 赵学坤, 宋祥芬, 等. 1988. 文昌鱼精子的超微结构. 动物学报, 34: 106-109.

方永强, 齐襄. 1991. 厦门文昌鱼雌雄同体的观察. 台湾海峡, 3: 291-292.

方永强, 齐襄. 1992. 厦门文昌鱼卵子发生的超微结构研究. 海洋学报, 14: 92-96.

胡家会, 张士璀, 张永忠, 等. 2006. 青岛文昌鱼精子运动特征及计算机辅助分析. 动物学报, 52: 706-711.

金德祥. 1957. 文昌鱼. 福州: 福建人民出版社: 1-46.

梁惠, 张士璀. 2006. 文昌鱼营养成分分析及营养学评价. 营养学报, 28: 184-186.

宋裕昌, 吴尚勋. 1986. 青岛文昌鱼卵卵黄粒内的一种亚微结构. 动物学报, 32: 32-34.

宋裕昌, 许梅青. 1989. 青岛文昌鱼的繁殖生物学-Ⅰ. 卵巢和卵母细胞发育的观察. 海洋科学, 4: 50-54.

Barrington E J W. 1938. The digestive system of *Amphioxus* (*Branchiostoma*) *lanceolatus*. Phil Trans Roy Soc Lond B, 228: 269-312.

Barrington E J W, Jefferies R P S. 1975. The distribution of amphioxus//Webb J E. Protochordates. New York: Academic Press: 179-212.

Bone Q. 1958. The asymmetry of the larval amphioxus. Proc Zool Soc London, 130: 289-293.

Bone Q. 1989. Evolutionary patterns of axial muscle systems in some invertebrates and fish. Amer Zool, 29: 5-18.

Bone Q, Best A C G. 1978. Ciliated sensory cells in *Amphioxus* (*Branchiostoma*). J Mar Biol Asoc UK, 58: 479-486.

Boveri T. 1892. Uber die Bildungsstätte der Geschlechtsdrüsen und die Entatehung der Genitalkammern beim Amphioxus. Anat Anz, 7: 170-181.

Cerfontaine P. 1906. Recherches sur le dévelopement de l'Amphioxus. Arch Biol (Liège), 22: 229-418.

Chen T Y. 1931. On a hermaphrodite specimen of the Chinese *Amphioxus*. Peking Nat Hist Bull, 5(4): 11-16.

Chin T G. 1941. Studies on the biology of Amoy amphioxus *Branchiostoma belcheri* Gray. Philippine J Sci, 75: 369-424.

Colombera D. 1974. Male chromosomes in two populations of *Branchiostoma lanceolatum*. Experientia, 30: 353-355.

Conklin E G. 1932. The embryology of amphioxus. J Morphol, 54: 69-151.

Conklin E G. 1933. The development of isolated and partially separated blastomeres of amphioxus. J Morphol, 64: 303-375.

Cowden R R. 1963. Cytochemical studies of oocyte growth in the lancelet *Branchiostoma caribaeum*. Z Zellforsch Mikrosk Anat, 60: 399-408.

Flood P R, Guthrie D M, Banks J R. 1969. Paramyosin muscle in the notochord of *Amphioxus*. Nature, 222: 87-88.

Franzén A. 1956. On spermiogenesis, morphology of the spermatozoon, and biology of fertilization among invertebrates. Zool Bidr Uppsala, 31: 355-480.

Gans C. 1996. Bibliography of the lancelets. Israel J Zool, 42(Suppl.): 315-442.

Glimour T. 1996. Feeding methods of cephalochordate larvae. Israel J Zool(Suppl.), 42: 87-95.

Goodrich E S. 1902. On the structure of the excretory organs of *Amphioxus* (part 1). Quart J Micros Sci, 45: 493-501.

Goodrich E S. 1912. A case of hermaphroditism in amphioxus. Anat Anz, 42: 318-320.

Goodrich E S. 1930. The development of the club-shaped gland in *Amphioxus*. Quart J Micros Sci, 74: 155-164.

Guraya S S. 1967. The origin and nature of cortical vacuoles in the *Amphioxus* egg. Z Zellforsch Mikrosk Anat, 79: 326-331.

Guraya S S. 1968. Cytochemistry of yolk elements in the *Amphioxus* egg. Z Zellforsch Mikros Anat, 86: 505-510.

Guraya S S. 1983. Cephalochordata//Adiyodi K G, Adiyodi R G. Reproductive Biology of Invertebrates. New York: John Wiley & Sons: 735-752.

Guthrie D M. 1975. The physiology and structure of the nervous system of amphioxus (the lancelet), *Branchiostoma lanceolatus* Pallas. Sym Zool Soic Lond, 36: 43-80.

Hatschek B. 1893. The Amphioxus and its Development. London: Swan Sonnenschein: 1-181.

Hirakow R, Kajita N. 1991. An electron microscopical study of amphioxus, *Branchiostoma belcheri*: the gastrula. J Morph, 207: 37-52.

Hirakow R, Kajita N. 1994. An electron microscopical study of amphioxus, *Branchiostoma belcheri*: the neurula and larva. Acta Anat Nipp, 69: 1-13.

Holland L Z, Holland N D. 1992. Early development in the lancelet (amphioxus) *Branchiostoma floridae* from sperm entry through pronuclear fusion: presence of vegetal pole plasm and lack of conspicuous ooplasmic segregation. Biol Bull, 182: 77-96.

Howell W M, Boschung H T. 1971. Chromosomes of the lancelet, *Branchiostoma floridae* (order Amphioxi). Experientia, 27: 1495-1496.

Hu J, Zhang S, Yang M. 2006. Concerted action between Ca^{2+} and hyperosmolality initiates sperm motility in amphioxus *Branchiostoma belcheri tsingtauense*. Theriogenology, 65: 441-450.

Just J J, Kraus-Just J, Check D A. 1981. Survey of Chordate Metamorphosis//Gilbert L I, Frieden E.

Metamorphosis. A Problem in Developmental Biology. 2nd ed. New York: Plenum Press: 265-326.

Kent G C. 1992. Comparative Anatomy of the Vertebrates. 7th ed. Boston: Mosby-Year Book, Inc: 46.

Kowalevsky A. 1867. Entwidkelungsgeschichte des *Amphioxus lanceolatus*. Mem Acad Imp Sci, Saint-Pétér-sbourg, Zap imp Akad Nauk St. (ser. 7), 11(4): 1-17.

Langerhans P. 1875. Zur Anatomie *Amphioxus lanceolatus*. Arch Mikrosk Anat Entwicklungsmech, 12: 334-335

Lankester E R, Willey A. 1890. Development of the atrial chamber of amphioxus. Quart J Microsc Sci, 31: 445-466.

Li G, Zhang S, Xiang J. 2000. Phenoloxidase, a marker enzyme for differentiation of the neural ectoderm and the epidermal ectoderm during embryonic development of amphioxus *Branchiostoma belcheri tsingtaunese*. Mech Dev, 96: 107-109.

Medawar P B. 1951. Assymetry of larval amphioxus. Nature, 167: 852-853.

Nogusa S. 1957. The chromosomes of the Japanese lancelet, *Branchiostoma belcheri* (Gray), with special reference to the sex-chromosomes. Annot Zool Jap, 30: 42-47.

Orton J H. 1914. On a hermaphrodite specimen of amphioxus with notes on experiments in rearing amphioxus. J Mar Biol Assoc UK, 10: 506-512.

Poss S G, Boschung H T. 1996. Lancelets (Cephalochordata: Branchiostomatidae): how many species are valid? Israel J Zool, 42(Suppl.): 13-66.

Rähr H. 1979. The circulatory system of *Amphioxus* [*Branchiostoma lanceolatus* (Pallas)]. Acta Zool, 60: 1-18.

Retzius G. 1905. Zur Kenntnis der Spermien der Evertebraten, II. Biol Unters, 12: 79-102.

Reverberi G. 1971. *Amphioxus*//Reverberi G. Experimental Embryology of Marine and Fresh-water Inverte-brates. Amsterdam: North-Holland: 551-572.

Riddell W. 1922. On a hermaphrodite specimen of amphioxus. Ann Mag Natur Hist, 1: 613-617.

Ruppert E E. 1997. Cephalochordata (Acrania)//Harrison F W, Ruppert E E. Microscopic Anatomy of Invertebrates. Vol 15. New York: Wiley-Liss: 349-504.

Ruppert E E, Fox R S, Barnes R D. 2004. Invertebrate Zoology A Functional and Evolutionary Approach. Sydney: Thomson: 938.

Saotome K, Ojima Y. 2001. Chromosomes of the lancelet *Branchiostoma belcheri* Gray. Zool Sci, 18: 683-686.

Shi C, Wu X, Su L, et al. 2020. A ZZ/ZW sex chromosome system in cephalochordate amphioxus. Genetics, 214: 617-622.

Sobotta J. 1897. Die Reifung und Befruchtung des Eies von *Amphioxus lanceolatus*. Arch für Mikrosk Anat, 50: 15-71.

Stokes M D, Holland N D. 1995. Embryos and larvae of a lancelet, *Branchiostoma floridae*, from hatching through metamorphosis: growth in the laboratory and external morphology. Acta Zool, 76: 105-120.

Tung T C, Wu S C, Tung Y F Y. 1958. The development of isolated blastomeres of amphioxus. Sci Sin, 7(12): 1280-1319.

Tung T C, Wu S C, Tung Y F Y. 1965. Differentiation of the prospective ectodermal and ectodermal cells after transplantation to new surroundings in *Amphioxus*. Sci Sin, 14: 1785-1794.

Tung T C, Wu S C, Tung Y Y F. 1960a. The developmental potencies of the blastomere layers in amphioxus egg at the 32-cell stage. Sci Sin, 9: 119-141.

Tung T C, Wu S C, Tung Y Y F. 1960b. Rotation of the animal blastomere in amphioxus egg at the 8-cell stage. Sci Rec Peking NS, 4(6): 389-394.

Tung T C, Wu S C, Tung Y Y F. 1962a. The presumptive areas of the egg of amphioxus. Sci Sin, 11: 629-644.

Tung T C, Wu S C, Tung Y Y F. 1962b. Experimental studies on the neural induction in amphioxus. Sci Sin, 11: 805-820.

van Wijhe J W. 1913. On the metamorphosis of *Amphioxus lanceolatus*. Proc Sect Sci Kon Ned Akad

Wetensch, 16: 574-583.

Wang C L, Zhang S C, Zhang Y Z. 2003. The karyotype of amphioxus *Branchiostoma belcheri tsingtauense* (Cephalochordata). J Mar Biol Assoc UK, 83: 189-191.

Wang C, Zhang S, Chu J. 2004. G-banding patterns of the chromosomes of amphioxus *Branchiostoma belcheri tsingtauense*. Hereditas, 141: 2-7.

Webb J E. 1958. The ecology of Lagos Lagoon Ⅲ. The life-history of *Branchiostoma lanceolatum*. Mar Biol, 3: 58-72.

Webb J E. 1969. On the feeding behavior of the larva of *Branchiostoma lanceolatum*. Mar Biol, 3: 58-72.

Webb J E, Hill M B. 1958. The ecology of Lagos Lagoon. Ⅳ. On the reactions of *Branchiostoma nigeriense* Webb to its environment. Phil Trans Roy Soc London B, 241: 355-391.

Wickstead J H. 1964. Acraniate larvae from the Zanzibar area of the Indian Ocean. J Linn Soc Zool, 45: 191-199.

Wickstead J H. 1967. *Branchiostoma lanlaceolatum* larvae: some experiments on the effect of thiouracil on metamorphosis. J Mar Biol Assoc UK, 47: 49-59.

Wickstead J H. 1975. Chordata: Acrania (Cephalochordata)//Giese A C, Pearse J S. Reproduction of Marine Invertebrates. Vol. Ⅱ. Entoprocts and Lesser Coelomates. New York: Academic Press: 283-319.

Wickstead J H, Bone Q. 1959. Ecology of acraniate larvae. Nature, 184: 1849-1851.

Willey A. 1891. The later larval development of *Amphioxus*. Quart J Micros Sci, 32: 183-234.

Willey A. 1894. *Amphioxus* and the Ancestry of the Vertebrates. London: Macmillan: 1-316.

Wilson E B. 1892. On the multiple and partial development in *Amphioxus*. Anat Anz, 7: 322-430.

Wilson E B. 1893. *Amphioxus*, and the mosaic theory of development. J Morphol, 8: 579-639.

Wu S Q. 1985. The early differentiation of amphioxus. Adv Sci China Biol, 1: 231-266.

Wu X, Zhang S, Wang Y, et al. 1994. Laboratory observation on spawning, fecundity and larval development of amphioxus (*Branchiostoma belcheri tsingtauense*). Chin J Oceanol Limnol, 12: 289-294.

Young J Z. 1981. The Life of Vertebrates. Oxford: Clarendon Press: 11.

Zhang S C, Li G, Zhu J, et al. 2001.Sex reversal of the female amphioxus *Branchiostoma belcheri tsingtaunese* reared in the laboratory. J Mar Biol Assoc UK, 81: 181-182.

Zhang S C, Zheng J S, Zhang H W, et al. 1999. Induction of ectodermal cells from vegetal-endodermal blastomeres of amphioxus (*Branchiostoma belcheri tsingtaunese*) embryos by the calcium ionophore A23187. Chin J Oceanol Limnol, 17: 97-104.

Zhang S, Wang C, Chu J. 2004. C-banding pattern and nucleolar organizer regions of amphioxus *Branchiostoma belcheri tsingtauense* Tchang et Koo, 1936. Genetica, 121: 101-105.

第二章

文昌鱼——研究脊椎动物起源和演化的模式动物

　　包括人类自身在内的脊椎动物的起源和演化，长期以来一直是演化生物学家关注的一个重大理论问题。现存脊椎动物包括无颌类和有颌类 2 类。无颌类也称圆口类（cyclostomes），现存大约 100 种。有颌类（gnathostomes）大约有 6 万种。

　　众所周知，脊椎动物的祖先早已不复存在，但是如果要选择一个现存的与脊椎动物祖先最接近的物种，文昌鱼将是最合适的。成体文昌鱼具有包括脊椎动物在内所有脊索动物特有的脊索、背神经管、鳃裂和肛后尾等特征，其胚胎发育过程如神经胚形成和神经肠管等的发育方式及其分子调控机制也与脊椎动物类似。有趣的是，Shu 等（2003）在寒武纪早期澄江动物群不但发现了海口鱼（*Haikouichthys* sp.），它已出现了对眼、脑、心脏和原始脊柱等脊椎动物结构，而且发现了酷似文昌鱼的华夏鳗（*Cathaymyrus* sp.），它们可能属于文昌鱼的姐妹群（sister group），这为文昌鱼是脊椎动物祖先提供了化石证据。所以，文昌鱼是研究脊椎动物起源与演化的珍贵模式动物，可以称为脊椎动物祖先的"活化石"。

第一节　基底脊索动物：文昌鱼还是海鞘？

　　生物学家公认脊椎动物由无脊椎动物演化而来。Lamarck 是第一位提出这种观点的学者。1809 年，他绘制了一棵进化树，其中包括从软体动物转变成鱼的内容（Holland et al.，2015）。此后的大约 50 年里，生物学家主要关注无脊椎动物和脊椎动物形体构型（body plan）的相似性与相互联系，很少明确提及从无脊椎动物到脊椎动物的演化问题。到 1859 年，达尔文的《物种起源》（*The Origin of Species*）一书问世之后，由无脊椎动物衍生出脊椎动物的演化学说又重新被明确地提出来。总体而言，这些学说主要是基于对现有动物不同发育阶段和成体的形态学比较研究的结果总结，较少参考古生物学证据，更谈不上引用分子生物学证据。直到 20 世纪 80 年代，随着分子系统发生学和演化发育生物学（evolutionary developmental biology）的出现，在无脊椎动物到脊椎动物演化的研究中，才越来越重视和应用分子生物学证据。

　　在过去的 200 多年时间里，几乎每个主要门类的无脊椎动物都曾被生物学家认为是脊椎动物演化的可能起点，如节肢动物、环节动物、软体动物、棘皮动物、半索动物和原索动物都曾被假设为脊椎动物的祖先。其中，大部分假设因为已经过时而被抛弃，但仍有一些假设成为当代演化生物学关注和研究的焦点。

　　脊索动物门共包括 3 个亚门：头索动物亚门（文昌鱼）、尾索动物亚门（海鞘）和脊椎动物亚门（图 2-1a）。这 3 个亚门都具有脊索动物的基本特征，包括脊索、背神经管、鳃裂和肛后尾等（图 2-1b）。基于身体构造的相似性，长久以来，原索动物（海鞘和文昌鱼）和脊椎动物之间的比较，一直被生物学家用来探讨脊椎动物如何从无脊椎动物演化而来这个问题。由于头索动物在解剖学上更像脊椎动物，曾长期被认为与脊椎动物的亲缘关系比尾索动物与脊椎动物的亲缘关系更近。也就是说，文昌鱼和脊椎动物最接近，海鞘是最原始的脊索动物（Gans and Northcutt，1983），或称基底脊索动物（basal chordate）。例如，Willey（1894）认为脊椎动物的祖先是类似于海鞘的幼虫，能自由游泳，具有一个位于背部的开口和一根有限的脊索，而不像文昌鱼。差不多在整个 20 世纪里，生物学界的主流观点是脊索动物祖先类似于固着生活的海鞘，其自由游泳的幼虫通过幼体生殖（paedogenesis）演化出文昌鱼和脊椎动物（Romer and Parsons，1977）。这个观点也得到了由18S rDNA序列所构建的系统发育树的支持（Adoutte et al.，2000）。但是，到了基因组时代，情况就发生了改变。基因组测序结果完全颠覆了原先认定的海鞘、文昌鱼和脊椎动物三者之间的亲缘关系（Delsuc et al.，2008；Putnam et al.，2008），证明文昌鱼才是基底脊索动物，海鞘属于脊椎动物的姐妹群。这些研究也表明脊索动物祖先可能类似于文昌鱼，可运动，具有肌节、背神经管、鳃裂和脊索。从前寒武纪发现的化石，如海口鱼（*Haikouichthys* sp.）（图2-2）和海口虫化石，也说明早期脊索动物和早期脊椎动物是可运动、营滤食性生活、具有分节生殖腺的小型动物（Holland，2015）。

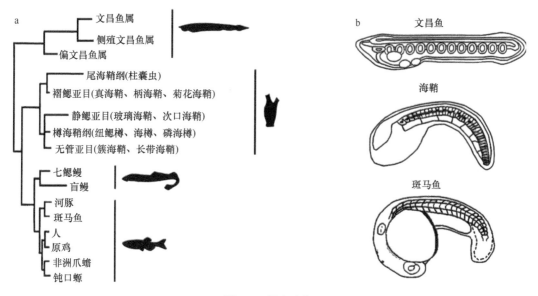

图 2-1　脊索动物

a. 脊索动物系统发生关系。头索动物位于脊索动物基部。海鞘是脊椎动物的姐妹群。七鳃鳗和盲鳗为单系类群，是其他所有脊椎动物的姐妹群。b. 种系特征性发育阶段。文昌鱼，晚期神经胚/早期幼虫；海鞘，尾芽晚期；斑马鱼，20肌节期。虽然三者外观整体相似，但只有文昌鱼（头索动物）和斑马鱼（脊椎动物）有原肠作用组织者，表达同源基因，通过后生长区即尾芽产生轴旁肌肉。海鞘躯干只有36个肌肉细胞，多数由受精卵隔离的肌质（myoplasm）决定而形成，没有组织者

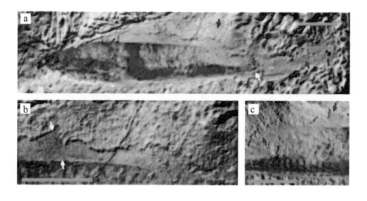

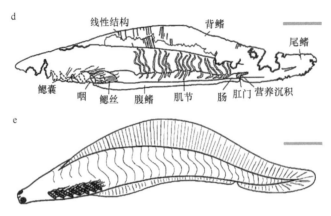

图 2-2　海口鱼（Zhang and Hou，2004）

a. 样本 RCCBYU 10200a 总体观，示前端（绿色箭号）和后端（紫色箭号）、背鳍和肛门线性升起（白色箭号）、尾巴（蓝色箭号）和消化道（红色箭号）。b. 背鳍中部细节，示前端（白色箭头）和后端（蓝色箭号）。c. 对应样本 RCCBYU 10200b，箭号指线性精细结构的改变方向。d. 基于 RCCBYU 10200a 样本的手绘图。e. 重建的海口鱼。标尺为 5mm

第二节　形体构型

现有的动物大约分为 35 个门类。每门动物都具有区别于其他动物的特有解剖学结构，这些特有解剖学结构内在的排列形式称为形体构型。通常，它只用于描述动物如对称性、分节和附肢等结构组成的"蓝图"。脊索动物虽然生活方式多种多样，外形差异很大，但作为同一门动物，它们具有许多共同点，如都具脊索、神经管、鳃裂、肛后尾和分节的肌肉。文昌鱼作为基底脊索动物，已经具备脊椎动物形体构型的雏形。

一、脊索

脊椎动物胚胎期或者幼体阶段具有脊索。脊索是位于消化管背面、神经管腹面的一条纵贯身体全长的具有弹性的圆柱状结构，由胚胎中胚层形成，有支持身体的作用。长到成体时，脊索形成脊柱并被脊柱代替。脊索如此重要和特殊，以至于包括脊椎动物在内的整个脊索动物门就是依据这一结构而命名的。在整个动物界中，文昌鱼最早演化出脊索，而且其成体也维持着脊椎动物胚胎期才具备的脊索（图 2-3）。

二、神经管

脊索动物的神经管呈管状，位于身体背中线处脊索上面，是中枢神经系统的前体。神经管由胚胎时期背部外胚层下陷、卷褶，然后融合而成。许多无脊椎动物也有中枢神经系统，但它们多为实心结构，呈链状，位于消化道腹面。脊椎动物胚胎期神经管保持管状，长大到成体后分化为脑和脊髓，也就是中枢神经系统。文昌鱼也具有位于脊索背面的神经管，这在动物界中是首次出现背神经管。文昌鱼神经管前端略膨大形成脑泡，类似于脊椎动物原始的脑。

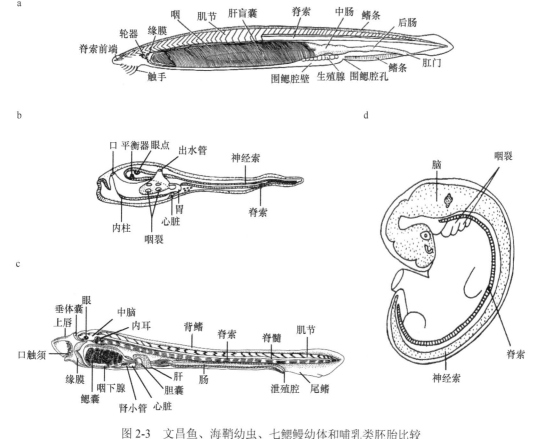

图 2-3　文昌鱼、海鞘幼虫、七鳃鳗幼体和哺乳类胚胎比较
a. 文昌鱼；b. 海鞘幼虫；c. 七鳃鳗幼体；d. 哺乳类胚胎

三、鳃裂

脊椎动物胚胎的消化道在紧靠口的后面即咽部两侧，可以形成左右成对排列、数目不等的裂缝与外界相通，这就是鳃裂或称咽鳃裂。鳃裂是一种呼吸器官，外界的水流由口入咽，经鳃裂排出，由此实现气体交换和食物过滤。鳃裂在低等脊椎动物中终生存在，在高等类群中则只见于胚胎和幼体（如蝌蚪）时期，成体完全消失，代之以用肺呼吸。文昌鱼具有类似于脊椎动物的鳃裂，包裹在围鳃腔内，用于呼吸和摄食（图 2-3）。

四、肛后尾

多数脊椎动物具有尾部，位于肛门后面，构成脊椎动物特有的肛后尾。与此形成鲜明对比的是无脊椎动物消化道几乎贯穿于身体全长，口位于身体前端，肛门靠近身体最后端。脊椎动物尾部含有骨骼和肌肉，构成水生类群的推进器，为其游泳提供主要动力。文昌鱼也具有肛后尾，肛后尾在其游泳和钻沙运动中都能发挥推进作用（图 2-3）。

文昌鱼除具备上述四大主要特征外，还有类似于脊椎动物的一些次要特征。例如，具有分节的肌肉，消化道腹面具有能搏动的相当于脊椎动物心脏的内柱动脉及类似于脊椎动物的循环系统。另外，文昌鱼支持系统属于含有细胞的内骨骼，与无脊椎动物无细胞组成的外骨骼完全不同。

第三节　基因组

基因组（genome）是指有机体单倍体细胞中全部的染色体，即遗传物质的总和，也就是一套染色体中的完整 DNA 序列。随着越来越多有机体基因组测序完成，基因组数据已经成为解析生命现象、探索物种分类地位和生物之间亲缘关系的重要资源。

文昌鱼基因组大约为 520Mb，相当于老鼠或者人基因组大小的 1/6。佛罗里达文昌鱼是第一个完成基因组测序的头索动物。序列比较分析发现，在人类的 23 对染色体与佛罗里达文昌鱼的 19 对染色体中，分别有 17 对染色体具有共同祖先遗留下来的片段，也就是说这些片段既存在于文昌鱼染色体中，也存在于现存脊椎动物（以人为代表）染色体中。序列比较还发现文昌鱼基因组和脊椎动物基因组具有高度同线性（synteny）。这些都说明在大约 5.5 亿年前，包括人类在内的脊椎动物和文昌鱼的共同祖先拥有 17 对同源染色体。相比之下，尾索动物玻璃海鞘（*Ciona intestinalis*）的基因组和文昌鱼及脊椎动物的基因组同线性很低，另一种海鞘异体住囊虫（*Oikopleura dioica*）基因组甚至和文昌鱼及脊椎动物基因组基本没有同线性（Putnam et al.，2008；Denoeud et al.，2010）。大量研究表明，海鞘在演化过程中，其基因组中很多关键的发育相关基因丢失了，如某些 *Hox* 基因和 *Pax2/5/8* 基因就在海鞘中缺失了。不仅如此，海鞘基因组的大部分基因序列组成操纵子（operon），能转录成可反式剪接（*trans*-splicing）的单一 mRNA，而文昌鱼和脊椎动物的基因组不形成操纵子。海鞘基因组的上述特征与文昌鱼及脊椎动物的基因组形成鲜明的对比。

关于脊椎动物的起源，20 世纪 70 年代 Ohno 提出了一个假说，并于 90 年代发展成熟，即无脊椎动物基因组经 2 轮复制导致脊椎动物的出现（Ohno，1999）。一般认为，第 1 轮基因组复制发生在脊椎动物与头索动物（文昌鱼）分开之后，第 2 轮基因组复制发生在有颌类脊椎动物和无颌类脊椎动物分开以后。文昌鱼基因组序列分析为这一假说提供了有力证据。全基因组序列比较发现，在佛罗里达文昌鱼 19 对染色体中，有 17 对和脊椎动物染色体具有同源性；在这些同源染色体上，每一个基因在脊椎动物的演化过程中都进行过复制和再复制，先后变为 2 个和 4 个基因拷贝。其中，大部分常规的"管家基因"（house-keeping gene）失去了复制的拷贝，只保留下大约 2000 个复制的基因，其中有些基因演化出新的功能，正是这些复制基因新功能的出现，才慢慢导致了脊椎动物的形成。

Hox 基因簇很好地阐释了基因组复制的学说。*Hox* 基因是一类编码转录因子的基因家族，在染色体上成簇排列，在大多数两侧对称的动物发育中决定前后轴的形成。在文昌鱼中，只有一个 *Hox* 基因簇，而脊椎动物除鱼类（鱼类在 2 轮基因组复制之后还经历一次基因组复制）有 7 个 *Hox* 基因簇外，其余脊椎动物都只有 4 个 *Hox* 基因簇（图 2-4）。例如，哺乳动物共有 39 个 *Hox* 基因，分别分布在 4 个基因簇上，而文昌鱼共有 15 个

Hox 基因，全都分布在一个基因簇上。文昌鱼最前端的 14 个 *Hox* 基因是直系同源基因，出现在脊椎动物的祖先中，而 *Hox15* 可能是文昌鱼在漫长演化过程中产生的特有基因。

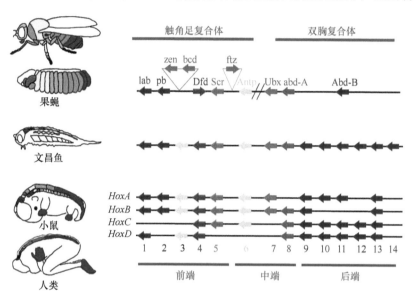

图 2-4　*Hox* 基因表达及其在不同动物中的基因组织结构（Hueber and Lohmann，2008）

左列，示不同的代表性动物即果蝇（成体和 13 期胚胎）、文昌鱼、小鼠和人类中 *Hox* 基因表达区域，颜色如同 *Hox* 基因簇模式图所示。右列，不同动物基因组中 *Hox* 基因簇。*Hox* 不同成员用不同颜色区分，同源基因以相同颜色表示。基因顺序代表在染色体上出现的顺序，果蝇基因组中 3 个非 *Hox* 同源基因 *zen*、*bcd* 和 *ftz* 以灰色标注。缩写：lab. labial；pb. proboscipedia；Dfd. deformed；Scr. sex combs reduced；Antp. antennapedia；Ubx. ultrabithorax；abd-A. abdominal-A；Abd-B. abdominal-B；zen. zerknüllt；bcd. bicoid；ftz. fushi-tarazu

主要组织相容性复合体（major histocompatibility complex，MHC）基因簇也是阐释基因组复制学说的一个极好例子。文昌鱼只有一个 *MHC* 编码区（它缺乏脊椎动物适应性免疫关键基因，但具有脊椎动物 *MHC* 锚定基因），位于单条染色体上，而人类有 4 个 *MHC* 编码区，位于 4 条不同的染色体上（图 2-5）。这为基因组复制学说提供了又一个有力证据。对文昌鱼 *MHC* 编码区和人 4 个 *MHC* 编码区进行比较可以看出复制后的基因命运的变化。人的一个 *MHC* 编码区（9q32—q34.3）总体上仍然保留着类似于文昌鱼 *MHC* 编码区的原始状态，而其他 3 个 *MHC* 编码区则出现了大量的基因丢失和快速的基因替代。

基因组中除编码序列外，还包含大量非编码调控序列，也称为非编码元件。哺乳动物与硬骨鱼类基因组的比较表明，大量的非编码元件是保守的。非编码元件通常分布于发育调节基因的上下游区域，是基因调控网络核心的一部分，常常在发育过程中起着特异性增强子的作用。基因组比较分析表明，文昌鱼也具有一些在脊椎动物中保守的非编码元件。特别值得注意的是，文昌鱼是唯一保留有这些保守的非编码元件的无脊椎动物。利用保守的非编码元件构建 *LacZ* 报告基因，导入文昌鱼和小鼠胚胎，都呈现组织特异性表达，表达部位也具有保守性。这说明这些增强子在序列和调节功能上在过去约 5.5 亿年内是十分保守的。

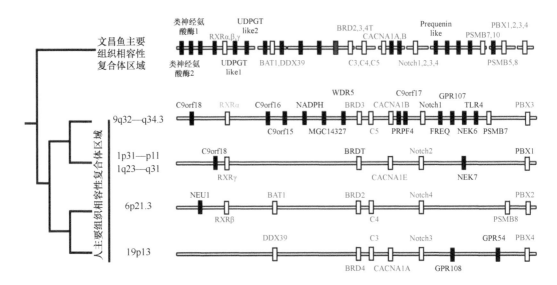

图 2-5　主要组织相容性复合体（MHC）基因区域的演化（Holland et al.，2004）

示文昌鱼 MHC 编码区和人类基因组中 4 个 MHC 编码区。文昌鱼 MHC 编码区定位于一条染色体上。在文昌鱼和脊椎动物，锚定基因（anchor gene）以白色表示，而锚定基因周围基因以黑色表示

　　显而易见，文昌鱼基因组尚未复制，仍保留着脊椎动物祖先基因组的诸多特征。因此，文昌鱼是剖析脊椎动物基因复制及结构和功能演化的理想参照体系。

第四节　发育机制

　　达尔文最早意识到胚胎发育对于了解生物演化的重要性，并把胚胎视为推测动物之间亲缘关系的可靠线索。在《物种起源》中，他认为"胚胎是处于较少修饰状态的动物，所以它可以揭示其祖先的结构"（The embryo is the animal in its less modified state，and in so far it reveals the structure of its progenitor）。俄国著名胚胎学家也是达尔文的忠实信徒 Kowalevsky，早在 1877 年就观察到文昌鱼胚胎发育不但与脊椎动物有相似之处（如形成脊索），而且与无脊椎动物也有相似之处（如空心囊胚内陷形成原肠胚）。因此，他提出文昌鱼是由无脊椎动物演化到脊椎动物的过渡型动物，并自以为发现了从无脊椎动物过渡到脊椎动物之间的"迷失的联系"（missing link）。过去近 30 年，在分子水平对文昌鱼胚胎发育机制的研究为 Kowalevsky 的观点提供了有力支持。

一、组织者

　　Spemann 和 Mangold 于 1921～1924 年利用蝾螈开展了一系列胚胎移植和诱导实验，发现移植的胚胎背唇不仅具有自我分化能力，还可以组织和诱导邻近的受体胚胎细胞开展正常原肠作用，形成次生胚胎（Niehrs，2001）。他们把具有这种诱导能力的胚胎背唇称为组织者（organizer）。组织者的发现开启了研究脊椎动物胚胎体轴形成机制的新时代。

在原肠作用中，组织者诱导背部外胚层形成神经管，并作用于侧板中胚层共同形成胚胎前后轴和背腹轴。后经过近百年的研究，终于发现组织者是一个复杂的信号中心，表达一些特异性基因（也称组织者基因），如 *Chordin*、*ADMP*、*Nodal*、*Lefty*、*Goosecoid*、*Lim1/5* 和 *Tsg* 等，这些基因主要通过 BMP 和 Wnt 信号通路（梯度）决定前后轴和背腹轴的形成（Garcia-Fernàndez et al.，2007）。

20 世纪 60 年代，我国学者童第周等利用文昌鱼胚胎开展了系统的分裂球分离、重组及移植实验，结果证明文昌鱼的胚孔背唇细胞与两栖类的胚胎背唇即组织者类似，也能够诱导形成次生胚胎（图 2-6）。基因表达分析表明，BMP、Nodal 和 Wnt 信号通路相关基因多数在文昌鱼原肠胚表达。例如，*Nodal*、*Lefty*、*Lim-1* 和 *Goosecoid* 及 BMP 调节蛋白基因 *ADMP*、*Chordin* 和 *Tsg* 在文昌鱼原肠胚背部中胚层表达，*BMP5/8* 和 *BMP2/4* 在背轴中胚层表达下降，而决定前后轴形成的 Wnt 信号通路有关基因则在胚胎的前端呈低表达、在后端呈高表达，同时 Wnt 拮抗蛋白基因主要在前端表达。这些基因表达模式都与两栖类胚胎组织者特异性基因的表达模式相同，说明文昌鱼胚胎也存在组织者特异性基因。另外，*BMP4* 通常在脊椎动物原肠胚腹部表达，可以抑制背部神经分化。如果把重组表达的脊椎动物 BMP4 蛋白加入培养的文昌鱼胚胎中，则如同对脊椎动物胚胎作用一样，可以导致文昌鱼胚胎腹部化。所有这些，包括童第周等的胚胎移植实验和后来的分子生物学实验结果，都说明文昌鱼胚胎和脊椎动物胚胎一样具有组织者，并通过相同的机制决定前后轴和背腹轴的形成（图 2-7）。

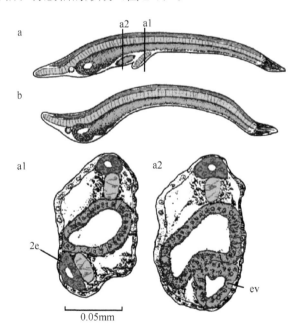

图 2-6　早期原肠胚部分胚孔唇（供体）移植到受体胚胎囊腔（Tung et al.，1962）

a. 受体胚胎发育产生次生胚胎；b. 供体胚胎正常发育至晚期幼虫。a1 和 a2. 次生胚胎内部结构。2e. 次生胚胎脊索（绿色）和神经管（蓝色）。ev. 次生胚胎内胚层形成的消化道

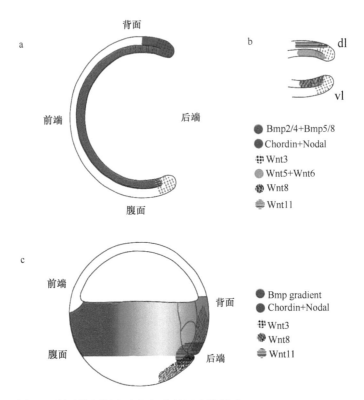

图 2-7　文昌鱼和爪蛙早期原肠胚中组织者基因表达模式（Garcia-Fernàndez et al.，2007）
a. 文昌鱼胚胎侧面观；b. 文昌鱼早期原肠胚背唇（dl）和腹唇（vl）；c. 爪蛙早期原肠胚侧面观

有趣的是，海鞘卵子是嵌合型卵子，分离的胚胎细胞自主发育，缺乏可塑性，这与文昌鱼及脊椎动物的胚胎细胞具备较强发育调整能力形成鲜明对比。海鞘胚胎与文昌鱼及脊椎动物胚胎还有一点不同，即组织者特异性基因（如 *Chordin*、*ADMP*、*Nodal*、*Lefty*、*Goosecoid* 和 *Lim1/5*）虽然存在于海鞘中，但在胚胎中的表达不具有保守性，所以，海鞘可能不存在脊椎动物胚胎那样的组织者。Holland（2015）认为，海鞘基因组演化限制的削弱导致一些发育关键基因的丢失，伴随而来的结果是海鞘胚胎早期分裂球的发育命运由细胞质决定，可以自主发育，不同胚层之间诱导作用明显削弱或消失，最终导致组织者的丢失。

二、中枢神经系统

中枢神经系统包括脑和脊髓。文昌鱼和脊椎动物之间的解剖学比较，有助于重构脊索动物祖先。例如，这些比较表明文昌鱼哈氏窝和内柱分别是脊椎动物垂体和甲状腺的同源器官。但是，这种比较对脊椎动物中枢神经系统起源的阐释作用有限。例如，脊椎动物的脑到底是演化出来的一种新结构，还是由文昌鱼的神经管衍生而来的，就难以由解剖结构比较确定。然而，有关发育机制的研究为这个问题的解决带来了希望。相关研究表明，文昌鱼中枢神经系统及其发育调控机制都和脊椎动物具有一定的可比性与相似性。

20 世纪 80 年代，研究发现，*Hox* 基因不但在两侧对称动物中很保守，而且它们沿着果蝇的体轴和脊椎动物的中枢神经系统呈线性表达。不久，Holland 等（1992）发现，*Hox3* 基因也在文昌鱼中枢神经系统中表达，其表达的前端界面在第 4～5 肌节，并据此推测，文昌鱼不但具有脑，而且它和脊椎动物的共同祖先可能具有一个较为"广阔的"脑（图 2-8）。随后，更多的发育相关基因表达研究表明，文昌鱼具有前脑（forebrain）、后脑（hindbrain）和脊髓（spinal cord），可能还有一个很小的中脑（Holland and Garcia-Fernàndez，1996；Kaltenbach et al.，2009）。例如，脊椎动物前脑的同源标志基因 *AmphiDll*、*Gbx* 和三个 *iroquois* 基因（*BflrxA*、*BflrxB* 和 *BflrxC*）在文昌鱼中的表达区域显示，文昌鱼具有间脑前脑（diencephalic forebrain）和后脑。这也得到了神经解剖学研究结果的支持（Lacalli et al.，1994）。另外，文昌鱼前脑不但存在中脑和后脑分界面（Castro et al.，2006），而且已经出现了脊椎动物中调节丘脑内分区的部分遗传机制（Irimia et al.，2010）。

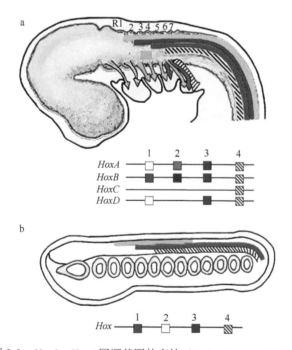

图 2-8　*Hox1*～*Hox4* 同源基因的表达（Holland et al.，2004）

a. 在文昌鱼神经索表达；b. 在小鼠神经索和神经嵴表达。*Hox1*、*Hox3*、*Hox4* 在文昌鱼和小鼠中都在神经索表达。在小鼠中，后脑神经嵴携带 *Hox* 信号进入鳃弓。图 a 中箭号表示鳃弓中表达特定 *Hox* 基因的神经嵴。文昌鱼没有神经嵴，*Hox2* 在神经索也不表达

在脊椎动物中，中脑和后脑的界面（midbrain/hindbrain boundary，MHB）即峡部（isthmus）起着组织者作用，因为如果把它移植到神经管前面一点或者后面一点，就可以改变邻近细胞的发育命运。*Otx* 和 *Gbx1/2* 基因都在 MHB 邻近区域表达，而 MHB 就位于 *Otx* 基因表达区后面和 *Gbx1/2* 基因表达区前面之间的部分。在中枢神经

系统发育过程中，随着 *En1*、*En2*、*Wnt1*、*Fgf8*、*Pax2*、*Pax8*、*Iro1* 和 *Iro7* 基因在 MHB 中的表达，它们开始赋予 MHB 组织者功能（Dworkin and Jane，2013）。在文昌鱼中，*Otx* 和 *Gbx1/2* 基因的表达区域在紧邻脑泡的后端交汇（Castro et al.，2006）。不过，在脊椎动物 MHB 中表达的同源基因如 *Pax2/5/8*，在文昌鱼中沿神经索长轴表达，其前端界面位于脑泡（前脑/中脑）和后脑之间（图 2-9）。可见，*Pax2/5/8* 基因在文昌鱼中的表达与脊椎动物的同源基因在后脑及脊髓的表达具有可比性，但不像脊椎动物在 MHB 表达。脊椎动物同源基因 *Fgf8/17/18* 在文昌鱼整个中枢神经系统的前面部分表达，其后端界面位于 MHB。另外，*Wnt1* 在文昌鱼中枢神经系统不表达，而 *En* 则在文昌鱼前脑更为前面的少数几个细胞中表达。这些结果表明，文昌鱼中很可能已经出现可以部分调节 MHB 特化的遗传机制（Kozmik et al.，1999；Castro et al.，2006）。

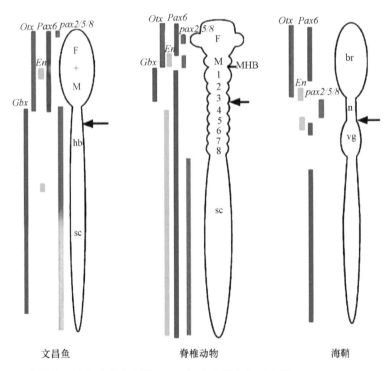

图 2-9   文昌鱼、脊椎动物和海鞘 MHB 标志基因表达示意图（Castro et al.，2006）

Gbx 在海鞘中没有显示，因为海鞘缺乏该基因。F. 前脑；M. 中脑；hb. 后脑；
sc. 脊髓。MHB. 中脑/后脑边界；br. 脑；n. 颈；vg. 脏神经节

比较而言，海鞘中枢神经系统紧邻"感觉小泡"（sensory vesicle）后面的颈部表达更多脊椎动物 MHB 同源标志基因。在玻璃海鞘中，*Otx* 基因在中枢神经系统前端表达，其后端界面位于感觉小泡和尾部神经索之间的颈部前面；*Engrailed*、*Fgf8/17/18* 和 *Pax2/5/8* 基因在颈部的几个细胞中表达（虽然 *Engrailed* 和 *Fgf8/17/18* 也在其他组织表达）。不过，海鞘丢失了 *Wnt8* 和 *Gbx* 基因。即使如此，基于这些基因表达的组织

及 *Fgf8/17/18* 基因功能实验，Imai 等（2009）还是认为玻璃海鞘存在类似于脊椎动物的峡部组织者（也称 MHB 组织者）。由于文昌鱼曾被认为与脊椎动物亲缘关系比海鞘更近，有人据此推测随着文昌鱼 *Pax2/5/8* 和 *Fgf8/17/18* 基因在 MHB 中表达的丢失，其也失去了 MHB（Wada et al.，1998）。现在看来，这似乎是不可能的，因为文昌鱼的中枢神经系统比海鞘的中枢神经系统更像脊椎动物的神经系统。文昌鱼已被广泛认为是基底脊索动物，海鞘是脊椎动物的姐妹群。所以，很可能是文昌鱼中 *Gbx* 和 *Otx* 基因的表达，确定了中枢神经系统边界；而海鞘中则有更多基因加入这个边界表达，但其随后又失去了 *Gbx* 和 *Wnt1* 基因，只保留 *Fgf8/17/18* 和 *Pax2/5/8* 基因在 *Otx* 表达区域后面表达。这与海鞘的中枢神经系统神经元数量减少，甚至在尾神经索中完全丢失的现象是一致的。

三、尾芽

尾芽（tail bud）是指脊椎动物胚胎最后端的凸起组织，位于刚闭合的神经管后端，外面覆盖有表皮，内部分布着不断分裂的球状或扁平状细胞。文昌鱼胚胎也有尾芽。在文昌鱼胚胎发育过程中，尾芽内部的细胞分裂，逐渐形成身体后端的脊索、体节和神经管。有意思的是，海鞘的胚胎虽然有尾部，并且早期胚胎阶段有所谓的尾芽期，但事实上，海鞘胚胎没有真正的尾芽，其尾部的延长是通过已有细胞的重新排列实现的。

鸡和小鼠胚胎的尾芽由多能间充质干细胞组成。这些细胞不断增殖，逐渐形成尾部多种组织。因此，鸡和小鼠的尾部由尾芽发育而来，这与躯干的发育是完全分开的过程。与此不同，爪蟾胚胎的尾芽源于胚孔唇，其中包含不同胚层的细胞，所以，爪蟾尾部的延长是原肠作用过程的延续。但也有与上述结果不同的报道。有人发现小鼠的尾芽内脊索和肌节的前体细胞是一群能够自我更新的细胞，它们位于不同的部位，可以形成肌节和神经索，而爪蟾尾芽中一些相邻的细胞也能形成肌节、脊索及神经管，表明某些尾芽细胞可能是多能细胞。目前，一般认为，脊椎动物胚胎的尾芽含有发育潜能受限的细胞群，但关于尾芽的细胞组成，仍存在争议。

文昌鱼是基底脊索动物，其尾芽可能反映了脊椎动物胚胎尾芽的基本结构。文昌鱼的原肠胚由简单的细胞内陷形成。由于很少有细胞经过胚孔唇部分内卷，因此文昌鱼胚孔附近组织在原肠作用过程中位于后端，参与尾芽的形成。在神经胚形成时，非神经外胚层迁移越过胚孔，而神经外胚层后端与内胚层连接在一起。胚孔作为神经肠管的一部分持续存在，胚孔背唇合并入脊索神经铰链区。所以，文昌鱼胚胎的尾芽最初由分散的单层上皮细胞组成。同脊椎动物一样，当文昌鱼胚胎延长时，尾芽长出中轴中胚层、轴旁中胚层、后端中胚层、后端内胚层及后端神经管。有一点不同的是，文昌鱼体节直接由神经肠管出芽产生，而脊椎动物体节则由尾芽逐渐形成的前体节中胚层带分节产生（图 2-10）。

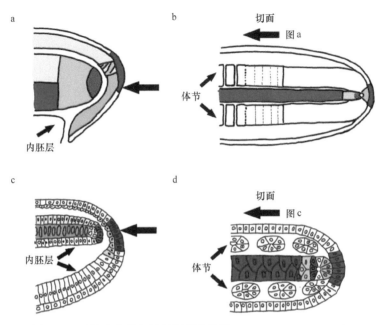

图 2-10　爪蛙和文昌鱼神经胚尾芽比较（Holland et al.，2004）

a. 爪蛙尾芽纵切面；b. 爪蛙尾芽经过脊索的额切面；c. 文昌鱼尾芽纵切面；d. 文昌鱼尾芽经过脊索的额切面。图 a 和 c 中大箭号表示图 b 和 d 的切片水平。模式图基于形态学和基因表达模式而作。黄色示神经管；浅蓝色示脊索神经铰链区；红色示脊索神经铰链区后部末端；浅绿色示神经肠管后壁；深蓝色示胚胎末端；深绿色示脊索

比较文昌鱼和脊椎动物尾芽的基因表达模式可以发现，它们的发育模式很相似，只是脊椎动物因为卵子体积增大，导致原肠作用方式改变，使尾芽中出现了间充质细胞，而文昌鱼尾芽没有间充质细胞。包括 *Brachyur*、*Caudal*、*Notch* 和 *BMPs* 在内的一系列基因，都在文昌鱼和脊椎动物胚胎的胚孔周围及尾芽内部表达。脊椎动物具有多个 *Wnt* 基因，如小鼠有 19 个 *Wnt* 基因，目前发现文昌鱼有 8 个 *Wnt* 基因。一些 *Wnt* 基因也同样在文昌鱼和脊椎动物胚胎的胚孔附近及尾芽中表达。例如，在脊椎动物胚孔附近和尾芽中表达的 *Wnt* 基因有 *Wnt3*、*Wnt5*、*Wnt6*、*Wnt8* 和 *Wnt11* 等，在文昌鱼胚孔附近和尾芽中表达的 *Wnt* 基因有 *Wnt1*、*Wnt4* 和 *Wnt7* 等。

在文昌鱼和爪蛙中，这些 *Wnt* 基因在尾芽的时空表达是不连续的，但是部分区域是重叠的。就表达时间而言，这些基因的表达也有重叠。例如，文昌鱼 *Wnt8* 是最早表达的基因，接着 *Wnt11* 和 *Wnt1* 依次表达，再接着至原肠作用中期，*Wnt3*、*Wnt4*、*Wnt5*、*Wnt6* 和 *Wnt7* 基因表达，到神经胚早期，*Wnt8* 和 *Wnt7* 在胚孔附近不再表达，但随着尾部延长，其他 *Wnt* 基因仍持续地在尾芽中表达（图 2-11）。这些 *Wnt* 基因很可能通过不同的时空表达，把尾芽细分为不同的镶嵌区，而每个镶嵌区可以发育成不同的组织。

四、咽

在水生脊椎动物（无颌类、鱼类和两栖类）和原索动物（文昌鱼和海鞘）的发育过程中，咽部通过内胚层和外胚层的局部融合，形成一系列鳃裂。鳃裂原基在哺乳动物中

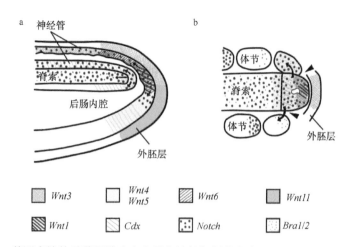

图 2-11　基因表达的重叠区域决定文昌鱼神经胚尾芽大小（Holland et al.，2004）

a. 纵切面；b. 经过脊索的额切面。后端外胚层背部表达 *Wnt3* 而腹部表达 *Wnt11*。神经肠管后壁表达 *Wnt1*、*Wnt4*、*Wnt5* 和 *Notch*。脊索神经铰链区表达 *Caudal*、*Wnt4*、*Wnt5* 和 *Notch*。脊索和新形成的肌节后端表达 *Notch* 和 *Brachyury* 两个基因（*Bra1/2*）。不过，*Notch* 在新形成的多数肌节中不表达，而 *Brachyury* 在前端肌节表达关闭。神经管背部表达 *Notch* 和 *Wnt3*，腹部表达 *Caudal*（*Cdx*）。*Caudal* 在肠后端表达。箭头示肌节正从脊索神经铰链区发芽

的同源器官是咽囊，即咽内胚层形成的一些分节的盲囊。文昌鱼和脊椎动物均有多个来自咽的衍生结构。在脊椎动物中，甲状腺来自靠近第 2 对咽囊的咽内胚层，而在文昌鱼中，其同源器官为内柱，在第 1 对鳃裂之前形成。然而，文昌鱼没有脊椎动物的胸腺、甲状旁腺和后鳃体（脊椎动物胚胎发育过程中最后 1 对咽囊产生的具内分泌功能的结构）。在小鼠中，胸腺和甲状旁腺由第 3 对咽囊外突形成，后鳃体由第 4 对咽囊外突发育而来。文昌鱼存在咽内胚层，但没有神经嵴。神经嵴也参与形成甲状腺、甲状旁腺和外鳃体等多种结构，因此，文昌鱼中不存胸腺、甲状旁腺和后鳃体的同源器官，可能是因为缺乏来自神经嵴的间充质和咽内胚层的诱导作用。文昌鱼缺乏神经嵴及神经嵴的衍生物，这对于区分咽形成过程中内胚层和神经嵴的作用具有很大帮助。

脊椎动物咽部形成的大部分信息指令，曾一度被认为主要来自神经嵴形成的间充质。这主要由视黄酸实验所导致。视黄酸是维生素 A 的衍生物。当用视黄酸处理脊椎动物原肠胚时，会引起胚胎后脑后移（后置），并导致 *Hox* 基因的表达前移，结果从后脑迁移而来的神经嵴携带着改变了的 *Hox* 指令进入鳃弓，引起鳃弓融合并形成异常软骨。这一表型与胚胎神经嵴中的 *Hox1* 和 *Hox2* 表达缺失所产生的表型相似，从而形成了咽的发育受神经嵴诱导这一观点。然而，随着对文昌鱼咽发育的深入研究，上述观点被彻底颠覆。

对文昌鱼咽部发育的研究，聚焦于咽内胚层固有的信号通路上。文昌鱼虽然缺少参与咽形成的神经嵴，但视黄酸也会导致文昌鱼出现类似于脊椎动物的咽畸变的一些表型。在小鼠中，视黄酸能够阻碍咽裂的形成，并导致鳃弓融合。同样，视黄酸也阻碍文昌鱼鳃裂和口部形成。缺少视黄酸对文昌鱼和脊椎动物造成的缺陷也很相似。用视黄酸拮抗剂处理文昌鱼胚胎，口会变大，咽会向后方扩展，鳃裂不能形成。这些表型与维生素 A 缺失的鸡胚，以及用视黄酸拮抗剂处理的小鼠胚胎所产生的表型如出一辙。这些研究表明，视

黄酸直接作用于内胚层，并对咽部后端发育有限制作用；过量的视黄酸则可从对咽后端发育的限制变为对前端发育的限制，而视黄酸拮抗剂能够改变咽后端的发育。

文昌鱼和脊椎动物的咽内胚层发育受相似的视黄酸下游信号调节，其中包括一型和二型 *Pax* 基因。如前所述，文昌鱼基因组没有经历过复制，所以脊椎动物两种 *Pax* 亚型中都只有 1 个基因，分别为 *Pax1/9* 和 *Pax2/5/8*。脊椎动物如小鼠中，一型 *Pax* 基因有 2 个，为 *Pax1* 和 *Pax9*，二型 *Pax* 基因有 3 个，为 *Pax2*、*Pax5* 和 *Pax8*。这些 *Pax* 基因都编码具有 DNA 结合域的转录因子。文昌鱼 *Pax1/9* 基因，以及脊椎动物 *Pax1* 和 *Pax9* 基因在咽内胚层均广泛表达。在文昌鱼神经胚期，*Pax1/9* 基因在咽内胚层中预定将来和外胚层融合形成鳃裂的地方表达明显下调，而在脊椎动物中，*Pax1* 和 *Pax9* 基因的表达与负责咽囊生长的咽内胚层的细胞增殖密切相关。突变体研究表明，*Pax1* 或 *Pax9* 基因突变小鼠的咽部发育出现缺陷，包括器官原基变小或缺失；在 *Hoxa3* 基因突变小鼠中，*Pax1* 在与外胚层发生融合的第 3 对咽囊的内胚层中表达减少。因此，文昌鱼 *Pax1/9* 基因及脊椎动物 *Pax1* 和 *Pax9* 基因的一个共同功能可能是促进细胞增殖，并防止咽内相邻组织相互融合。

二型 *Pax* 基因的作用与一型 *Pax* 基因相反。在脊椎动物中，*Pax2*、*Pax5* 和 *Pax8* 基因在内柱的同源器官甲状腺中表达。此外，在爪蟾中，*Pax2* 基因在类似于小鼠咽裂的内脏沟的外胚层表达，而在斑马鱼中，*Pax8* 基因在近尾部咽囊中表达。与此形成鲜明对比的是，哺乳动物和鸟类的咽囊不形成穿孔，*Pax2*、*Pax5* 和 *Pax8* 基因在咽囊都不表达。这些结果说明 *Pax2*、*Pax5* 和 *Pax8* 基因可能具有促进鳃裂形成过程中细胞层融合的功能。与此相似，文昌鱼 *Pax2/5/8* 基因在鳃裂原基的内胚层、外胚层及内柱中表达，提示其也可能具有促进内胚层和外胚层融合而形成鳃裂的功能。

一型和二型 *Pax* 基因都是视黄酸信号通路的下游靶基因。在文昌鱼和脊椎动物中，视黄酸处理分别导致 *Pax1/9* 基因及 *Pax1*、*Pax9* 基因表达向前端迁移，并阻止它们在口和鳃裂原基的表达下调。相反，视黄酸拮抗剂能够扩展文昌鱼 *Pax1/9* 基因在尾端的表达范围，而在维生素 A 缺乏型（作用类似于视黄酸拮抗剂处理）鸽子中，*Pax1* 基因表达也向后端扩展。另外，还有一些基因如 *Otx*、*Ptx*、*Shh* 和 *HNF3-β*，在文昌鱼和脊椎动物咽内胚层中也具有相似的表达模式。不难看出，文昌鱼和脊椎动物咽的基本发育模式都是通过视黄酸信号通路及一系列作用于咽内胚层的下游基因所介导的。在脊椎动物中，神经嵴增加了咽发育模式的复杂性，最终导致胸腺、甲状旁腺和后鳃体的出现，以及鳃软骨的形成。

综上所述，不难看出，文昌鱼和脊椎动物的组织者一样，通过相似的分子机制决定体轴形成。同样，文昌鱼和脊椎动物中枢神经系统、尾芽和咽发育的分子机制也具有相似性（Holland et al.，2004）。需要指出的是，脊椎动物与文昌鱼相比，形体构型更加复杂，出现了颌、大脑和四肢等新结构。这可能是基因组复制从而导致大量具有新功能的基因出现所致。目前，由类似于文昌鱼的祖先基因组经 2 轮复制导致脊椎动物产生的观点已经被学术界广泛接受，问题是基因组是通过许多大片段复制的，还是整个基因组复制然后又丢失掉一些基因，尚不清楚。比较基因组学或许可以解决这个问题，而文昌鱼基因组将发挥巨大作用。同时,比较基因组学有助于揭示新基因(如适应性免疫基因)、新结构(如神经嵴)的起源,以及决定新结构形成的相关基因的调控元件。文昌鱼形体构型很像脊椎动物,但相对简单,其基因组又保留着原始的祖先状态。因此,文昌鱼是研究脊椎动物起源与演化不可或缺的珍贵模式动物。

参 考 文 献

张士璀, 郭斌, 梁宇君. 2008. 我国文昌鱼研究 50 年. 生命科学, 20: 64-68

张士璀, 吴贤汉. 1995. 从文昌鱼个体发生谈脊椎动物起源. 海洋科学, 4: 15-21.

张士璀, 袁金铎, 李红岩. 2001. 文昌鱼——研究脊椎动物起源和进化的模式动物. 生命科学, 13: 214-218.

Abi-Rached L, Gilles A, Shiina T, et al. 2002. Evidence of en bloc duplication in vertebrate genomes. Nat Genet, 31: 100-105.

Adoutte A, Balavoine G, Lartillot N, et al. 2000. The new animal phylogeny: reliability and implications. Proc Natl Acad Sci USA, 97: 4453-4456.

Castro L F C, Rasmussen S L K, Holland P W H, et al. 2006. A *Gbx* homeobox gene in amphioxus: insights into ancestry of the ANTP class and evolution of the midbrain/hindbrain boundary. Dev Biol, 295: 40-51.

Delsuc F, Tsagkogeorga G, Lartillot N, et al. 2008. Additional molecular support for the new chordate phylogeny. Genesis, 46: 592-604.

Denoeud F, Henriet S, Mungpakdee S, et al. 2010. Plasticity of animal genome architecture unmasked by rapid evolution of a pelagic tunicate. Science, 330: 1381-1385.

Dworkin S, Jane S. 2013. Novel mechanisms that pattern and shape the midbrain-hindbrain boundary. Cell Mol Life Sci, 70: 3365-3374.

Gans C, Northcutt R G. 1983. Neural crest and the origin of vertebrates: a new head. Science, 220: 268-274.

Garcia-Fernàndez J, D'Aniello S, Escrivà H. 2007. Organizing chordates with an organizer. BioEssays, 29: 619-624.

Holland L Z. 2015. Genomics, evolution and development of amphioxus and tunicates: the Goldilocks principle. J Exp Zool B, 324: 342-352.

Holland L Z, Laudet V, Schubert M. 2004. The chordate amphioxus: an emerging model organism for developmental biology. Cell Mol Life Sci, 61: 2290-2308.

Holland P W H, Holland L Z, Williams N A, et al. 1992. An amphioxus homeobox gene: sequence conservation, spatial expression during development and insights into vertebrate evolution. Development, 116: 653-661.

Holland P W, Garcia-Fernàndez J. 1996. *Hox* genes and chordate evolution. Dev Biol, 173: 382-395.

Hueber S D, Lohmann I. 2008. Shaping segments: *Hox* gene function in the genomic age. BioEssays, 30: 965-979.

Imai K S, Stolfi A, Levine M, et al. 2009. Gene regulatory networks underlying the compartmentalization of the *Ciona* central nervous system. Development, 136: 285-293.

Irimia M, Pineiro C, Maeso I, et al. 2010. Conserved developmental expression of *Fezf* in chordates and *Drosophila* and the origin of the zona limitans intrathalamica (ZLI) brain organizer. Evo Devo, 1: 7.

Kaltenbach S L, Holland L Z, Holland N D, et al. 2009. Developmental expression of the three iroquois genes of amphioxus (*BfIrxA*, *BfIrxB*, and *BfIrxC*) with special attention to the gastrula and anteroposterior boundaries in the central nervous system. Gene Expr Patterns, 9: 329-334.

Kowalevsky A.1877. Weitere studien über die Entwidkelungsgeschichte des *Amphioxus lanceolatus*, nebst einem Beitrage zur Homologie des Nervensystems der Würmer und Wierbelthiere. Archiv für Mikrosk Anat, 13: 181-204.

Kozmik Z, Holland N D, Kalousova A, et al. 1999. Characterization of an amphioxus paired box gene, *AmphiPax2/5/8*: developmental expression patterns in optic support cells, nephridium, thyroid-like structures and pharyngeal gill slits, but not in the midbrain-hindbrain boundary region. Development, 126: 1295-1304.

Lacalli T C, Holland N D, West J E. 1994. Landmarks in the anterior central nervous system of amphioxus larvae. Phil Trans Roy Soc Lond B, 344: 165-185.

Niehrs C. 2001. The Spemann organizer and embryonic head induction. EMBO J, 20: 631-637.

Ohno S. 1999. Gene duplication and the uniqueness of vertebrate genomes circa 1970-1999. Sem Cell Dev Biol, 10: 517-522.

Putnam N H, Butts T, Ferrier D E, et al. 2008. The amphioxus genome and the evolution of the chordate karyotype. Nature, 453: 1064-1071.

Romer A S, Parsons T S. 1977. The Vertebrate Body. Fifth edition. London: W B Saunders Company: 18-33.

Shu D G, Conway-Morris S, Han J, et al. 2003. Head and backbone of the early Cambrian vertebrate *Haikouichthys*. Nature, 421: 526-529.

Tung T C, Wu S C, Tung Y Y F. 1962. Experimental studies on the neural induction in amphioxus. Sci Sin, 11: 805-820.

Wada H, Saiga H, Satoh N, et al. 1998. Tripartite organization of the ancestral chordate brain and the antiquity of the placodes: insights from ascidian *Pax-2/5/8*, *Hox* and *Otx* genes. Development, 125: 1113-1122.

Willey A. 1894. *Amphioxus* and the Ancestry of the Vertebrates. London: Macmillan: 1-316.

Zhang X G, Hou X G. 2004. Evidence for a single median fin-fold and tail in the lower Cambrian vertebrate, *Haikouichthys ercaicunensis*. J Evol Biol, 17: 1162-1166.

第三章

脑 泡 与 脑

脊椎动物的脑据说是自然界最复杂的结构。脊椎动物神经系统尤其是脑的起源和发展一直是演化生物学研究的一个热点领域。文昌鱼在研究脊椎动物的起源与演化中具有无可替代的作用。文昌鱼背部具有一根贯穿身体前后的神经管，其前端为略微膨大的脑泡。文昌鱼脑泡和脊椎动物脑是同源性器官的观点，已经得到形态学、解剖学和发育生物学研究结果的相互印证。

第一节　脊椎动物的脑

脑是脊椎动物中枢神经系统的重要组成部分，是生命机能的主要调节器。脊椎动物的脑一般分为端脑（telencephalon）、间脑（diencephalon）、中脑（midbrain）、小脑（cerebellum）和延脑（也称延髓，medulla oblongata）5 部分（图 3-1）。

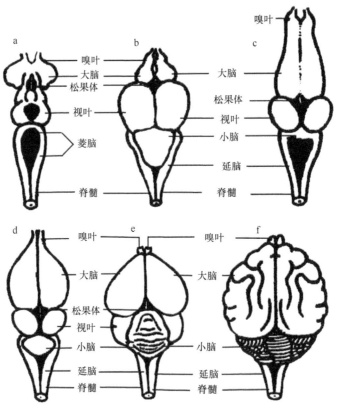

图 3-1　脊椎动物脑比较（杨安峰和程红，1999）

a. 七鳃鳗；b. 鲈鱼；c. 蛙；d. 鳄鱼；e. 鸽子；f. 猫

脊椎动物主要包括圆口类（无颌类）、鱼类、两栖类、爬行类、鸟类和哺乳类 6 类，因其演化地位不同，脑的结构也不尽相同。其中，圆口类因营寄生或半寄生生活，脑不发达，形态原始，初步分化为端脑、间脑、中脑、小脑和延脑 5 部分，它们依次排列在一个平面上，未形成其他脊椎动物的脑弯曲（图 3-1）。圆口类大脑两半球不发达，其前端为较大的嗅叶，内部无神经细胞；间脑顶部有感光功能的松果体、顶器和脑旁体，底部为漏斗（infundibulum）和脑下垂体；中脑仅有 1 对略膨大的视叶，顶上为脉络丛（choroid plexus）；小脑极不发达，未形成独立结构，和延脑尚未分离。比圆口类高等的脊椎动物的脑都明显分为 5 部分，即端脑、间脑、中脑、小脑和延脑，但鱼类和两栖类脑的 5 部分分化程度不高，仍位于同一平面上。爬行类和鸟类的脑都比两栖类发达，大脑半球体积显著增大。哺乳类神经系统高度发达，大脑尤为发达。

一、端脑

端脑包括嗅脑和大脑 2 部分。嗅脑是嗅觉中枢。大脑由左右两个大脑半球组成。大脑表面为灰质，即大脑皮层，也称脑皮；大脑皮层下面为白质，也称脊髓，包埋于白质内的较大的灰质团块，称为纹状体（corpus striatum）。

低等脊椎动物的嗅脑很发达，包括嗅球、嗅束和嗅叶，嗅脑部分和大脑半球约占同样的比例。在高等脊椎动物中，随着大脑半球体积增加，嗅脑比例相对减小，并被推到大脑前方侧面，居于次要地位。哺乳类的梨状体（lobus pyriformis）、海马（hippocampus）、嗅球、嗅束等结构都与嗅觉有关，总称为嗅脑。嗅脑除与嗅觉有关外，还与广泛的植物性机能有关，故又称内脏脑。

纹状体作为大脑基底比较大的神经核，呈灰色，位于侧脑室的前腹侧。纹状体的功能是协调机体的运动。非哺乳类脊椎动物的大脑皮层不发达，纹状体成为最高的运动中枢，切除一部分纹状体，正常的运动机能即受破坏。在哺乳类中，大脑皮层发达，纹状体退居次要地位，成为调节运动的皮层下中枢。

鱼类大脑皮层主要由纹状体组成（图 3-2），占据大脑腹面的绝大部分，在系统发生上这种纹状体称为古纹状体（也称旧纹状体，paleostriatum）。它主要接受来自嗅脑的神经纤维，这样嗅觉刺激可以引起身体许多部位的活动。两栖类的纹状体不仅在大脑腹面，也延伸到外侧面。两栖类纹状体也接受来自丘脑的感觉神经纤维，但与高等脊椎动物相比，其大脑半球主要还是受嗅觉刺激支配，因此纹状体仍属于古纹状体。爬行类的纹状体加厚并向前延伸，加入了大量新的神经核，接受更多来自丘脑的感觉神经纤维，这部分新发展的纹状体称为新纹状体（neostriatum）。鸟类由于纹状体高度发达，大脑半球更加膨大，在新纹状体上又附加了新的神经核，称为上纹状体（hyperstriatum），上纹状体接受更多的感觉神经纤维，成为鸟类复杂的本能活动（如营巢和育雏等）和"学习"中枢。鸟类的嗅叶很小，嗅觉不发达，嗅觉刺激对大脑半球影响已经很小。上述几种纹状体在哺乳类中被高度发达的新脑皮排挤，成为大脑的基底节（basal ganglia）。古纹状体成为苍白球，新纹状体被内囊（capsula interna）隔成两部分。内囊是一大束纤维，连接新脑皮与丘脑。

大脑皮层（pallium）的演化分为 3 个阶段：古皮层（也称旧脑皮，paleopallium）、原皮层（archipallium）和新皮层（neopallium）。古皮层是最原始的脑皮（图 3-2），灰质在内部靠近脑室处，白质包在灰质外。原皮层出现于肺鱼和两栖类，其神经细胞已开始由内向表面移动，原有的古皮层位于脑顶部外侧，新出现的原皮层位于脑顶部内侧。古皮层和原皮层主要是和嗅觉相联系的。新皮层自爬行类开始出现，到哺乳类得到高度发展，神经元数量大增，向各方面延展，排列在表面，且层次分明。

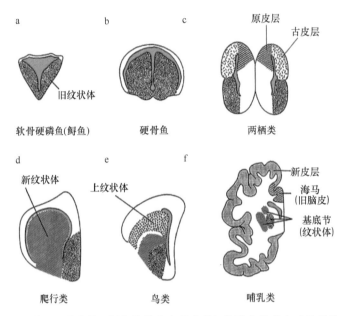

图 3-2　大脑半球纹状体（旧纹状体、新纹状体和上纹状体）的演化及其在哺乳类的命运（Kent，1992）
a～c. 整个端脑泡（大脑两半球）；d～f. 大脑左半球。图 a 和 b 中的脑室（浅红色）不成对，因为硬骨鱼类脑半球形成独特。在哺乳动物中，纹状体（基底节）位于脑半球深层，原皮层被扩展的新皮层取代

二、间脑

间脑包括丘脑（thalamus）、上丘脑（epithalamus）、下丘脑（hypothalamus）和第 3 脑室（图 3-3）。丘脑又称视丘，是间脑最大的部分，构成第 3 脑室的侧壁。爬行类和哺乳类的丘脑特别发达，在两侧丘脑之间愈合成为中联合（middle commissure）。低等脊椎动物的丘脑较小，作用也相对较弱。哺乳类的丘脑是重要的皮下感觉中枢。除嗅觉外，来自各种感觉器的兴奋在传到大脑皮层前，先终止于丘脑，再转换神经元传到大脑皮层。

上丘脑，也称视丘上部，为间脑顶壁，壁薄。上丘脑有 3 个伸出的凸起（图 3-4），从前向后依次为脑旁体（paraphysis）、顶器（parietal body）和松果体（pineal body）。脑旁体在各类脊椎动物早期发育阶段都可以看到，但到成体阶段一般就不存在了。脑旁体功能不详，但有报道钝口螈（*Ambystoma mexicanum*）的脑旁体产生糖原，糖原进入脑脊液（cerebrospinal fluid）中，可以为脑和脊髓细胞提供营养。

顶器，也称松果旁体（parapineal body），因其具有感光功能，故又称为顶眼（parietal eye），在古脊椎动物中作为感光的顶眼曾广泛存在。化石资料证明，古生代的总鳍鱼、坚头类及早期爬行类头骨上都有颅顶孔，而该孔的存在说明动物具有顶眼。在现存动物中，顶眼只作为痕迹器官而残存于某些蜥蜴中。

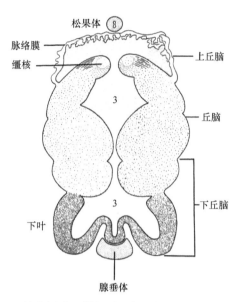

图 3-3　鲨鱼间脑（横切面）主要部位（Kent，1992）

数字 3 示第 3 脑室

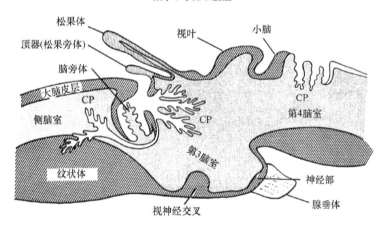

图 3-4　无尾两栖类幼体的间脑和邻近组织（左前端矢切面）（Kent，1992）

CP 示第 3 脑室和第 4 侧脑室脉络丛。侧脑室脉络丛通过室间孔进入脑室

　　松果体，或称脑上体（epiphysis），在哺乳类中被认为是内分泌器官。在动物演化过程中，松果体的功能有明显的变化。一般认为，松果体和顶器曾经是一对光感受器，这从现存的七鳃鳗可以得到证明。七鳃鳗的松果体和顶器同时存在，除大小略有差别外，两者不但形态基本相同，而且都有感光细胞，都有感光功能。

　　下丘脑，也称视丘下部，为间脑底壁，包括视神经交叉（optic chiasma）、灰结节（tuber cinereum）、漏斗体、脑下垂体和乳头体（corpus mammillare）。视神经交叉是视神经发出时所形成的交叉。灰结节为视神经交叉后方的扁平隆起，其中含有几个神经核。灰结节的后方接乳头体。漏斗体通第 3 脑室，形成连接下丘脑的一个柄。脑下垂体为重要的内分泌腺。下丘脑是调节植物性神经活动的中枢，也是重要的神经内分泌部位。

　　鱼类和一些有尾两栖类，在漏斗体基部两侧有一对下叶（inferior lobe），在漏斗体的远端脑垂体的后面有单个的血管囊（saccus vasculosus）。血管囊为间脑底部突出的一个富含血管的薄壁囊，其在深海鱼类中最为发达，但在浅层生活的淡水鱼中不发达。无颌类、肺鱼和无尾两栖类没有血管囊。血管囊的内腔和第3脑室相通，其上含有毛细胞和支持细胞。毛细胞的纤毛伸入脑脊液中，由毛细胞发出的神经纤维通入下丘脑。推测血管囊可能是探测水深的感受器。血管囊能感受脑脊液的压力变化（随着水深的变化而变化），通过交感神经和迷走神经的传导，影响鳔内气压的调节。

三、中脑

中脑位于延脑和间脑之间，分为背部和底部两部分。在非哺乳类脊椎动物中，中脑背部为一对圆形隆起，称为视叶，是视觉反射中枢。视叶的腹侧面为中脑被盖（tectum），这里有动眼神经核、滑车神经核及红核。红核是重要的联络核，在爬行类初次出现，它连接小脑的纤维，称为结合臂，发出纤维到脊髓、丘脑、纹状体及大脑皮层。中脑底部主要由连接大脑与脑桥的纤维组成。

中脑的内腔在哺乳类仅为一狭管，称为中脑水管（cerebral aqueduct），是连接第3脑室和第4脑室的通路。在鱼类和两栖类中，中脑内腔很宽大，延伸到背部视叶中，称为中脑腔（mesocoele）。在无颌类中，中脑腔中有脉络丛，这种情况只出现于无颌类中。

四、小脑

小脑由延脑听侧叶发展而来。无颌类的小脑仅是延脑听侧叶向上延伸的部分。鲨鱼、硬骨鱼（游泳型动物）的小脑一般比较发达，而两栖类与爬行类的小脑不发达。哺乳类的小脑也较发达，突出于菱脑之上。小脑是脊椎动物运动的调节中枢，主要功能是调节躯体平衡、保持身体正常姿势。

五、脑桥和延脑

菱脑的背部前端发展成小脑，后端即为延脑（medulla oblongata）。延脑的背部仍为上皮组织，与软脑膜共同组成后脉络丛。延脑是脊髓前端的延续，其结构与脊髓基本一致，中央的管腔在这里膨大为第4脑室。延脑具有反射活动和传递兴奋两种机能。

哺乳类的脑开始出现脑桥（pons），它是大脑新皮层和小脑之间联系的桥梁，故名脑桥。中脑、脑桥和延脑3部分合称脑干（brainstem）。

第二节　脑的系统发生

脊椎动物复杂行为的出现主要缘于脑复杂程度的增加。在脊椎动物胚胎发育过程中，脊索诱导其上面（背方）未分化外胚层细胞转变为中枢神经系统原基。首先，脊索上方的背部外胚层细胞伸长加厚，向下凹陷，形成前宽后窄的神经板。神经板两侧的外胚层细胞随着神经板的凹陷，边缘加厚，形成神经褶；神经板中央下凹形成神经沟。之后，两边的神经褶逐渐靠拢，并在背部中线处完全愈合，最后成为中空的神经管。脊椎动物的脑就是由胚胎背部神经管的前端膨大发展而成。在胚胎期，神经管前端膨大成原脑（archencephalon），原脑后面部分称为次脑（deuterencephalon）。原脑只是一个明显的膨大，为一部脑。一部脑又发展成三部脑（图3-5），即前脑（prosencephalon或forebrain）、中脑（mesencephalon或midbrain）和菱脑或后脑（rhombencephalon或hindbrain）。三部脑再发展成五部脑，即前脑分化成端脑（telencephalon）和间脑（diencephalon），中脑维持不变，菱脑分化成小脑（cerebellum）和延脑（myelencephalon或medulla oblongata）。大脑再分化成左右两半，各为一大脑半球。胚胎期神经管的管腔发展成脑室（ventricle）。

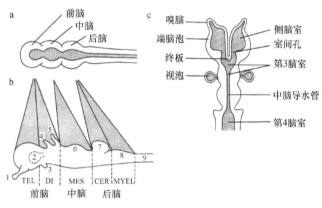

图 3-5　原始脑泡及其分化阶段示意图（Kent，1992）

a. 三部脑阶段，矢切面观。b. 早期分化，侧面观。1. 嗅脑；2. 未来视泡位置；3. 脑垂体神经叶；4. 松果旁体；5. 松果体；6. 视叶；7. 小脑；8. 延脑；9. 颅后神经管；TEL. 端脑；DI. 间脑；MES. 中脑；CER. 小脑；MYEL. 延脑。c. 脑半球开始形成，水平切面

　　脊椎动物脑的演化有3点趋势非常明显。首先，脑的相对体积逐渐增大，进化地位越高的动物，其脑的相对重量越大。鱼类、两栖类和爬行类脑体积相对于体重而言基本上是一个常数，但鸟类和哺乳类的脑体积相对于身体大小而言显著增加。体重100g的啮齿类动物的脑要比同样体重的蜥蜴的脑明显大出许多，但是，同样体重为100g的鱼和蜥蜴的脑体积则几乎一样。其次，功能区域化。高等动物的脑在原始三部脑分区的基础上，划分出不同区域执行特定功能。前脑分化成端脑和间脑，前者包含大脑皮层，是学习和记忆最重要的功能区，后者包含丘脑、下丘脑和其他神经细胞，是调节内脏及内分泌活动的功能区；菱脑分化成小脑和延脑，其中小脑是协调运动的中心。最后，前脑精细化和复杂化不断增加。随着两栖类和爬行类由水生向陆生转变，中脑和后脑的视觉与听觉功能变得越来越重要，而自然选择导致这些区域变大。动物演化越过这点之后，与更为复杂的行为相伴而生的是前脑重要区域大脑的生长。特别是在哺乳类，复杂行为总是与相应大小的大脑及其褶皱（可以增加大脑表面积）关联的。由于大脑细胞体位于大脑皮层（外层），因此在决定行为表现上，脑表面积的作用比体积的作用更重要。人类大脑皮层厚度虽然不足5mm，但占脑总质量的 80%。有袋类动物如负鼠大脑皮层没有多少褶皱，而猫和其他胎

盘动物的大脑皮层则具有较多褶皱。灵长类和鲸目动物（鲸鱼和海豚）大脑皮层比其他脊椎动物都大而又复杂，其中海豚大脑皮层就表面积而言仅次于人类。

第三节　脑泡与脑起源

在脊椎动物起源和演化研究中，头索动物（文昌鱼）和尾索动物（海鞘）这两类动物一直备受青睐。其中，海鞘基因组显然经历过快速演化，丢失了许多基因，所以，其生活史和形态的独特性被认为是次生现象（Holland，2007）。另外，海鞘的发育调控方式也与其他脊索动物明显不同，如伴随发育相关基因 *Hox* 和 *Pax2/5/8* 的缺失，其胚胎早期分裂球的发育命运主要由细胞质决定而行自主发育，不同胚层之间诱导作用明显削弱或消失，最终导致组织者的丢失。因此，学术界越来越认为海鞘并不适合作为探索脊椎动物起源和演化的模式动物。相比之下，自文昌鱼和脊椎动物大约在 5.5 亿年前分开以来，其基因组和形态都较少变化。另外，文昌鱼和脊椎动物两者基因组的演化都相对缓慢。其中，文昌鱼基因组的演化速率甚至比已知演化最慢的姥鲨（elephant shark）还慢。佛罗里达文昌鱼和脊椎动物的基因组比较结果已经证明，脊椎动物基因组经历了 2 轮复制。许多复制基因已经丢失，但与发育相关的基因及编码信号蛋白的基因被选择性保留下来。一般认为，正是这些复制后保留下来的额外基因促使脊椎动物形成了大而复杂的脑部。文昌鱼基因组没有经历过复制，加之其演化慢，所以它最适合作为脊椎动物祖先的代表，即最适合作为研究脊椎动物起源和演化的模式动物，在研究中枢神经系统演化时更是如此。在海鞘生活史中，运动和摄食是完全分离的两个过程：幼虫游泳但不会摄食，成体摄食但不能游泳。所以，海鞘幼虫中枢神经系统只行使有限的感觉和运动功能，没有内脏控制功能。在变态过程中，海鞘幼虫神经系统极度减缩，失去运动及部分感觉功能，因此成体只有内脏控制功能，没有运动功能。由此可见，海鞘没有调节运动和非运动功能切换的神经回路。而文昌鱼和脊椎动物一样，胚后生活终生都要游泳和摄食，其中枢神经系统前端类似于脑的区域可负责调节游泳和摄食活动及两者之间的切换。因此，有理由预期文昌鱼和脊椎动物的脑具有一些共同的基本组织结构特征。

一、文昌鱼幼虫的脑：组织和回路

从前对成体文昌鱼中枢神经系统的研究，详细描述了神经元细胞类型。对神经回路的研究主要集中于文昌鱼幼虫。文昌鱼幼虫特别小，其中枢神经系统可以用透射电镜观察并进行三维重建。特别值得关注的部分是神经索最前端 90μm（图 3-6），也就是构成脑泡及其向后至第 1 肌节的部分，这个部分相当于脊椎动物前脑和中脑标志基因如 *Otx* 表达的区域。分泌细胞构成的漏斗器腹侧的细胞是脑泡前端和后端转变的分界线。紧邻漏斗器细胞后面的是腹神经纤维网（ventral neuropile）区，而紧邻腹神经纤维网后面的是初级运动中心（primary motor center，PMC）。神经索最前端到漏斗器后面神经纤维网之间的神经元与其更后面的神经元存在本质差异。前者，不管是在额眼（色素细胞、光感受器和一些神经元）还是在漏斗器前区和漏斗器区（感觉细胞），都具有神经突起伸向神经纤维网，形成不规则的曲张体（varicosity）。典型的曲张体大而缺乏突触，含有各种囊泡。背部板层小体（lamellar body）细胞也参与形成神经纤维网，它们的神经纤维终端也缺乏突触。突触的缺乏说明前端这些神经元可能主要通过旁分泌发挥作用。这些神经元所分泌的神经递质尚待鉴定，推测它们可能是神经肽类物质。而后者，在初级运动中心，最明显的神经元是大的中间神经元和体细胞运动神经元，它们都有下行神经突起。大的中间神经元包括 3 对大细胞，从其神经突起和突触来看，可能具有起搏点（pacemaker）作用。这一区域细胞的突触前终端呈常规式样，含有大量囊泡。因此，这一运动神经回路可能依赖于乙酰胆碱和各种氨基酸递质的快速传递。这已部分得到药理学研究证明（Guthrie，1975）。

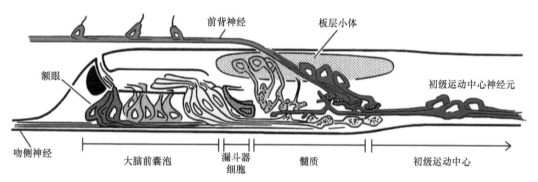

图 3-6　文昌鱼 12 天幼虫前端神经索组织结构（侧面观）（Lacalli，2008）

左侧为前端，后面至第 1 和第 2 肌节连接处。图示长约 120μm 的神经索，包括大约 150 个神经元。漏斗器细胞（浓阴影部分）可作为脑泡前部（主要感觉功能）和背部板层小体（淡阴影部分）、腹部漏斗器后面神经纤维网的转换标记。来自周围和中枢感觉神经元的感觉输入通过吻端和前背神经进入神经索

来自起搏点细胞和初级运动中心一些神经元的树突向前抵达漏斗器后面的神经纤维网。它们在那里通过清晰的突触接受高度冗余的输入，有来自吻端和前背神经的感觉轴突的输入，也有来自尾部神经纤维的输入。在幼虫中，这些输入主要是机械感受。所以，幼虫受到触碰后，会立刻做出强烈的运动反应而逃跑。幼虫也可以做长时间的缓慢运动，这可能与幼虫在自然条件下可昼夜进行上下运动有关。总之，有充分的形态学证据说明这一神经回路与所观察到的幼虫运动行为密切相关。

幼虫的非运动型活动主要是摄食，其早在垂直悬浮于水面，还不太会运动的时候，就已经开始摄食了。因此，游泳，不管是逃跑运动还是迁移运动，似乎都与摄食没有必然联系。电镜观察到的突触连接也证明了这一点。来自运动控制细胞的树突在漏斗器后面的神经纤维网没有分枝。神经纤维网本身接受来自背部和更前端各种感觉细胞的输入。神经纤维网区有些细胞具纤毛，提示它们可能具有测试物理位移的功能，也就是平衡器功能。由于这些细胞在脊椎动物中位于下丘脑，因此可以推测脑泡这一区域的功能可能和脊椎动物下丘脑对应，在文昌鱼应对体内外（包括营养状态）各种环境变化时起调节机体活动的作用。

二、发育基因表达：脑泡与脑同源性

文昌鱼脑泡三维结构重建表明，它与脊椎动物的脑存在许多同源性特征，如二者都

具有后脑、具有松果体的间脑前脑（diencephalic forebrain）及小的中脑，但未见明显的端脑。这也得到了发育基因表达模式的证明。

在解剖学上，文昌鱼中枢神经系统没有明显分区，只在脑泡后面有一缢痕（constriction）。但是，由于文昌鱼肌节伸展到身体前端，它们可以作为身体前后位置的很好标志。首先，文昌鱼存在后脑的证据来自 *Hox* 基因的表达：*Hox1* 表达前端限于第 2 肌节前端边界，*Hox2* 表达前端限于第 3 肌节前端边界，*Hox3* 表达前端限于第 4 肌节前端边界，*Hox6* 表达前端限于第 6～7 肌节。其次，运动神经元，在脊椎动物中位于中脑和后脑，而在文昌鱼中位于第 2～6 肌节。它们都表达运动神经元标志性基因，如雌激素相关受体（estrogen-related receptor，ERR）基因。最后，还有大量后脑和脊髓的标记基因，如 *Gbx*、*Islet*、*Mnx*、*Shox*、*Wnt3* 和 *cdx* 等，在文昌鱼和脊椎动物中都呈现相似的表达模式（图 3-7）。

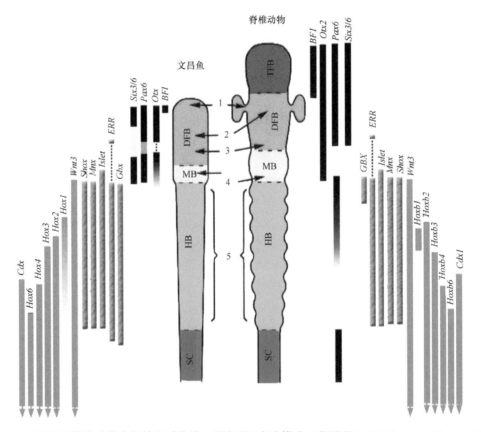

图 3-7　文昌鱼和脊椎动物中枢神经系统前、后端基因表达模式（背面观）（Holland and Short，2008）
TFB. 端脑前脑；DFB. 间脑前脑；MB. 中脑；HB. 后脑；SC. 脊髓。数字示同源结构：1. 脊椎动物成对的眼对文昌鱼额眼；2. 脊椎动物松果体对文昌鱼板层小体；3. 脊椎动物连合下器对文昌鱼漏斗器；4. 脊椎动物初级运动中枢对文昌鱼初级运动中心；5. 脊椎动物菱脑运动神经元对文昌鱼周期性重复背隔室（dorsal compartment）运动神经元。每个基因表达区域前后水平以条形图表示（黑色为前标记、圆点主要为后脑标记，灰色为 *Hox* 和 *Parahox* 表达范围）。脊椎动物表达区域（顶部）多半和文昌鱼表达区域（底部）对应。文昌鱼中表达的基因包括：*BF1*、*Otx*、*ERR*、*Islet*、*Mnx*、*Shox*、*Hox*、*Cdx*、*Wnt3*、*Gbx* 和 *Pax6*

形态证据和基因表达模式都说明文昌鱼脑泡有很大一部分与脊椎动物间脑具有同源性。在细胞水平上，文昌鱼脑泡和脊椎动物间脑存在一些对应结构。最明显的是文昌鱼脑泡周围的板层小体和脊椎动物间脑的松果体是同源结构。文昌鱼脑泡板层小体是一个带纤毛的光感受器细胞，非常像七鳃鳗松果体复合体的光感受器细胞。文昌鱼神经系统最前端具有额眼感光器，被认为与脊椎动物成对的眼同源，这也为文昌鱼脑泡与脊椎动物间脑具有同源性提供了证据。另外，文昌鱼脑泡与哈氏窝连接处有一个漏斗状结构，且分泌胞外纤维向后延伸到中枢神经管腔，与脊椎动物分泌前庭纤维的连合下器（subcommissural organ）同源，再次为文昌鱼脑泡与脊椎动物间脑具有同源性提供了证据。基因表达模式同样支持文昌鱼脑泡和脊椎动物间脑存在同源性。例如，*Pax6*、*Six3* 和 *BF1* 基因都在脊椎动物前脑表达，它们也在文昌鱼脑泡与脊椎动物前脑相对应的区域表达；*Otx* 基因在脊椎动物后脑和中脑表达，它也在文昌鱼脑泡与脊椎动物后脑和中脑相对应的区域表达（图 3-7）。文昌鱼脑泡后端和脊椎动物中脑之间是否存在同源性，还不是十分清楚。这一区域具有接受额眼光感受器输入的细胞，称为顶盖细胞（tectal cell），可能与脊椎动物中脑被盖有同源性。遗憾的是，目前还没有发现有中脑特异性基因可以用来标记中脑。然而，即使如此，从 *Otx* 和 *Gbx* 基因的表达中也仍然可以看出文昌鱼脑泡的后端分界线与脊椎动物中脑和后脑分界线的一致性。在文昌鱼和脊椎动物中，前面的 *Otx* 表达区域和后面的 *Gbx* 表达区域都在后脑前端交集，这表明中脑和后脑的位置在原始脊索动物中已经建立了起来（图 3-8）。*Otx2* 和 *Gbx2* 两者作用相互抑制，

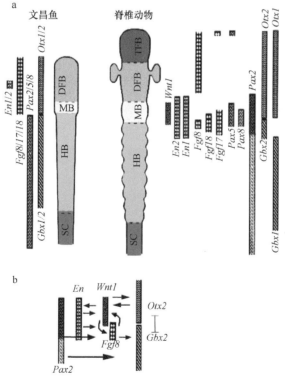

图 3-8　文昌鱼和脊椎动物中决定 MHB 位置的基因表达示意图（Holland and Short，2008）

a. 背面观。TFB. 端脑前脑；DFB. 间脑前脑；MB. 中脑；HB. 后脑；SC. 脊髓。文昌鱼的单个基因与脊椎动物旁系同源基因的时空表达具有明显的重叠性。b. 脊椎动物 MHB 中的基因相互作用。*Otx2* 和 *Gbx2* 相互抑制。其他基因不但相互激活，而且可以激活 *Otx2* 和 *Gbx2*

中脑和后脑的界面（MHB）位置由 *Otx* 表达区域后面的界限确立。在脊椎动物中，*Otx* 和 *Gbx* 表达不但定位于中脑与后脑分界处，而且可以维持稍后激活的中脑和后脑分界标记基因如 *En2*、*Wnt1*、*Pax2* 和 *Fgf8* 的表达。

三、神经内分泌调控：食欲肽-食欲肽受体

食欲肽（orexin，OX）为脊椎动物下丘脑分泌的激素，也称下丘脑分泌素（hypocretin），是神经元彼此之间联系的一种神经肽，参与诸如摄食、能量代谢、睡眠和生殖等生命过程的调节。食欲肽分为两种：食欲肽 A（OXA）和食欲肽 B（OXB），由同一前体蛋白水解而来。人类 OXA 和 OXB 分别由 33 个和 28 个氨基酸组成，通过与 G 蛋白偶联受体 OX1R 和 OX2R 作用，激活下游多条信号通路，如 PKC（protein kinase C）和 PKA（protein kinase A）信号系统。我们从青岛文昌鱼中克隆到 1 条含有 OX 结构域的基因，其编码含 164 个氨基酸的前体蛋白 OX1。同时，我们克隆到一条文昌鱼食欲肽受体（OXR）cDNA，其编码一个含 536 个氨基酸的蛋白质，该蛋白质具有 G 蛋白偶联受体的典型特征，命名为 OXR1。实时定量 PCR 和切片原位杂交都显示，文昌鱼 *OX1* 基因虽然在鳃、肝盲囊、后肠、精巢、卵巢表达，但主要在脑泡和哈氏窝表达（图 3-9），这与 *OX* 基因主要在脊椎动物下丘脑表达很相似。亚细胞定位表明，文昌鱼 OXR1 分布于细胞膜上（图 3-10）。我们用荧光素酶报告基因系统分析蛋白质相互作用，结果显示，合成的文昌鱼 OXA-31 多肽可以和 OXR1 结合，激活 PKC 和 PKA 信号通路（图 3-10），说明二者存在功能上的联系。特别有趣的是，OXA-31 还可以下调瘦素（leptin）基因表达，刺激脂肪合成（Wang et al.，2019）。因此，文昌鱼可能存在类似于脊椎动物的具有功能的食欲肽-食欲肽受体调控系统。这说明文昌鱼脑泡可以行使类似于脊椎动物下丘脑的神经内分泌调节作用，这为文昌鱼脑泡和脊椎动物脑的同源性提供了一个功能方面的证据。

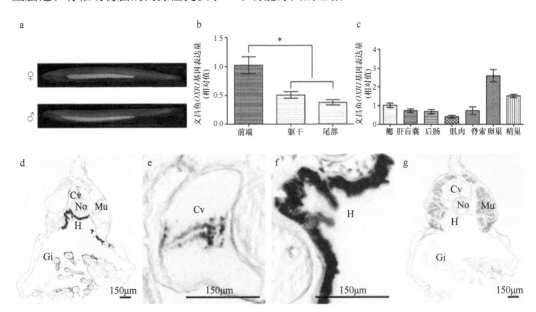

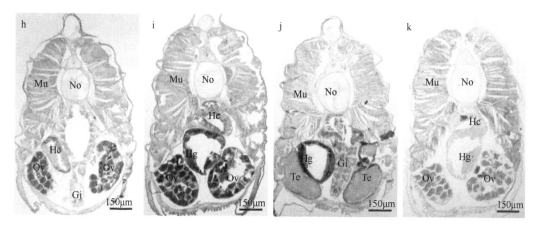

图 3-9　文昌鱼 *OXR1* 基因表达模式

a. 示文昌鱼♀、♂个体；b. *OXR1* 基因在身体不同部位的表达；c. *OXR1* 基因在不同组织的表达；d~f 和 h~j. 原位杂交；g 和 k. 对照。Cv. 脑泡；H. 哈氏窝；Gi. 鳃；Mu. 肌肉；No. 脊索；Hc. 肝盲囊；Hg. 后肠；Ov. 卵巢；Te. 精巢；*示统计学差异显著

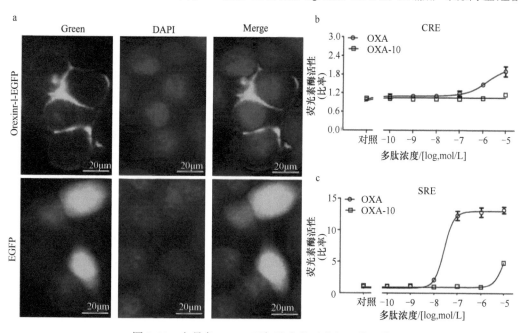

图 3-10　文昌鱼 OXR1 亚细胞定位及其与配体互作

a. 转染 pcDNA3.1/ OXR1/EGFP 或者 pcDNA3.1/EGFP 的 HEK293T 细胞，培养 48h 后荧光显微镜观察照片。b 和 c. 荧光素酶报告基因系统分析，cAMP 反应元件（CRE）和血清反应元件（SRE）驱动的荧光素酶活性

四、系统发育层位学：脑部发育新基因的演化

　　系统发育层位学（phylostratigraphy）是研究有机体特定结构起源与演化的一个新方法。该方法应用比较基因组学来确定特定解剖结构内所表达基因的演化时间（图 3-11）。注意，这里不是指特定解剖结构本身的形成时间，而是指调控特定结构（如脑）发育的遗传框架的出现时间。例如，参与脊椎动物感觉器官发育的基因分析表明，眼（包括晶

状体）发育关键基因形成最早（最早出现），新基因数量在视网膜出现时达到峰值；晶状体最早出现于头索动物。相比之下，决定嗅觉系统耳、侧线和颅基板（cranial placode）发育的新基因峰值出现于海鞘，而决定神经嵴、腺垂体、三叉神经基板（trigeminal placode）及神经节发育的新基因直至脊椎动物才出现。需要指出的是，决定腺垂体发育的新基因在头索动物中已出现过一波小高潮。当这一分析方法用于研究脑演化时，发现参与整个脑，即前脑（包括端脑和间脑）、中脑和后脑发育的新基因峰值出现于文昌鱼。不过，除中脑之外，参与脑其他部分发育的新基因，在后生动物和脊椎动物形成时也各出现过一波小高潮（图 3-11）。当把端脑分成背腹 2 区分析时，发现参与端脑腹部发育的新基因峰值出现于文昌鱼，而参与端脑背部发育的新基因峰值出现于脊椎动物。在七鳃鳗和真骨鱼（euteoleosts）中，参与端脑腹部发育的新基因也出现了一个不甚明显的峰值。如果把中脑细分加以剖析，会发现参与 MHB 发育的新基因在文昌鱼出现峰值，而参与中脑顶盖发育的新基因在后生动物出现峰值。这些结果表明，参与脊椎动物脑发育的多数基因，在文昌鱼中已出现，只有参与端脑背部发育的多数基因到脊椎动物才出现；而参与中脑和视顶盖（optic tectum）发育的基因早在真核生物演化之前就已经出现。

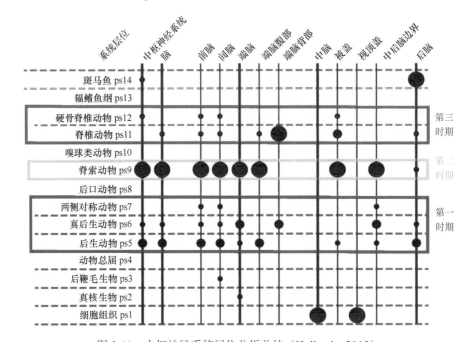

图 3-11　中枢神经系统层位分析总结（Holland，2015）

左侧示系统层位。黄色部分示脊椎动物。圆点大小与脊椎动物特定脑区（在该系统层位首先出现）表达的基因数成比例。系统层位 8（ps8）包括棘皮动物和半索动物。系统层位 9（ps9）包括头索动物（文昌鱼），而系统层位 10（ps10）包括海鞘。在斑马鱼脑表达的绝大多数基因首先在头索动物出现

综上所述，脊椎动物脑的演化由原脑发展成由前脑、中脑和后脑构成的三部脑，再由三部脑发展成五部脑（端脑、间脑、中脑、小脑和延脑）。解剖结构、细胞形态和发育基因表达模式都表明，文昌鱼脑泡与脊椎动物前脑的间脑部分、中脑和后脑具有同源性。因此，脊椎动物祖先的脑，可能与文昌鱼的脑泡高度相似，或者说文昌鱼的脑泡可

能是脊椎动物的脑的雏形。有意思的是，虽然参与端脑腹部发育的一些基因在文昌鱼中已经出现，但在文昌鱼脑泡中没有发现与脊椎动物端脑同源的部分，所以，端脑可能是脊椎动物形成的新结构。

参 考 文 献

杨安峰, 程红. 1999. 脊椎动物比较解剖学. 北京: 北京大学出版社.

Albuixech-Crespo B, Herrera-Úbeda C, Marfany G, et al. 2017. Origin and evolution of the chordate central nervous system: insights from amphioxus genoarchitecture. Int J Dev Biol, 61: 655-664.

Bone Q. 1959. The central nervous system in larval acraniates. Q J Microsc Sci, 100: 509-527.

Bone Q. 1960. The central nervous system in amphioxus. J Comp Neurol, 115: 27-64.

Butts T, Holland P W, Ferrier D E. 2010. Ancient homeobox gene loss and the evolution of chordate brain and pharynx development: deductions from amphioxus gene expression. Proc Biol Sci, 277: 3381- 3389.

Candiani S, Moronti L, Ramoino P, et al. 2012. A neurochemical map of the developing amphioxus nervous system. BMC Neurosci, 13: 59.

Cole W C, Youson J H. 1982. Morphology of the pineal complex of the anadromous sea lamprey, *Petromyzon marinus* L. Am J Anat, 165: 131-163.

Gorbman A. 1999. Brain-Hatschek's pit relationships in amphioxus species. Acta Zool, 80: 301-305.

Guthrie D M. 1975. The physiology and structure of the nervous system of amphioxus (the lancelet) (*Branchiostoma lanceolatum* Pallas). Symp Zool Soc Lond, 36: 43-80.

Holland L Z. 2007. A chordate with a difference. Nature, 447: 153-155.

Holland L Z. 2015. The origin and evolution of chordate nervous systems. Phil Trans R Soc Lond B, 370: 1-8.

Holland L Z, Holland N D. 1999. Chordate origins of the vertebrate central nervous system. Curr Opin Neurobiol, 9: 596-602.

Holland L Z, Short S. 2008. Gene duplication, co-option and recruitment during the origin of the vertebrate brain from the invertebrate chordate brain. Brain Behav Evol, 72: 91-105.

Holland P W H. 1996. Molecular biology of lancelets: insights into development and evolution. Isr J Zool, 42(Suppl.): 247-272.

Holland P W H, Holland L Z, Williams N A, et al. 1992. An amphioxus homeobox gene: sequence conservation, spatial expression during development and insights into vertebrate evolution. Development, 116: 653-661.

Jackman W R, Kimmel C B. 2002. Coincident iterated gene expression in the amphioxus neural tube. Evol Dev, 4: 366-374.

Jackman W R, Langeland J A, Kimmel C B. 2000. *Islet* reveals segmentation in the amphioxus hindbrain homolog. Dev Biol, 230: 16-26.

Kent G C. 1992. Comparative Anatomy of the Vertebrates. 7th ed. Boston: Mosby-Year Book, Inc.

Kozmik Z, Holland N D, Kreslova J, et al. 2007. *Pax-Six-Eya-Dach* network during amphioxus development: conservation *in vitro* but context specificity *in vivo*. Dev Biol, 306: 143-159.

Lacalli T C. 2002. Sensory pathways in amphioxus larvae I. Constituent fibres of the rostral and anterodorsal nerves, their targets and evolutionary significance. Acta Zool, 83: 149-166.

Lacalli T C. 2008. Basic features of the ancestral chordate brain: a protochordate perspective. Brain Res Bull, 75: 319-323.

Lacalli T C, Holland N D, West J E. 1994. Landmarks in the anterior central nervous system of amphioxus larvae. Phil Trans Roy Soc Lond B, 344: 165-185.

Lacalli T C, Hou S. 1999. A reexamination of the epithelial sensory cells of amphioxus (*Branchiostoma*). Acta Zool, 80: 125-134.

Meiniel A. 1980. Ultrastructure of serotonin-containing cells in the pineal organ of *Lampetra planeri* (Petromyzontidae). Cell Tissue Res, 207: 407-427.

Olsson R, Yulis R, Rodriguez E M. 1994. The infundibular organ of the lancelet (*Branchiostoma lanceolatum*, Acrania): an immunocytochemical study. Cell Tissue Res, 277: 107-114.

Presley R, Horder T J, Slípka J. 1996. Lancelet development as evidence of ancestral chordate structure. Isr J Zool, 42(Suppl.): 97-116.

Ruiz S, Anadón R. 1991. The fine structure of lamellate cells in the brain of amphioxus (*Branchiostoma lanceolatum*, Cephalochordata). Cell Tissue Res, 263: 597-600.

Shimeld S M, Holland N D. 2005. Amphioxus molecular biology: insights into vertebrate evolution and developmental mechanisms. Can J Zool, 83: 90-100.

Wang P, Wang M, Zhang L, et al. 2019. Functional characterization of an orexin neuropeptide in amphioxus reveals an ancient origin of orexin/orexin receptor system in chordate. Sci China Life Sci, 62: 1655-1669.

Wicht H, Lacalli T C. 2005. The nervous system of amphioxus: structure, development, and evolutionary significance. Can J Zool, 83: 122-150.

第四章

哈氏窝与脑垂体

脑垂体（pituitary gland 或 hypophysis）简称垂体，是脊椎动物体内最重要、最复杂的内分泌腺。它分泌多种激素，包括生长激素、促甲状腺素、促肾上腺皮质激素、促性腺素、催产素、催乳素、促黑素细胞激素等，还能够储藏并释放下丘脑分泌的抗利尿激素。这些激素对代谢、生长、发育和生殖等有重要作用。大量证据表明，文昌鱼已经具备类似于脊椎动物垂体的器官——哈氏窝，也可以说在系统演化过程中，脊椎动物脑垂体可能就是由类似于文昌鱼哈氏窝这样的结构发展而来的。脑垂体的起源是动物演化上的一个重大事件，直接促进了机体生长、发育和代谢的发展。

第一节　脊椎动物的脑垂体

脊椎动物脑垂体是位于下丘脑腹侧、蝶骨体之上的一个圆球形小体，通过漏斗器和下丘脑相连，是动物体内最复杂的内分泌腺。在矢切面上，垂体分为腺垂体（adenohypophysis）和神经垂体（neurohypophysis）两部分（图 4-1）。以人为例，腺垂体占据了脑垂体的绝大部分，它可进一步划分为远侧部（低等脊椎动物中又分为前远侧部和近远侧部）、结节部和中间部，其中远侧部和结节部又合称为前叶；神经垂体较小，又称垂体后叶，分为神经部和漏斗部。腺垂体和神经垂体组织学来源不同：前者来源于胚胎期口腔顶部的凸起，在绝大多数动物中此凸起是中空的囊，称为拉特克囊（Rathke's pouch）；后者则来源于间脑底部神经外胚层向下的中空突出（Gorbman, 1983; Kent, 1992）。这两部分互相接触，拉特克囊逐渐与口腔脱离联系，最后两者共同形成成体的脑垂体（图 4-2）。因此，腺垂体和神经垂体两者在细胞组成和结构上截然不同，实际上可以看作两个独立的内分泌腺，各自发挥功能，又相互协调。

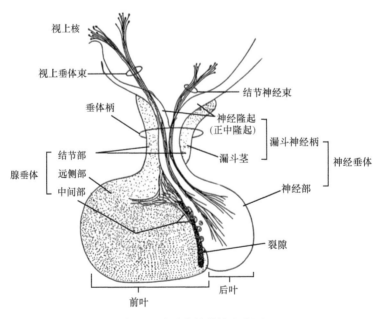

图 4-1　脑垂体的结构和分区

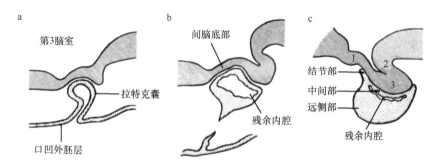

图 4-2　羊膜动物脑垂体的胚胎发生（Kent，1992）

a. 拉特克囊阶段；b. 腺垂体原基（浅灰色）分离，与间脑底部连接；c. 年轻的脑垂体，由腺垂体（浅灰色）和神经垂体（深灰色）组成。1. 正中隆起；2. 漏斗神经柄；3. 神经部（后叶）。腺垂体分区图中已标注

一、腺垂体

腺垂体（又称垂体前叶）主要由腺上皮细胞构成，其机能非常复杂，能影响许多内分泌腺的活动，在内分泌系统中占有极重要的地位。因此，脑垂体的内分泌主要由此部分负责。根据腺垂体上皮细胞在苏木精-伊红（hematoxylin-eosin，HE）染色中对染料的反应，可将其分为嗜酸性、嗜碱性和嫌色性 3 类。其中，嗜酸性细胞的数量占腺垂体上皮细胞总数的 1/3 左右，呈圆球形或椭圆球形，胞质内含嗜酸性颗粒。嗜碱性细胞数量较嗜酸性细胞少，约占腺垂体上皮细胞总数的 15%，呈椭圆球形或多边形，胞质内含嗜碱性颗粒，一般较嗜酸性细胞的颗粒小，颗粒内含糖蛋白类激素，过碘酸希夫反应（periodic acid Schiff reaction，PAS）呈阳性。嗜酸性细胞和嗜碱性细胞都能分泌激素。嫌色性细胞数量最多，约占腺垂体上皮细胞总数的 50%，体积小，呈圆球形或多角形，胞质少，着色浅，细胞界限不清楚。嫌色性细胞不能分泌激素，但有部分嫌色性细胞胞质内含少量分泌颗粒，它们可逐渐演变为具有分泌功能的嗜酸性细胞或嗜碱性细胞。其余的大多数嫌色性细胞具有长的分枝凸起伸入腺垂体上皮细胞之间起支持作用。腺垂体不同部分的细胞分布也有所不同，远侧部的腺细胞排列成索状，少围成小滤泡，细胞间具有丰富的窦状毛细血管和少量结缔组织，其中分别含有两种嗜酸性细胞及两种嗜碱性细胞。两种嗜酸性细胞分别是分泌生长激素（growth hormone，GH）的细胞和分泌催乳素（prolactin，PRL）的细胞。分泌生长激素的细胞数量较多，电镜下可见胞质内含大量具有高电子密度的分泌颗粒，所合成和释放的 GH，既能促进体内多种代谢过程，如糖类、蛋白质、脂肪的合成和吸收，又能刺激软骨和肌肉生长，使骨增长，肌纤维变粗，进而促进生长发育。除此之外，GH 还具备其他众多功能，如渗透压调节和免疫等。在雌、雄两性的垂体中均有分泌催乳素的细胞，但在雌性中较多。在正常生理情况下，胞质内分泌颗粒的直径较小（大约 200nm），但在妊娠期和哺乳期，分泌颗粒的直径明显增大（可达 600nm 以上），分泌颗粒呈椭圆形或不规则形，细胞数量增多、体积增大。催乳素细胞分泌的 PRL 能促进乳腺发育和乳汁分泌。在鱼类中，PRL 具有渗透调节功能。两种嗜碱性细胞分别为分泌促甲状腺素（thyrotropin 或 thyroid stimulating hormone，TSH）的细胞和分泌促肾上腺皮质激素（corticotropin 或 adrenocorticotropic hormone，

ACTH）的细胞。分泌促甲状腺素的细胞呈多角形，所含分泌颗粒较小，分布在胞质边缘，所分泌的 TSH 能促进甲状腺增生，使细胞体积增大、数量增多，同时促进甲状腺素的合成和释放。分泌促肾上腺皮质激素的细胞，呈多角形，胞质内的分泌颗粒大，所分泌的 ACTH 能促进肾上腺皮质细胞增生及肾上腺皮质激素合成与释放。

结节部占腺垂体的一小部分，包围着神经垂体的漏斗，在漏斗的前方较厚，后方较薄或缺如。此部含有很丰富的纵行的毛细血管，腺细胞呈索状纵向排列于血管之间，细胞较小，主要是嫌色性细胞，其间有少数嗜酸性细胞和嗜碱性细胞。此处的嗜碱性细胞为分泌促性腺激素（gonadotropin，GTH）的细胞，大且呈圆球形或椭圆形，胞质内含有大小不等的颗粒，内含促性腺激素。促性腺激素泛指卵泡刺激素（follicle-stimulating hormone，FSH）和黄体生成素（luteinizing hormone，LH）两种性激素，由同一种细胞分泌。卵泡刺激素可刺激雌性卵泡的发育，促进卵巢产生卵子，在雄性体内则刺激生精小管的支持细胞合成雄激素结合蛋白，以促进睾丸产生精子。黄体生成素可促进雌性卵巢制造雌激素、孕激素，促进排卵和黄体形成，也可刺激雄性睾丸间质细胞分泌雄激素，故又称为间质细胞刺激素（interstitial cell stimulating hormone，ICSH）。

中间部是腺垂体前部和神经垂体的神经部之间的薄层组织，主要由嫌色性细胞和嗜碱性细胞组成，还有一些由立方上皮细胞围成的大小不等的滤泡，泡腔内含有胶质。四足动物垂体的中间部一般不发达，人垂体的中间部退化，只占垂体体积的 2%左右，而该部在鸟类中则完全不存在。低等脊椎动物（如无颌类、鱼类和两栖类）垂体的中间部较发达，能够分泌促黑素细胞激素（melanocyte-stimulating hormone，MSH），也称促黑素，作用于皮肤中的黑素细胞，促使其中的黑素颗粒扩散，引起体色变深。

二、神经垂体

神经垂体（又称垂体后叶）主要由无髓神经纤维和神经胶质细胞组成，并含有较丰富的窦状毛细血管和少量网状纤维。神经垂体与下丘脑直接相连并受其调控，因此两者是结构和功能的统一体，发挥一部分内分泌功能。下丘脑前区的两个神经核团称视上核和室旁核，核团内含有大型神经内分泌细胞，其轴突经漏斗直抵神经部，是神经部无髓神经纤维的主要来源。视上核和室旁核的大型神经内分泌细胞除具有一般神经元的结构外，胞体内还含有许多分泌颗粒，分泌颗粒可沿细胞的轴突运输到神经部储存，进而释放到窦状毛细血管内。沿轴突有串珠状膨大，膨大部（称膨体）内有分泌颗粒聚集。光镜下可见神经部内有大小不等的嗜酸性团块，为轴突内分泌颗粒大量聚集形成的结构。神经部内的胶质细胞又称垂体细胞（pituicyte），形状和大小不一，电镜下可见垂体细胞具有支持和营养神经纤维的作用。垂体细胞还可能分泌一些化学物质，以调节神经纤维活动和激素释放。视上核和室旁核的大型神经内分泌细胞合成两种激素：抗利尿激素（antidiuretic hormone，ADH）和催产素（oxytocin）。抗利尿激素的主要作用是促进水在肾远曲小管和集合管的重吸收，使尿量减少；抗利尿激素分泌若超过生理剂量，可导致小动脉平滑肌收缩，血压升高，故又称加压素。催产素可促进子宫收缩，有助于分娩。

神经部的血管主要来自左右颈内动脉发出的垂体下动脉，血管进入神经部分支成为窦状毛细血管网。部分毛细血管血液经垂体下静脉汇入海绵窦，还有部分毛细血管血液逆向流入漏斗，然后从漏斗循环到远侧部或下丘脑。

三、下丘脑对脑垂体的控制

下丘脑通过神经分泌物质对脑垂体的内分泌活动进行控制，但下丘脑对腺垂体和神经垂体的控制方式是不同的。神经垂体与下丘脑是一个整体，其神经部仅是储存和释放下丘脑激素的地方。而腺垂体是一个独立的腺体，下丘脑对腺垂体没有直接的神经支配。但是，腺垂体激素的分泌受下丘脑神经分泌的控制和影响，这种控制和影响是通过垂体门脉系统（hypophyseal portal system）进行的。

颈内动脉的分支在正中隆起（medial eminence）和垂体茎形成毛细血管网，再汇合形成数条平行的门静脉下行进入腺垂体，并在细胞间形成丰富的血窦样毛细血管，最后汇成静脉回心脏。这一血管系统称为垂体门脉系统（图4-3a）。

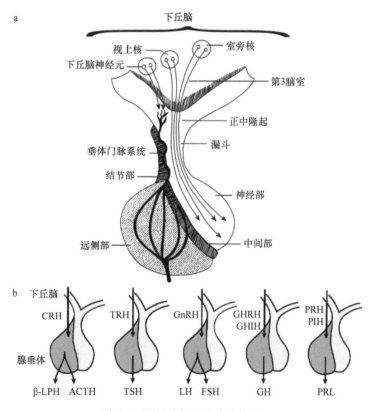

图 4-3　下丘脑与脑垂体的关系

a. 垂体门脉系统；b. 下丘脑分泌的激素及其调控的相应腺垂体激素。CRH. 促肾上腺皮质激素释放激素；β-LPH. 促脂解素；ACTH. 促肾上腺皮质激素；TRH. 促甲状腺素释放激素；TSH. 促甲状腺素；GnRH. 促性腺激素释放激素；LH. 黄体生成素；FSH. 卵泡刺激素；GHRH. 生长激素释放激素；GHIH. 生长激素抑制激素；GH. 生长激素；PRH. 催乳素释放激素；PIH. 催乳素抑制激素；PRL. 催乳素

　　下丘脑相应核团的神经细胞分泌多种神经激素沿轴突（结节垂体束）运行到正中隆起的神经末梢并储存于此，再释放到垂体门脉系统，通过血液运送到并作用于腺垂体，控制其激素的合成和分泌。这些激素包括：生长激素释放激素（growth hormone-releasing hormone，GHRH）、生长激素抑制激素（growth hormone-inhibiting hormone，GHIH）、促甲状腺素释放激素（thyrotropin-releasing hormone，TRH）、促肾上腺皮质激素释放激素（corticotropin-releasing hormone，CRH）、促性腺激素释放激素（gonadotropin-releasing hormone，GnRH）、催乳素释放激素（prolactin-releasing hormone，PRH）、催乳素抑制激素（prolactin-inhibiting hormone，PIH）、促黑素释放激素（melanocyte stimulating hormone-releasing hormone，MRH）、促黑素抑释素（melanocyte stimulating hormone-inhibiting hormone，MIH）等。

第二节　脑垂体的系统发生

　　已知所有的脊椎动物都具有脑垂体，并都具有腺垂体和神经垂体两部分。在脊椎动物的演化过程中，脑垂体的结构变化逐渐由简单到复杂，分泌功能也逐渐由相对单一到繁多（图4-4）。

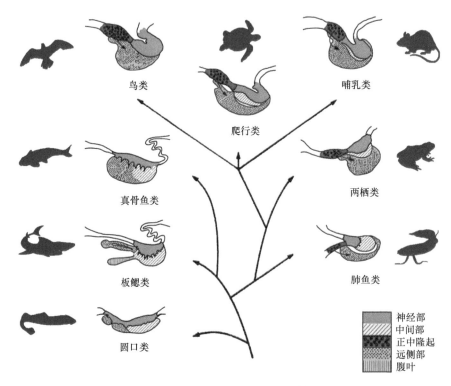

图4-4　脊椎动物脑垂体的演化
脑垂体内给出的箭号代表垂体门脉系统

　　最原始的无颌类（以七鳃鳗为例）的脑垂体呈扁平状，已经具备了腺垂体和神经垂体的分化：由口腔外胚层内陷形成的囊（称为拉特克囊）靠近鼻孔，呈开放状态，与外界相通，与此紧密相连的 3 个不同的腺体样组织分别对应着前远侧部、近远侧部和中间部，之间由脑膜隔离。这表明无颌类脊椎动物的腺垂体已经具备了初步的分化，其他脊椎动物的腺垂体很可能由彼此分离又互相联系的腺体融合形成。无颌类脊椎动物的神经垂体位于脑的腹侧，结构简单，呈扁平状，缺少漏斗柄。在激素分泌方面，七鳃鳗的前远侧部能够分泌 ACTH，中间部则可分泌促黑素细胞激素。免疫组织化学实验显示，在七鳃鳗近远侧部同时存在 GH 和 PRL 的阳性信号，但分子生物学研究表明七鳃鳗中仅存在一种 GH 样激素，不过它同时具有与 GH 和 PRL 相似的结构，功能接近 GH，能够促进生长。近远侧部腹面能够分泌一种类似于促性腺激素样的激素，可能是促性腺激素和促甲状腺素的共同祖先。

　　鱼类的垂体仍然为扁平的片状结构，但各部分结构变得更加分明：垂体分为腺垂体和神经垂体两部分，结构有前后型和背腹型两种（方永强，1990）。前后型的垂体中，神经垂体约占脑垂体 1/2 大小，位于垂体后部背面，分支可延伸到腺垂体之中；背腹型垂体的神经垂体位于中央，被腺垂体围绕。鱼类的腺垂体分为前远侧部、近远侧部和中间部。前远侧部位于垂体腹侧，细胞排列整齐，占垂体总体积的 20% 以上。前远侧部的嗜酸性细胞位于后侧，靠近脑室，形状为不规则多边形，胞质中布满分泌颗粒，能够分泌催乳素。前远侧部存在两种嗜碱性细胞：一种为分泌促肾上腺皮质激素细胞，位于中间偏外侧部，数量较少；另一种为分泌促性腺激素细胞，细胞数量会随着性腺的成熟而增多。嫌色性细胞数量较少，体积较大，散布于嗜碱性细胞当中。近远侧部位于第 3 脑室基部并延伸至腹面，主要由嗜酸性细胞和嗜碱性细胞组成；性成熟个体中，此部分的体积会增大到占垂体一半左右。近远侧部中的嗜酸性细胞多位于第 3 脑室下方，成串排列，为分泌生长激素细胞。近远侧部还具有另外两种嗜碱性细胞：一种为分泌促性腺激素细胞，细胞体积较小，呈不规则形或椭圆形，个体性成熟前分布于中部和底部，性成熟后遍布近远侧部；另一种为分泌促甲状腺素细胞，细胞体积大，细胞核占据了较大比例，分散在其他两种分泌细胞之间。中间部主要有两种细胞：一种是分泌促黑素细胞，位于第 3 脑室左侧，细胞较小且为梭形，铅-苏木精（plumbum-hematoxylin，PbH）染色呈阳性；另一种是嗜碱性细胞，为分泌促性腺激素细胞。神经垂体为一束夹杂着结缔组织的神经纤维，伸向腺垂体并与其相连。在神经纤维间还分布有两种细胞：颗粒垂体细胞和纤维垂体细胞。

　　两栖类的腺垂体得到了明显的发展，较鱼类腺垂体更加发达，分为远侧部、中间部，并分化出结节部（张育辉和任耀辉，1997）。远侧部占整个腺垂体的 2/3 左右，包含分泌生长激素的细胞、分泌催乳素的两种嗜酸性细胞、分泌促甲状腺素的细胞和分泌促性腺激素的两种嗜碱性细胞，并且还包含分泌促肾上腺皮质激素细胞特征的嫌色性细胞。两栖类脑垂体的中间部依旧较为发达，存在分泌促黑素细胞并能分泌促黑素。神经垂体位于吻部背侧，虽然仍较为原始，但已与中间部分离，并进一步分化出神经部，向垂体后壁略微延伸。

爬行动物的脑垂体位于中脑腹侧，已经完全脱离了扁平状的形态（刘文生和李勇，2005）。垂体由中脑近腹面两侧向内收缩形成，分为腺垂体和神经垂体两部分，呈背腹型分布，外侧的腺垂体包围着中央的神经垂体。腺垂体分为远侧部和中间部，远侧部约占垂体体积的 80%，聚集着大量的分泌激素的嗜酸性细胞和嗜碱性细胞，是行使分泌功能的主要部分；中间部不发达；远侧部与中间部相连接部位具有丰富的垂体门脉毛细血管。神经垂体分化明显，主要由神经纤维束、室管膜细胞、窦状毛细血管及神经胶质细胞等组成。无髓的神经纤维束遍布神经垂体，发出分支与腺垂体相连。

鸟类和哺乳类的腺垂体和神经垂体变得更为发达。哺乳类的神经垂体形成了与众不同的紧凑结构。两者的腺垂体中间部都发生了不同程度的退化，如人的腺垂体中间部仅占垂体总体积的 2%，而鸟类腺垂体的中间部则完全消失。

第三节　哈氏窝与脑垂体起源

在很长一段时间里，脑垂体都被认为是脊椎动物所特有的器官，无脊椎动物中是否存在类似于垂体的结构则不得而知。直到在文昌鱼中发现了哈氏窝（Hatschek's pit），这一问题的解决才渐渐有了眉目。哈氏窝是文昌鱼口笠背中央处的一条纵行的沟状结构，位于脊索的右侧，横切面呈椭圆形或卵圆形（图 4-5）。

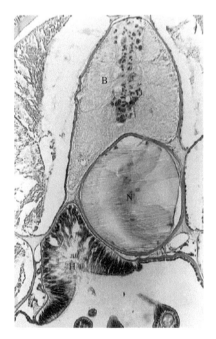

图 4-5　青岛文昌鱼前部的横切片（×240）

H. 哈氏窝；B. 脑泡；N. 脊索

1881 年，Hatschek 首先观察到了哈氏窝的结构，当时认为这个结构是一个感觉器官，可能与文昌鱼的嗅觉有关。一年后，Cattie（1882）发现文昌鱼哈氏窝的发育与脊椎动物的脑垂体一样，都是来自外胚层，首次提出了文昌鱼哈氏窝与脊椎动物脑垂体两者同源的猜想。1974年，Tjoy和Welsh首先用电子显微镜观察到了哈氏窝由3种细胞组成，其中有一种上皮细胞位于哈氏窝基底部，形状多为菱形或不规则形，具有细胞质凸起，其细胞质的基部有分泌颗粒和小泡，推测该种细胞有分泌功能。这也被Shalin和Olsson（1986）的观察所证实。后续的形态学研究结果也都支持哈氏窝具有分泌功能的观点，从而进一步证明了哈氏窝与脊椎动物脑垂体的同源性。但是，仍缺乏功能实验证明哈氏窝与脑垂体执行相似的功能。对于这个问题，我国的老一辈学者作出了卓越的贡献。黄体生成素（LH）和卵泡刺激素（FSH）都是脊椎动物脑垂体分泌的糖蛋白激素，能够促进性腺的发育与成熟。Chang等（1981）采用免疫细胞化学方法首次发现在哈氏窝组织细胞中有与这两种激素的抗血清产生阳性免疫反应的颗粒，表明哈氏窝中存在这两种激素的类似物。张崇理等（1988）还从青岛文昌鱼中分离纯化到促黄体素释放激素（luteinizing hormone releasing hormone，LHRH）。方永强和王龙（1984）发现文昌鱼哈氏窝匀浆能够促进蟾蜍精巢的发育和精子排放，因此推测哈氏窝可以分泌脊椎动物促性腺激素的类似物。接下来，方永强（1993）利用免疫细胞学的方法，进一步证明了哈氏窝中存在促性腺激素。方永强（1998）还观察到哈氏窝的分泌活性与文昌鱼性腺的发育状况有关，并且发现促性腺激素释放激素能够对哈氏窝的上皮细胞产生作用。随后，国内外学者运用免疫组织化学方法又陆续在文昌鱼的哈氏窝中发现了多种脊椎动物脑垂体特异性分子如转录因子Pit-1蛋白等（Candiani and Pestarino，1998），这有力地证明了哈氏窝与脑垂体同源这一猜想。大量研究结果表明，文昌鱼哈氏窝由3种细胞构成：位于顶部的上皮细胞、中部多边形细胞及底部带有纤毛的黏液细胞。其中，上皮细胞中具有分泌颗粒，能够分泌激素和神经肽Y（neuropeptide Y）等（Castro et al.，2003）。

发育基因表达模式也支持文昌鱼哈氏窝是脊椎动物脑垂体的同源器官。转录因子*Pit-1*和*Pax6*这两个基因在脊椎动物腺垂体中都呈特异性表达，而文昌鱼的同源基因*POU1F1/Pit-1*和*Pax6*也在哈氏窝原基口前凹中有表达（Candiani et al.，2008）。同样，生长因子*BMP3/3b*基因在爪蛙的腺垂体前体表达，也在文昌鱼哈氏窝表达（Sun et al.，2010）。特别值得一提的是，我们从文昌鱼中鉴定出类似于GH的分子，这不但进一步强化了哈氏窝与脑垂体两者之间的同源性，而且从功能上证明了哈氏窝与脑垂体之间的联系。文昌鱼的基因组中存在类似于GH的基因（*ghl*），由于长期演化，其所编码的蛋白质在氨基酸组成上与脊椎动物的GH存在较大差异，但三维结构与脊椎动物的GH十分相似。最为重要的是，文昌鱼类GH无论在mRNA水平上还是蛋白质水平上，都在哈氏窝中大量表达（图4-6），同时重组表达的文昌鱼类生长激素（GHl）具备脊椎动物GH典型的促进生长和渗透压调节功能及调控机制（Li et al.，2014，2017）。不仅如此，重组表达的文昌鱼类生长激素GHl还可以拯救生长激素缺陷型胚胎发育，显著降低畸形率（图4-7）。所有这一切都表明脑垂体的原始形态和功能已经出现于头索动物文昌鱼中。

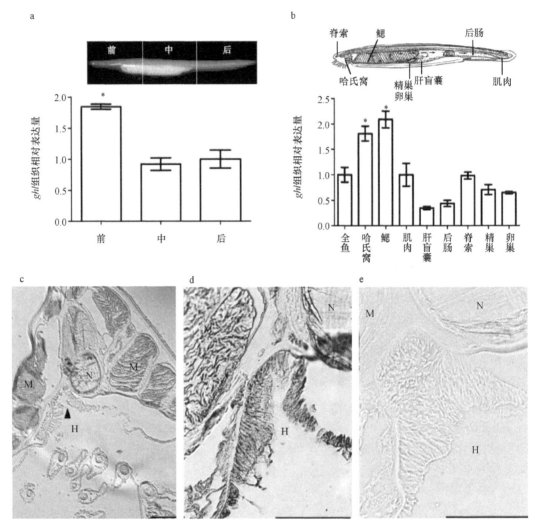

图 4-6　文昌鱼 *ghl* 的组织表达情况

a. *ghl* 在文昌鱼前、中、后三部分的表达情况。b. *ghl* 在文昌鱼不同组织中的表达情况。数据来自 3 次独立的重复实验，以平均值±标准差形式表示，*表示 $P < 0.05$。c. 文昌鱼哈氏窝部位切片。H. 哈氏窝；M. 肌肉；N. 脊索。d. 小鼠 anti-rGHl血清与哈氏窝部位发生免疫反应。e. 免疫前血清没有阳性信号。标尺=50μm

　　深入分析我们还发现，文昌鱼脑泡和哈氏窝之间可能存在类似于脊椎动物下丘脑和脑垂体之间的调控关系。我们知道，脊椎动物下丘脑主要通过 GHRH、TRH 和 CRH 等激素与腺垂体相应的受体结合，调控其激素的合成和分泌。Gorbman 等（1999）发现，文昌鱼脑泡右腹侧边缘延伸，直接和哈氏窝接触。我们利用生物信息学分析，不但从文昌鱼基因组中鉴定到编码 GHRH（Bb_267100R；Bb_267100R；http://genome.bucm.edu.cn/lancelet/search.php?seqkeywords=Bb_267100R&db=Transcripts/B.belcheri_HapV2（v7h2）_cds）和 TRH（Paris et al.,2008）的基因，而且发现有编码生长激素释放激素受体（GHRHR）（XP_019638674.1；https://www.ncbi.nlm.nih.gov/protein/XP_019638674.1）、促甲状腺激素释放激素受体（TRHR）（XP_019618161.1；https://www.ncbi.nlm.nih.gov/protein/XP_

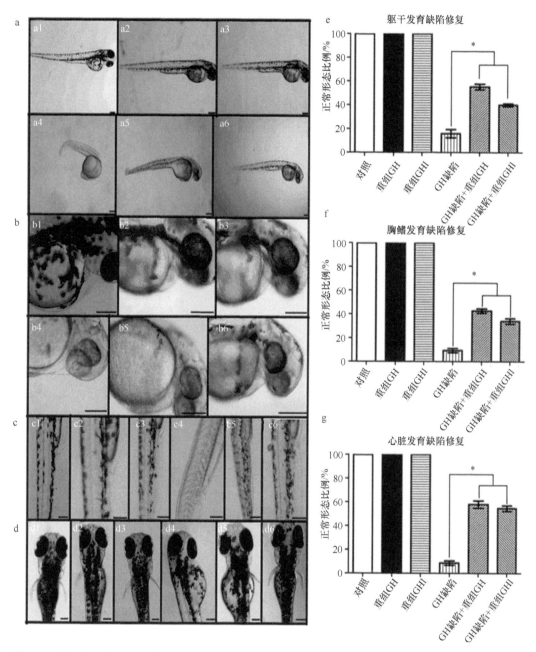

图 4-7　重组表达的文昌鱼类生长激素（GHl）和斑马鱼生长激素（GH）对生长激素缺陷型斑马鱼胚胎发育的矫正作用

a. 斑马鱼胚胎的整体发育情况。b. 斑马鱼胚胎的心脏发育情况。c. 斑马鱼胚胎的肌肉发育情况。d. 斑马鱼胚胎的胸鳍发育情况。a～d 图中字母后 1～6 分别示对照组、重组 GH 组、重组 GHl 组、GH 缺陷组、GH 缺陷+重组 GH 组和 GH 缺陷+重组 GHl 组，标尺=200μm。e. 重组 GHl 和 GH 对躯干发育缺陷的拯救率。f. 重组 GHl 和 GH 对胸鳍发育缺陷的拯救率。g. 重组 GHl 和 GH 对心脏发育缺陷的拯救率。数据来自 3 次独立的重复实验，以平均值±标准差形式表示，*表示 $P < 0.05$

019618161.1）和促肾上腺皮质激素释放激素受体（CRHR）（Paris et al.，2008）的基因。这说明调控哈氏窝分泌活动的关键元素在文昌鱼中也已经出现。

综上所述，可见文昌鱼中已经形成了类似于脊椎动物的下丘脑-垂体轴，也就是脑泡-哈氏窝轴。形态结构、组织发生、免疫组化、发育基因表达和功能实验研究结果都说明文昌鱼已经具备类似于脊椎动物脑垂体的器官——哈氏窝。在动物系统演化过程中，脊椎动物的脑垂体可能就是由类似于文昌鱼哈氏窝样的结构发展而来的（图4-8）。今后，尚需加强神经系统对哈氏窝生理活动的调控和影响的研究。

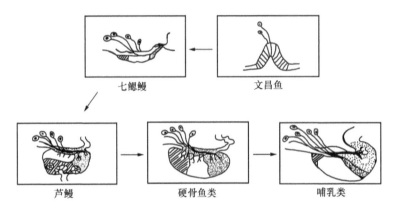

七鳃鳗   文昌鱼

芦鳗   硬骨鱼类   哺乳类

图 4-8　脊索动物脑垂体起源与演化模式图

参 考 文 献

北京大学生物学系生理教研室. 1980. 基础生理学. 北京: 人民教育出版社.

方永强. 1990. 赤点石斑鱼脑垂体组织生理学的研究. 应用海洋学学报, 1: 62-72.

方永强. 1993. 鱼类促性腺激素在文昌鱼哈氏窝免疫细胞化学定位. 科学通报, 38: 840-842.

方永强. 1998. 文昌鱼在生殖内分泌进化中的地位. 科学通报, 43: 225-232.

方永强, 王龙. 1984. 文昌鱼轮器哈氏窝匀浆对幼体蟾蜍睾丸发育的初步探讨. 实验生物学报, 17: 115-117.

刘文生, 李勇. 2005. 乌龟脑垂体显微及其腺垂体超微结构的研究. 水生生物学报, 29: 661-666.

张崇理, 殷红, 沈卫斌, 等. 1988. 文昌鱼LH-RH的鉴定. 动物学报, 34: 294.

张育辉, 任耀辉. 1997. 中国大鲵垂体的显微与超微结构观察. 解剖学报, 3: 244-247.

Candiani S, Holland N D, Oliveri D, et al. 2008. Expression of the amphioxus *Pit-1* gene (AmphiPOU1F1/ Pit-1) exclusively in the developing preoral organ, a putative homolog of the vertebrate adenohypophysis. Brain Res Bull, 75: 324-330.

Candiani S, Pestarino M. 1998. Evidence for the presence of the tissue-specific transcription factor Pit-1 in lancelet larvae. J Comp Neurol, 400: 310-316.

Castro A, Manso M J, Anadón R. 2003. Distribution of neuropeptide Y immunoreactivity in the central and peripheral nervous systems of amphioxus (*Branchiostoma lanceolatum* Pallas). J Comp Neurol, 461: 350-361.

Cattie J T. 1882. Recherches sur la glande pinéale (epihphysis cerebri) des plagiostomes, des ganoïdes et des téléostéens. Arch Biol, 3: 101-194.

Chang C Y, Liu Y H, Zhu H H. 1981. The sex steroid hormones and their functional regulation in amphioxus (*Branchiostoma belcheri* Gray). Proc 9th Internat Symp Comp Endocrinol: 9.

Glardon S, Holland L Z, Gehring W J, et al. 1998. Isolation and developmental expression of the amphioxus *Pax-6* gene (AmphiPax-6): insights into eye and photoreceptor evolution. Development, 125: 2701-2710.

Gorbman A. 1983. Early development of the hagfish pituitary gland: evidence for the endodermal origin of the adenohypophysis. Am Zool, 23: 639-654.

Gorbman A, Nozaki M, Kubokawa K. 1999. A brain-Hatschek's pit connection in amphioxus. Gen Comp Endocrinol, 113: 251-254.

Hatschek B. 1881. Studien über Entwicklung des Amphioxus. Arb Zool Inst Univ Wien Zool Stat Triest, 4: 1-88.

Kent G C. 1992. Comparative Anatomy of the Vertebrates. 7th ed. Boston: Mosby-Year Book, Inc.

Li M, Gao Z, Ji D, et al. 2014. Functional characterization of GH-like homolog in amphioxus reveals an ancient origin of GH/GH receptor system. Endocrinology, 155: 4818-4830.

Li M, Jiang C, Zhang Y, et al. 2017. Activities of amphioxus GH-like protein in osmoregulation: insight into origin of vertebrate GH family. Int J Endocrinol, 2017: 9538685.

Nozaki M, Gorbman A. 1992. The question of functional homology of Hatschek's pit of amphioxus (*Branchiostoma belcheri*) and the vertebrate adenohypophysis. Zool Sci, 9: 387-395.

Paris M, Brunet F, Markov GV, et al. 2008. The amphioxus genome enlightens the evolution of the thyroid hormone signaling pathway. Dev Genes Evol, 218: 667-680.

Shalin K, Olsson R. 1986. The wheel organ and Hatschek's groove in the lancelet, *Branchiostoma lanceolatum* (Cephalochordata). Acta Zool, 67: 201-209.

Sun Y, Zhang Q J, Zhong J, et al. 2010. Characterization and expression of *AmphiBMP3/3b* gene in amphioxus *Branchiostoma japonicum*. Dev Growth Differ, 52: 157-167.

Tjoa LT, Welsch U. 1974. Electron microscopical observations on Kölliker's and Hatschek's pit and on the wheel organ in the head region of amphioxus (*Branchiostoma lanceolatum*). Cell Tissue Res, 153: 175-187.

第五章

肝盲囊与肝脏

肝脏（liver）是脊椎动物体内以代谢功能为主的一个器官，是储存、合成和分解营养素等重要物质的器官，它还可以将体内的有害物质转化为无害物质，起着能量调节和解毒的作用。越来越多的证据表明，肝脏也是一个免疫器官，如合成补体蛋白和参与急性炎症反应等。肝脏最先出现于无颌类脊椎动物。文昌鱼消化道前端腹面向右前方突出形成一个盲管，即肝盲囊，被认为是脊椎动物肝脏的前体。文昌鱼肝盲囊和脊椎动物肝脏的同源性已经被大量形态学与生理功能证据证明。

第一节　脊椎动物的肝脏

肝脏是脊椎动物体内营养物质合成和储存及分解代谢的重要器官。从消化道吸收来的各种物质，先由肝门静脉进入肝脏，吸收入肝细胞内进行改造，并合成机体需要的物质，供应全身各组织。血浆内的纤维蛋白原、清蛋白、部分球蛋白、抗凝血酶、纤溶酶原及许多具有酶活性的蛋白质，几乎都是由肝脏合成的。肝脏又是氨基酸分解代谢的场所，氨基酸在此分解成尿素或尿酸。肝脏还能把单糖和非糖物质合成糖原，把糖和某些氨基酸合成脂肪，也可使糖原分解，转化为脂肪或葡萄糖醛酸。肝细胞也参与维生素代谢，储存 A 族和 B 族维生素等。肝细胞能分泌胆汁，有助于脂肪的消化吸收。肝细胞有解毒功能，能把吸收的有毒物质分解，或将有毒物质和其他物质结合，变成无毒物质。肝脏也是一种免疫器官，不但能合成许多补体蛋白等，而且参与急性炎症反应；肝巨噬细胞（Kupffer cell）还具有吞噬作用。胚胎阶段的肝脏，具有造血作用，可以生成血细胞。

在所有脊椎动物肝脏中，对人类肝脏的研究最多也最清楚。肝脏是人体内脏里最大的器官，成人肝脏平均重达 1.5kg，为一红棕色的"V"形器官。现以人为例，对肝脏结构作简要描述（图 5-1）。

在人体内，肝脏位于右上腹，隐藏在右侧膈下和肋骨深面，大部分肝脏为肋弓所覆盖，仅在腹上区、右肋弓间露出并直接接触腹前壁，肝脏上面则与膈及腹前壁相接。肝脏表面由一层纤维性结缔组织即纤维囊（fibrous capsule）或肝囊（hepatic capsule）包着，肝囊的外面是浆膜。纤维束的结缔组织伸入肝脏的内部形成隔膜，把肝脏分成很多小叶。隔膜在猪和骆驼的肝脏内非常发达，但在人类肝脏并不明显，所以这种情况下只能根据中央静脉和肝门管的位置来辨认肝小叶。

在肝脏的切片中，肝小叶呈六角形，中央有中央静脉。在肝小叶和肝小叶之间的三角地带称为肝门脉（portal canal）。肝门脉内含有动脉、静脉、胆管和纤细的神经，在它的周围有胶原纤维支撑着。肝细胞索排列在中央管的四周，呈放射状。肝细胞索分枝，互相连接，形成网状结构，网眼的间隙含有窦状隙。肝细胞索其实是肝板的切面。窦状隙位于肝板的两面并穿过肝板。

窦状隙比毛细血管大而弯曲。窦壁具一层很薄的内皮，由网状纤维支撑着。窦壁细胞和通常的毛细血管内皮不同，它们没有清楚的边界。还有一些较大的细胞，它们和窦壁细胞混在一起，这些细胞以其发现者 Kupffer 来命名，称为库普弗细胞，实际上是肝巨

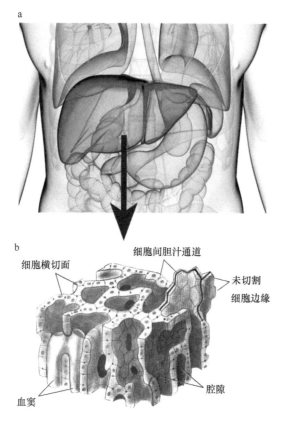

a

b

细胞间胆汁通道

细胞横切面

未切割
细胞边缘

血窦

腔隙

图 5-1　肝脏及其立体结构
a. 人体肝脏；b. 部分肝脏立体结构示意图

噬细胞，在肝小叶的边缘最多，可吞噬残余的红细胞或者注入的活体染料。肝巨噬细胞可以变形，能伸出伪足到窦状隙中，也可从窦壁脱落。

肝细胞是一种较大的多角形细胞。细胞邻接面的间隙形成胆小管。在肝小叶的边缘可以看到胆小管是和胆管的分枝相通的。在肝细胞中往往可以看到 2 个或 2 个以上的核。肝细胞的细胞质含有丰富的内质网、高尔基体和线粒体。

肝脏的血液循环由肝门动脉、肝门静脉和胆管完成。肝门动脉入肝门后，随即分成小叶间动脉。小叶间动脉的分枝，一部分入窦状隙，一部分和小叶间静脉相吻合。

由胃、肠、脾脏、胰脏和胆囊来的静脉血均汇入肝门静脉，肝门静脉入肝门后，随即分成很多细枝，这就是小叶间静脉。小叶间静脉入肝小叶后便成为窦状隙。窦状隙汇入中央静脉，中央静脉出肝小叶后，随即和小叶下静脉相吻合。许多小叶下静脉集合成肝静脉（hepatic vein），出肝脏后流入下腔静脉。

肝细胞分泌的胆汁由胆小管汇集到小叶间胆管。小叶间胆管又汇集成肝管。肝管出肝脏后和来自胆囊中的胆囊管相合而成胆总管，它和胰管一起开口于十二指肠。胆汁的成分十分复杂，包含水和钠、钾、钙等无机物，以及胆盐、胆色素等有机物。胆汁有助于脂肪的消化吸收。

有些动物肝脏再生能力很强，如把鼠的肝脏切除 1/3，3 周后便可恢复到原来的体积。

但是，人的肝脏再生能力较差。肝脏再生包括肝实质细胞再生和肝组织结构的重建。肝细胞在再生中起重要作用。体内多种细胞因子，如肿瘤坏死因子-α（tumor necrosis factor-α，TNF-α）和白细胞介素-6（interleukin 6，IL-6）可激活静止期（G_0 期）肝细胞，肝细胞在肝细胞生长因子（hepatocyte growth factor，HGF）和转化生长因子-α（transforming growth factor-α，TGF-α）等的作用下，进入细胞周期，进行增殖。

第二节　肝脏的系统发生

无脊椎动物中的软体动物和甲壳动物的消化道，紧接胃后面，分别向两侧突出形成一对盲囊，称为肝胰腺或肝胰脏（hepatopancreas）。多数情况下，肝胰腺成对向消化道两边分开，但中国对虾肝胰腺已经联合成一体。肝胰腺的主要功能是分泌消化酶和吸收、储存营养物质。肝胰腺虽然由内胚层发育而来，与脊椎动物肝脏起源于内胚层一样，并且所执行的功能也与脊椎动物肝脏有部分相似之处，但它是由消化道向左右两侧突出形成的，与脊椎动物肝脏由消化道腹侧突出形成不同。所以，一般认为无脊椎动物的肝胰腺并不是脊椎动物肝脏前体的代表。同样，昆虫的脂肪体（fat body）是糖类、脂肪和蛋白质代谢的中心，又是主要激素（如神经激素、蜕皮激素、保幼激素）作用的靶组织，还具有储存、排泄和解毒等生理功能，这些也都与脊椎动物肝脏功能相似，但由于其来源于中胚层，因此也与脊椎动物肝脏没有同源性。

到了头索动物文昌鱼，已经出现了类似于肝脏的器官。文昌鱼的消化道呈管状，约在前端的 1/3 处向腹侧突出形成一盲管，向前延伸到咽部右侧，该盲管称为肝盲囊（hepatic caecum）。肝盲囊可分泌消化液，是文昌鱼唯一的消化腺。海鞘消化系统也出现了一个可以储存糖原的器官，称为幽门腺（pyloric gland；Ermak，1977）。现在，普遍认为文昌鱼的肝盲囊是脊椎动物肝脏的前体，即脊椎动物祖先可能具有类似于文昌鱼肝盲囊样的肝脏。

到无颌类，已经出现了真正的肝脏。七鳃鳗的肝脏为一单一管状的腺体，位于心脏后方，分为左右两叶，幼体有胆囊和胆管，成体胆囊和胆管都消失。

硬骨鱼肝脏的大小与形态因鱼的种类而异。大多数硬骨鱼的肝脏分为两叶，某些种类的肝脏和胰脏联合形成肝胰脏，呈弥散状分布。其他各纲脊椎动物都有肝脏，形态没有多少变化（图 5-2）。肝脏和原肠之间建立的联系即为胆总管，由肝脏各叶来的肝管最后皆汇入胆总管。

第三节　肝盲囊与肝脏起源

肝脏是脊椎动物所特有的器官，最早出现于无颌类脊椎动物（如七鳃鳗）中。脊椎动物的肝脏一般都由两叶组成。在动物胚胎发育中，前肠腹面内胚层细胞加厚形成肝脏原基，最终发育成肝脏。肝脏在代谢、免疫等方面有重要作用，其在系统演化过程中是如何产生的一直是一个重要而又有趣的问题。

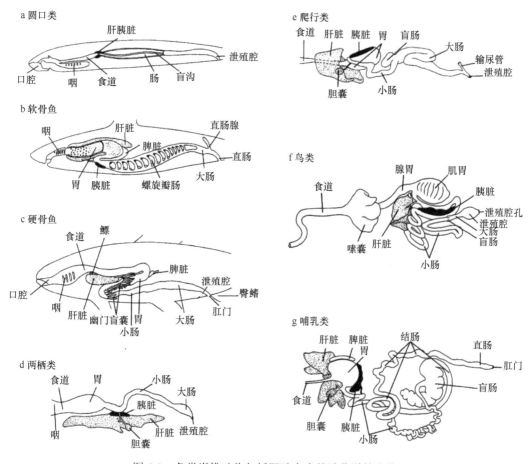

图 5-2　各类脊椎动物包括肝脏在内的消化道的分化

一、肝盲囊和肝脏同源的早期证据

早在 1898 年，Hammar 就发现，文昌鱼消化道前端大约 1/3 处向右前方突出形成的肝盲囊和脊椎动物肝脏一样，在胚胎发育过程中都来自内胚层，最初都是消化道突出的盲管，而且发生位置相同，所以提出了文昌鱼肝盲囊代表脊椎动物肝脏前体的假设。与 Hammar 观点不同，Barrington 于 1938 年在文昌鱼肝盲囊发现有淀粉酶和脂肪酶等消化酶，所以认为文昌鱼肝盲囊可能和脊椎动物胰脏同源。到了 1975 年，Welsch 根据电镜观察，发现文昌鱼肝盲囊细胞含有丰富的糖原颗粒，又从亚细胞水平证明文昌鱼肝盲囊和脊椎动物肝脏存在同源性。

二、肝脏特异性蛋白在肝盲囊的分布

我们认为如果文昌鱼的肝盲囊和脊椎动物的肝脏为同源器官，那么在脊椎动物肝脏中的特异性蛋白，也应该相应地在文昌鱼肝盲囊中合成。脊椎动物肝脏能合成多种特异性蛋白，包括卵黄蛋白前体卵黄原蛋白（vitellogenin，Vg）、丙氨酸转氨酶（alanine aminotransferase，ALT）、抗凝血酶（antithrombin，AT）、纤溶酶原（plasminogen，Pg）和补体成分如补体组分 Bf 等。我们通过免疫组织化学的方法证明了文昌鱼肝盲囊和鱼类肝脏一样，是合成 Vg 的主要组织（Han et al.，2006；图 5-3）。同样，我们分别利用商品化的羊抗人 ALT 抗体、羊抗人 AT 抗体、兔抗人 Pg 抗体、兔抗鼠 Pg 抗体和羊抗人 Bf 抗体进行免疫组织化学定位研究，证明了文昌鱼肝盲囊和脊椎动物肝脏一样，是合成 ALT、AT 和 Pg 和 Bf 的主要器官（He et al.，2008；Liang et al.，2006；Liang and Zhang，2006；Lun et al.，2006；图 5-4）。由此可见，就合成肝脏特异性蛋白而言，文昌鱼肝盲囊和脊椎动物肝脏存在明显的相似性。

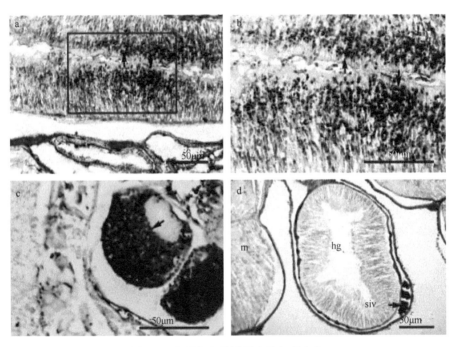

图 5-3　文昌鱼卵黄原蛋白的组织定位

a. 卵黄原蛋白在肝盲囊的分布；b. 图 a 的局部（方框）放大；c. 卵黄原蛋白在卵巢卵内的分布；d. 卵黄原蛋白在肠下血管（箭号）的分布。在后肠和肌肉都没有阳性信号；m. 肌肉；hg. 后肠。图中箭号示免疫组化阳性信号；siv. 肠下血管

三、肝脏特异性基因在肝盲囊的表达

如果文昌鱼肝盲囊和脊椎动物肝脏为同源器官，那么在脊椎动物肝脏特异性表达的基因，也应该和肝脏特异性分布的蛋白一样，在文昌鱼肝盲囊中特异性表达。脊椎动物中有大量的基因在肝脏特异性表达，或者主要在肝脏表达，如与免疫相关的补体因子 Bf 和 C1q 基因、与凝血相关的 AT 和 Pg 基因、与消化作用相关的葡糖-6-磷酸酶（glucose-6-phosphatase，G6Pase）和组织蛋白酶（cathepsin L，CL）基因、与物质转运相关的磷脂酰胆碱转移蛋白（phosphatidylcholine transfer protein，PCTP）和脂肪酸结合蛋白（fatty acid-binding protein，FABP）基因，以及与解毒相关的胞浆谷胱甘肽 S-转移酶（glutathione S-transferase，GST）基因等。我们从文昌鱼中克隆获得了上述全部基因。组织表达、切

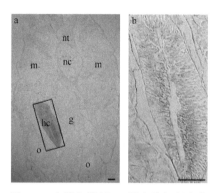

图 5-4 文昌鱼类似 Bf 蛋白的组织定位

a. 类 Bf 在肝盲囊（hc）的分布；b. 图 a 的局部（方框）放大。类 Bf 在肌肉（m）、脊索（nc）、鳃（g）、神经管（nt）和卵巢（o）都没有阳性信号。标尺=100μm

片原位杂交及胚胎原位杂交分析显示（Chao et al.，2012；Fan et al.，2007；Gao et al.，2014；He et al.，2008；Tian et al.，2007；Wang et al.，2015，2008a，2008b；Liu and Zhang，2009），Bf、C1q、AT、Pg、G6Pase 和 GST 基因在成体中主要在肝盲囊表达（图 5-5），CL、PCTP 和 FABP 基因在胚胎中主要在未来形成肝盲囊的消化道部分表达（图 5-6，图 5-7）。这些基因的表达模式为文昌鱼肝盲囊和脊椎动物肝脏的同源性提供了又一有力证据。

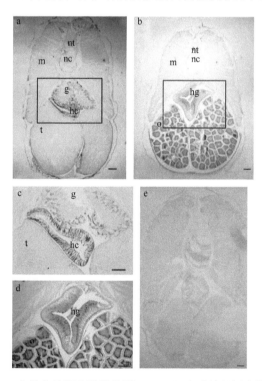

图 5-5 文昌鱼抗凝血酶样基因（*BjATI*）在成体组织中的表达

a. *BjATI* 主要在雄性文昌鱼的肝盲囊（hc）表达，在鳃（g）上也有些许表达，在精巢（t）、肌肉（m）、脊索（nc）和神经管（nt）基本没有表达。b. *BjATI* 主要在雌性文昌鱼的肝盲囊（未显示）和后肠（hg）表达，在卵巢（o）上也有些许表达，在精巢（t）、肌肉（m）、脊索（nc）和神经管（nt）基本没有表达，在其他组织也没有表达。c 和 d 分别是 a 和 b 的局部（方框）放大。e. 对照。标尺=100μm

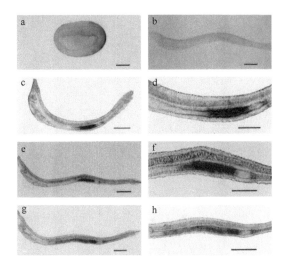

图 5-6　文昌鱼 PCTP 基因的胚胎原位杂交

a. 12h 胚胎，无阳性信号；b. 对照，5 天幼虫没有阳性信号；c. 2 天幼虫在肠道后半部前 1/4 处有明显阳性信号（侧面观）；d. 图 c 局部放大；e. 5 天幼虫在肠道后半部前 1/4 处有明显阳性信号（侧面观）；f. 图 e 局部放大；g. 10 天幼虫在肠道有明显阳性信号（侧面观）；h. 图 g 局部放大。图 a、d 和 f 标尺=50μm；图 b、c、e、g 和 h 标尺=100μm

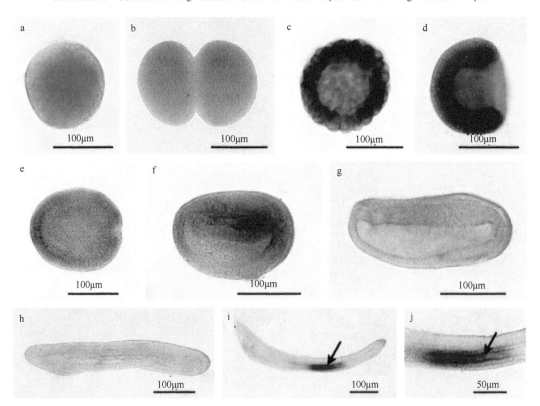

图 5-7　文昌鱼 CL 基因的胚胎原位杂交

a. 1-细胞胚胎，无阳性信号；b. 2-细胞胚胎，无阳性信号；c. 4h 囊胚，无阳性信号；d. 6h 原肠胚，无阳性信号；e. 9h 神经胚，无阳性信号；f. 12h 神经胚，无阳性信号；g. 16h 神经胚，无阳性信号；h. 1 天幼虫仍然没有出现阳性信号；i. 2 天开始在消化道后半部前 1/3 处出现阳性信号；j. 图 i 局部放大

四、肝盲囊的代谢作用

肝脏是脊椎动物维持糖代谢平衡的重要场所。己糖激酶（hexokinase，HK）能够催化己糖的磷酸化，消耗 ATP 将己糖转化为己糖-6-磷酸。在脊椎动物中，有 4 种 HK，根据它们电泳迁移率的不同分别命名为 HK-Ⅰ、HK-Ⅱ、HK-Ⅲ和 HK-Ⅳ。它们的功能和结构都极其相似，其中 HK-Ⅳ，又称葡糖激酶（glucokinase，GCK），分子量为其他 HK 的一半，仅由一个 HK 结构域组成。到目前为止，HK 家族的起源及 GCK 和其他 HK 的进化关系仍然没有理清。我们在青岛文昌鱼中克隆到了一个类似 HK 的基因，名为 *Bjhk*，它编码一个含单一 HK 结构域的蛋白。进化分析结果表明，BjHK 与 GCK 有较近的亲缘关系（Li et al.，2014）。组织分布检测表明，*Bjhk* 主要在肝盲囊、精巢和卵巢中表达。重组表达的 BjHK 具有脊椎动物 HK 的催化活性（图 5-8），而且在文昌鱼的肝盲囊也可以检测出天然的 GCK 活性，并且活性显著高于其他部位（图 5-9）。

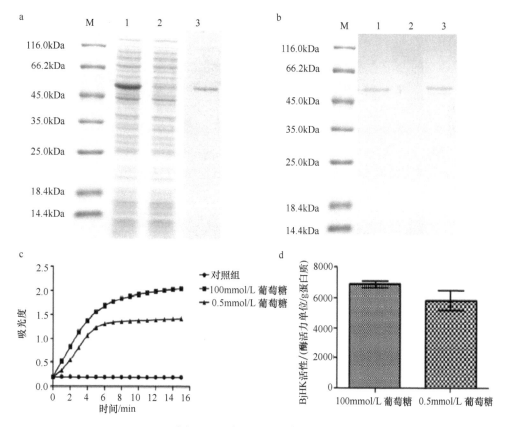

图 5-8　重组 BjHK 及其酶活性

a. 重组 BjHK 的 SDS-PAGE 分析。b. 重组 BjHK 的 Western blot 分析。M. 标准蛋白；1. 经 IPTG 诱导后的转入 *pET28a/Bjhk* 的菌体总蛋白；2. 未经 IPTG 诱导的转入 *pET28a/Bjhk* 的菌体总蛋白；3. 经 Ni 柱纯化后的 BjHK。c. 反应开始 15min 内 340nm 波长下的吸光度。d. 重组 BjHK 在 100mmol/L 和 0.5mmol/L 葡萄糖浓度下的酶活性。数据来自 3 次独立的重复实验，以平均值±标准差形式表示

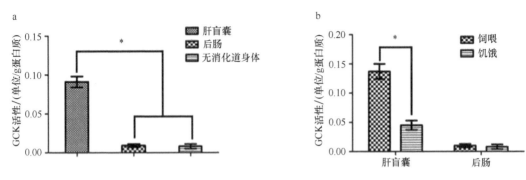

图 5-9　文昌鱼 GCK 活性

a. 文昌鱼肝盲囊、后肠和无消化道身体中的 GCK 活性；b. 文昌鱼在饲喂和饥饿状态下肝盲囊和后肠中的 GCK 活性。数据来自 3 次独立的重复实验，以平均值±标准差形式表示。*表示差异显著（$P < 0.05$）

此外，在文昌鱼饱食的状态下，该酶活明显提高，而在饥饿状态下则明显降低（图 5-9）。所有这些结果都说明，BjHK 可能是 GCK 的祖先，同时也表明了文昌鱼的肝盲囊具有调节葡萄糖代谢的功能。

葡糖-6-磷酸酶（G6Pase）是另一个在维持糖代谢平衡中发挥重要作用的酶。脊椎动物的 G6Pase 由 3 种同工酶组成，即 G6Pase-Ⅰ、G6Pase-Ⅱ和 G6Pase-Ⅲ。它们都能催化葡糖-6-磷酸水解成为磷酸基和游离的葡萄糖，这个催化过程是糖异生和糖原分解的最后一个关键步骤，因此对血糖水平的调节具有十分重要的作用。目前，有关 G6Pase 的大量研究集中于脊椎动物，对无脊椎动物中有关葡糖-6-磷酸酶的表达和调控的研究十分有限。我们对所克隆的文昌鱼 G6Pase 的进化树、基因结构和同线性等进行分析，结果都显示了文昌鱼 G6Pase 与脊椎动物的 G6Pase-Ⅲ具有更密切的关系。因此，文昌鱼的 G6Pase 可能与脊椎动物 G6Pase-Ⅲ相似，是 G6Pase 基因原型的代表，而脊椎动物的 3 种 G6Pase 是在演化过程中经过两轮基因复制产生的。实时荧光定量 PCR 检测发现，文昌鱼 G6Pase 基因主要在肝盲囊和卵巢中大量表达。免疫印迹实验发现，文昌鱼肝盲囊提取物和鼠肝脏提取物都能与鼠抗人 G6Pase 抗体结合，在大约 40kDa 的位置形成一条与我们所预测的蛋白质大小近似的条带，这证明了在文昌鱼中存在天然的葡糖-6-磷酸酶。通过测定肝盲囊、肠和去除两者后的文昌鱼提取物中的 G6Pase 活性，发现肝盲囊中 G6Pase 的活性要比肠高出 1.6 倍，而在去除肝盲囊和肠的文昌鱼提取物中其活性极低。对文昌鱼进行饥饿和喂食处理后，剖取肝盲囊进行 G6Pase 活性测定，发现 G6Pase 的活性在饥饿状态下提高了 82%，并且在摄食之后降低到原先活性的 75%（图 5-10），而文昌鱼肝盲囊中 G6Pase 活性的这种变化（在投喂之后降低，饥饿处理之后升高）与在脊椎动物中观测到的结果一致。总之，文昌鱼 G6Pase 在结构和功能方面都与脊椎动物相似。

Leung 和 Woo（2010）曾报道，生长激素能够促进糖原合酶（glycogen synthase，GS）、G6Pase 和葡糖-6-磷酸脱氢酶（glucose-6-phosphate dehydrogenase，G6PDH）基因的表达。我们用重组斑马鱼生长激素（rzGH），分别处理文昌鱼肝盲囊和斑马鱼肝脏，发现两者的 G6Pase 基因表达模式和趋势相似（Wang et al.，2015）。首先，我们发

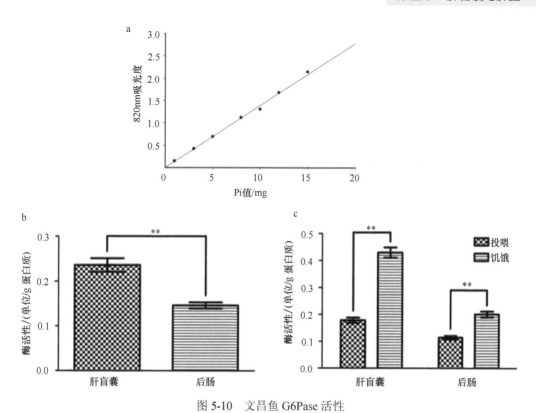

图 5-10　文昌鱼 G6Pase 活性

a. G6Pase 活性检测特有的磷酸标准曲线；b. 肝盲囊和后肠的 G6Pase 活性；c. 文昌鱼分别在饥饿和投喂状态下，肝盲囊和后肠的 G6Pase 活性。**表示差异极显著（$P < 0.01$）

现斑马鱼肝脏和文昌鱼肝盲囊在体外培养的状态下，外源性 GH 可以显著提高 G6Pase 基因的表达，并呈现出剂量依赖性的趋势（图 5-11）。通过不同浓度 rzGH 刺激，我们确定了 rzGH 的刺激浓度为 100ng/ml 时，效果最明显。其次，我们使用这个浓度处理培养细胞，并在不同时间检测 G6Pase 基因的表达。结果发现，斑马鱼肝细胞在含有 100ng/ml rzGH 的 MEM 培养基中经过 4h 培养之后，G6Pase 基因的表达量与对照组相比，提高了至少 30%，并且在接下来 20h 的培养过程中，G6Pase 基因的表达量持续升高，但在实验的最后阶段，rzGH 的促进效应降低，最后基本不再发挥作用。与斑马鱼肝脏类似，文昌鱼肝盲囊细胞在含有 100ng/ml rzGH 的 MEM 培养基中培养 4h，G6Pase 基因的表达量也显著升高，升高幅度比斑马鱼更显著，并且一直持续到 24h，随后 rzGH 促进作用明显减弱（图 5-11）。显而易见，文昌鱼肝盲囊和斑马鱼肝脏一样，在生长激素的刺激下，G6Pase 基因呈现出相似的表达模式和趋势，这再次证明了肝盲囊和肝脏的同源性。值得注意的是，与斑马鱼肝脏相比，文昌鱼肝盲囊对 GH 的刺激更加敏感，这个问题尚需深入研究。

　　总之，葡糖激酶、G6Pase 及生长激素对 G6Pase 基因表达影响的研究结果，都为文昌鱼肝盲囊与脊椎动物肝脏同源性提供了代谢方面的证据。与此同时，这些研究结果还首次表明，文昌鱼肝盲囊在维持葡萄糖稳态中发挥重要作用。

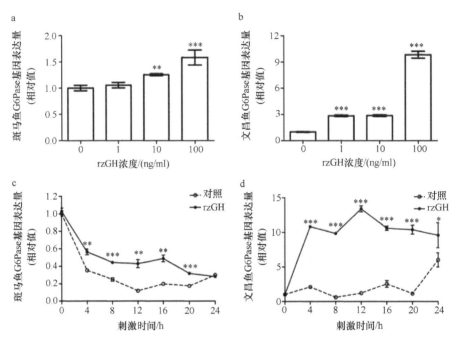

图 5-11　生长激素对文昌鱼肝盲囊和斑马鱼肝脏中 G6Pase 基因表达的影响

a. 斑马鱼肝脏被不同浓度重组斑马鱼生长激素 rzGH（0ng/ml、1ng/ml、10ng/ml 和 100ng/ml）刺激 8h，G6Pase 基因的表达量；b. 文昌鱼肝盲囊被不同浓度 rzGH（0ng/ml、1ng/ml、10ng/ml 和 100ng/ml）刺激 8h，G6Pase 基因的表达量；c. 斑马鱼肝脏在 100ng/ml 的 rzGH 长时间（0h、4h、8h、12h、16h、20h 和 24h）刺激下，G6Pase 基因的表达量；d. 文昌鱼肝盲囊在 100ng/ml 的 rzGH 长时间（0h、4h、8h、12h、16h、20h 和 24h）刺激下，G6Pase 基因的表达量。数据以平均值±标准差表示（$n=3$）。*表示差异显著（$P<0.05$），**表示差异极显著（$P<0.01$），***表示差异极显著（$P<0.001$）

五、肝盲囊的免疫功能

　　肝脏除参与代谢作用外，它也是一个非常重要的免疫器官，在天然免疫中尤其是急性炎症反应或急性期应答（acute phase response）中起非常重要的作用（Gao et al., 2008）。急性期应答是机体受到感染、创伤、肿瘤增生和炎症等出现时的系统生理反应。急性期应答的发生伴随着大量具有防御功能的血浆蛋白的合成与代谢，大部分血浆蛋白的合成是在肝细胞中完成的，这些血浆蛋白可促进机体更好地修复组织损伤、抵御微生物感染等。这些血浆蛋白称为急性期蛋白（acute phase protein）。在急性期应答中，有些急性期蛋白浓度增加，也有些急性期蛋白浓度降低，前者称为正急性期蛋白，后者称为负急性期蛋白。另外，肝脏特异性基因的表达受到肝脏特异性转录因子包括 HNF-1、HNF-3、HNF-4、HNF-6 和 C/EBP 的调控。肝脏特异性转录因子之间也相互调控，并形成一个复杂的调控网络（Cereghini，1996）。在急性期应答中，急性期蛋白的合成受到急性期应答相关转录因子包括 HNF-4、C/EBP 和 STAT 等的调控，它们共同形成一个复杂的调控网络以保证急性期应答快速有效地发生，从而保障动物免受伤害并促使其快速恢复至正常状态。

　　我们发现，文昌鱼 AT 和 ALT 如同在脊椎动物中的一样，也是急性期蛋白，在经脂多糖（lipopolysaccharide，LPS）处理后，它们的浓度发生明显的增长（Liang et al.，2006；Lun et al.，2006）。甲状腺素视黄质运载蛋白（transthyretin，TTR）是脊椎动物中典型的负急性期蛋白。研究发现，在经 LPS 处理后，文昌鱼类似 TTR 也有明显的下调作用，与脊椎动物中的变化趋势相同（Zhang et al.，2009）。这些结果显示，文昌鱼中也存在着脊椎动物样的急性期应答。文昌鱼合成 AT、ALT 和 TTR 的主要组织为肝盲囊，而脊椎动物合成这些蛋白的主要部位为肝脏。可见，文昌鱼的肝盲囊和脊椎动物肝脏一样，也是参与急性期应答的主要组织。

我们还深入系统地研究了文昌鱼的急性期应答及其调控作用。Wang 和 Zhang（2011）首先以斑马鱼的 129 条肝脏特异性表达基因为模板，在文昌鱼中鉴定得到了 58 个同源基因。这些基因编码多种与生理、生化功能相关的活性蛋白，如合成和代谢相关酶类、血浆蛋白、转录因子和载体蛋白等。随后，应用实时定量 PCR 技术分析了这 58 个基因在肝脏（斑马鱼）/肝盲囊（文昌鱼）中的表达，并发现在 LPS 诱导的急性期应答中，共有 52 个同源基因在斑马鱼肝脏和文昌鱼肝盲囊具有相似的表达模式。HNF-4、C/EBP 和 STAT 都是脊椎动物肝细胞急性期应答的重要调控因子。所以，我们又搜索并比对了这 3 种转录因子在 52 条急性期应答相关基因启动子区的结合位点，发现大多数同源基因中都存在 2 种或 2 种以上转录因子的结合位点，提示 HNF-4、C/EBP、STAT 在文昌鱼和斑马鱼中形成了相似的急性期应答调控网络。这些结果不但为文昌鱼肝盲囊是脊椎动物肝脏的同源器官提供了重要的支持，而且说明文昌鱼肝盲囊和脊椎动物肝脏一样，也是一个重要的免疫器官。

六、肝盲囊的化学防御作用

四氯化碳（carbon tetrachloride，CCl_4）是一种有机化合物，能溶解脂肪、油漆等多种物质，易挥发，具氯仿的微甜气味，其蒸气对哺乳动物黏膜有轻度刺激作用，对中枢神经系统有麻醉作用，对肝脏、肾脏有严重损伤。我们用 CCl_4 处理玫瑰无须鲃（rosy barb）和文昌鱼，发现处理 96h 对玫瑰无须鲃和文昌鱼的半致死剂量（LC_{50}）分别为23.9mg/L±4mg/L 和 18.9mg/L±2mg/L。组织学观察显示，用半致死剂量 CCl_4 处理明显损伤玫瑰无须鲃的肝脏、肾脏和鳃，同样也损伤文昌鱼的肝盲囊和鳃。这说明玫瑰无须鲃肝脏和文昌鱼肝盲囊同样都是 CCl_4 作用的靶器官（Bhattacharya et al.，2008），提示肝盲囊和肝脏一样，是文昌鱼重要的解毒器官。

细胞色素 P450（cytochrome P450，CYP450）基因编码是自然界中最多样化的一类酶超家族成员。细胞色素 P450 系统可缩写为 CYP。CYP 催化氧化转化，参与内源性物质和包括药物、环境化合物在内的外源性物质的代谢。我们从全基因组水平系统搜索和分析了白氏文昌鱼（B. belcheri）与佛罗里达文昌鱼（B. floridae）基因组中的所有 CYP 相关基因。结果，从白氏文昌鱼基因组中鉴定出 188 个 CYP 成员，从佛罗里达文昌鱼基因组中鉴定出 277 个 CYP 成员。这些 CYP 基因涵盖了 CYP 的 17 个家族，包括CYP1～CYP4、CYP7、CYP8、CYP11、CYP17、CYP19、CYP20、CYP24、CYP26、CYP 27、

CYP39、CYP46、CYP51 和 CYP74 家族。其中，CYP74 只存在于无脊椎动物和文昌鱼中，其余 16 个家族为文昌鱼和脊椎动物所共有。

细胞色素 P450 超家族中，CYP1、CYP2、CYP3 和 CYP4 这 4 个成员与化学防御密切相关。我们用四氯二苯并-p-二噁英（tetrachlorodibenzo-p-dioxin，TCDD）处理文昌鱼，发现除 CYP2 基因外，CYP1、CYP3 和 CYP4 三个基因在肝盲囊中表达明显升高。结合我们之前发现的与解毒相关的胞浆谷胱甘肽 S-转移酶基因在肝盲囊特异性表达，可以说肝盲囊和脊椎动物肝脏一样，是文昌鱼主要的化学防御器官。

综上所述，无论是早期形态、发生学证据，还是现代分子生物学、生理学和毒理学证据，都证明文昌鱼肝盲囊是脊椎动物肝脏的同源器官，也就是说脊椎动物肝脏可能由文昌鱼肝盲囊样单一管状结构演化而来。目前，这一观点已被越来越多的学者接受。至于由单一管状肝盲囊演化出两叶肝脏的细节和过程，有待深入研究。

参 考 文 献

胡泗才, 王立屏. 2010. 动物生物学. 北京: 化学工业出版社.

李红岩, 张士璀. 2010. 文昌鱼肝盲囊与脊椎动物肝脏起源. 遗传, 32: 437-442.

许崇任, 程红. 2000. 动物生物学. 北京: 高等教育出版社.

Barrington E J W. 1938. The digestive system of *Amphioxus* (*Branchiostoma*) *lanceolatus*. Phil Tans Roy Soc Lond B, 228(6): 269-312.

Bhattacharya H, Zhang S C, Xiao Q. 2008. Comparison of histopathological alterations due to sublethal CCl₄ on rosy barb (*Puntius conchonius*) and amphioxus (*Branchiostoma belcheri*) with implications of liver ontogeny. Toxicol Mech Methods, 18: 627-633.

Cereghini S. 1996. Liver-enriched transcription factors and hepatocyte differentiation. FASEB J, 10: 267-282.

Chao Y, Fan C, Liang Y, et al. 2012. A novel serpin with antithrombin-like activity in *Branchiostoma japonicum*: implications for the presence of a primitive coagulation system. PLoS One, 7(3): e32392.

Ermak T H. 1977. Glycogen deposits in the pyloric gland of the ascidian *Styela clava* (Urochordata). Cell Tissue Res, 176: 47-55.

Fan C X, Zhang S C, Liu Z H, et al. 2007. Identification and expression of a novel class of glutathione-*S*-transferase from amphioxus *Branchiostoma belcheri* with implications to the origin of vertebrate liver. Int J Biochem Cell Biol, 39: 450-461.

Gao B, Jeong W, Tian Z. 2008. Liver: an organ with predominant innate immunity. Hepatology, 47: 729-736.

Gao Z, Li M, Ma J, et al. 2014. An amphioxus gC1q protein binds human IgG and initiates the classical pathway: implications for a C1q-mediated complement system in the basal chordate. Eur J Immunol, 44: 3680-3695.

Hammar J A. 1898. Zur Kenntnis der Leberentwickelung bei Amphioxus. Anat Anz, 14(22-23): 602-607.

Han L, Zhang S C, Wang Y J, et al. 2006. Immunohistochemical localization of vitellogenin in the hepatic diverticulum of the amphioxus *Branchiostoma belcheri tsingtauense*, with implications of the origin of the liver. Invert Biol, 125: 171-176.

He Y N, Tang B, Zhang S C, et al. 2008. Molecular and immunochemical demonstration of a novel member of Bf/C2 homolog in amphioxus *Branchiostoma belcheri*: implications for involvement of hepatic cecum in acute phase response. Fish Shellfish Immunol, 24: 768-778.

Leung L Y, Woo N Y S. 2010. Effects of growth hormone, insulin-like growth factor I, triiodothyronine, thyroxine, and cortisol on gene expression of carbohydrate metabolic enzymes in sea bream hepatocytes. Comp Biochem Physiol A, 157: 272-282.

Li M, Gao Z, Wang Y, et al. 2014. Identification, expression and bioactivity of hexokinase in amphioxus: insights into evolution of vertebrate hexokinase genes. Gene, 535: 318-326.

Liang Y J, Zhang S C. 2006. Demonstration of plasminogen-like protein in amphioxus with implications of the origin of vertebrate liver. Acta Zool (Stockholm), 87: 141-145.

Liang Y J, Zhang S C, Lun L M, et al. 2006. Presence and localization of antithrombin and its regulation after acute lipopolysaccharide exposure in amphioxus, with implications for the origin of vertebrate liver. Cell Tissue Res, 323: 537-541.

Liu M, Zhang S. 2009. A kringle-containing protease with plasminogen-like activity in the basal chordate *Branchiostoma belcheri*. Biosci Rep, 29: 385-395.

Lun L M, Zhang S C, Liang Y J. 2006. Alanine aminotransferase in amphioxus: presence, localization and up-regulation after acute lipopolysaccharide exposure. J Biochem Mol Biol, 39: 511-515.

Tian J, Zhang S, Liu Z, et al. 2007. Characterization and tissue-specific expression of phosphatidylcholine transfer protein gene from amphioxus *Branchiostoma belcheri*. Cell Tissue Res, 330: 53-61.

Wang Y, Wang H, Li M, et al. 2015. Identification, expression and regulation of amphioxus G6Pase gene with an emphasis on origin of liver. Gen Comp Endocrinol, 214: 9-16.

Wang Y, Zhang S. 2011. Identification and expression of liver-specific genes after LPS challenge in amphioxus: the hepatic cecum as liver-like organ and "pre-hepatic" acute phase response. Funct Integr Genomics, 11: 111-118.

Wang Y, Zhang Y, Zhang S, et al. 2008a. Tissue- and stage-specific expression of a fatty acid binding protein-like gene from amphioxus *Branchiostoma belcheri*. Acta Biochim Pol, 55: 27-34.

Wang Y, Zhao B, Ding F, et al. 2008b. Gut-specific expression of cathepsin L and B in amphioxus *Branchiostoma belcheri tsingtauense* larvae. Eur J Cell Biol, 87: 185-193.

Welsch U. 1975. The fine structure of the pharynx, cyrtopodocytes and digestive caecum of *Amphioxus* (*Branchiostoma lanceolatum*). Symp Zool Soc Lond, 36: 17-41.

Zhang S, Ji G D, Zhuang Z, et al. 2009. Protochordate amphioxus is an emerging model organism for comparative immunology. Prog Natl Sci, 19: 923-929.

第六章

内柱与甲状腺

甲状腺是脊椎动物非常重要的内分泌器官。甲状腺分泌的激素主要有三碘甲状腺原氨酸和四碘甲状腺原氨酸，并通过它们调控代谢和生长速率。无颌类成体具有甲状腺，它是由幼体的内柱直接转变而成。在动物系统演化过程中，内柱最先出现于文昌鱼中。文昌鱼内柱结构和功能都与无颌类内柱有许多相似性。内柱也存在于海鞘中。所以，普遍认为脊椎动物甲状腺是由类似于文昌鱼的内柱演化而来的。

第一节　脊椎动物的甲状腺

甲状腺是脊椎动物非常重要的内分泌器官。在多数鱼类中，甲状腺呈分散状态存在；在两栖类、鸟类和部分爬行类中，甲状腺为成对的实体，位于咽下方。在另一部分爬行类如龟、蛇等体内，甲状腺为一单体。至哺乳类，甲状腺分为左、右两叶，中间以峡部相连，呈蝴蝶状（"H"形），位于气管前端甲状软骨两侧。甲状腺外包以薄的结缔组织被膜，腺内有滤泡和滤泡间细胞团（图6-1）。滤泡壁上皮细胞为单层立方上皮细胞，滤泡周围有丰富的毛细血管和毛细淋巴管。

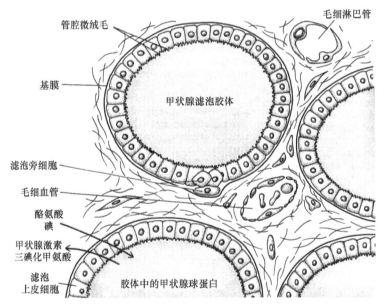

图 6-1　甲状腺组织结构示意图（Walker and Liem，1994）

示滤泡上皮和滤泡旁细胞

甲状腺合成、储存和分泌甲状腺素（thyroxine）。甲状腺素是酪氨酸的碘化物，是唯一含有卤元素（碘）的激素。甲状腺素有两种：四碘甲状腺原氨酸或四碘甲状腺激素（tetraiodothyronine，T_4）和三碘甲状腺原氨酸或三碘甲状腺激素（triiodothyronine，T_3）。甲状腺素合成的主要原料为碘（iodine）和甲状腺球蛋白（thyroglobulin，TG）。碘来源于食物，甲状腺球蛋白是由2768个氨基酸组成（分子量大约为700kDa）的球蛋白，其中含100~120个酪氨酸残基，但只有20个酪氨酸残基可以被碘化，用于合成甲状腺素。

甲状腺素的合成途径已经清楚。甲状腺滤泡上皮具有很强的富集无机碘的能力，可从周围血液中摄取碘化物。I^-要进入滤泡上皮细胞，必须克服细胞内外 I^-浓度差和细胞膜内侧的负电位。因此，甲状腺滤泡上皮细胞的聚碘过程是一个逆电化学梯度的耗能过程。聚碘过程是通过细胞膜上的碘泵（iodine pump）实现的。碘泵是一种可水解 ATP提供能量的钠钾 ATP 酶。进入甲状腺滤泡上皮细胞的 I^-必须活化为 I_2 或 I，才能用来碘化甲状腺球蛋白上的酪氨酸残基。活化 I^-和碘化酪氨酸位于甲状腺滤泡上皮顶端微绒毛与滤泡腔的交界处。催化 I^-活化和碘化酪氨酸的酶都是甲状腺过氧化物酶（thyroid peroxidase，TPO），它是甲状腺合成甲状腺素的关键酶，表达受腺垂体分泌的促甲状腺素（thyroid stimulating hormone，TSH）的诱导。酪氨酸被碘化后的甲状腺球蛋白，经滤泡上皮细胞产生的蛋白酶降解后，释放出 T_4 和 T_3，进入血液循环（图 6-2）。T_4 是血液中的主要激素，T_3 分泌量少，但其生物活性是 T_4 的 5 倍。在外周组织中，T_4 可以转化为活性更强的 T_3。

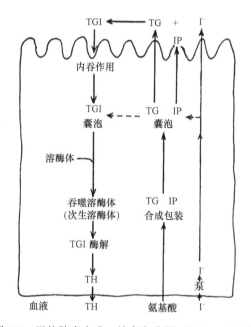

图 6-2　甲状腺素合成、储存和分泌（Eales，1997）

甲状腺素的合成分为 4 个步骤，分别为 I^-的摄取、I^-的活化、碘化酪氨酸偶联和碘化酪氨酸缩合形成 T_3 与 T_4。TG. 甲状腺球蛋白；TGI. 碘化甲状腺球蛋白；IP. 碘过氧化物酶；TH. 甲状腺素。虚线指细胞内碘化甲状腺球蛋白可能的合成捷径

甲状腺素的主要作用是加快新陈代谢，刺激细胞氧化反应，释放能量。代谢作用增强使产热量增加，所以甲状腺素对恒温动物的体温调节起着重要作用。甲状腺功能亢进患者喜凉怕热，同时由于基础代谢率的加强，患者消瘦多食；而甲状腺功能低下患者则喜热怕寒。

甲状腺素对变温动物的代谢活动亦有作用，但在产热方面作用很小。硬骨鱼处于渗透压变化的环境中，甲状腺素能增强渗透压调节所需的能量代谢。在广盐性鱼类洄游过程中，甲状腺素在调节应对盐度变化的生理适应性中发挥重要作用。甲状腺分泌活动增强使得一些硬骨鱼类在行为上对海水产生选择和适应，而另一些硬骨鱼类则对淡水产生选择和适应。

甲状腺素可以促进蛋白质合成，是维持动物正常生长发育不可或缺的激素。在鱼类、鸟类和哺乳类发育早期过程中，甲状腺机能减退会引起呆小病（又称克汀病），身体、神经系统和性腺发育都明显迟缓，对疾病的抵抗能力亦减弱。甲状腺素分泌过多，则出现代谢率增高、心跳加快、眼球突出等病象。甲状腺素对两栖类和鱼类变态的影响尤为明显。如果缺乏甲状腺素，蝌蚪就不能完成变态成为蛙；如果给蝌蚪投喂甲状腺素，则可以加快变态过程。同样，缺乏甲状腺素，鱼类也不能正常完成变态。

第二节　甲状腺的系统发生

甲状腺的系统演化随着生物体收集和固定碘的能力发展而进行，这种吸收碘的能力在植物和许多无脊椎动物中就已经存在。海带富集碘的效率最高。在掌状海带（*Laminaria digitata*）中，碘的含量占其干重的 5%，然而仅有一小部分碘以碘化氨基酸的形式存在。碘化氨基酸包括一碘酪氨酸和二碘酪氨酸。这种海带对碘的摄取、富集及代谢的生化机制都还不清楚，但最近的研究表明，其碘化过程可能是通过依赖矾的碘过氧化物酶（iodide peroxidase）来产生亲脂性的碘相关物质，这些物质穿过细胞膜进入细胞内，并在细胞内以游离的状态存在。因此，海带摄取碘的机制与脊椎动物甲状腺滤泡摄取碘的机制完全不同，其碘的有机化被认为是对环境的适应。

大量证据显示，无脊椎动物也具有从环境中（如通过食物）吸收碘并形成有机碘的能力。例如，Drechsel 在 1896 年观察到海绵和珊瑚体内含有大量的碘，可以形成碘化酪氨酸，并且发现了碘化组氨酸和溴化酪氨酸的存在（Heyland et al., 2006）。在海星、软体动物、环节动物、甲壳动物及昆虫中，也发现有一碘酪氨酸和二碘酪氨酸的存在。昆虫的碘化物有可能伴随着角质层的形成而产生，可能是苯醌硬化（quinone hardening）过程的副产物。苯醌与蛋白质分子结构交联的形成可能与角质层的硬化有关，并且在无机碘的存在下，苯醌可以在体外催化蛋白质的碘化反应。因此，酪氨酸的碘化反应可能被外骨骼的醌类在苯醌硬化的过程中偶然介导产生。然而，Heyland 等（2006）利用色谱层析和酶联免疫吸附测定（ELISA）方法，发现至少一些棘皮动物和软体动物可以产生 T_4 和 T_3，表明无脊椎动物本身也可能具有合成甲状腺素的能力。有趣的是，在棘皮动物和软体动物中碘化酪氨酸的合成可以被硫脲（thiourea）阻断，但不能被高氯酸盐（perchlorate）阻断，这与高氯酸盐可以干扰脊椎动物甲状腺素的合成与分泌明显不同。基因组序列分析显示，在原口动物和后口动物中，都已经出现了脊椎动物甲状腺素受体的直系同源分子。因此，碘化甲状腺原氨酸信号最有可能起源于后口动物。但是，甲状腺素受体在扁形动物、软体动物和甲壳动物中的作用，目前仍然不清楚。

有趣的是，在文昌鱼和玻璃海鞘中对甲状腺素受体同源分子的功能研究发现，它缺少 T_3 的结合活性，但与 T_3 的乙酸衍生物三碘甲状腺乙酸（triiodothyronic acetic acid, TRIAC）可以结合。有证据表明，文昌鱼的 TRIAC 是 T_4 和 T_3 的主要代谢物。最近，在文昌鱼中鉴定出一种新的脱碘酶，其催化中心一个位点的硒代半胱氨酸被半胱氨酸取代，从而使三碘甲状腺乙酸和四碘甲状腺乙酸有效脱碘，而不能催化 T_3 和 T_4 脱碘。这些结果提示，TRIAC 可能是脊索动物甲状腺素的祖先。

据认为，在生物演化过程中，动物从习惯于利用来自外源的碘化酪氨酸和碘化甲状腺原氨酸，最终发展为对碘化氨基酸的需求。与之相适应，出现了专门吸收和利用碘的器官即甲状腺。无颌类和硬骨鱼的甲状腺滤泡常以单个或集成小群形式，沿着咽底部的腹主动脉分布，并可能伴随着入鳃动脉而进入鳃弓，而板鳃类的甲状腺为一个实体，位于下颌骨合缝后方。两栖类的甲状腺为一对实体，位于咽的腹壁。蛙的甲状腺为一对橄榄球状小腺体，分布于舌骨后角和舌骨后侧突之间（图 6-3）。

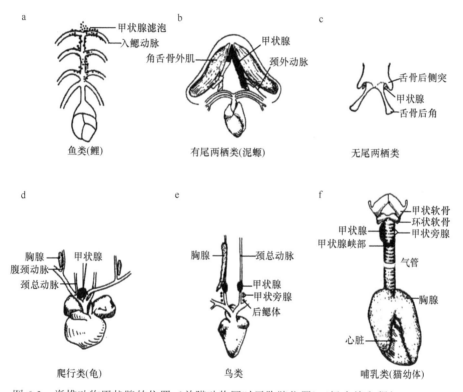

图 6-3　脊椎动物甲状腺的位置（羊膜动物同时示胸腺位置）（杨安峰和程红，1999）

羊膜动物的甲状腺逐渐向气管和颈总动脉靠近，以便得到更多的血液供应。爬行类的龟和蛇具单个甲状腺，位于心脏前方。蜥蜴和鳄的甲状腺为一对实体，分布在气管两侧。鸟类的一对甲状腺多位于气管和支气管分界处、心脏稍前方。鸡的甲状腺为橄榄球样暗红色腺体，位于胸腔入口处的气管两侧，紧靠颈动脉。哺乳类甲状腺如前所述，呈蝴蝶状位于气管前端甲状软骨两侧。

第三节　内柱与甲状腺起源

具有完整滤泡甲状腺结构的最原始脊椎动物是无颌类。无颌类七鳃鳗幼体的咽腹部有一条纵沟，称为内柱（endostyle），在完成变态后发育成为成体的甲状腺（图 6-4）。这表明甲状腺可能起源于类似内柱的组织结构。

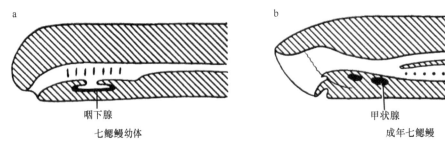

图 6-4　七鳃鳗甲状腺的发生（Kent，1992）

a. 七鳃鳗幼体的咽下腺（黑色）；b. 七鳃鳗成体甲状腺（黑色）

在动物系统演化进程中，内柱最早出现于文昌鱼中，在比文昌鱼低等的其他无脊椎动物中，都没有内柱。文昌鱼内柱是位于咽基部的一条纵沟，从咽的前端一直向后延伸到食管，来源于内胚层，与七鳃鳗幼体的内柱同源。海鞘也具有这种内柱结构（Thorpe et al.，1972）。文昌鱼内柱从腹侧中点向背部两侧对称划分为 6 个不同功能的区域（图 6-5）：1 区和 3 区是支持区，2 区和 4 区是腺状区，5 区和 6 区是碘富集区。文昌鱼和海鞘的内柱被认为具有两种功能。分泌黏液从海水中捕获食物颗粒，并把进入

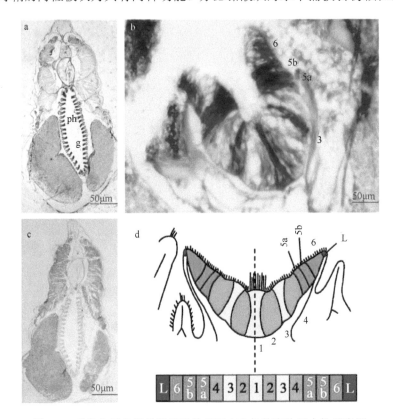

图 6-5　青岛文昌鱼甲状腺素受体基因在内柱的表达和内柱示意图

a. 文昌鱼成体横切面（经鳃）。b. 甲状腺素受体基因的表达（切片原位杂交）。c. 对照。d. 内柱示意图，虚线是内柱的中轴；1 区和 3 区是支持区，用黄色表示；2 区和 4 区是腺状区，用橙色表示；5 区和 6 区是碘富集区，用绿色表示；连接区 L，用蓝色表示

咽部的食物颗粒黏成一团是其功能之一。超微结构观察发现，文昌鱼内柱含有若干种类型的腺细胞，它们组成了内柱的大部分区域。海鞘内柱的转录组分析表明，在其黏液分泌区域存在许多编码分泌蛋白的基因转录本。内柱的另外一种功能与脊椎动物甲状腺滤泡的功能相似。免疫组化研究表明，文昌鱼、海鞘和七鳃鳗幼体的内柱具有选择性积累和浓缩所标记的碘的能力，同时含有甲状腺过氧化物酶（TPO）和脱碘酶（deiodinase）的活性。生化分析甚至在内柱中检测到甲状腺素 T_3 和 T_4。鉴于内柱具有与甲状腺类似的一些活性，并且七鳃鳗幼体的内柱在变态过程中最终发育为甲状腺的滤泡，所以，普遍将内柱视为甲状腺的同源器官，并认为它是脊椎动物甲状腺的前体。

基因表达模式也证明文昌鱼内柱和脊椎动物甲状腺是同源器官。我们发现，文昌鱼甲状腺素受体基因 *BbTR* 编码一种由 30 个氨基酸组成的蛋白质，它在机体多个组织表达（Wang et al.，2009）。切片原位杂交结果表明，*BbTR* 在内柱中的表达主要集中在碘富集区 5 区和 6 区（图 6-5）。TPO 是脊椎动物甲状腺细胞分化标志蛋白，它只在甲状腺表达；TIF-1 是脊椎动物甲状腺特异性转录因子，它在脊椎动物甲状腺原基表达。上述两个基因即 *TPO* 和 *TIF-1* 在文昌鱼中也存在，它们分别在文昌鱼内柱 5 区和 6 区，以及1 区、3 区、5 区和 6 区表达。脊椎动物 *Pax-8* 基因和 *Nkx2-1* 基因在甲状腺发育早期都在甲状腺原基中表达，而在甲状腺发育后期，它们作为转录调节因子发挥作用，激活*TPO* 和 *TIF-1* 表达。文昌鱼也存在脊椎动物 *Pax8* 的同源基因 *Pax2/5/8*（和 *Pax2*、*Pax5*和 *Pax8* 都具有相似性）及 *Nkx2-1* 的同源基因 *Nk2-1*。文昌鱼 *Nk2-1* 首先在神经胚中枢神经系统和腹部内胚层中表达，随后表达区域逐渐受到限制，最后仅在右前端咽壁细胞即内柱原基中表达；在约 7 天的文昌鱼幼虫中，*Nk2-1* 仍在内柱原基中表达。同样，文昌鱼 *Pax2/5/8* 在胚胎中的表达也从神经胚开始，在中枢神经系统、肾原基和消化道都表达，但在早期幼虫中，*Pax-2/5/8* 在咽部预定形成内柱和鳃裂的内胚层中表达信号很强（图 6-6），至 7 天的幼虫中表达信号消失（Hiruta et al.，2005）。*FoxQ1* 是 *Fox*（也称 *forkhead*）基因家族中的一员。海鞘 *Ci-FoxQ1* 基因在幼体和成体中都在内柱表达。与海鞘一样，文昌鱼 *AmphiFoxQ1* 在正在发育的内柱内胚层表达（Mazet et al.，2005）。TTF2 也是脊椎动物甲状腺特异性转录因子，在早期甲状腺形态建成和后期甲状腺功能激素调节中发挥作用。文昌鱼 *TTF2* 的同源基因是 *FoxE4*，它虽然在文昌鱼胚胎临时器

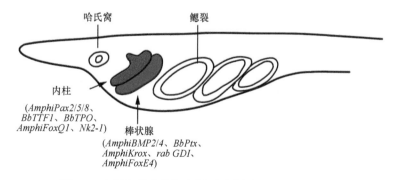

图 6-6　文昌鱼幼虫前部左侧观示意图（Mazet，2002）

内柱和棒状腺位于鳃裂前方。口位于右侧（见不到）。已知在内柱和棒状腺表达的基因见括号内

官棒状腺而不是在内柱原基表达，但在文昌鱼成体中，*FoxE4* 主要在内柱 5 区和 6 区部分表达（Hiruta et al.，2005）。有趣的是，海鞘 *FoxE4* 既在内柱原基表达，也在成体的内柱中表达。不难看出，上述所有基因的表达模式与形态学及生物化学研究结果基本一致，都支持文昌鱼内柱是脊椎动物甲状腺的前体。

　　从演化角度讲，第一个能够提供碘化甲状腺原氨酸的器官是内柱，它最早出现在文昌鱼中。文昌鱼全基因组序列分析发现，参与合成甲状腺素的多数基因如编码钠碘转运体（sodium-iodide symporter）、甲状腺过氧化物酶和脱碘酶的基因都已经在文昌鱼中出现。虽然在文昌鱼基因组中没有鉴定到最重要的一个蛋白即甲状腺球蛋白 *TG* 基因（Paris et al.，2008），但是生化研究结果显示文昌鱼可能存在 *TG* 基因。另外，文昌鱼中具有编码乙酰胆碱酯酶（acetylcholinesterase，ACE）的基因，而 ACE 的羧基端和 TG 的羧基端同源性很高，说明它们可能来自同一个祖先基因（Perrin et al.，2008；Swillens et al.，1986），或许 ACE 也可以参与甲状腺素的合成。总而言之，内柱发展成为一个碘化中心是重要的演化事件，在此基础上后来逐渐形成了脊椎动物的甲状腺（图 6-7）。

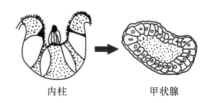

内柱　　　　　甲状腺

图 6-7　脊椎动物甲状腺起源和演化

参 考 文 献

李永材, 黄溢明. 1983. 比较生理学. 北京: 高等教育出版社.

杨安峰, 程红. 1999. 脊椎动物比较解剖学. 北京: 北京大学出版社.

Barrington E J W. 1965. The Biology of Hemichordata and Protochordata. London: Oliver and Boyd Ltd.

Campbell R K, Satoh N, Degnan B M. 2004. Piecing together evolution of the vertebrate endocrine system. Trends Genet, 20: 359-366.

Covelli I, Salvatore G, Sena L, et al. 1960. Sur la formation d'hormones thyroidiennes et de leurs pre' curseurs par *Branchiostoma lanceolatum*. C R Soc Biol Paris, 154: 1165-1169.

Dunn A D. 1980. Studies on iodoproteins and thyroid hormones in ascidians. Gen Comp Endocrinol, 40: 473-483.

Eales J G. 1997. Iodine metabolism and thyroid-related functions in organisms lacking thyroid follicles: are thyroid hormones also vitamins? Proc Soc Exp Biol Med, 214: 302-317.

Eales J G, Holmes J A, McLeese J M, et al. 1997. Thyroid hormone deiodination in various tissues of larval and upstream-migrant sea lampreys, *Petromyzon marinus*. Gen Comp Endocrinol, 106: 202-210.

Flatt F, Moroz L L, Tatar M, et al. 2006. Comparing thyroid and insect hormone signaling. Integr Comp Biol, 46: 777-794.

Fredriksson G, Ericson L E, Olsson R. 1984. Iodine binding in the endostyle of larval *Branchiostoma lanceolatum* (Cephalochordata). Gen Comp Endocrinol, 56: 177-184.

Fredriksson G, Överholm T, Ericson L E. 1985. Electron-microscopic studies of iodine-binding and peroxidase activity in the endostyle of the larval amphioxus (*Branchiostoma lanceolatum*). Cell Tissue Res, 241: 257-266.

Heyland A, Price D A, Bodnarova-Buganova M, et al. 2006. Thyroid hormone metabolism and peroxidase function in two non-chordate animals. J Exp Zoolog B, 306: 551-566.

Hilderrand M. 1988. Analysis of Vertebrate Structure. 3th ed. New York: John Wiley & Sons, Inc.

Hiruta J, Mazet F, Yasui K, et al. 2005. Comparative expression analysis of transcription factor genes in the endostyle of invertebrate chordates. Dev Dyn, 233: 1031-1037.

Hodin J. 2006. Expanding networks: signaling components in and a hypothesis for the evolution of metamorphosis. Integr Comp Biol, 46: 719-742.

Holzer G, Roux N, Laudet V. 2017. Evolution of ligands, receptors and metabolizing enzymes of thyroid signaling. Mol Cell Endocrinol, 459: 5-13.

Kent G C. 1992. Comparative Anatomy of the Vertebrates. 7th ed. Boston: Mosby-Year Book, Inc: 652.

Klootwijk W, Friesema E C, Visser T J. 2011. A nonselenoprotein from amphioxus deiodinates triac but not T3. Is triac the primordial bioactive thyroid hormone? Endocrinology, 152: 3259-3267.

Kluge B, Renault N, Rohr K B. 2005. Anatomical and molecular reinvestigation of lamprey endostyle development provides new insight into thyroid gland evolution. Dev Genes Evol, 215: 32-40.

Mazet F. 2002. The *Fox* and the thyroid: the amphioxus perspective. BioEssays, 24: 696-699.

Mazet F, Luke G N, Shimeld S M. 2005. The amphioxus *FoxQ1* gene is expressed in the developing endostyle. Gene Expr Patterns, 5: 313-315.

Monaco F, Dominici R, Andreoli M, et al. 1981. Thyroid hormone formation in thyroglobulin synthesized in the amphioxus (*Branchiostoma lanceolatum* Pallas). Comp Biochem Physiol B, 70: 341-343.

Ogasawara M, Satou Y. 2003. Expression of *FoxE* and *FoxQ* genes in the endostyle of *Ciona intestinalis*. Dev Genes Evol, 213: 416-419.

Paris M, Brunet F, Markov G V, et al. 2008. The amphioxus genome enlightens the evolution of the thyroid hormone signaling pathway. Dev Genes Evol, 218: 667-680.

Perrin B, Rowland M, Wolfe M, et al. 2008. Thermal denaturation of wild type and mutant recombinant acetylcholinesterase from amphioxus: effects of the temperature of *in vitro* expression and of reversible inhibitors. Invert Neurosci, 8: 147-155.

Sherwood N M, Adams B A, Tello J A. 2005. Endocrinology of protochordates. Can J Zool, 83: 225-255.

Sherwood N M, Tello J A, Roch G J. 2006. Neuroendocrinology of protochordates: insights from *Ciona* genomics. Comp Biochem Physiol A, 144: 254-271.

Swillens S, Ludgate M, Mercken L, et al. 1986. Analysis of sequence and structure homologies between thyroglobulin and acetylcholinesterase: possible functional and clinical significance. Biochem Biophys Res Commun, 137: 142-148.

Thorpe A, Thorndyke M C, Barrington E J W. 1972. Ultrastructural and histochemical features of the endostyle of the ascidian *Ciona intestinalis* with special reference to the distribution of bound iodine. Gen Comp Endocrinol, 19: 559-571.

Tsuneki K, Kobayashi H, Ouji M. 1983. Histochemical distribution of peroxidase in amphioxus and cyclostomes with special reference to the endostyle. Gen Comp Endocrinol, 50: 188-200.

Walker W F, Liem K F. 1994. Functional Anatomy of the Vertebrates an Evolutionary Perspective. New York: Saunders College Publishing: 605.

Wang S, Zhang S, Zhao B, et al. 2009. Up-regulation of C/EBP by thyroid hormones: a case demonstrating the vertebrate-like thyroid hormone signaling pathway in amphioxus. Mol Cell Endocrinol, 313: 57-63.

Wu W, Niles E G, LoVerde P T. 2007. Thyroid hormone receptor orthologues from invertebrate species with emphasis on *Schistosoma mansoni*. BMC Evol Biol, 1: 1-16.

Yu J K, Holland L Z, Jamrich M, et al. 2002. *AmphiFoxE4*, an amphioxus winged helix/forkhead gene encoding a protein closely related to vertebrate thyroid transcription factor-2: expression during pharyngeal development. Evo Devo, 4: 9-15.

第七章

脑垂体 - 肝脏轴

　　脑垂体和下丘脑紧密接触，两者组成一个完整的神经内分泌功能系统，包括下丘脑-腺垂体系统和下丘脑-神经垂体系统两部分。下丘脑-腺垂体系统之间是神经和体液性联系，即下丘脑促垂体区的肽能神经元通过分泌的肽类神经激素（释放激素和释放抑制激素），经垂体门脉系统转运到腺垂体，调节相应的腺垂体激素的分泌。下丘脑-神经垂体系统之间通过神经直接联系，下丘脑视上核和室旁核的神经内分泌细胞所分泌的肽类神经激素可以通过轴浆流动的方式，经轴突直接到达神经垂体，并储存于此。

　　腺垂体分泌的激素主要包括生长激素（GH）、催乳素（PRL）、生长催乳素（somatolactin，SL）、促肾上腺皮质激素（ACTH）、促甲状腺素（TSH）、卵泡刺激素（FSH）和黄体生成素（LH）等。其中，GH 经由血液循环到达主要的靶器官肝脏，与肝细胞膜表面的生长激素受体（growth hormone receptor，GHR）结合，刺激胰岛素样生长因子-Ⅰ（insulin-like growth factor-Ⅰ，IGF-Ⅰ）的释放。IGF-Ⅰ 在胰岛素样生长因子结合蛋白（insulin-like growth factor binding protein，IGFBP）的运输和调节下，到达靶组织与 IGF-Ⅰ 受体（IGF-Ⅰ receptor）结合，调节机体的生长、细胞的增殖与分化，以及糖类、脂肪和蛋白质的代谢。这个由 GH、GHR、IGF-Ⅰ、IGFR、IGFBP 及 IGFBP 降解酶所组成的复杂通信系统能够感知生理环境的变化，在分子水平称为 GH-IGF 信号系统（GH-IGF signaling system），在组织水平上称为垂体-肝脏轴（pituitary-hepatic axis）。文昌鱼中也存在类似于脊椎动物的 GH-IGF 信号系统，即哈氏窝-肝盲囊轴。

第一节　生长激素调控途径

　　GH 对有机体有广泛的调控作用，最主要的功能是刺激细胞的生长和分化，参与调控机体的蛋白质合成，抑制糖类的消耗，加速脂肪的分解，同时促进营养的吸收及机体的生长。众多类型的组织细胞包括免疫组织、脑组织和造血系统细胞等，都受其影响，促使细胞体积和数量增加。人体在 GH 缺乏或过量的状态下，都会发生疾病。当脑垂体分泌 GH 不足或个体对 GH 不敏感时，会致使身体发育迟缓，导致身材矮小，骨骼发育不成比例，即侏儒（dwarfism）。与甲状腺素缺乏造成的呆小病不同，侏儒患者一般智力正常。当 GH 分泌过量时，会导致巨人症（gigantism）或者肢端肥大症的发生。

　　GH 存在于包括七鳃鳗在内的所有脊椎动物中。GH 的作用似乎没有物种特异性，因为哺乳动物 GH 也可以促进鱼类生长发育，并已经应用于鱼类养殖生产。有趣的是，鱼类 GH 除了具有促进生长的功能，还具有调节体内渗透压的功能，有助于鱼类对海洋高盐或淡水低盐环境的适应。

　　GH 主要通过两条调控途径发挥作用：①通过刺激肝细胞分泌 IGF-Ⅰ 发挥作用；②直接与靶细胞作用。多数学者认为，GH 并不直接调控机体的生长，而是通过诱导肝脏合成 IGF-Ⅰ，借由 IGF-Ⅰ 与肌肉和骨细胞上的受体结合，发挥相关作用。这一途径被认为是经典的 GH 调控途径（图 7-1）。与此相反，以 Butler 和 Roith（2001）为代表的一部分学者认为，GH 和 IGF-Ⅰ 的功能相对独立，IGF-Ⅰ 可以不经过 GH 诱导在各种组织细胞中由自分泌/旁分泌途径发挥作用，它并不是维持生物体正常生长所必需的因子。但是，无论哪条途径，都需要 GH 先与定位在细胞膜上的 GHR 结合，借由受体介导，激活下游信号通路，促进相关基因表达。

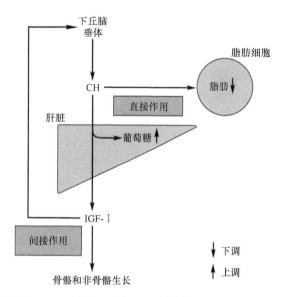

图 7-1　生长激素（GH）的生理功能和调控途径（Baulieu and Kelly，1990）

第二节　生长激素及其受体

对 GH 的研究始于哺乳动物。哺乳类 GH 是一条由约 200 个氨基酸残基组成的单链多肽激素，含有 2 对保守的二硫键，其中一对在分子的近羧基端形成环状结构，另一对则将肽链的两个分离的部分相连接。GH 与部分白细胞介素、集落刺激因子及促红细胞生成素等细胞因子共同归属于 I 型细胞因子超家族。I 型细胞因子都包含由 4 股 α 螺旋构成的不寻常的拓扑结构（上-上-下-下结构；图 7-2）。它们都具有结构相似的一次跨膜

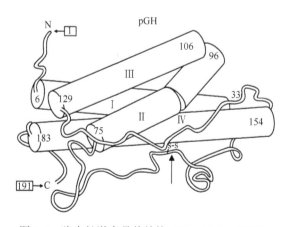

图 7-2　猪生长激素晶体结构（Kopchick，2003）

4 个反向平行的α螺旋以圆柱表示，分别标注为 I～IV。氨基端和羧基端分别以 N 和 C 表示。数字表示每个α螺旋氨基端和羧基端的氨基酸位置

受体及相似的信号传递途径。GH 主要由腺垂体的嗜酸性细胞合成并分泌，这一过程受到下丘脑分泌的生长激素释放激素（GHRH）和生长激素抑制激素（GHIH）的双向调控。除此之外，中枢神经系统的神经元细胞、乳腺上皮细胞、血管内皮细胞、成纤维细胞、胸腺上皮细胞，以及免疫细胞如巨噬细胞、T 细胞、B 细胞和自然杀伤细胞等，也可以分泌 GH。

GH 在哺乳动物中高度保守。猪和狗虽然分别属于真兽亚纲的偶蹄目和食肉目动物，但它们的 GH 序列完全一致。猪和狗 GH 序列与奇蹄目的马、长鼻目的象以及偶蹄目的鲸鱼 GH 序列之间，仅有不超过 4 个氨基酸残基的差异；与兔形目的兔及啮齿目的鼠 GH 序列之间，也只差 7～10 个氨基酸残基。这些结果说明，GH 在真兽亚纲中的演化速度非常缓慢，可能较好地保留原始的有袋类动物的 GH 序列。相对而言，灵长类动物和偶蹄目动物 GH 序列差异比较大：猪的 GH 与人 GH 之间有 65 个氨基酸残基的差异，与牛 GH 有 18 个氨基酸的差异。GH 不仅在哺乳动物中较为保守，在脊椎动物演化过程中的大部分时间也是较为保守的。例如，原始辐鳍鱼类鲟的 GH 氨基酸序列与部分哺乳动物的 GH 具有 70% 以上的一致性，就足以证明这一点。但是，无颌类七鳃鳗的 GH 与其他脊椎动物 GH 的氨基酸序列比较，只有 20%～30% 的一致性，提示 GH 在脊椎动物演化早期可能发生了巨大的变异。

脊椎动物腺垂体分泌的 GH、PRL 和 SL 三种激素，它们的氨基酸序列一致性虽然只有 20%～30%，但具有极为相似的三级结构及非常相似的受体，因此三者共同组成了脊椎动物的 GH 家族。PRL 存在于所有有颌类脊椎动物中，并与催乳素受体（prolactin receptor，PRLR）结合发挥生理作用。PRL 的作用与 GH 相辅相成，能够对机体的渗透压、生长发育和生殖等多方面进行调控。SL 仅存在于鱼类中，能够调控鱼的体色、脂代谢及皮质醇分泌。迄今为止，所有研究结果都得出一个结论：脊椎动物 GH 家族的成员共同拥有一个祖先基因；祖先基因在动物演化过程中经过基因复制并伴随着分化，逐步形成了整个 GH 基因家族。

关于生长激素受体（GHR）的研究始于 1987 年，Leung 等首先从兔的肝脏中纯化出 GHR 并克隆得到 GHR cDNA 序列。随后，各种脊椎动物 GHR 基因相继被克隆出来，对 GHR 也有了更为深入的认识。GHR 是血细胞生成素受体超家族成员，由约 600 个氨基酸残基组成，结构上划分为胞外区、跨膜区和胞内区。在胞外区有 5 个保守的糖基化位点，这些位点与 GHR 和 GH 的结合有关；胞外区存在 2～3 对二硫键，可以稳定蛋白质的空间结构。在接近跨膜区的位置具有 WSXWS 保守序列，这段序列在 GH 与 GHR 的结合过程中可以维持配体-受体复合物构象的稳定。胞内区含有两段保守序列 Box1 和 Box2，它们在信号转导过程中发挥着重要作用。GHR 基因的主要表达部位是肝脏。另外，GHR 基因在脂肪、肌肉、肾脏、心脏、前列腺、成纤维细胞和淋巴细胞中也都有表达。GHR 与一个分子 GH 结合后，再与另一分子 GHR 形成二聚体。GHR 只有形成二聚体后，才能激活下游的信号通路（图 7-3）。GHR 介导的信号转导途径有以下 3 种。①酪氨酸激酶 JAK2 途径：当 GH 与 GHR 结合形成三聚体后，酪氨酸激酶 JAK2 会立即与 GHR 的 Box1 区域结合并被激活，完成酪氨酸残基的磷酸化。活化的 JAK2 再激活 Grb2、SHC 等转录因子，最终激活促分裂原活化的蛋白激酶（MAPK），调节相关基因的表达。JAK2 还可以直接激活 STAT5，调控基因的转录。②PKC 途径：GH 与 GHR 结合后激活磷脂酶 C，通过肌醇三磷酸（IP$_3$）途径激活 PKC，调节细胞生理活动。③胰岛素受体底物途径：GH 能够促进胰岛素受体底物 1（insulin receptor substrate 1，IRS-1）和胰岛素受体底物 2（IRS-2）的磷酸化，调节细胞代谢活动。

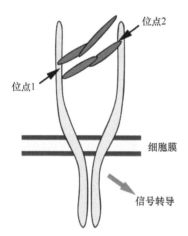

图 7-3　生长激素及其受体相互作用（Kopchick，2003）

GH 通过作用位点 1 和位点 2，与预先形成的 GHR 二聚体结合，诱导下游信号转导

　　GHR 的演化速度与 GH 大致相对应。GHR 胞外区远比胞内区保守。在灵长类、偶蹄目和啮齿类这三类哺乳动物的演化中，GHR 发生了较为明显的变化，其中灵长类和偶蹄目动物 GHR 的变化主要在胞外区，而啮齿类动物 GHR 整个分子都有变化。有意思的是，GHR 和 PRLR 的氨基酸序列与结构十分相似，它们共同组成了一个细胞因子受体家族。GHR 和 PRLR 之间平均具有 30% 左右的氨基酸一致性，但胞外区的一致性高达约 70%。人 GHR 与 PRLR 之间的三维结构也非常相似，人 GH/GHR 复合物与兔 PRL/PRLR 复合物的结构也十分接近。基于这些，现在普遍认为，GHR 和 PRLR 分别与它们的配体一样，可能也是由一个祖先基因通过复制而形成的。

　　除 GHR 外，脊椎动物中还存在生长激素结合蛋白（growth hormone-binding protein，GHBP），其也可以与 GH 结合。GHBP 是血浆中具有 GH 亲和力的一种可溶性蛋白。血浆中与 GHBP 形成复合物的 GH 大约占 GH 总量的 50%。GHBP 的分子量为 50～60kDa，其氨基酸序列与 GHR 的胞外区具有一致性。GHBP 同 GHR 一样，广泛分布于各种组织，其中以肝脏、脂肪和肌肉中的含量较高，但一般远小于 GHR 的含量。GHBP 主要通过以下两种方式产生：①在啮齿类动物和其他一些动物中，通过金属蛋白酶[如肿瘤坏死因子-α 转换酶（TACE）和 TNF-α 裂解酶]水解 GHR，使 GHR 的胞外区从细胞膜表面脱落，形成 GHBP；②通过对 GHR 的 mRNA 选择性剪接，将编码跨膜区和胞内区的部分以一段亲水性的序列代替，使锚定于细胞膜上的受体蛋白变成可溶性的 GHBP。这两种形成方式在人、兔、啮齿类动物、硬骨鱼及七鳃鳗中都存在。GHBP 与 GH 分子以 1∶1 的比例结合，GHBP 对 GH 的亲和力与对 GHR 的相同，可以竞争性地抑制 GH 与 GHR 的结合。不仅如此，GHBP 还能够增强 GH 的稳定性；两者结合后，GH 的半衰期显著增长。所以，GHBP 行使着维持体内 GH 浓度稳定和运输 GH 的双重功能：当腺垂体 GH 分泌处于峰值时，GHBP 可迅速与 GH 结合，防止游离的 GH 水平过快升高；而在 GH 分泌间歇期，GH-GHBP 复合物则会解离，将 GH 释放出来以保持一定的 GH 水平。

第三节　胰岛素样生长因子及其受体

胰岛素样生长因子（IGF）是与胰岛素原结构相似的多肽类生长因子家族，它通过与细胞膜表面的特异性受体结合发挥功能。研究显示，在敲除掉 IGF-Ⅰ和 IGF-Ⅱ基因后，小鼠出生时的体重大约只有正常状态下的 30%，表明 IGF 为胚胎生长发育所必需的成分。

IGF-Ⅰ曾被称为生长调节素 C（somatomedin C），具有高度的保守性。IGF-Ⅰ基因在胚胎发育时期和出生后动物体内的各种组织中表达。IGF-Ⅰ具有促进细胞生长、增殖、分化和抗凋亡的功能。GH 可以诱导 IGF-Ⅰ的表达，对 IGF-Ⅰ起着正向调节作用；在动物的生长发育过程中，体内 IGF-Ⅰ和 GH 变化水平始终是平行的。

IGF-Ⅰ前体平均由约 150 个氨基酸组成，分为信号肽、A 区、B 区、C 区和 E 区；成熟肽平均由约 70 个氨基酸组成，不含信号肽和 E 区。IGF-Ⅰ的 A 区和 B 区具有较高的保守性，其中 B 区含有受体识别序列 Phe-Tyr-Phe，C 区和 D 区保守性相对较差。在脊椎动物中，IGF-Ⅰ在序列和功能上都较为保守。硬骨鱼类如鲑鱼、虹鳟、鲷鱼、鲶鱼和鲤鱼的 IGF-Ⅰ氨基酸序列与人的 IGF-Ⅰ氨基酸序列具有很高的一致性。在功能方面，哺乳动物 IGF-Ⅰ和鱼类 IGF-Ⅰ能够等效地促进鱼类软骨对硫酸盐的吸收、蛋白质的合成、精子的形成及卵母细胞的成熟；鱼类 IGF-Ⅰ和人 IGF-Ⅰ都能够激活人 IGF-Ⅰ受体，促进神经母细胞瘤细胞的增殖。

IGF-Ⅱ在结构上与 IGF-Ⅰ非常相似，同样具有很高的保守性。与 IGF-Ⅰ不同的是，哺乳动物 IGF-Ⅱ基因主要在胚胎发育时期表达，而且表达不依赖于 GH 的调控，其主要功能是参与动物胚胎期生长发育的调节。有关鱼类 IGF-Ⅱ的研究相对较少，但有证据表明它和 IGF-Ⅰ的作用也有所不同。用 GH 处理真鲷，真鲷肝脏中 IGF-Ⅰ基因表达显著提高，但 IGF-Ⅱ基因表达在任何组织中都没有提高。同时，在真鲷发育过程中，IGF-Ⅱ mRNA 在孵化 1 天幼体中含量最高，之后逐渐下降，而 IGF-Ⅰ mRNA 虽然在孵化后 1 天幼体中可以检测到，但最高含量出现在孵化后 12~16 天。不过，也有研究显示，重组表达的猪 GH 一样可以调节鲤鱼 IGF-Ⅱ基因和 IGF-Ⅰ基因的表达，只是 IGF-I 基因主要在肝脏表达，IGF-Ⅱ基因主要在脑表达，提示 IGF-Ⅱ与 IGF-Ⅰ可能有一些重叠的功能。

在七鳃鳗中，目前只发现一种 IGF，它与有颌类脊椎动物的 IGF-Ⅰ和 IGF-Ⅱ序列都非常相似。七鳃鳗 IGF 基因在众多组织中表达，尤其在肝脏中表达最丰富。与有颌类脊椎动物一样，GH 也可以诱导七鳃鳗 IGF 基因表达。这些结果表明，脊椎动物 IGF 的结构和功能在演化过程中是相当保守的。

IGF 通过与 IGF 受体（IGFR）结合来发挥作用（图 7-4）。在哺乳动物中，存在两种 IGFR：I 型 IGFR 和 II 型 IGFR。同配体 IGF 一样，IGFR 也具有较高的保守性。其中 I 型 IGFR 又称为 IGF-I 受体（IGF-I receptor），是由 2 个 α 亚基和 2 个 β 亚基组成的异源四聚体，在 β 亚基的胞内部分具有酪氨酸激酶结构域，起着信号转导的作用。I 型 IGFR 能够与 IGF-I、IGF-II 及胰岛素结合，但与 IGF-I 的亲和力最高，比与 IGF-II 及胰岛素的亲和力分别高 15～20 倍和 100～1000 倍。相较于 IGF-I，II 型 IGFR 更倾向于与 IGF-II 结合，对于胰岛素则没有亲和力。不同于 I 型 IGFR，II 型 IGFR 以单体跨膜蛋白的形式存在，它也是非阳离子依赖型的甘露糖-6-磷酸（mannose-6-phosphate，Man-6-P）受体，能够被溶酶体酶识别。非哺乳类脊椎动物 I 型 IGFR 的结合能力和哺乳类 I 型 IGFR 的相似，但与哺乳类 Man-6-P 受体可以结合 IGF-II 不同，其他脊椎动物如鸡和蛙的 Man-6-P 受体不能结合 IGF-II。可见，Man-6-P 受体与 IGF-II 的相互作用出现在哺乳类与其他脊椎动物分化之后。

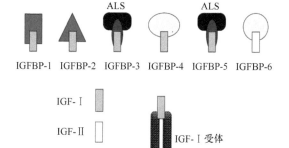

图 7-4　IGF 信号系统——配体 IGF、IGFR 和 IGFBP（Duan and Xu，2005）

IGF-I 和 IGF-II 通过受体发挥作用。在循环系统和局部组织中，多数 IGF 和 IGFBP 形成复合体。在循环系统中，IGFBP 是 IGF 的载体蛋白（carrier protein）。IGFBP-3 和 IGFBP-5 能和 IGF 及酸敏感蛋白（acid-labile protein，ALS）形成三元复合体（ternary complex）

除 IGFR 之外，在组织间液和血液中还存在一个与 IGF 具有高亲和力的蛋白家族，该蛋白家族在人和其他哺乳动物中有 6 个成员，分别称为 IGFBP1～IGFBP6（图 7-4），由 6 个不同的基因编码。不同类型 IGFBP 之间的氨基酸序列十分相似，但结构和生化特性各不相同。IGFBP 的主要功能是与游离的 IGF 结合，运输 IGF，延长 IGF 的半衰期，同时也防止游离的 IGF 浓度过高。70%～90% 的游离 IGF 会与 IGFBP-3 及一种对酸敏感的蛋白 ALS 形成三聚体。在这个异源三聚体状态下，IGF 的半衰期由原先游离状态下的 10min 延长至 12～15h。当到达靶组织时，三聚体解离，形成 IGF 或 IGF-IGFBP-3 二聚体进入细胞。有小部分 IGF 也会与其他类型 IGFBP 形成二聚体，但二聚体中 IGF 的半衰期仅为 1～2h，远小于三聚体状态的半衰期。由于 IGFBP 对 IGF 的亲和力要强于 IGF-I 受体，所以 IGFBP 和 IGF-I 受体会竞争性地与 IGF 结合，表现出对 IGF 功能的抑制。另外，IGFBP 在不同的组织中呈现特异性表达，如 IGFBP-1 在肝脏中特异性表达，

IGFBP-5 主要存在于结缔组织中，说明它们可能发挥着各自不同的特殊作用。

第四节　文昌鱼 GH-IGF 信号系统

上述由 GH、GHR、IGF、IGFR、IGFBP 及 IGFBP 降解酶组成的 GH-IGF 信号系统或垂体-肝脏轴存在于现生的所有脊椎动物中，包括无颌类七鳃鳗。迄今为止，尚没有关于无脊椎动物具有垂体或肝脏的任何报道。然而，早就有文昌鱼哈氏窝和肝盲囊分别是脊椎动物垂体和肝脏同源器官的假设。随着分子生物学和生物信息学技术的发展，越来越多的证据表明，文昌鱼不仅具有脊椎动物垂体和肝脏的同源器官——哈氏窝和肝盲囊，而且存在与脊椎动物垂体-肝脏轴相似的哈氏窝-肝盲囊轴，即 GH-IGF 信号系统。

Chan 等（1990）首先从文昌鱼中克隆出了编码胰岛素样多肽（insulin-like peptide，ILP）的 cDNA 序列，其编码的 ILP 由 305 个氨基酸构成，氨基端前 101 个氨基酸序列具有脊椎动物胰岛素原的特征，包含信号肽、B 区、C 区和 A 区，后 204 个氨基酸序列具有 IGF 的 D 区和 E 区特征。其中，B 区和 A 区的氨基酸序列与人胰岛素、IGF-Ⅰ 和 IGF-Ⅱ 的对应部分相比，同源性非常一致，因此 ILP 具有脊椎动物 IGF 和胰岛素的双重特征（图 7-5）。我们对 ILP 进行研究后发现，它在文昌鱼肝盲囊特异性表达，特别是重组表达的 ILP 不像胰岛素那样具有调控血糖的功能，但是同 IGF-Ⅰ 一样，能够促进体外培养的鱼类细胞增殖（图 7-6）。可见，文昌鱼 ILP 在功能方面与 IGF 更为相似，因此我们将 ILP 重新命名为胰岛素样生长因子相关多肽（IGF-like peptide，IGFl）。我们把重组表达的大鼠 GH 加入文昌鱼肝盲囊组织培养中，可以诱导 IGFl 表达显著增加（图 7-7）。

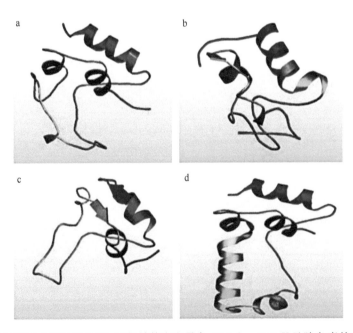

图 7-5　文昌鱼 IGFl（曾用名 ILP）三级结构和斑马鱼 IGF-Ⅰ、IGF-Ⅱ 及胰岛素的三级结构比较

a. 文昌鱼 IGFl 三级结构；b. 斑马鱼 IGF-Ⅰ 三级结构；c. 斑马鱼 IGF-Ⅱ 三级结构；d. 斑马鱼胰岛素三级结构

我们还证明，文昌鱼肝盲囊可能存在类似于脊椎动物的 GH 受体（图 7-8）。这些结果提示，文昌鱼 IGFl 表达可能和脊椎动物一样，受 GH 调控（Guo et al.，2009）。

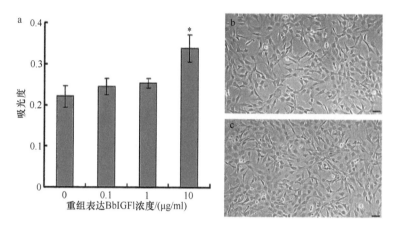

图 7-6　重组表达的文昌鱼 IGFl（BbIGFl）对培养的牙鲆鳃细胞生长的影响

a. 细胞在分别添加不同浓度重组表达的文昌鱼 IGFl（0μg/ml、0.1μg/ml、1μg/ml 和 10μg/ml）的无血清培养基中培养 48h 生长情况；b. 在未添加重组表达的文昌鱼 IGFl 的培养基中培养 48h 细胞的生长情况；c. 在添加 10μg/ml 重组表达的文昌鱼 IGFl 的培养基中培养 48h 细胞的生长情况。*表示统计学差异显著。标尺=100μm

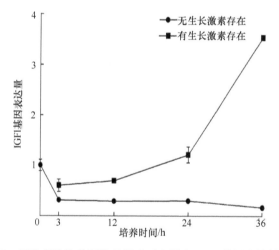

图 7-7　重组表达的异源生长激素对文昌鱼 IGFl 基因表达的影响

　　脊椎动物 IGF 和其受体结合后，诱导酪氨酸残基磷酸化，最终激活细胞内多条信号通路，包括促分裂原活化的蛋白激酶（mitogen activated protein kinase，MAPK）信号转导途径和磷脂酰肌醇 3-激酶-Akt[phosphatidylinositol 3-kinase-Akt，PI3K-Akt]信号转导途径。MAPK 和 PI3K-Akt 两者都可以诱发多种生物学过程，包括细胞分裂、分化、迁移和凋亡。在肌肉中，MAPK 通路促进肌肉卫星细胞（肌原细胞）分裂和存活，而 PI3K-Akt 通路则促进肌原细胞分化。我们把文昌鱼 *BbIGFl* 基因中和脊椎动物 IGF 成熟肽对应的区域进行体外重组表达，发现重组表达的文昌鱼成熟肽 BbIGF-MP 和脊椎动物 IGF-Ⅰ一样，可以和分离培养的小鼠肌肉细胞结合（图 7-9），也可以和分离的文昌鱼

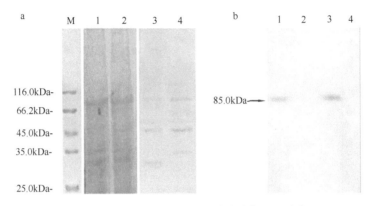

图 7-8　免疫印迹显示文昌鱼存在类似 GH 受体

a. SDS-凝胶电泳。M. 标准分子量；1. 用适合提取 GH 受体的 RIPA 缓冲液（含 1%聚乙二醇辛基苯基醚-100、50mmol/L 三羟甲基氨基甲烷、150mmol/L 氯化钠、0.1%十二烷基硫酸钠、1mmol/L 乙二胺四乙酸、0.25%脱氧胆酸钠和 1mmol/L 苯甲基磺酰氟）制备的文昌鱼肝盲囊抽提液；2. 用 50mmol/L 三羟甲基氨基甲烷盐酸加 50mmol/L 氯化钠缓冲液制备的文昌鱼肝盲囊抽提液；3. 用 RIPA 缓冲液制备的大鼠肝脏抽提液；4. 用 50mmol/L 三羟甲基氨基甲烷盐酸加 50mmol/L 氯化钠缓冲液制备的大鼠肝脏抽提液。b. 免疫印迹，可见用 RIPA 提取的文昌鱼肝盲囊和大鼠肝脏的提取液，显示明显的阳性信号。注释 1～4 同图 a

IGF 受体结合（图 7-10），并促进小鼠肌肉细胞增殖（图 7-11）。不仅如此，BbIGF-MP 与原代培养的不同时期的小鼠细胞孵育后，可以像重组人 IGF-I 一样，在不同程度上促进 MAPK 和 Akt 的磷酸化（图 7-12）。以上结果说明，文昌鱼 BbIGFl 不但和脊椎动物 IGF-I 功能相似，而且可以通过相同的信号通路发挥作用（Liu and Zhang，2011）。

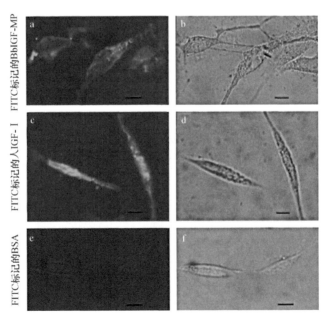

图 7-9　荧光素 FITC 标记的 BbIGF-MP 及 FITC 标记的人 IGF-I（阳性对照）与小鼠肌肉细胞（培养 3 天）的结合

FITC 标记的牛血清白蛋白（BSA）为阴性对照。a、c 和 e. 荧光下观察结果；b、d 和 f. 明视野观察结果。标尺=100μm

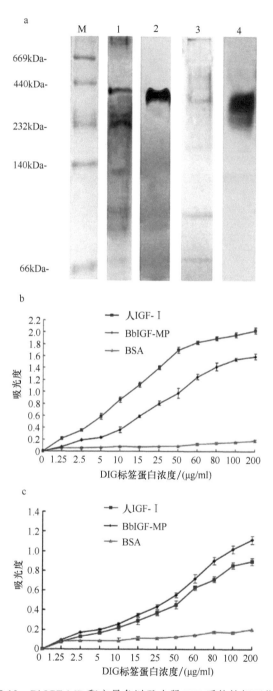

图 7-10 BbIGF-MP 和文昌鱼以及小鼠 IGF 受体的相互作用

a. 文昌鱼和小鼠肌肉 IGF 受体粗提液电泳与免疫印迹。M. 标准蛋白；1. 小鼠肌肉粗提液电泳分离；2. 小鼠肌肉粗提液免疫印迹；3. 文昌鱼肌肉粗提液电泳分离；4. 文昌鱼肌肉粗提液免疫印迹。b. BbIGF-MP 和人 IGF-Ⅰ分别与小鼠肌肉 IGF 受体粗提液的结合。牛血清白蛋白（BSA）为阴性对照。c. BbIGF-MP 和人 IGF-Ⅰ分别与文昌鱼肌肉 IGF 受体粗提液的结合。BSA 为阴性对照

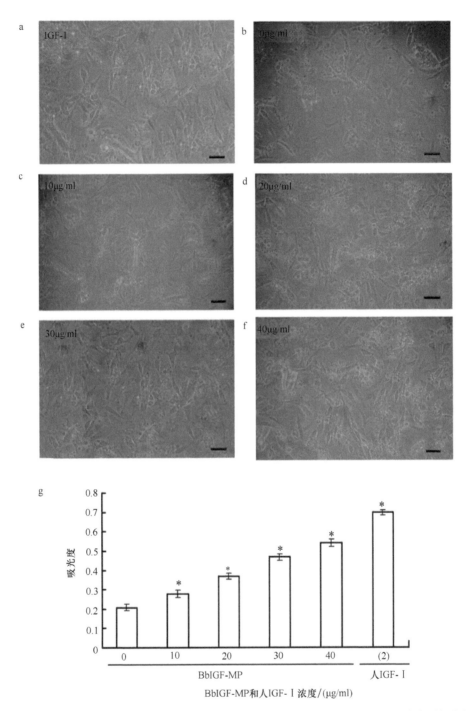

图 7-11　新生小鼠腿部分离的肌肉细胞，贴壁生长 36h 后，添加人 IGF-Ⅰ和不同浓度重组表达的 BbIGF-MP，培养 24h 的生长情况

a. 添加 2μg/ml 人 IGF-Ⅰ；b. 未添加文昌鱼 BbIGF-MP；c. 添加 10μg/ml 文昌鱼 BbIGF-MP；d. 添加 20μg/ml 文昌鱼 BbIGF-MP；e. 添加 30μg/ml 文昌鱼 BbIGF-MP；f. 添加 40μg/ml 文昌鱼 BbIGF-MP；g. 细胞生长情况统计。*表示统计学差异显著。标尺=20μm

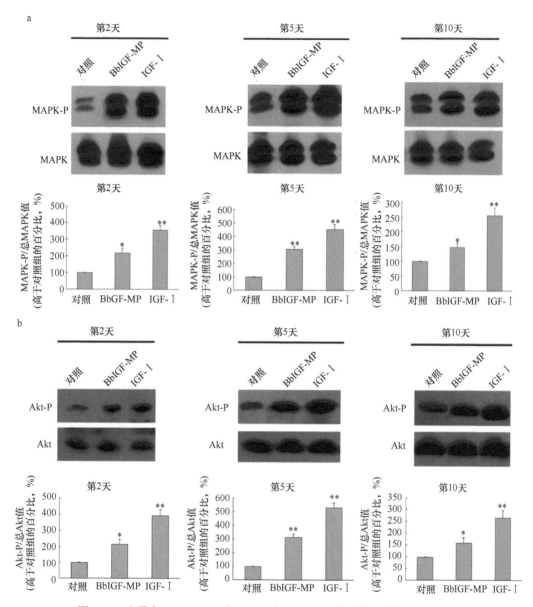

图 7-12　文昌鱼 BbIGF-MP 对 MAPK 和 PI3K-Akt 信号转导途径的激活作用

a. BbIGF-MP 对培养 2 天、5 天和 10 天小鼠肌肉细胞 MAPK 的磷酸化（MAPK-P）作用及密度分析；b. BbIGF-MP 对培养 2 天、5 天和 10 天小鼠肌肉细胞 Akt 的磷酸化（Akt-P）作用及密度分析。IGF-Ⅰ是人的 IGF-Ⅰ。*表示统计学差异显著；**表示统计学差异极显著

　　脊椎动物 IGF-Ⅰ与Ⅰ型 IGFR 结合后才能发挥作用。相应地，在文昌鱼中也发现了一个结构与Ⅰ型 IGFR 和胰岛素受体都十分相似的 ILP 受体（ILP receptor，ILPR）。从欧洲文昌鱼中克隆到的 ILPR cDNA 长 4089bp，编码一个由 1363 个氨基酸残基组成的蛋白质，结构上包括由 29 个氨基酸残基构成的信号肽、687 个氨基酸残基构成的 α 亚基及 643 个氨基酸残基构成的 β 亚基（Pashmforoush et al.，1996）。存在于 β 亚基的第 998～1272 个氨基酸残基为酪氨酸激酶作用区域。文昌鱼 ILPR 与人胰岛素受体和 IGF-Ⅰ受体

氨基酸序列同源性分别为 48.6%和 47.3%。功能研究显示，哺乳动物的 IGF-Ⅰ和胰岛素以及截短表达的文昌鱼 ILP 都能与 ILPR 相互作用，显示文昌鱼 ILPR 可能是脊椎动物胰岛素受体和 IGFR 的祖先，它随着脊椎动物的演化而分化出胰岛素受体和 IGFR。

在文昌鱼中还发现了一个 IGFBP（Zhou et al.，2013）。文昌鱼 IGFBP 具有脊椎动物 IGFBP 所有的主要结构特征，但不具有与哺乳动物 IGF 结合的能力。如果把文昌鱼 IGFBP 第 70 位苯丙氨酸（Phe70）突变为亮氨酸（Leu），则可获得 IGF 结合能力。有意思的是，文昌鱼 IGFBP 能够定位在细胞核中，并且具有转录激活功能。据此推测，IGFBP 的原始功能可能是转录因子，IGF 结合能力是后来在脊椎动物演化过程中获得的。

GH 主要通过 IGF-Ⅰ介导发挥作用。上面，我们证明用异源 GH 可以诱导文昌鱼肝盲囊 igfl 基因表达，提示文昌鱼存在与脊椎动物 GH-IGF 相似的信号系统，但要证实这一点，还需要用文昌鱼自身 GH 来验证。我们使用重组表达的文昌鱼类似 GH 多肽（GHl）处理斑马鱼肝脏，结果显示，斑马鱼肝脏中 igf-i 的表达量明显上升，而且表达量随着 GHl 浓度的升高而升高（Li et al.，2014）。同样，重组表达的文昌鱼 GHl 也可以诱导肝盲囊 igfl 基因表达（Li et al.，2017）。体内实验也证明，向斑马鱼体内注射重组表达的文昌鱼 GHl 或重组表达的斑马鱼 GH 后，igf-i 和卵黄原蛋白基因 vg 在肝脏中的表达都有所提高。这些结果证明，文昌鱼 GHl 像 GH 一样，能够诱导肝脏特异性基因 igf-i 和 vg 的表达。

GH 需要与 GHR 结合发挥作用。我们从青岛文昌鱼中克隆到一条 cDNA（GenBank 登录号：KJ735509），其长度为 851bp，包括 675bp 编码区和 176bp 3′UTR 部分，编码一个由 224 个氨基酸残基组成的蛋白质，其氨基酸序列与脊椎动物 GHR 的胞外结构域，即 GH 结合区域具有 24.9%～29%的一致性，与催乳素受体（PRLR）的胞外结构域具有 30.9%～35.4%的一致性。因此，我们将其命名为生长激素/催乳素受体基因 gh/prllbp。实时定量 PCR 检测表明，gh/prllbp 在文昌鱼各组织都有表达，但在鳃和肝盲囊中表达量相对较高。有趣的是，在脊椎动物中，ghr 主要表达于肝脏，prlr 在鳃中大量表达。这说明，gh/prllbp 与脊椎动物 ghr 和 prlr 两者的表达模式相似。酶联免疫吸附测定试验表明，重组表达的文昌鱼 GH/PRLlBP，可以和文昌鱼 GHl 及斑马鱼 GH 结合。在脊椎动物中，由 GHR 胞外区所构成的 GHBP 能够调节 GH 的功能。我们发现，将重组表达的文昌鱼 GHl 或重组表达的斑马鱼 GH 与文昌鱼 GH/PRLlBP 孵育后，再注射到斑马鱼体内，斑马鱼肝脏中 igf-i 的表达量显著降低（图 7-13）。这说明文昌鱼 GH/PRLlBP 可以调控 GH 和 GHl 的功能。

脊椎动物 GH 具有多种功能，其中对其促生长和渗透压调节功能的研究最为深入和广泛。我们发现文昌鱼 GHl 除具有促进生长的功能外，还具有与脊椎动物 GH 相似的渗透压调节功能（Li et al.，2017）。重组表达的文昌鱼 GHl 不但能够提高其在高盐环境下的存活率和肌肉含水量（图 7-14），而且能够诱导鳃中钠钾 ATP 酶基因 nka 和 Na^+-K^+-2Cl^-协同转运蛋白基因 nkcc 的表达，以及 igfl 在肝盲囊中的表达（图 7-15）。这些结果都说明，文昌鱼 GHl 也是通过与 GH 相似的途径来行使功能的，即通过激活离子转运蛋白，促进文昌鱼的渗透调节，防止体内水分的流失。

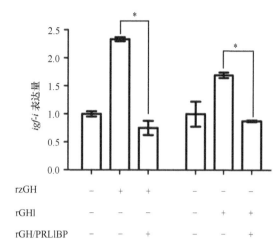

图 7-13 重组表达的文昌鱼 GH/PRLlBP 对 GHl 和 GH 诱导的 *igf-i* 表达的调控作用

rGHl，重组表达的文昌鱼 GHl；rzGH，重组表达的斑马鱼 GH；+，添加；−，未添加。*，统计学有显著差异

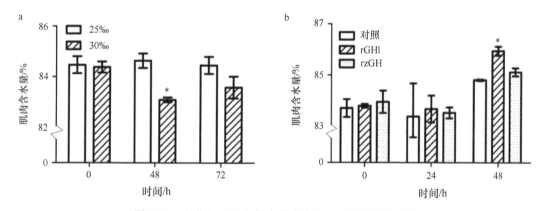

图 7-14 文昌鱼 GHl 能提高其在高盐环境下肌肉含水量

a. 文昌鱼由 25‰ 转移到 30‰ 盐度下肌肉含水量变化。盐度升高在短时间内会降低文昌鱼肌肉含水量。b. 注射生理盐水（对照）、重组表达的文昌鱼 GHl（rGHl）或重组表达的斑马鱼 GH（rzGH）后，文昌鱼肌肉的含水量变化。GHl 能够提高文昌鱼肌肉的含水量。*，差异显著

目前，GHl 是在文昌鱼中发现的唯一一个兼具促生长（类似于脊椎动物 GH）和调节渗透压（类似于鱼类 PRL）功能的垂体激素。因此，我们推测，脊椎动物 GH 家族即 GH 和 PRL 可能由类似于文昌鱼 GHl 基因的祖先基因发育而来（Li et al.，2014）。祖先基因复制形成 2 个基因，再经突变、修饰和功能演变，形成现生脊椎动物的 GH 和 PRL 基因。

综上所述，从组织学上可以确定文昌鱼哈氏窝是脊椎动物脑垂体的前体，肝盲囊是肝脏的前体。从分子水平上可以确定文昌鱼中不但存在类似于脊椎动物 GH-GHR 的分子组合 GHl-GH/PRLlBP，而且存在类似于脊椎动物的 IGFl-IGFR 分子组合。尤为重要的是，文昌鱼 GHl 可以通过与 GH/PRLlBP 结合，调节肝脏 IGF 及肝盲囊 IGFl 的表达。因此，文昌鱼中存在着类似于脊椎动物的 GH-IGF 信号系统，或者说文昌鱼中存在类似于脊椎动物的垂体-肝脏轴（图 7-16），即哈氏窝-肝盲囊轴。

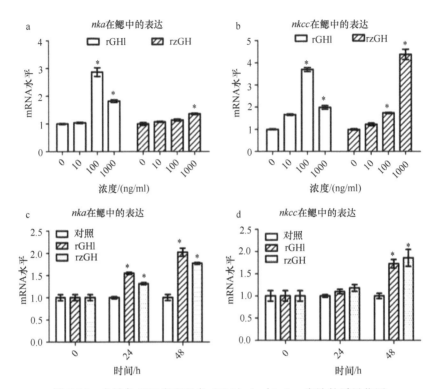

图 7-15　文昌鱼 GHl 和斑马鱼 GH 对 *nka* 与 *nkcc* 表达的诱导作用

a. 重组表达的 GHl 和 GH 对文昌鱼鳃中 *nka* 表达的影响；b. 重组表达的 GHl 和 GH 对文昌鱼鳃中 *nkcc* 表达的影响；c. 注射生理盐水（对照）、重组表达的 GHl 或 GH 后，对文昌鱼鳃中 *nka* 表达的影响；d. 注射生理盐水（对照）、重组表达的 GHl 或 GH 后，对文昌鱼鳃中 *nkcc* 表达的影响。*，示差异显著。rGHl. 重组表达的文昌鱼 GHl；rzGH. 重组表达的斑马鱼 GH

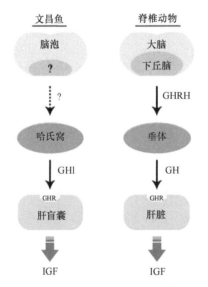

图 7-16　文昌鱼存在类似于脊椎动物的垂体-肝脏轴，即哈氏窝-肝盲囊轴

GHRH. 生长激素释放激素；GHl. 类生长激素；GH. 生长激素；GHR. 生长激素受体；IGF. 胰岛素样生长因子。虚线和问号表示尚待实验证明

参 考 文 献

黄永材, 黄溢明. 1984. 比较生理学. 北京: 高等教育出版社.

Argetsinger L S, Carter-Su C. 1996. Mechanism of signaling by growth hormone receptor. Physiol Rev, 76: 1089-1107.

Baulieu E E, Kelly P A. 1990. Hormones From Molecules to Disease. Paris: Hermann Publishers in Arts and Science: 191-219.

Bichell D P, Kikuchi K, Rotwein P. 1992. Growth hormone rapidly activates insulin-like growth factor I gene transcription *in vivo*. Mol Endocrinol, 6: 1899-1908.

Boulay J, O'Shea J, Paul W. 2003. Molecular phylogeny within type I cytokines and their cognate receptors. Immunity, 19: 159-163.

Butler A A, Roith D L. 2001. Control of growth by the somatropic axis: growth hormone and the insulin-like growth factors have related and independent roles. Ann Rev Physiol, 63: 141-164.

Chan S J, Cao Q P, Steiner D F. 1990. Evolution of the insulin superfamily: cloning of a hybrid insulin/insulin-like growth factor cDNA from amphioxus. Proc Natl Acad Sci USA, 87: 9319-9323.

Clairmont K B, Czech M P. 1989. Chicken and *Xenopus* mannose 6-phosphate receptors fail to bind insulin-like growth factor II. J Biol Chem, 264: 16390-16392.

Clark R G, Mortensen D L, Carlsson L M, et al. 1996. Recombinant human growth hormone (GH)-binding protein enhances the growth-promoting activity of human GH in the rat. Endocrinol, 137: 4308-4315.

Duan C, Xu Q. 2005. Roles of insulin-like growth factor (IGF) binding proteins in regulating IGF actions. Gen Comp Endocrinol, 142: 44-52.

Ellens E R, Kittilson J D, Hall J A, et al. 2013. Evolutionary origin and divergence of the growth hormone receptor family: insight from studies on sea lamprey. Gen Comp Endocrinol, 192: 222-236.

Guo B, Zhang S, Wang S, et al. 2009. Expression, mitogenic activity and regulation by insulin-like growth factor in *Branchiostoma belcheri*. Cell Tissue Res, 338: 67-77.

Higgs D A, Donaldson E M, Dye H M, et al. 1976. Influence of bovine growth hormone and L-thyroxine on growth, muscle composition, and histological structure of the gonads, thyroid, pancreas, and pituitary of coho salmon (*Oncorhynchus kisutch*). J Fish Board Canada, 33: 1585-1603.

Humbel R E. 1990. Insulin-like growth factors I and II. Eur J Biochem, 190: 445-462.

Jones J I, Clemmons D R. 1995. Insulin-like growth factors and their binding proteins: biological actions. Endocrine Rev, 16: 3-34.

Kawauchi H, Suzuki K, Yamazaki T, et al. 2002. Identification of growth hormone in the sea lamprey, an extant representative of a group of the most ancient vertebrates. Endocrinol, 143: 4916-4921.

Kopchick J J. 2003. History and future of growth hormone research. Horm Res, 60(Suppl. 3): 103-112.

Leong S R, Baxter R C, Camerato T, et al. 1992. Structure and functional expression of the acid-labile subunit of the insulin-like growth factor-binding protein complex. Mol Endocrinol, 6: 870-876.

Leung D W, Spencer S A, Cachianes G, et al. 1987. Growth hormone receptor and serum binding protein: purification, cloning and expression. Nature, 330: 537-543.

Li M, Gao Z, Ji D, et al. 2014. Functional characterization of GH-like homolog in amphioxus reveals an ancient origin of GH/GH receptor system. Endocrinol, 155: 4818-4830.

Li M, Jiang C, Zhang Y, et al. 2017. Activities of amphioxus GH-like protein in osmoregulation: insight into origin of vertebrate GH family. Inter J Endocrinol, (4): 1-13.

Liu M, Zhang S. 2011. Amphioxus IGF-like peptide induces mouse muscle cell development via binding to IGF receptors and activating MAPK and PI3K/Akt signaling pathways. Mol Cell Endocrinol, 343: 45-54.

Pashmforoush M, Chan S J, Steiner D F. 1996. Structure and expression of the insulin-like peptide receptor from amphioxus. Mol Endocrinol, 10: 857-866.

Sakamoto T, Shepherd B S, Maden S S, et al. 1997. Osmoregulatory actions of growth hormone and prolactin in an advanced teleost. Gen Comp Endocrinol, 106: 95-101.

Wallis M. 1992. The expanding growth hormone/prolactin family. J Mol Endocrinol, 9: 185-188.

Zhou J, Xiang J, Zhang S, et al. 2013. Structural and functional analysis of the amphioxus *IGFBP* gene uncovers ancient origin of IGF-independent functions. Endocrinology, 154: 3753-3763.

第八章

垂体 - 甲状腺轴

　　垂体由腺垂体和神经垂体两部分组成。腺垂体在下丘脑促甲状腺激素释放激素（thyrotropin-releasing hormone，TRH）刺激下合成和分泌促甲状腺素（thyroid stimulating hormone，TSH），通过血液循环到达甲状腺，与甲状腺滤泡细胞上的促甲状腺素受体（thyroid stimulating hormone receptor，TSHR）结合，调节甲状腺素（thyroid hormone，TH）T_3 和 T_4 的合成与释放（图 8-1）。T_3 和 T_4 通过血液循环，到达靶器官，进入细胞内，与细胞核内甲状腺素受体（thyroid hormone receptor，TR）结合，调节下游靶基因转录及蛋白质合成，促进机体的生长、发育和代谢等。另外，腺垂体分泌的 TSH 又受到甲状腺素反馈的抑制性影响。这一由 TSH、TSHR 及 TH 和 TR 组成的信号系统，在分子水平上称为 TSH-TH 信号通路，在组织水平上称为垂体-甲状腺轴。我们发现，在文昌鱼中也存在类似于脊椎动物的 TSH-TH 信号通路，即哈氏窝-内柱轴。

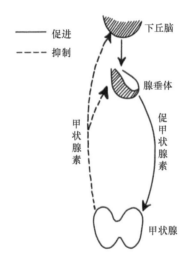

图 8-1　甲状腺活动调节机制示意图

第一节　促甲状腺素及其受体

　　促甲状腺素（TSH）及其受体（TSHR）是甲状腺功能调控的关键分子。TSH 的生理功能包括促进碘吸收和碘有机化、碘甲状腺原氨酸的产生和释放及甲状腺生长。它也可以保护甲状腺细胞免于凋亡，在个体发育过程中发挥重要作用。例如，TSHα亚基缺失（因此缺乏 TSH）的小鼠，甲状腺发育止于妊娠后期（Kendall et al.，1995）。

　　TSH 的研究始于 1927 年，Uhlenhuth 首先发现腺垂体分泌促甲状腺素。他把牛脑垂体提取液注射到蝾螈体内，发现其对甲状腺组织产生明显的刺激作用。稍后于 1929 年，Leo Loeb 用豚鼠证实了 Uhlenhuth 的结果（Szkudlinski et al.，2002）。这些早期发现，导致了 20 世纪 60 年代对 TSH 的分离、纯化，以及 70 年代对 TSH 一级结构和亚基的鉴定（Magner，1990）。到 20 世纪 80 年代，人 TSHα和 TSHβ亚基基因克隆的成功是 TSH 表达、调控和活性研究史上的重要里程碑（Fiddes and Talmadge，1984；Gurr et al.，1983）。另一个重要突破是，1994 年，阐明了与 TSH 密切相关的人绒毛膜促性腺激素（human chorionic gonadotropin，HCG）的晶体结构，表明包括 TSH 在内的糖蛋白激素都是含有半胱氨酸结（cysteine knot）基序的生长因子超家族成员（Lapthorn et al.，1994；Wu et al.，1994）。

　　TSH 是腺垂体嗜碱性细胞合成和分泌的分子量为 28～30kDa 的糖蛋白，是糖蛋白激素家族的一个成员。除了 TSH，糖蛋白激素家族还包括卵泡刺激素（FSH）、黄体生成素（LH）和绒毛膜促性腺激素（chorionic gonadotropin，CG）。糖蛋白激素虽然功能各异，但都是由 α 亚基和 β 亚基非共价组成的异源二聚体，每个亚基都是一条单链多肽，且能共价结合数个寡糖基团。其中，α亚基序列高度保守，而 β 亚基序列差异显著，并决定激素的功能特异性。人 TSH 活性主要由β亚基的羧基端决定，氨基端对 TSH 活性贡献不大，因为把氨基端约 113 个氨基酸去掉，并不影响其活性（Szkudlinski et al.，2002）。

　　TSH 作用的正常发挥需要其α亚基和β亚基的非共价组合。游离的 TSHβ亚基及 LHβ亚基在细胞内会降解，只有不足 10%可以分泌到细胞外。因此，共表达 TSHα亚基可以阻止 TSHβ亚基在细胞内的降解。TSH 有些序列在不同物种间高度保守，因此这些序列即使发生微小改变，也可能降低其表达，并影响其与受体的互作。以人 TSH 为例，特别重要的序列包括：α亚基位于 33～38 位、40～46 位和 88～92 位的氨基酸残基及β亚基位于 31～52 位和 88～105 位的氨基酸残基（Moriwaki et al.，1997）。其中，β亚基位于 88～105 位的氨基酸残基可以限制配体-受体互作，是激素特异性作用不可或缺的序列，同时也是维持 TSH 异源二聚体表达和稳定不可缺少的序列。

　　TSH、LH 和 FSH 的相应受体 TSHR、LHR 和 FSHR 都是 7 次跨膜的 G 蛋白偶联受体超家族相关成员。TSHR 对于生长、发育和甲状腺行使功能至关重要。相对于许多其他 G 蛋白偶联受体来说，TSHR 和其他糖蛋白受体只有 300～400 个氨基酸长度的胞外结构域，约占 TSHR 大小的一半，其中至少具有 18 个高度保守的半胱氨酸，这些半胱氨酸形成的胞外三级结构，在维持 TSHR 构象及其与配体结合过程中起重要作用（Szkudlinski et al.，2002）。蛋白质互作实验表明，分离的 TSHR 胞外结构域及 LHR 胞外结构域，都与激素具有高亲和结合能力。

　　TSH 通过和 G 蛋白偶联的 TSHR 相互作用，调控甲状腺功能（Szkudlinski et al.，2002）。TSH 与甲状腺细胞上的 TSHR 结合后，激活下游一系列信号通路［如激活 cAMP、IP_3 和二酰甘油（DAG）等］，进而导致甲状腺中相关基因如甲状腺球蛋白和甲状腺过氧化物酶基因等的表达（图 8-2）。

　　TSHR 基因除了在甲状腺细胞表达，也在一些非甲状腺细胞如淋巴细胞、脂肪细胞、纤维细胞、神经元细胞和星形细胞表达，特别是在淋巴细胞中表达已经得到普遍验证。TSHR 基因在淋巴细胞表达，说明 TSH 可能存在旁分泌或者自分泌调节。有报道认为，肠道细胞产生的 TSH 可以通过与 TSHR 互作，调节肠黏膜上皮细胞内淋巴细胞及肠道细胞的功能。有趣的是，TSHR 自然突变小鼠的胃肠道免疫功能存在明显缺陷。对 TSHR 基因敲除小鼠的研究则表明，TSH 可以对成骨细胞和破骨细胞的形成产生负调控。另外，TSH 的脂肪分解作用被认为与脂肪细胞 TSHR 水平太低相关。需要指出的是，以上结果尚不能说明这些组织存在着功能性的 TSHR，还需深入研究。

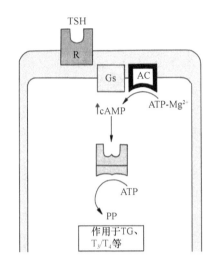

图 8-2   甲状腺细胞内 TSH 的作用机制（Baulieu and Kelly，1990）

R. 受体；Gs. 腺苷酸环化酶刺激型 G 蛋白；AC. 腺苷酸环化酶；TG. 甲状腺球蛋白

　　TSHR 在非哺乳类脊椎动物中也已有报道。从鲑鱼甲状腺中已经克隆得到 2 个 TSHR 的 cDNA，它们和哺乳类 TSHR 具有很高的同源性。经鲑鱼 2 个 TSHR 的 cDNA 转染的 COS-7 细胞，在有牛 TSH 存在时，cAMP 大幅增加，说明所克隆的鲑鱼 cDNA 编码功能性的 TSHR。PCR 检测表明，鲑鱼 2 个 TSHR 基因都在鳃基部区域表达，而原位杂交则进一步明确它们都在甲状腺滤泡上皮细胞表达。鲈鱼 TSHR 的 cDNA，也已经从生殖腺中被克隆出来，它编码一个 779 个氨基酸组成的糖蛋白受体，含有一个 TSHR 特异性插入片段（Kumar et al.，2000）。鲈鱼 TSHR 与哺乳类 TSHR 的同源性为 57%～59%，远高于它与鱼类促性腺激素受体的同源性。功能分析表明，COS-1 细胞中重组表达的鲈鱼 TSHR 在牛 TSH、鲈鱼 LH 或者人 CG 存在时，都可以激活 cAMP 应答元件（cAMP response element，CRE）驱动的荧光素酶报告基因，显示其结合特性与哺乳类 TSHR 十分相似。在哺乳类，TSHR 已经被证明能和人 CG、LH 结合。PCR 检测表明，鲈鱼 TSHR 基因在甲状腺和生殖腺表达最丰富，在肌肉中也有少量表达，而原位杂交则显示，鲈鱼 TSHR 基因在配子中表达，在甲状腺滤泡上皮细胞中检测不到表达，这或许与原位杂交不及 PCR 敏感有关。但不论如何，TSHR 基因在鲈鱼生殖细胞中的表达说明它对鲈鱼的配子发生可能具有一定的直接影响（Kumar et al.，2000；Kumar and Trant，2001）。

第二节   甲状腺素及其受体

　　甲状腺素（TH）有多种功能，包括参与能量代谢、调节温度和生长发育。甲状腺素在两栖类和许多鱼类的变态中发挥关键作用，因而是控制生活史的重要激素。人的甲状腺素过高（甲状腺功能亢进症）或过低（甲状腺功能减退）可以导致多种疾病，如发育迟缓、心动过速和心境障碍。甲状腺素完全缺乏则是致命的。

甲状腺素包括 2 种分子：甲状腺合成的天然激素四碘甲状腺激素（T_4）和活性激素甲状腺激素（T_3）。前者占甲状腺合成激素的约 80%，但后者与受体结合的活性大约是前者的 10 倍。T_4 在脱碘酶的作用下，可以转变成高活性 T_3。脱碘酶有 3 种：脱碘酶 I（deiodinase type I，Dio1）、脱碘酶 II（Dio2）和脱碘酶 III（Dio3）。其中，脱碘酶 II 催化外环脱碘，将靶器官内 T_4 转换成 T_3，它也可以把 T_3 转变成甲状腺素衍生物 3,5-T_2（其生物学作用尚存争议）；脱碘酶 III 催化内环脱碘，能把 T_4 转换成无活性的反式 T_3（reverse T_3，rT_3），把 T_3 转变成无活性的 3-3′-T_2；脱碘酶 I 具备脱碘酶 II 和脱碘酶 III 两者的功能，但催化活性低于脱碘酶 II 和脱碘酶 III（图 8-3）。

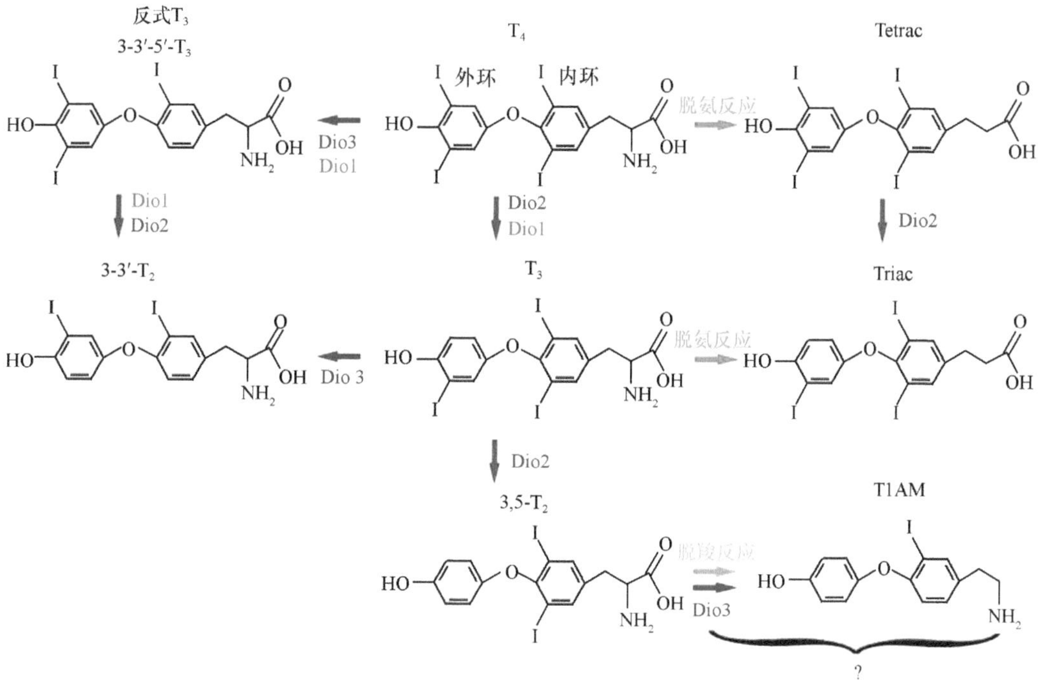

图 8-3　经典的甲状腺素衍生物（Holzer et al.，2017）

内环和外环如 T_4 上所注。红色箭号示 Dio2 催化的外环脱碘作用。蓝色箭号示 Dio3 催化的内环脱碘作用。绿色箭号示脱氨反应。橙色箭号示脱羧反应。T1AM 下面问号示其合成可能来自甲状腺素，但仍不确定。Tetrac. 四碘甲腺乙酸；Triac. 三碘甲腺乙酸；T1AM. 碘化甲腺胺

TH 通过与特异性的甲状腺素受体（TR）结合来发挥作用。TR 属于细胞核受体超家族成员。TR 是配体依赖性转录因子，可以和 DNA 结合。单独 TR 无法与 DNA 结合，而是和另一个核受体 RXR 结合形成异源二聚体 TR/RXR，再和 DNA 结合，调节基因表达。传统观点认为，TR 在缺少配体 TH 时抑制靶基因表达，而在配体 TH 存在时，激活靶基因表达。然而，有些基因在 TH 存在的情况下，不仅表达下降，而且结合有配体的 TR 可抑制其表达。这说明 TR 的转录调控作用比传统认知复杂得多。脊椎动物具有两个 TR：TRα 和 TRβ，这在脊椎动物演化过程中由基因组复制所产生。鱼类由于基因组经历第 3 轮复制，其 TRα 基因进一步演化成 TRα-A 和 TRα-B。

TH 信号系统并非只有脊椎动物才有。在原索动物甚至两侧对称动物中，就已出现

TH 信号系统。在文昌鱼中，已有实验表明，T_3 的脱氨基衍生物三碘甲腺乙酸（3,3',5-triiodo-thyroacetic acid，Triac）可能是 TR 的真正配体（Paris et al.，2010）。不过，有关其他无脊椎动物是如何从食物中摄取碘产生 TH 的及其 TH 的功能，都还缺乏研究（Holzer et al.，2017）。

第三节　文昌鱼 TSH-TH 信号通路

上述由 TSH、TSHR、TH 和 TR 所组成的 TSH-TH 通信通路或垂体-甲状腺轴，存在于包括无颌类七鳃鳗在内的所有现生脊椎动物中。迄今为止，尚没有关于无脊椎动物具有垂体-甲状腺轴的任何报道（Taylor and Heyland，2017）。然而，早就有观点认为，文昌鱼的哈氏窝和内柱分别是脊椎动物脑垂体和甲状腺的同源器官，提示其存在垂体-甲状腺轴的可能性。

垂体是脊椎动物特有的重要内分泌器官，能分泌包括 TSH 在内的多种激素。早在 19 世纪末，就发现文昌鱼轮器上的哈氏窝位于脑泡腹侧，来源于外胚层，推测其与脊椎动物腺垂体具有同源性。到 20 世纪 70～80 年代，又发现文昌鱼的哈氏窝包含具有分泌功能的上皮细胞，能分泌促性腺激素和神经肽等激素。这些结果有力地证明了文昌鱼哈氏窝与脊椎动物腺垂体的同源性。不仅如此，文昌鱼还具有脊椎动物甲状腺的同源器官——内柱。文昌鱼内柱为咽基部消化道的一条纵沟，它和七鳃鳗内柱一样，也由内胚层发育而来。电子显微镜观察发现，文昌鱼内柱含有一些腺细胞。免疫组化研究表明，文昌鱼内柱含有甲状腺过氧化物酶和脱碘酶活性，并具有积累和浓缩碘的能力（Barrington，1958，1965；Thomas，1956）。将同位素碘注入文昌鱼体内，结果碘全部集中在内柱细胞的一定部位。还在内柱中检测到激素 T_3 和 T_4（Fredriksson et al.，1984；Monaco et al.，1981）。另外，将文昌鱼咽部植入美西螈体内，可以诱导其变态，而植入文昌鱼尾部则没有作用（Sembrat，1956）。基因表达模式也显示，在脊椎动物甲状腺特异性表达的基因如 *TPO* 和 *TIF-1* 都在文昌鱼内柱表达。这些都为内柱和甲状腺的同源性提供了证据。

由上述可见，文昌鱼在组织学上存在与脊椎动物垂体-甲状腺轴类似的哈氏窝-内柱轴。近年来，分子生物学研究结果也证明了文昌鱼具有脊椎动物样的 TSH-TH 信号系统。

Paris 等（2008）从文昌鱼基因组中鉴定到 TR 和 TSHR 基因。我们已成功把 TR 基因从青岛文昌鱼中克隆了出来（Wang et al.，2009）。文昌鱼 TR 基因编码一个由 430 个氨基酸组成的蛋白质。PCR 检测表明，文昌鱼 TR 基因在包括肝盲囊在内的各种组织表达。原位杂交显示，TR 基因在内柱的表达主要集中在碘结合区 5 区和 6 区。用 T_3、T_4 或 Triac 处理体外培养的文昌鱼肝盲囊细胞，都能诱导 TH 的靶基因 *C/EBP* 的表达。浸泡于含 T_3、T_4 或 Triac 的海水中的文昌鱼，*C/EBP* 基因表达量也显著提高。有趣的是，在 T_3、T_4 或 Triac 中，T_4 的诱导作用相对较弱，而且其诱导作用可以被脱碘抑制剂碘番酸（iodopanoic acid）抑制。相比之下，碘番酸不能抑制 T_3 或 Triac 的诱导作用。不仅如此，我们还发现重组表达的 TR 能与 T_3 或 Triac 结合，但不能与 T_4 结合。因此，我们推测，用 T_4 处理文昌鱼时，它需要转变成 T_3 才能发挥作用。这些结果提示，文昌鱼中可能存在类似于脊椎动物的经典 TH 信号途径。

鉴于 TSHR 存在于文昌鱼基因组中，我们试图从文昌鱼基因组中寻找其配体 TSH 基因。但是，通过各种生物信息学方法，始终没有找到 TSH 基因。虽然如此，但我们还是从文昌鱼基因组中发现了 Hsu 等（2002）报道的一种新的糖蛋白类激素 thyrostimulin（Trs）。Trs 对 TSHR 的亲和性比 TSH 更高，并对甲状腺产生刺激作用，我们称之为甲状腺刺激素，以区别于促甲状腺素。如同糖蛋白激素 CG、LH、FSH 和 TSH 都是由 α 亚基和 β 亚基非共价组成的异源二聚体一样，甲状腺刺激素 Trs 也由 α 亚基和 β 亚基构成。Trs 的特异性 α 亚基和 β 亚基分别是 GpA2 和 GpB5。

Trs 已在多种脊椎动物中得到鉴定。我们分别从青岛文昌鱼中克隆出 GpA2、GpB5 和 TSHR 基因，即 *Bjgpa2*、*Bjgpb5* 和 *Bjtshr*（Wang et al., 2018）。*Bjgpa2* 编码一个由 126 个氨基酸组成的多肽，其氨基端具有人 TSHα 特有的信号肽，羧基端具有人 TSHα 特有的糖蛋白激素 α 亚基结构域。*Bjgpb5* 编码一个由 128 个氨基酸组成的多肽，其氨基端具有人 TSHβ 特有的信号肽，羧基端具有人 TSHβ 特有的糖蛋白激素 β 亚基结构域。*Bjtshr* 编码一个由 735 个氨基酸组成的蛋白质，其氨基端具有人 TSHR 特有的信号肽和富含亮氨酸重复序列，羧基端具有人 TSHR 特有的 7 个跨膜结构域。三维结构（three-dimensional structure，3D 结构）预测显示，文昌鱼 GpA2（BjGpA2）、文昌鱼 GpB5（BjGpB5）和文昌鱼 TSHR（BjTSHR）的 3D 结构都与人 TSHα、TSHβ 和 TSHR 的 3D 结构相似。系统演化分析表明，BjGpA2、BjGpB5 和 BjTSHR 分别位于脊椎动物 TSHα、TSHβ 和 TSHR 的演化树基部。所有这些表明，BjGpA2、BjGpB5 和 BjTSHR 可能分别代表脊椎动物 TSHα、TSHβ 和 TSHR 的祖先类型（图 8-4）。

基因结构分析表明，*Bjgpb5* 基因包括 3 个外显子，这与大鼠 *TSHβ* 基因具有 3 个外显子相同。特别有意思的是，*Bjgpb5* 和大鼠 *TSHβ* 基因上游都具有垂体转录因子结合位点，如 MED-1、POU1F1、PROP1、Pitx2 和 GATA2 等。已知 TH 可以通过负反应调控元件（negative TH response element，nTRE）对 *TSHβ* 基因转录产生负调节。在大鼠 *TSHβ* 基因中，第 1 个外显子后面有由 17 个碱基组成的 DNA 片段（CGCCAGTGCAAAGTAAG），就是一个 nTRE（图 8-4）。与此相似，文昌鱼 *Bjgpb5* 基因第 1 个内含子前面也含有一个由 17 个碱基构成的 nTRE（CTGGATTGTAAAGTAAG）。这不但再次证明 BjGpB5 和脊椎动物 TSHβ 的等同性，而且表明 *Bjgpb5* 的转录调控也可能和 *TSHβ* 基因相似。

定量 PCR 分析表明，*Bjgpa2* 主要在后肠、肝盲囊和卵巢表达，在哈氏窝、鳃、肌肉、脊索、精巢也有少量表达，而 *Bjgpb5* 主要后肠、肝盲囊、哈氏窝、鳃和卵巢表达，在精巢、肌肉和脊索也有少量表达（图 8-5）。原位杂交表明，*Bjgpa2* 和 *Bjgpb5* 在脑泡、哈氏窝、内柱、鳃、肝盲囊、后肠、卵巢和精巢都有阳性信号（图 8-6），基本与定量 PCR 分析结果一致。*Bjgpa2* 和 *Bjgpb5* 都在哈氏窝表达。这一点很重要，因为这为两者之间形成异源二聚体提供了基础和可能性。BjGpA2 和 BjGpB5 要正常发挥作用，必须形成异源二聚体。

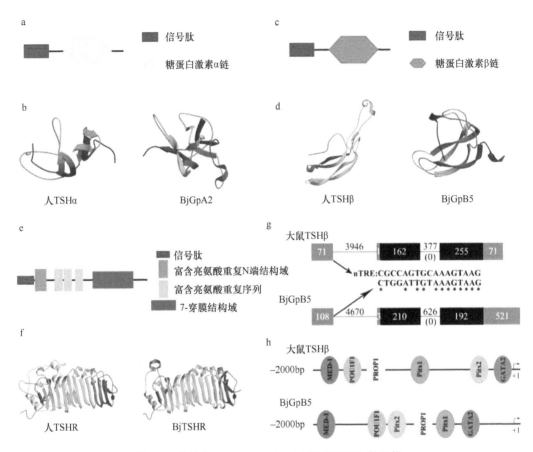

图 8-4　文昌鱼 BjGpA2、BjGpB5 和 BjTSHR 的结构

a. 糖蛋白激素α链结构域示意图。b. 人 TSHα 和 BjGpA2 三级结构。c. 糖蛋白激素β链结构域示意图。d. 人 TSHβ 和 BjGpB5 三级结构。e. 文昌鱼 BjTSHR 结构域。f. 人 TSHR 和 BjTSHR 三级结构。g. 大鼠 TSHβ 和 BjGpB5 基因组织结构（部分）示意图。灰色和黑色长方形分别代表非编码外显子和编码外显子；长方形之间的水平线代表内含子；长方形内和直线上数字代表外显子和内含子核苷酸数；括号内数字代表内含子相位。h. 预测的转录子结合位点。转录起始位点（+1）以箭号表示

　　酶联免疫吸附测定表明，重组表达的文昌鱼 BjGpA2 或者 BjGpB5 不但可以与文昌鱼 BjTSHR 胞外结构域特异性结合，而且可以与斑马鱼 TSHR 胞外结构域特异性结合。反过来也一样，重组表达的斑马鱼 TSHα或者 TSHβ不但可以与斑马鱼 TSHR 胞外结构域特异性结合，而且可以与文昌鱼 BjTSHR 胞外结构域特异性结合（图 8-7）。这说明文昌鱼 BjGpA2、BjGpB5 分别与斑马鱼 TSHα、TSHβ一样，可以和文昌鱼或者斑马鱼的 TSHR 相互作用。

　　我们还把文昌鱼 *BjGpA2* 基因和 *BjGpB5* 基因拴系在一起，在 HEK293T 细胞系表达，发现真核重组表达的 BjGpA2/GpB5 复合体（即重组表达甲状腺刺激素）可以激活文昌鱼 BjTSHR，诱发正常的下游信号转导（图 8-8）。把 BjGpA2/GpB5 复合体注射到斑马鱼中，可以诱导 T_4 产生，显著提高血液中 T_4 水平。这说明，文昌鱼 BjGpA2/GpB5 复合体具有类似于脊椎动物 TSHα/β的功能。所有这些都说明，文昌鱼中已经具备类似于脊椎动物的 TSH-TH 信号通路。

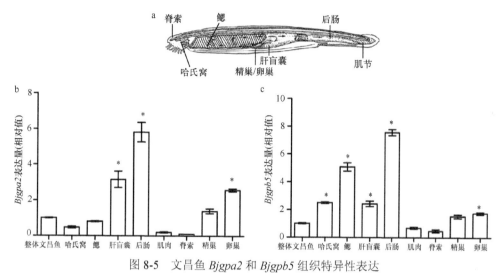

图 8-5 文昌鱼 *Bjgpa2* 和 *Bjgpb5* 组织特异性表达

a. 文昌鱼组织结构示意图；b. 基因 *Bjgpa2* 的表达；c. 基因 *Bjgpb5* 的表达。*表示 $P<0.05$

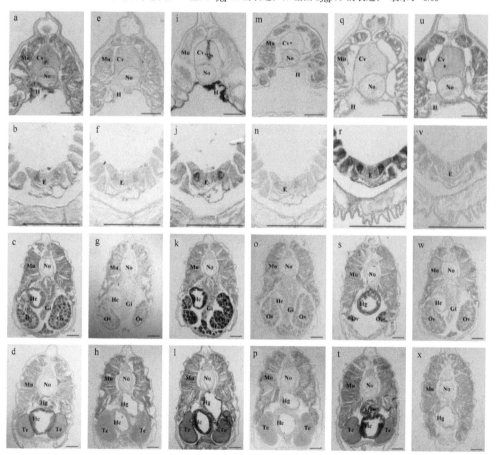

图 8-6 文昌鱼 *Bjgpa2*、*Bjgpb5* 和 *Bjtshr* 基因表达的原位杂交

a～d. *Bjgpa2* 表达的原位杂交；e～h. *Bjgpa2* 原位杂交对照。i～l. *Bjgpb5* 表达的原位杂交；m～p. *Bjgpb5* 原位杂交对照。q～
t. *Bjtshr* 表达的原位杂交；u～x. *Bjtshr* 原位杂交对照。H. 哈氏窝；Cv. 脑泡；E. 内柱；Gi. 鳃；Hc. 肝盲囊；Hg. 后肠；
Mu. 肌肉；No. 脊索；Ov. 卵巢；Te. 精巢。标尺=150μm

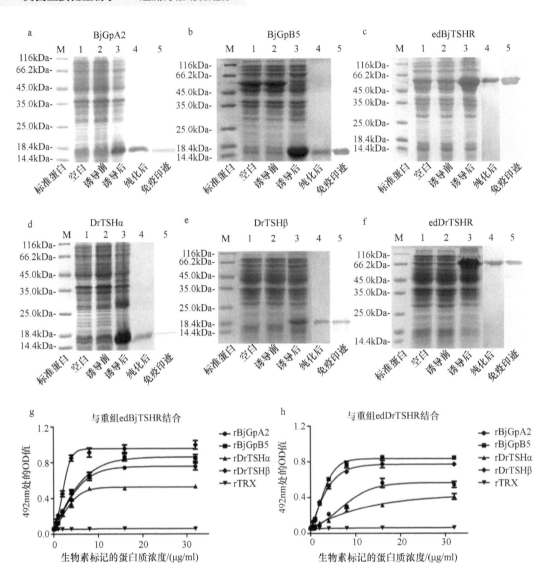

图 8-7　文昌鱼 GpA2（BjGpA2）、斑马鱼 TSHα（DrTSHα）、文昌鱼 GpB5（BjGpB5）或斑马鱼 TSHβ（DrTSHβ）与文昌鱼 TSHR（BjTSHR）或斑马鱼 TSHR（DrTSHR）之间的相互作用

a. 重组表达的 BjGpA2；b. 重组表达的 BjGpB5；c. 重组表达的 BjTSHR 胞外结构域 edBjTSHR；d. 重组表达的 DrTSHα；e. 重组表达的 DrTSHβ；f. 重组表达的 DrTSHR 胞外结构域 edDrTSHR。M. 标准蛋白；1. 无表达载体 E. coli 细胞提取液；2. 有表达载体 E. coli 诱导表达前细胞提取液；3. 有表达载体 E. coli 诱导表达后细胞提取液；4. 纯化的重组表达蛋白；5. 免疫印迹。g. 重组表达的 rBjGpA2、rBjGpB5、rDrTSHα、rDrTSHβ、rTRX 和重组 edBjTSHR 的相互作用；h. 重组表达的 rBjGpA2、rBjGpB5、rDrTSHα、rDrTSHβ、rTRX 和重组 edDrTSHR 的相互作用。RTRX. 重组标签蛋白

　　迄今为止，在文昌鱼中还没有发现经典的 TSH，甲状腺刺激素 Trs 是仅有的唯一一种糖蛋白激素。由于文昌鱼 Trs 可以和 TSHR 结合，调节 TH 合成，加之我们已经证明重组表达的文昌鱼 TR 能与 T_3 及 Triac 结合，能诱导 TH 靶基因 *C/EBP* 表达。因此，我们认为文昌鱼中已经出现了类似于脊椎动物的垂体-甲状腺轴（图 8-9），这将 TSH-TH 信号途径的起源向前推进到了原索动物。

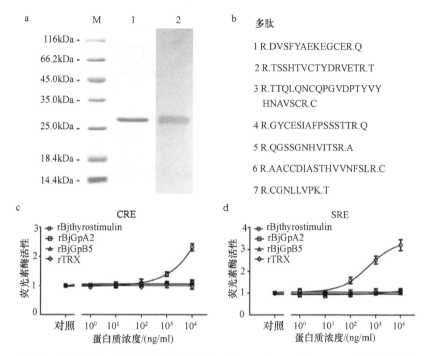

图 8-8　重组表达文昌鱼甲状腺刺激素 rBjthyrostimulin 和 BjTSHR 的相互作用

a. HEK293T 细胞中重组表达的 rBjthyrostimulin 的 SDS 电泳和免疫印迹。M. 标准蛋白；1. 纯化的 rBjthyrostimulin；2. 免疫印迹。b. 重组表达的 rBjthyrostimulin 的蛋白质谱分析、鉴定。c. 荧光素酶报告系统分析，CRE 驱动的荧光素酶活性。rTRX，重组标签蛋白。d. 荧光素酶报告系统分析，SRE 驱动的荧光素酶活性

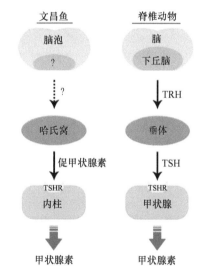

图 8-9　文昌鱼和脊椎动物甲状腺素内分泌调控系统示意图

问号和虚线指尚待证实部分

参 考 文 献

黄永材, 黄溢明. 1984. 比较生理学. 北京: 高等教育出版社.

Barrington E J W. 1958. The localization of organically bound iodine in the endostyle of amphioxus. Mar Biol Ass UK, 37: 117-126.

Barrington E J W. 1965. The Biology of Hemichordata and Protochordata. London: Oliver and Boyd Ltd.

Baulieu E E, Kelly P A. 1990. Hormones from Molecules to Disease. Paris: Hermann Publishers in Arts and Science: 343-373.

Dong J, Xin M, Liu H, et al. 2013. Identification, expression of a glycoprotein hormone receptor homolog in the amphioxus *Branchiostoma belcheri* with implications for origin of vertebrate GpHRs. Gen Comp Endocrinol, 84: 35-41.

Dos Santos S, Bardet C, Bertrand S, et al. 2009. Distinct expression patterns of glycoprotein hormone-alpha2 and -beta5 in a basal chordate suggest independent developmental functions. Endocrinology, 150: 3815-3822.

Fiddes J C, Talmadge K. 1984. Structure, expression, and evolution of the genes for the human glycoprotein hormones. Recent Prog Horm Res, 40: 43-78.

Fredriksson G, Ericson L E, Olsson R. 1984. Iodine binding in the endostyle of larval *Branchiostoma lanceolatum* (Cephalochordata). Gen Comp Endocrinol, 56: 177-184.

Gurr J A, Catterall J F, Kourides I A. 1983. Cloning of cDNA encoding the pre-beta subunit of mouse thyrotropin. Proc Natl Acad Sci USA, 80: 2122-2126.

Holzer G, Roux N, Laudet V. 2017. Evolution of ligands, receptors and metabolizing enzymes of thyroid signaling. Mol Cell Endocrinol, 459: 5-13.

Hsu S Y, Nakabayashi K, Bhalla A. 2002. Evolution of glycoprotein hormone subunit genes in bilateral metazoa: identification of two novel human glycoprotein hormone subunit family genes, GPA2 and GPB5. Mol Endocrinol, 16: 1538-1551.

Kendall S K, Samuelson L C, Saunders T L, et al. 1995. Targeted disruption of the pituitary glycoprotein hormone alpha-subunit produces hypogonadal and hypothyroid mice. Genes and Development, 9: 2007-2019.

Kumar R S, Ijiri S, Kight K, et al. 2000. Cloning and functional expression of a thyrotropin receptor from the gonads of a vertebrate (bony fish): potential thyroid-independent role for thyrotropin in reproduction. Mol Cell Endocrinol, 167: 1-9.

Kumar R S, Trant J M. 2001. Piscine glycoprotein hormone (gonadotropin and thyrotropin) receptors: a review of recent developments. Comp Biochem Physiol B, 129: 347-355.

Lapthorn A J, Harris D C, Littlejohn A, et al. 1994. Crystal structure of human chorionic gonadotropin. Nature, 369: 455-461.

Magner J A. 1990. Thyroid-stimulating hormone: biosynthesis, cell biology, and bioactivity. Endocr Rev, 11: 354-385.

Monaco F, Dominici R, Andreoli M, et al. 1981. Thyroid hormone fomation in thyroglobulin synthesized in the amphioxus (*Branchiostoma lanceolatum* Pallas). Comp Biochem Physiol B, 70: 341.

Moriwaki T, Suganuman N, Furuhashi M, et al. 1997. Alteration of *N*-linked oligosaccharide structures of human chorionic gonadotropin beta-subunit by disruption of disulfide bonds. Glycoconj J, 14: 225-229.

Paris M, Brunet F, Markov G V, et al. 2008. The amphioxus genome enlightens the evolution of the thyroid hormone signaling pathway. Dev Genes Evol, 218: 667-680.

Paris M, Hillenweck A, Bertrand S, et al. 2010. Active metabolism of thyroid hormone during metamorphosis of amphioxus. Integr Comp Biol, 50: 63-74.

Sembrat K. 1956. Effect of the endostyle of the lancelet (*Branchiostoma lanceolatum*) on the metamorphosis of axolotl. Zool Polon, 6: 3.

Szkudlinski M W, Fremont V, Ronin C, et al. 2002. Thyroid-stimulating hormone and thyroid-stimulating hormone receptor structure-function relationships. Physiol Rev, 82: 473-502.

Taylor E, Heyland A. 2017. Evolution of thyroid hormone signaling in animals: non-genomic and genomic modes of action. Mol Cell Endocrinol, 459: 14-20.

Thomas I M. 1956. The accumulation of radioactive iodine by amphioxus. J Mar Biol Ass UK, 35: 203.

Uhenhuth E. 1927. The anterior lobe of the hypophysis as a control mechanism of the function of the thyroid gland. Br J Exp Biol, 5: 1-5.

Wang P, Liu S, Yang Q, et al. 2018. Functional characterization of thyrostimulin in amphioxus suggests an ancestral origin of the TH signaling pathway. Endocrinology, 159: 3536-3548.

Wang S, Zhang S, Zhao B, et al. 2009. Up-regulation of C/EBP by thyroid hormones: a case demonstrating the vertebrate-like thyroid hormone signaling pathway in amphioxus. Mol Cell Endocrinol, 313: 57-63.

Wu H, Lustbader J W, Liu Y, et al. 1994. Structure of human chorionic gonadotropin at 2.6 Å resolution from MAD analysis of the selenomethionyl protein. Structure, 2: 545-558.

第九章

下丘脑 - 垂体 - 性腺轴

　　下丘脑、垂体和性腺通过分泌的激素相互作用，构成一个功能单位，在脊椎动物生殖内分泌调节活动中起着核心作用。众所周知，来自外部的各种刺激（如光、热、化学物质和声音等）及机体内部的刺激，经过中枢神经系统的分析与整合，传至或者刺激下丘脑，诱发其呈间歇性脉冲式分泌促性腺激素释放激素（gonadotropin-releasing hormone，GnRH）。GnRH 与腺垂体细胞上的受体结合，引起促性腺激素（gonadotropin，GTH）分泌增加。GTH 包括黄体生成素（luteinizing hormone，LH）、卵泡刺激素（follicle stimulating hormone，FSH）和催乳素（prolactin，PRL）。腺垂体分泌的 GTH 通过外周血液循环运送到性腺（卵巢和精巢），与生殖细胞上的受体结合，促进其发育与成熟并分泌性激素，包括雌激素、孕酮和雄激素。性腺分泌的性激素能通过反馈机制作用于下丘脑和垂体，使其内分泌保持在相对稳定的状态。脊椎动物中由下丘脑、垂体和性腺组成的这个相互协调又相互制约的生殖内分泌调节系统通常称为下丘脑-垂体-性腺轴（hypothalamic-pituitary-gonadal axis，HPG 轴），也简称为垂体-生殖腺轴（图 9-1）。大量实验证明，原索动物文昌鱼已经出现了类似于脊椎动物的垂体-生殖腺调控轴。

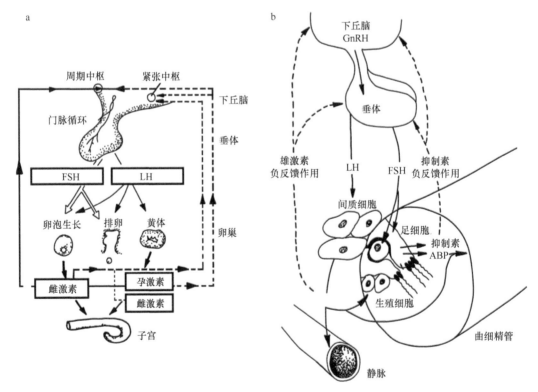

图 9-1　下丘脑-垂体-性腺轴（王建辰等，1998）

a. 下丘脑-垂体-卵巢轴；b. 下丘脑-垂体-精巢轴。ABP. 雄激素结合蛋白

第一节　下丘脑和促性腺激素释放激素

　　生殖是动物最基本的生命活动形式之一，其主要作用是保证动物种族的繁衍。人类

对动物生殖活动调控机制的认识经历了漫长的历史过程。早在西周时期（公元前 1046～前 711），我们的先人就注意到阉割对动物和人生殖能力的负面影响。到公元前 4 世纪，古希腊哲学家亚里士多德（公元前 384～前 322）精确描述了阉割对鸟类的影响，并把阉割引起的性特征退化现象和人阉割后所产生的变化进行了比较。然而，直到 20 世纪 20～30 年代，伴随着雌激素和雄激素的相继发现与成功分离，才使人们认识到动物的卵巢和精巢不仅分别产生卵子和精子，而且还含有影响生殖过程的激素。20 世纪 60～70 年代之后，随着生物化学和生理学的研究进展，以及放射免疫测定等现代分析方法的建立，下丘脑分泌的激素被不断发现、分离、纯化和鉴定，下丘脑、垂体和性腺之间的关系得以建立、确定，人们对生殖机制的认识才获得重大进展。

Harris（1969）于 20 世纪 60 年代初发现，将动物和人的下丘脑提取液注入家兔或大鼠的垂体，可以引起排卵，注入循环系统可以引起 LH 释放增加，加入体外培养的垂体组织，可以诱导培养细胞分泌 LH 增加。这些结果表明，下丘脑提取液中含有促进垂体释放 LH 的物质。到 20 世纪 70 年代初，又有人分别从猪和绵羊下丘脑分离出一种 10 肽，并发现它能促进垂体释放 LH，故称之为促黄体素释放素（luteinizing hormone releasing hormone，LHRH）。不久，又发现 LHRH 也能促进垂体释放 FSH，故又称之为促性腺激素释放激素（GnRH）。后来，经过许多学者不断努力，不但成功分离、鉴定了下丘脑 GnRH，而且确定了其化学结构，并人工合成了近 2000 种 GnRH 类似物（analogue），成为 20 世纪 70 年代生殖生理学的重大成果。

人的 GnRH 是由 9 种氨基酸组成的一条直链 10 肽，即焦谷氨酸-组氨酸-色氨酸-丝氨酸-酪氨酸-甘氨酸-亮氨酸-精氨酸-脯氨酸-甘氨酸-NH_2（PGlu-His-Trp-Ser-Tyr-Gly-Leu-Arg-Pro-Gly-NH_2）。在哺乳类中，GnRH 结构相同，但在禽类、两栖类和鱼类中，GnRH 结构不完全相同。

GnRH 具有促进垂体释放 LH 和 FSH 的双重活性，所以有人猜测在下丘脑提取液中可能同时含有 LHRH 和 FSH 释放激素（FSH releasing hormone，FSHRH）。然而，迄今还没有获得 FSHRH 存在的确凿证据，所以多数学者认为 GnRH 是 LH 和 FSH 两种激素的唯一调节者。

丘脑的一些神经元兼有神经元与内分泌细胞双重特征，既能接受中枢神经系统其他部分的神经元传来的信号，又能合成和分泌神经激素，将神经信号转变为化学信号，因此被称为神经内分泌细胞。GnRH 的合成部位主要是下丘脑神经内分泌细胞。哺乳类神经内分泌细胞首先合成 92 个氨基酸组成的蛋白质前体，然后裂解成 3 种小分子肽（Seeburg and Adelman，1984），1～23 位是信号肽，24～33 位是 GnRH，34～36 位（Gly-Lys-Arg）是酶切位点，37～92 位是 GnRH 相关肽（GnRH-associated peptide，GAP）。GAP 能强烈抑制垂体催乳素的释放。不过，在松果体、其他脑区和脊髓液中也检测到有 GnRH。在脑外组织如胎盘、肠和胰脏等也发现有 GnRH 存在。因此，GnRH 的合成可能并不仅限于下丘脑。

下丘脑神经内分泌细胞合成的 GnRH，以颗粒或囊泡形式储存于细胞内。当神经元受到刺激时，GnRH 会沿着神经元纤维（轴突）输送到正中隆起处释放出来，通过垂体门脉血液循环进入腺垂体。GnRH 与腺垂体的促性腺激素分泌细胞（嗜碱性细胞）细胞膜上的特异性受体结合，激活腺苷酸环化酶-cAMP-蛋白激酶体系，促进 LH 和 FSH 的合成与释放。LH 和 FSH 这两种激素再刺激性腺（卵巢和精巢）分别合成与分泌相应的甾体类性腺激素，调控生殖器官和生殖细胞的发育。需要指出的是，LH 和 FSH 对 GnRH 的促分泌反应有所不同。例如，给大鼠、兔和绵羊等动物快速静脉注射 GnRH 时，主要引起血浆 LH 水平显著升高；当用同样剂量的 GnRH 缓慢注射时，不但 LH 的水平升高，而且 FSH 水平也明显上升。同样，体外实验也证明，垂体细胞受 GnRH 刺激时，LH 和 FSH 的最大分泌量与基础分泌量的比例不同，LH 的比例高于 FSH 的比例，因此，LH 分泌量的变化幅度比 FSH 的大。

　　GnRH 不但通过影响垂体 LH 和 FSH 的分泌，调节性腺功能，而且可以直接作用于性腺。不过，GnRH 对性腺的作用是抑制性的。鼠的卵巢和精巢细胞上都存在 GnRH 受体，GnRH 可以与这些受体结合，抑制生殖细胞的发育。

　　GnRH 的分泌受多种因素调节。大脑皮层和间脑都有神经纤维分布到下丘脑，形成突触联系。来自体内的各种刺激可以通过这些高级神经中枢，影响下丘脑的 GnRH 分泌。由中枢神经或外周神经分泌的胺类或肽类神经递质，如儿茶酚胺（catecholamine）、多巴胺（dopamine）、肾上腺素（epinephrine）、去甲肾上腺素（norepinephrine）、5-羟色胺（5-hydroxytryptamine）和阿片样肽（opioid peptide），对 GnRH 的分泌均有调节作用。儿茶酚胺促进 GnRH 的分泌，而 5-羟色胺和阿片样肽则抑制 GnRH 的分泌。GnRH 的靶器官（垂体和性腺）分泌的激素，包括促性腺激素和性腺激素，也可以调节 GnRH 的分泌。另外，血液中 GnRH 浓度的变化也可以作用于下丘脑，调节自身分泌。

第二节　垂体和促性腺激素

　　垂体对动物生殖功能的影响，早在 1912 年就有报道。Ascheim 发现狗垂体被切除以后，其性腺明显萎缩。后来，Long 和 Zondek 等分别于 1921 年和 1926 年通过注射垂体提取液，证实在垂体中存在能激活性腺功能的物质（王建辰等，1998），并将其命名为"促性腺激素（gonadotropin）"。到 1931 年，Fevold 等确定了促性腺激素的蛋白质性质（王建辰等，1998），并成功将其成分分为两种：一种能刺激卵巢，引起卵泡发育，故称为促卵泡素或卵泡刺激素（FSH）；另一种能促进排卵和黄体形成，故取名为促黄体素或黄体生成素（LH）。此后，关于 FSH 和 LH 的化学结构、特性、作用及调节机制，逐步得到阐明（Baulieu and Kelly，1990）。

　　LH 和 FSH 都是由腺垂体嗜碱性细胞合成的糖蛋白激素。LH 和 FSH 分子都含有 α 和 β 两个亚基。不同动物的 α 亚基均相同或十分相似，并且可以互换，如 LH 的 α 亚基可以换成 FSH 的 α 亚基，或者反过来，都不影响激素的活性。相比之下，β 亚基存在很大差异，不仅有激素间特异性，而且有物种间差异，所以把 β 亚基称为激素的特异性亚基。两种促性腺激素的生物学活性均有赖于分子结构的完整性，如果将 α 亚基和 β 亚基分开，则 α 亚基无生物学活性，β 亚基也不具有活性或只有微弱活性；两亚基重新组合后生物学活性可以基本恢复。肽链杂交试验也证明，促性腺激素的生物学活性取决于 β 亚基。此外，促性腺激素分子上的碳水化合物的含量和组成也存在激素间和物种间差异。

LH 对雄性和雌性生殖系统都有作用。在雌性动物中，LH 与 FSH 协同作用可促进卵巢合成雌激素、卵泡发育、排卵及排卵后的卵泡转变为黄体。LH 对雄性动物的主要作用是刺激睾丸间质细胞（leydig cell）增殖并合成雄激素，所以也称间质细胞刺激素（interstitial cell stimulating hormone，ICSH）。

FSH 也对雄性和雌性生殖系统都有作用。FSH 可作用于雄性动物睾丸，促进生精上皮的发育、精子的生成和成熟。在雌性动物中，FSH 在少量 LH 的协同作用下，可促进雌性动物卵巢合成与分泌雌二醇（estradiol），并促进卵泡的发育、成熟。

在动物发情周期中，LH 的分泌有明显的规律。在卵泡形成期，LH 分泌量基本保持恒定，直到排卵前分泌量明显增加，形成排卵前峰。LH 排卵峰对触发排卵起着关键性作用。排卵后，LH 分泌量又逐渐减少，除在黄体期中期出现一次小分泌峰外，在整个黄体期基本维持在较低水平。通过连续采集和测定恒河猴血样发现，LH 的分泌速率不是恒定的，而是呈明显的脉冲式或波动式分泌。这在大鼠、绵羊、山羊和人类中也同样得到了证明。LH 的脉冲式分泌有很强的规律性，基本上是每小时一次。

同步采集和测定羊的垂体门脉血样与颈静脉血样发现，血浆 LH 含量的曲线与 GnRH 基本一致，即每出现一次 GnRH 分泌脉冲，就相应出现一次 LH 脉冲。应用阿片受体兴奋剂盐酸吗啡（morphine hydrochloride）或阿片受体拮抗剂盐酸纳洛酮（naloxone hydrochloride），相应地可以引起 GnRH 和 LH 的分泌同时抑制或增加。这些事实说明，LH 脉冲式分泌并非垂体细胞本身固有的特性，而是受下丘脑 GnRH 脉冲式分泌调控的结果。有意思的是，在山羊发情周期中，血浆 FSH 水平变化不太规则，其脉冲型与 GnRH 不尽一致，这表明 FSH 分泌除像 LH 一样受 GnRH 调节外，还可能受其他因素调节（王建辰等，1998）。

第三节　性腺和性激素

性腺包括雌性动物的卵巢和雄性动物的精巢。卵巢和精巢不仅是产生卵子和精子的场所，而且是重要的内分泌器官。早在 1849 年，Berthold 通过阉割小公鸡及鸡睾丸移植实验，就发现睾丸可能向血液内释放某种物质，在维持性行为和雄性第二性征上起重要作用（王建辰等，1998）。之后，Beard 和 Prenant 又分别于 1897 年和 1898 年提出黄体是一个内分泌腺，可分泌产物到血液中（王建辰等，1998）。到 20 世纪 30 年代以后，人们分别从卵巢和精巢组织中分离、纯化出雌激素、孕酮和睾酮，并阐明其结构，明确证实了卵巢和精巢是内分泌器官，在生殖活动中占有重要地位。20 世纪 80 年代以来，随着抑制素（inhibin）及其相关多肽的分离、提纯及功能分析，人们对卵巢和精巢在生殖活动中的作用又有了新的认识。

一、类固醇激素

类固醇激素也称甾体激素，属于脂类化合物。性腺产生的类固醇激素包括雌激素、孕激素和雄激素。不过，性腺并非这些类固醇激素的唯一来源，睾酮（testosterone）或雌激素（estrogen）也并非雄性动物或雌性动物所特有。肾上腺皮质和胎盘均可以产生这些类固醇激素。雌性动物能产生睾酮，反之雄性动物也能产生雌激素，其差别主要在于分泌量和分泌方式。

天然雌激素主要是雌二醇和雌酮（estrone），以雌二醇活性最强。雌三醇（estriol）是雌二醇和雌酮的代谢产物。雌激素主要由发育的卵泡内膜细胞和颗粒细胞产生。雌激素的主要功能是刺激雌性生殖系统（包括乳腺）的发育，并维持其功能及雌性第二性征。发情时，能刺激神经中枢，引起性行为。雌激素还通过正、负反馈作用于下丘脑或腺垂体，调节促性腺激素的分泌。

孕酮主要由卵巢的黄体细胞产生。此外，卵泡的内膜细胞和妊娠时的胎盘也能分泌孕酮。在体内，孕酮还是其他甾体激素生物合成的重要前体。孕酮的主要功能是参与妊娠维持，对雌性动物生殖器官的发育、排卵和受精也有调节作用。

雄激素主要是睾酮。在雄性动物中，睾酮主要来自睾丸间质细胞；在雌性动物中，它主要由肾上腺和卵泡的内皮细胞产生。睾酮的功能是刺激雄性动物生殖器官的发育，维持其性功能和第二性征，刺激精子的生成、发育和成熟，并对下丘脑和垂体激素分泌有负反馈调节作用。

二、蛋白质激素和多肽因子

性腺的蛋白质激素和多肽因子主要包括抑制素、促卵泡激素抑释素（follistatin，FS）、活化素（activin）、卵母细胞成熟抑制因子（oocyte maturation inhibitor，OMI）和 FSH 结合抑制因子（FSH-binding inhibitor）等。1932 年，McCullagh 就发现雄性动物睾丸的水溶性提取液中有可以抑制性腺激素分泌的活性物质（王建辰等，1998），并将其称为抑制素。直到 20 世纪 80 年代，人们成功地从牛和猪的卵泡液中分离并纯化到抑制素。它主要来源于睾丸的支持细胞或称足细胞（Sertoli cell）和卵巢的颗粒细胞。另外，哺乳动物的睾丸间质细胞、灵长类的黄体细胞和人的胎盘滋养层细胞也能产生抑制素。

抑制素为糖蛋白激素。不同动物的抑制素均是由α链和β链两个亚基以二硫键相连接的异源二聚体，其中β亚基又分为βA 和βB，并分别组成抑制素 A 和抑制素 B 两种类型。抑制素 A 由α和βA 亚基构成，抑制素 B 由α和βB 亚基构成。

抑制素能特异性地作用于垂体，既能抑制基础性 FSH 的合成和分泌，也能抑制 GnRH 刺激的 FSH 合成和分泌。抑制素对 LH 的影响还不清楚，不过，多数人认为抑制素不影响 LH 的分泌。

　　GnRH、促性腺激素和性腺激素都可以调节抑制素的分泌。GnRH 可以与抑制素受体结合，下调抑制素α和β基因的表达。促性腺激素 FSH 能刺激抑制素分泌，而 LH 似乎对抑制素分泌没有影响。雌激素和雄激素也对抑制素分泌有刺激作用，其生理意义可能是通过提高抑制素水平而抑制 FSH 分泌。此外，性腺内一些多肽因子如胰岛素样生长因子（insulin-like growth factor，IGF）和表皮生长因子（epidermal growth factor，EGF），对抑制素的分泌也有影响，但其机制还不清楚。

　　促卵泡激素抑释素（FS）于 1987 年被分别从牛和猪的卵泡液中分离出来，它是一种含有半胱氨酸的单链糖基化多肽（Esch et al.，1987）。FS 的活性与抑制素相似，可以抑制 FSH 的合成和分泌。卵巢颗粒细胞是合成和分泌 FS 的主要部位。不过，在精巢、垂体、肾上腺、心脏、肺和大脑皮层等组织都能检测到其 mRNA 存在。

　　活化素与抑制素分子结构相似，但作用却截然相反。纯化的活化素可以选择性增强 FSHβ亚基表达，刺激 FSH 生物合成。活化素还可以与类固醇激素协调作用，调节性腺分泌作用和生殖细胞增殖。

　　卵母细胞成熟抑制因子（OMI）由 Tsafriri 等（1982）从大鼠、猪和牛等卵泡液中分离获得，它在体外能抑制卵母细胞成熟，且没有物种特异性。OMI 由颗粒细胞分泌，从卵丘直接输送到卵母细胞，抑制卵母细胞的成熟分裂。

　　FSH 结合抑制因子因能特异性地抑制 FSH 与其受体结合而得名。FSH 结合抑制因子可能是 FSH 受体水平上的调节分子。

第四节　脑泡-哈氏窝-性腺轴

　　下丘脑-垂体-性腺轴（HPG 轴）在脊椎动物的生殖内分泌活动中起着至关重要的调节作用。国内外学者通过对文昌鱼脑泡、哈氏窝及性腺等结构和功能的研究，提出了文昌鱼可能存在脑泡-哈氏窝-性腺的原始生殖内分泌调控轴，为脊椎动物生殖内分泌系统的起源和演化路线提供了有力证据。

一、脑泡的 GnRH/GnRHR

　　GnRH 是启动 HPG 轴的重要调控因子。方永强等于 1999 年通过免疫组化方法发现文昌鱼哈氏窝可以和 GnRH 抗体作用，产生阳性信号，而脑泡和哈氏窝的上皮细胞也可以和 GnRH 受体（GnRH receptor，GnRHR）的抗体互作，产生较强的阳性信号，从而率先提出文昌鱼中存在 GnRH 及其受体 GnRHR。Castro 等（2006）通过免疫组化也证明了方永强等的结果。此后，Chambery 等（2009）采用反向色谱法从文昌鱼中分离到一个多肽，发现其氨基酸序列为 pGlu-His-Trp-Ser-Tyr-Gly-Leu-Arg-Pro-Gly-NH$_2$，它不但与哺乳类 GnRH 序列一致，而且可以刺激大鼠垂体细胞释放 LH（图 9-2），从而明确了文昌鱼确实具有 GnRH。几乎同时，Tello 和 Sherwood（2009）又从文昌鱼中克隆到 4 个 GnRHR 基因，并证明它们可以与哺乳类 GnRH1 和鸡 GnRH2 结合，并诱导下游反应即细胞内磷酸肌醇转换。不久，这些结果也被 Roch 等（2014）证实。由此可见，类似于脊椎动物的 GnRH/GnRHR 系统在文昌鱼中已经出现。

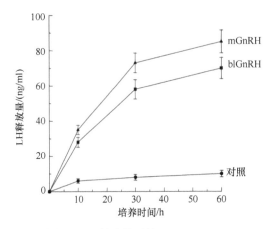

图 9-2　文昌鱼 GnRH 的生物活性（Chambery et al.，2009）
大鼠垂体细胞经标准的小鼠 GnRH（mGnRH）和纯化的文昌鱼 GnRH（blGnRH）处理后，LH 的释放量增加。
mGnRH 和 blGnRH 都可以促进 LH 分泌

　　方永强等的研究还发现，在文昌鱼身体各个部分，包括前部、中部、尾部及性腺（卵巢和精巢）都存在 GnRH，但是只有前部（脑泡和哈氏窝均在其中）的 GnRH 含量随性腺发育而上升，在成熟期达到高峰。文昌鱼 GnRH 含量随性腺发育而上升的这种相关性与鱼类下丘脑 GnRH 水平变化一致，这就再次表明文昌鱼体内 GnRH 的生理作用与脊椎动物相似。众所周知，激素对靶细胞行使的生理效应需要通过受体介导。方永强等认为文昌鱼脑泡调节哈氏窝上皮细胞分泌活动的机制与脊椎动物下丘脑调节脑垂体促性腺激素分泌细胞的分泌活动相似，即 GnRH 先与哈氏窝上皮细胞的 GnRHR 结合，后诱发其生理效应，而脑泡同样也存在着 GnRHR，说明脑泡内 GnRH 的分泌可能存在自我调节机制。免疫组化研究还表明，文昌鱼脑泡可能分泌多种神经肽和神经递质，主要包括生长抑素（somatostatin，SST）、血管活性肠肽（vasoactive intestinal polypetide，VIP）、钙调素、5-羟色胺（5-HT）、去甲肾上腺素（NE）和多巴胺（DA）等。这些都与脊椎动物下丘脑神经内分泌细胞所产生的物质十分类似，可能参与文昌鱼排卵和协调其生殖活动。

　　另外，Tsutsui 等于 2000 年首先发现鸽子中有一种下丘脑神经肽，可以抑制促性腺激素的释放，并将其命名为促性腺激素抑制素（gonadotropin-inhibitory hormone，GnIH）。GnIH 通过作用于 GnRH/GnRHR 系统和腺垂体的嗜碱性细胞而抑制促性腺激素的合成与释放。已鉴定的鸟类和哺乳类 GnIH 都有一个共同的 LPXRF-amide（X=L 或 Q）基序，都能抑制垂体分泌促性腺激素，但鱼类 GnIH 则呈现多样性。金鱼 GnIH 有一个羧基端基序 LPXRP-amide，对促性腺激素的合成和释放既有促进作用，也有抑制作用。七鳃鳗 GnIH 具有的羧基端基序为 QPQRF-amide 或 RPQRF-amide，它可以刺激丘脑中 GnRG-III 基因和垂体中促性腺激素β亚基的表达。Osugi 等（2014）发现，文昌鱼中也存在 GnIH，其羧基端基序为 RPQRF-amide；合成的文昌鱼 GnIH 多肽，可以像脊椎动物 GnIH 一样，抑制 cAMP 信号通路。不仅如此，他们还发现了文昌鱼 GnIH 受体 GnIHR，这从另一个角度为文昌鱼存在类似于脊椎动物的 GnRH/GnRGR 系统提供了又一个证据。

二、哈氏窝与生殖内分泌调节

文昌鱼哈氏窝是一个沟状结构的器官，位于轮器前部、脊索右侧。Tjoy 和 Welsh（1974）及后来的 Sahlin 和 Olsson（1986）都观察到位于哈氏窝基部的上皮细胞的细胞质中有分泌颗粒和小泡，并推测该细胞有分泌功能。1989 年，方永强和齐襄用透射电镜结合功能实验，证明这种上皮细胞胞质分泌颗粒的数量及细胞器的发育与文昌鱼性腺发育和成熟度呈正相关关系。在卵巢发育早期，哈氏窝上皮细胞缺乏分泌颗粒，随卵母细胞中卵黄颗粒生成，这种细胞的分泌颗粒逐渐增多，在性腺成熟期分泌颗粒数量达到高峰。在文昌鱼性成熟期，哈氏窝的上皮细胞可以对促性腺激素释放激素类似物（GnRH-A）发生应答反应，诱发排卵和排精，提示哈氏窝上皮细胞是 GnRH-A 作用的靶细胞。GnRH-A 也可以促进文昌鱼性腺的发育。方永强和王龙（1984）还发现，文昌鱼的哈氏窝匀浆液可以增加黑眶蟾蜍雄性幼体的精巢重量，并促进其精子发生及排精反应，这说明文昌鱼哈氏窝中可能存在着类似于脊椎动物促性腺激素的物质。1997 年，Fang 和 Welsh 发现文昌鱼哈氏窝上皮细胞可以分泌一种含唾液酸的糖蛋白，它可能是类似于脊椎动物促性腺激素的分子。免疫细胞化学研究结果表明，哈氏窝上皮细胞中具有与 LH 和 FSH 抗血清产生阳性免疫反应的颗粒（张致一等，1982），该颗粒还可以和人绒毛膜促性腺激素（HCG）抗体（张致一，1982；Nozaki and Gorbman，1992）及鲑鱼、鲤鱼促性腺激素 GTH 抗体（方永强，1993）反应，产生阳性信号。以上结果表明，文昌鱼哈氏窝可能与脊椎动物脑垂体十分相似，是调控生殖活动的内分泌中枢。

三、性腺与性激素

在性腺和神经组织将雄激素芳构化（aromatization）为雌激素是所有脊椎动物的一个特征。文昌鱼性腺基本是两侧对称分布，精巢呈灰白色，卵巢呈黄色。Callard 等（1984）把氚标记的羟雄（甾）烯二酮（hydroxyandrostenedione）与文昌鱼性腺匀浆共育，可以产生雌酮和雌二醇，显示文昌鱼性腺可能具有类似于脊椎动物性腺将雄激素芳构化为雌激素的功能。Chang 等（1985）用放射免疫测定法发现了性成熟期文昌鱼性腺中存在着雄激素、雌激素和孕激素。后来，方永强等（1993）也证实了 Chang 等的发现。在脊椎动物中，产生性激素的主要是精巢的足细胞和间质细胞及卵巢的滤泡细胞。方永强等（1991）观察到文昌鱼精巢足细胞滑面内质网、脂滴和管状线粒体丰富，其可能是合成性激素的细胞。2007 年，Mizuta 和 Kubokawa 从文昌鱼中克隆到细胞色素 P450 基因 CYP11A、CYP17 和 CYP19，它们编码的蛋白质分别参与催化由胆固醇合成孕激素、雄激素和雌激素的关键反应。因此，文昌鱼性腺和脊椎动物性腺一样，可以合成性激素。

四、原始生殖内分泌调控轴

综上所述，文昌鱼的中枢神经系统脑泡、哈氏窝和性腺，在调控文昌鱼生殖细胞的发育和成熟中分别起着与脊椎动物的下丘脑、垂体和性腺相似的作用。换言之，文昌鱼存在着类似于脊椎动物 HPG 轴的原始生殖内分泌调节轴。最近，我们有关文昌鱼亲吻素（kisspeptin，Kiss）及其受体（kisspeptin receptor，Kissr）与生殖内分泌调控关系的研究成果，为文昌鱼存在原始 HPG 轴提供了可靠的证据。

Kiss 及其受体 Kissr 在脊椎动物生殖调控中发挥关键作用。Kiss 和 GnIH 同属一个家族，也是下丘脑分泌的神经肽激素；Kissr 为一种 G 蛋白偶联受体 GPR54，是 Kiss 内源性天然受体。在哺乳动物中，Kiss-GPR54 系统在启动 GnRH 分泌中起关键作用，同时也参与 LH 和 FSH 的释放。我们首先通过分析文昌鱼基因组中 Kiss 和 GPR54 的相关信息，同时结合之前的相关报道，共鉴定出 4 条 Kiss 基因和 27 条 GPR54 基因。演化分析显示，文昌鱼的 Kiss 基因和 GPR54 基因在演化过程中出现了大规模的基因复制，它们有可能代表着脊椎动物的祖先基因形式。我们分别克隆了青岛文昌鱼一条 Kiss 基因（*BjkissL-2*）和一条 GPR54 基因（*Bjgpr54L-1*），发现在 mRNA 水平上 *BjkissL-2* 和 *Bjgpr54L-1* 在脊索中的表达量都相对较高（图 9-3）。另外，*Bjgpr54L-1* 在性腺（精巢和卵巢）中也检测到了较高的表达水平。在蛋白质水平上，Kiss 在脑泡和哈氏窝等重要内分泌器官中有明显的表达信号（图 9-3）。文昌鱼 BjGPR54L-1 的亚细胞定位显示其锚定于细胞膜（图 9-4）。接着，我们采用荧光素酶报告基因系统进行了蛋白质互作分析，结果发现文昌鱼 Kiss 可以有效活化 BjGPR54L-1，并激活下游信号通路（图 9-5），说明

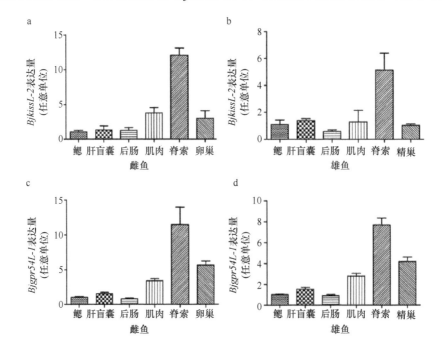

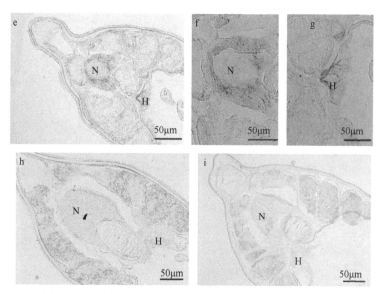

图 9-3 文昌鱼 *BjKissL-2* 和 *Bjgpr54L-1* 的组织特异性表达

a～d. *BjKissL-2* 和 *Bjgpr54L-1* 在雌雄文昌鱼不同组织中的表达量。e～g. 免疫组化分析结果。所用抗体为抗 Kisspeptin-10 抗体,可见在脑泡(N)和哈氏窝(H)处有较强的阳性信号。h. 抗 Kisspeptin-10 抗体用重组 BjKissL-2 多肽预吸收后所做的对照。i. 用免疫前兔血清所做的对照

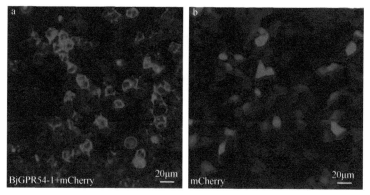

图 9-4 文昌鱼亲吻素受体 BjGPR54L-1 的亚细胞定位

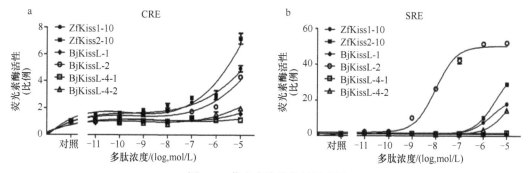

图 9-5 荧光素酶报告基因分析

文昌鱼的 *Bjgpr54L-1*、内参基因(*pRL-TK*)及荧光素酶报告基因 *pCRE-Luc*(a)或 *pSRE-Luc*(b)共转染 HEK293T 细胞表达,经过不同的 Kiss(ZfKiss1-10、ZfKiss2-10、BjKissL-1、BjKissL-2、BjKissL-4-1 和 BjKissL-4-2)刺激,通过检测荧光素酶的活性来验证 Kiss 与 BjGPR54L-1 的相互作用

二者在功能上可以相互作用。体内注射实验显示，文昌鱼的 Kiss 可以上调斑马鱼血液中 LH 的水平及文昌鱼糖蛋白激素甲状腺刺激素 β 亚基 gpb5 的表达（图 9-6）。我们还发现在生殖季节（排卵和释精）过后，文昌鱼 BjKissL-2 和 Bjgpr54L-1 的表达水平均出现了不同程度的下调（图 9-7）。这些结果表明，在文昌鱼中存在着与脊椎动物类似的功能性的 Kiss-GPR54 系统，并且其与生殖调控有着密切的关系。

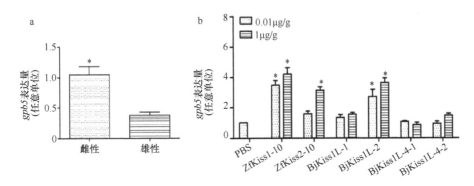

图 9-6　Kiss 对文昌鱼 gpb5 表达水平的影响

a. 实时定量 PCR 检测 gpb5 在雌雄文昌鱼中的表达差异；b. 将不同的 Kiss 注射至性成熟的雌性文昌鱼中后，检测 gpb5 表达水平变化。PBS 注射组作为对照。*，差异显著

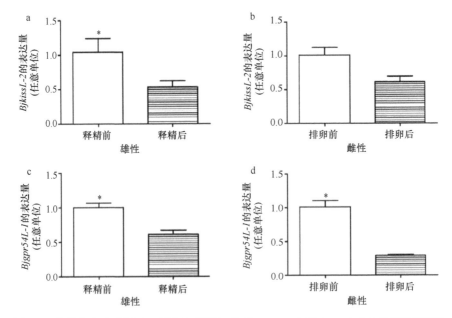

图 9-7　文昌鱼在生殖活动（排卵与释精）前后 BjKissL-2 和 Bjgpr54L-1 的表达量变化

*，差异显著

综上可以看出，原索动物文昌鱼已经出现了具有功能的 HPG 生殖内分泌调控轴，即脑泡-哈氏窝-性腺轴（图 9-8）。不过，文昌鱼 HPG 轴的分子组成还相对简单。随着动物由低级到高级演化，HPG 轴的组成越来越复杂，调控作用也越来越精细。

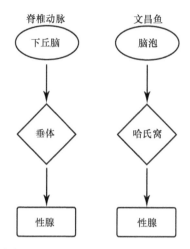

图 9-8　脊椎动物和文昌鱼生殖内分泌调控系统模式图

参 考 文 献

方永强. 1991. 文昌鱼 Sertoli 细胞超微结构的进一步研究. 动物学报, 37: 123-126.

方永强. 1993. 鱼类促性腺激素在文昌鱼哈氏窝免疫细胞化学定位. 科学通报, 38: 340-342.

方永强, 黄威权, 陈蕾. 1999. GnRH 受体在文昌鱼神经系统、哈氏窝和性腺的免疫组织化学定位. 科学通报, 44: 385-388.

方永强, 齐襄. 1989. 文昌鱼哈氏窝上皮细胞超微结构的研究. 中国科学 B 辑, 6: 592-595.

方永强, 王龙. 1984. 文昌鱼哈氏窝匀浆对幼体蟾蜍睾丸发育的初步探讨. 实验生物学学报, 17: 115-117.

方永强, 赵维信, 巍华. 1993. 文昌鱼类固醇激素水平与性腺发育相关性的研究. 科学通报, 38: 744-746.

王建辰, 章孝荣, 王光亚, 等. 1998. 动物生殖调控. 合肥: 安徽科学技术出版社: 10-18.

张致一. 1982. 生殖内分泌的演化. 动物学报, 28: 211-215.

张致一, 朱益陶, 陈大元. 1982. 促黄体素(LH)在文昌鱼哈氏窝中的免疫细胞化学定位. 科学通报, 15: 946-947.

Baulieu E E, Kelly P A. 1990. Hormones from Molecule to Disease. New York: Hermann Publishers in Arts and Science: 257-275.

Callard G V, Pudney J A, Kendall S L, et al. 1984. *In vitro* conversion androgen to estrogen in amphioxus gonadal tissue. Gen Comp Endocrinol, 56: 53-58.

Castro A, Becerra M, Manso M J, et al. 2006. Anatomy of the photoreceptor cells axonal system in the central nervous system of amphioxus. J Comp Neurol, 494: 54-62.

Chambery A, Parente A, Topo E, et al. 2009. Characterization and putative role of a type Ⅰ gonadotropin-releasing hormone in the cephalochordate amphioxus. Endocrinology, 150: 812-820.

Chang C Y, Liu Y X, Zhu H H. 1985. The reproductive endocrinology of amphioxus//Carlick D G, Komer P I. Frontiers in Physiological Research. Canberra: Australian Academy of Science: 79-86.

Esch F S, Shimasaki S, Mercado M, et al. 1987. Structural characterization of follistatin: a novel follicle-stimulating hormone release-inhibiting polypeptide from the gonad. Mol Endocrinol, 1: 849-855.

Fang Y Q, Huang W Q, Chen L, et al. 1999. Distribution of gonadotropin releasing hormone (GnRH) in the brain and Hatschek's pit of amphioxus, *Branchiostoma belcheri*. Acta Zool Sinica, 45: 106-111.

Fang Y Q, Welsch U. 1997. A lectin histochemical study on carbohydrate moieties of the gonadotropin-like substance in the epithelial cells of Hatschek's pit of *Branchiostoma belcheri*. Helgoländer Meeresunter-suchungen, 51: 53-59.

Harris G W. 1969. Ovulation. Am J Obstet Gynecol, 105: 659-669.

Mizuta T, Kubokawa K. 2007. Presence of sex steroids and cytochrome P450 genes in amphioxus. Endocrinology, 148: 3554-3565.

Nozaki M, Gorbman A. 1992. The question of function homology of Hatschek's pit of amphioxus (*Branchiostoma belcheri*) and the vertebrate adenohypophysis. Zool Sci, 9: 387-395.

Osugi T, Okamura T, Son Y L, et al. 2014. Evolutionary origin of GnIH and NPFF in chordates: insights from novel amphioxus RFamide peptides. PLoS One, 9(7): e100962.

Roch G J, Tello J A, Sherwood N M. 2014. At the transition from invertebrates to vertebrates, a novel GnRH-like peptide emerges in amphioxus. Mol Biol Evol, 31: 765-778.

Sahlin K, Olsson R. 1986. The wheel organ and Hatschek's groove in the lancelet, *Branchiostoma lanceolatum* (Cephalochordata). Acta Zool (Stockh), 67: 201-209.

Seeburg P H, Adelman J P. 1984. Characterization of cDNA for precursor of human luteinizing hormone releasing hormone. Nature, 311: 666-668.

Tello J A, Sherwood N M. 2009. *Amphioxus*: beginning of vertebrate and end of invertebrate type GnRH receptor lineage. Endocrinology, 150: 2847-2856.

Tjoy L T, Welsch U. 1974. Electron microscopical observations on Kölliker's and Hatschek's pit on the wheel organ in the head region of *Amphioxus* (*Branchiostoma lanceolatum*). Cell Tissue Res, 153: 175-187.

Tsafriri A, Dekel N, Bar-Ami S. 1982. The role of oocyte maturation inhibitor in follicular regulation of oocyte maturation. J Reprod Fertil, 64: 541-551.

Tsutsui K, Saigoh E, Ukena K, et al. 2000. A novel avian hypothalamic peptide inhibiting gonadotropin release. Biochem Biophys Res Commun, 275: 661-667.

Wang P, Wang M, Ji G, et al. 2017. Demonstration of a functional kisspeptin/kisspeptin receptor system in amphioxus with implications for origin of neuroendocrine regulation. Endocrinology, 158: 1461-1473.

Welsch U, Fang Y Q. 1996. The reproductive organs of *Branchiostoma*. Isr J of Zool (Suppl.), 42: 183-212.

第十章

内柱动脉与心脏

　　无脊椎动物和脊索动物都有循环系统，负责输送血液。无脊椎动物包括原口动物（如环节动物和软体动物）和后口动物（如棘皮动物和半索动物），都依靠可收缩的血管泵送血液。脊索动物中的原索动物（如文昌鱼和海鞘）和脊椎动物的循环系统非常相似，主要泵血器官位于咽和鳃血管上游（只有尾索动物除外），呈双向泵送模式，即背部血管输送血液向后流动，腹部血管输送血液向前流动，正好与无脊椎动物血液流动方向相反。尾索动物（海鞘）和脊椎动物依靠心脏集中泵血。头索动物（文昌鱼）尚未出现心脏分化，主要依靠多点分散的由平滑肌驱动的蠕动泵输送血液。解剖学、形态学和发育生物学研究结果表明，文昌鱼原始的泵血系统与海鞘、脊椎动物的心脏具有同源性，可能代表脊索动物祖先循环系统的原始状态。在此基础上，尾索动物和脊椎动物在系统演化过程中发展出一个由横纹肌构成的包裹在心包膜中的更为有效的集中泵血器官。

第一节　脊椎动物的心脏

　　英国医生 William Harvey 早在 1628 年就观察到了心脏（heart）的存在，并认为它是身体的主宰（Revecca，1962）。后来发现，心脏更像一个"仆人"，它像管家一样负责把营养物质运到身体各处，包括大脑和四肢。今天，我们知道心脏是泵血器官，即血液循环的动力器官。心脏具有较厚的肌肉质壁，内有空腔，产生有节律的收缩，使血液在血管中循环流动。

　　在个体发育过程中，脊椎动物的心脏和循环系统都起源于胚胎的侧板中胚层（图 10-1）。每个侧板分为两层：背（外）层是体壁（顶叶）中胚层，位于外胚层下面，并且与外胚层一起形成体壁；腹（内）层是脏壁（内脏）中胚层，覆盖内胚层上面，并与内胚层一起形成内脏壁。两层侧板之间的空间将来变成体腔。位于身体两侧的脏壁中胚层区域与相邻组织相互作用，决定心脏发育。心脏发育大致经历心脏原基的形成、血管出现、心脏环化和房室分隔等阶段。

　　心脏位于体腔前部、消化管腹侧，有一个被围心膜包围的围心腔或心包腔（pericardial cavity），心脏即位于此腔中。心脏包括心房（atrium）和心室（ventricle），前者接受血液进入心脏，后者推动血液进入血管。心脏壁由 3 层膜组成：内层为心包膜（pericardium），中层为心肌膜（myocardium），外层为心外膜（epicardium）。心房的心肌膜薄，心室的心肌膜厚。心外膜是浆膜，与心包膜延续，此两层膜之间为心包腔，内含少量液体，对这两层膜具有润滑作用，以减少心脏收缩时的摩擦。心肌收缩具有自律性，受自主神经支配。

　　鱼类和有尾两栖类的围心腔位于体腔前部，即胸腹腔前方，无尾两栖类及比其高等的脊椎动物，其围心腔随心脏向后腹方移动而位于胸腹腔的前腹位。

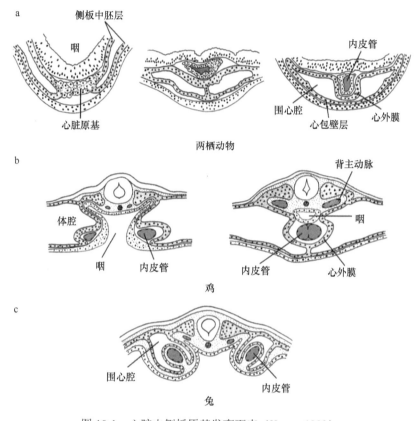

图 10-1　心脏由侧板原基发育而来（Kent，1992）

a. 两栖类心脏由来自两侧侧板中胚层位于咽部下面中间的一团间质细胞形成；b 和 c. 羊膜动物中，
脏壁中胚层形成的两根内皮管汇聚形成心脏原基

第二节　心脏的系统发生

　　心脏的结构和变化与脊椎动物由水生过渡到陆生而导致的呼吸器官的演变有密切关系。以鳃呼吸的脊椎动物（无颌类和鱼类）的心脏内全是缺氧血，心脏将缺氧血泵至鳃部，经过气体交换后，多氧血从鳃部直接流经身体各部分，成为缺氧血再返回心脏。血液每循环全身一周，只经过心脏一次，体内血液循环途径为一个循环大圈，称为单回路循环（图 10-2）。动物在由水生演化到陆生的过程中，随着鳃的消失而出现了肺，血液循环系统相应地也发生了显著变化。全身返回心脏的缺氧血，首先被泵入肺进行气体交换，成为多氧血，然后进入心脏，再被泵出至身体各部分，成为缺氧血再次返回心脏。如此，血液循环全身一周，需要经过心脏 2 次，即血液循环途径包括一个大的循环圈（体回路）和一个小的循环圈（肺回路），所以称为双回路循环（图 10-2）。双回路循环的心脏承担了把缺氧血和多氧血分别泵送到肺和身体各处的任务。在单回路循环和双回路循环中，起压力泵作用的心脏结构是不同的（图 10-3）。

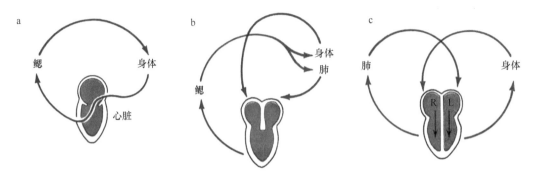

图 10-2 脊椎动物血液循环路径（Kent，1992）

a. 典型鱼类；b. 鳃呼吸（鳃常存）两栖类；c. 羊膜动物。红色表示多氧血，蓝色表示缺氧血。生活在富含氧气水中的两栖类，其鳃是具功能的呼吸器官。当鳃呼吸两栖类被迫呼吸空气时，大部分缺氧血会绕开鳃，而到肺里变成多氧血，所以肺静脉的氧含量上升。R. 右侧；L. 左侧

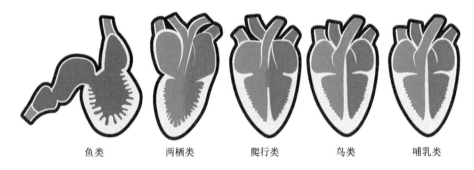

图 10-3 脊椎动物心脏形状和心室的演变（Stephenson et al.，2017）

一、单回路循环心脏

脊椎动物从无颌类开始才有了真正心脏的分化。以鳃呼吸的原始脊椎动物心脏是由 4 个连续的腔构成的一个直管（图 10-4）。这 4 个腔由后向前依次为：静脉窦（sinus venosus）、心房、心室和动脉圆锥（conus arteriosus），它们在鱼类和其他大多数脊椎动物中都位于心包腔内，并几乎同时收缩。静脉窦是一个薄壁的囊，接受来自全身的缺氧血。心房和心室的壁由较厚的心肌组成，其中心室壁较心房壁要厚，是推动血液流动的主要

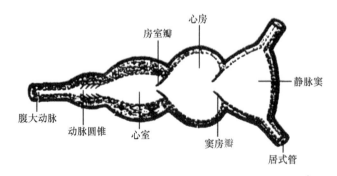

图 10-4 原始脊椎动物的心脏（杨安峰和程红，1999）

部位。动脉圆锥是一段厚壁的管，管径较小，常具有瓣膜，其肌肉质的壁和心室一样能主动收缩，是心室向前延伸的一部分。窦房孔和心房孔周围都有瓣膜，能防止血液倒流。在胚胎发育过程中，这一直管发生扭曲，形成 S 形，结果导致静脉窦和心房被带到心室的背部（图 10-5）。无颌类心脏已经具备脊椎动物心脏的基本结构，但静脉窦很不发达。

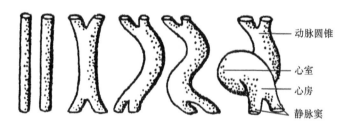

图 10-5 脊椎动物心脏的系统发生（杨安峰和程红，1999）

软骨鱼类的心脏由静脉窦、心房、心室和动脉圆锥 4 个腔组成。从侧面观，心房覆盖在心室背面。动脉圆锥与腹主动脉连续，内壁上生有一系列口袋状瓣膜，排成两圈。硬骨鱼类心脏结构和软骨鱼类相似，但不同的是硬骨鱼的心脏由动脉球（bulbus arteriosus）代替了动脉圆锥。动脉球是腹主动脉基部的膨大，壁由平滑肌构成，富有弹性，但不能主动收缩，内壁上不具有瓣膜（图 10-6）。

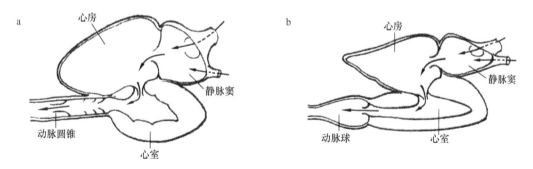

图 10-6 鲨鱼和硬骨鱼心脏模式图（杨安峰和程红，1999）
a. 鲨鱼；b. 硬骨鱼

二、双回路循环心脏

比鱼类高等的脊椎动物出现了双回路循环，心脏把血液泵到分叉的动脉血管，流入体回路和肺回路。这种双回路循环可能是动物在陆地上呼吸空气而产生的适应。在开始出现双回路循环时，由于心脏结构尚不完善，多氧血和缺氧血不能完全分开，这种双回路循环称为不完全双回路循环。

在鱼类向两栖类过渡过程中，鳃消失，鳔逐渐演变为肺，同时伴随内鼻孔的出现，开始了肺呼吸。与之相适应，心脏由一心房一心室过渡到 2 心房 1 心室，即心房出现了不完全（无足目和部分有尾目）或者完全（部分有尾目和无尾目）的分隔，使心房变成左右 2 个部分（图 10-3）。左心房接受由肺静脉（pulmonary vein）返回的多氧血，右心房接受由体静脉（systemic vein）返回的缺氧血及皮静脉（cutaneous vein）返回的多氧血，左右心房以一个共同的房室孔通入单一的心室。不完全房间隔的结构可以中国大鲵为例说明。中国大鲵房间隔是一片布满大量孔洞的薄膜，孔径是其红细胞长径的 3 倍多。因此，血液在心房的混合是可能的。蝌蚪和无肺的有尾类的心房无房间隔，无尾两栖类的心房房间隔完全，隔膜没有孔洞。

两栖类心室仍为单室，无室间隔出现，但心室内壁出现众多的肌肉网柱或小梁，多为前后延伸，突向腔中，能够在一定程度上减少左右心房来的多氧血和缺氧血的混合。动脉圆锥发达，其基部周围形成 3 个半月瓣，防止血液倒流。动脉圆锥内壁有一纵向的螺旋瓣，与心室内壁的肌肉小梁作用相似，配合心室的收缩，起到把多氧血和缺氧血分别引入体循环和肺循环中的作用（图 10-7）。

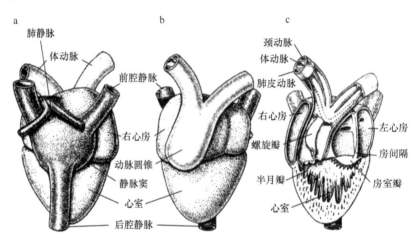

图 10-7　蛙心脏（杨安峰和程红，1999）

a. 背面观；b. 腹面观；c. 剖面观

两栖类心室的收缩首先从右侧开始。从右心房流入的缺氧血，首先被压入动脉圆锥；由于肺皮动脉（pulmo-cutaneous artery）开口较低，阻力较小，缺氧血主要流进肺皮动脉，然后进入肺和皮肤。心脏收缩再移向左侧，动脉圆锥也收缩，螺旋瓣向左偏，关闭肺皮动脉开口，心房中部的混合血进入体动脉，最后心室左侧的多氧血被引入颈动脉（carotid artery）供应给头部和脑。虽然肌肉小梁和螺旋瓣能在一定程度上减少血液混合，但血液在心房中已经混合，从占有重要地位的皮肤呼吸得到的多氧血，经皮静脉返回了右心房，与从体静脉返回的缺氧血混合，而且由于只具有单一心室，血液的混合程度还是比较大的。两栖类静脉窦仍然很发达。

肺鱼的血液循环与两栖类基本一致。由于出现了鳔呼吸（相当于肺呼吸），肺鱼的心脏相应地发生了变化，心房和心室均出现了不完全分隔。由鳔返回的多氧血进入左心房，由体静脉返回的缺氧血进入右心房。不完全的室间隔在一定程度上可以减少血液的混合（图 10-8a）。由此可见，原始的双回路循环在肺鱼已经出现了。

爬行类仍然是不完全的双回路循环。除鳄以外的爬行类，如龟鳖类、蜥蜴和蛇类的心房已经完全分隔，而心室被一个肌肉质的水平隔片（septum）分隔为背腔（dorsal cavum）和腹腔（ventral cavum），并有一个小的垂直隔片把背腔分成左右两部分。因此，爬行类心室被分为 3 个亚腔：腹部的肺腔（pulmonary cavum）和背部的动脉腔（cavum arteriosum）、静脉腔（cavum venosum）。动脉腔和静脉腔之间有室间沟相连接。肺腔与肺动脉相通，静脉腔接受右心房血液，动脉腔接受左心房血液。左右体动脉弓开口在静脉腔（图 10-8b）。返回心室的血液呈选择性分布。从右心房回心脏的缺氧血，先经静脉腔再经肺腔进入肺动脉；从左心房回心脏的多氧血，经动脉腔进入静脉腔再分别进入左右体动脉弓。血液呈有限混合。鳄类具有完全的室间隔，但在左右体动脉弓基部存在一个孔，称为帕尼扎孔（foramen of Panizza）。左右体动脉弓内基本是多氧血。

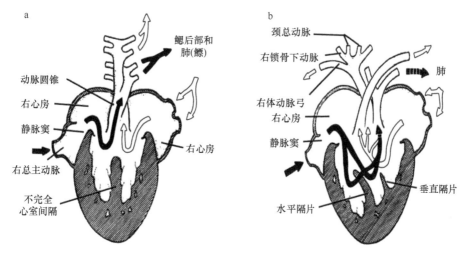

图 10-8　不完全双循环心脏示意图（前端面腹面观）（杨安峰和程红，1999）

a. 肺鱼心脏；b. 爬行类心脏

　　爬行类鳄鱼及鸟类和哺乳类的心脏分隔为左右心房和左右心室，缺氧血和多氧血完全分开，形成完全双回路循环。从体静脉回心脏的缺氧血，经右心房进入右心室，被压入肺动脉弓；从肺静脉回心脏的多氧血，经左心房进入左心室，被压入体动脉弓。

第三节　内柱动脉与心脏起源

　　心脏起源是演化生物学中一个十分有趣的问题。作为原索动物代表的文昌鱼，在形态学上被广泛认为尚无心脏的分化，它主要依靠咽部背面成对的 2 根背主动脉、腹部内柱基部的内柱动脉、肝门静脉及躯干腹部的肠下静脉收缩泵血。因此，文昌鱼的血液循环依赖于分散式的蠕动泵，不像脊椎动物及海鞘（有一个位于咽后、胃前的心脏）依赖于集中式的泵血器官（图 10-9）。由于脊椎动物心脏形态、结构和原索动物的"心脏"差别巨大，曾一度认为它们之间可能没有系统发育联系。然而，超微结构研究发现，脊椎动物胚胎心脏的肌原纤维形成（myofibril formation）源于体腔内脏上皮细胞，也就是由这些细胞形成早期管状心脏可收缩的壁（Manasek，1969）。与此相似，海鞘心脏

（Oliphant and Cloney，1972）和文昌鱼血管（Moller and Philpott，1973）也来自体腔内脏上皮细胞，都包含肌丝，也可以收缩，提示它们与脊椎动物心脏的基本构造非常相似，可能具有同源性。Hirakow（1985）发现，所有脊索动物推动血液流动的循环通道的主要组织都是由体腔内脏上皮构成的。只在脊椎动物才出现的内皮组织，对于循环通道而言，则并非不可或缺。因此，脊椎动物早期胚胎心脏壁的结构可以看作原始的可收缩体腔肌上皮。需要指出的是，文昌鱼体内多处可以收缩的血管缺乏横纹肌，收缩主要依赖于平滑肌，这与尾索动物及脊椎动物的心脏靠横纹肌收缩明显不同（Rahr，1981；Hirakow，1985）。

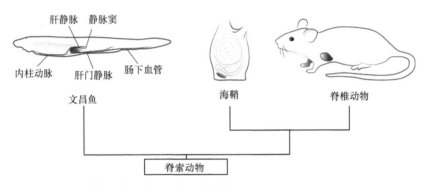

图 10-9　脊索动物心脏和泵血器官演化（Pascual-Anaya et al.，2013）
成体文昌鱼没有集中的泵血器官和心脏，但具有几条主要的可收缩血管。成体海鞘具有一个心包膜包围的泵血血管。
脊椎动物具有复杂的有室心脏。不同的泵血器官均以红色标出

文昌鱼是否具有血细胞，以及其血管内壁是否也如脊椎动物一样，具有内皮衬里，也是有趣的问题。已有报道，文昌鱼血管只有一种细胞即血细胞（hemocyte）。血细胞有时被认为是内皮细胞，有时又被认为是"血液"的细胞（Ruppert，1997）。当血液在体内循环时，文昌鱼的血细胞好像处于血管固定的位置，就这一点而言，血细胞与内皮细胞显然有共同之处。文昌鱼多数血细胞呈不连续状分布于整个循环系统，即使在血细胞丰富到足以形成连续血管衬里时，它们也不会通过细胞间连接联系起来。这似乎为脊椎动物内皮细胞和血液细胞的起源提供了一些线索。

组织特异性标志基因的表达模式，为上述形态学观察所得出的结论提供了进一步的支持。从造血干细胞（hematopoietic stem cell，HSC）分化成各种血细胞的过程称为造血作用（hematogenesis），它一般与心血管发育同步发生。HSC 负责维持脊椎动物所有血细胞的再生和稳定。在脊椎动物个体发育过程中，血细胞首先在包围卵黄囊的胚外组织血岛中发生，而胚体的血细胞则最先在主动脉-性腺-中肾（aorta-gonad-mesonephros，AGM）区形成。血小板源性生长因子受体/血管内皮细胞生长因子受体（platelet-derived growth factor receptor/vascular endothelial growth factor receptor，PDGFR/VEGFR）家族成员（特别是 VEGFR-2/Flk-1）及转录因子 SCL/TAL-1 和 GATA1-3 在造血作用中发挥关键作用，它们主要参与基因网络调控，决定卵黄囊、主动脉-性腺-中肾区和胚胎肝脏 HSC 的发育命运。稍后，内皮细胞出现，内皮细胞开始表达标记基因 *VEGFR-2/Flk-1*。内皮细胞和血细胞都来源于同一细胞前体成血管细胞（angioblast）。已知脊椎动物心脏标记

基因有 *BMP2/4*、*Csx*（*Nkx2.5/tinman*）、*Hand* 和 *Tbx4/5* 等。这些基因在文昌鱼中也存在。Panopoulou 等（1998）发现 *BMP2/4* 在文昌鱼咽部腹中线处间质细胞表达。由于咽部腹中线处间质细胞所处位置被认为是内柱动脉前体（Hirakow，1985），因此，*BMP2/4* 基因的表达模式为内柱动脉和脊椎动物心脏是同源器官的观点提供了支持。然而，Holland 等（2003）发现 *Nkx2.5/tinman* 先在前肠内胚层表达，后在肌肉细胞前体短暂表达，最后在腹中部从中肠到后肠的内脏腹膜表达。表达 *Nkx2.5/tinman* 基因的内脏腹膜形成成体文昌鱼的肠下血管，因此，Holland 等认为肠下血管与脊椎动物心脏同源。有人因此把文昌鱼腹侧中胚层分为前部咽区和后部心区（Onimaru et al.，2011）。有趣的是，Pascual-Anaya 等（2013）发现，在文昌鱼中，心脏标记基因 *Csx*（*Nkx2.5/tinman*）、*Hand* 和 *Tbx4/5* 表达区域比以前所报道的更为广阔，既包括咽中胚层，也包括躯干腹部中胚层。这说明咽部血管（如内柱动脉）和躯干血管（如肠下静脉）可能都属于"心脏区"。由上述可见，文昌鱼驱动血液循环的血管和脊椎动物心脏的发育可能具有一个相同的调控网络。另外，造血标记基因 *Pdvegfr*、*Scl* 和 *Gata1/2/3* 的表达模式也表明，在个体发育过程中，文昌鱼胚胎也存在造血区（图 10-10）。文昌鱼胚胎的造血区位于身体前部靠近背主动脉处，它不但与正在发育的排泄系统相关联，而且发育受视黄酸调控。我们知道，视黄酸信号在脊椎动物 HSC 决定中起关键作用；视黄酸处理可以抑制斑马鱼造血作用。因此，Pascual-Anaya 等（2013）认为文昌鱼胚胎的造血区类似于脊椎动物的 AGM 区。

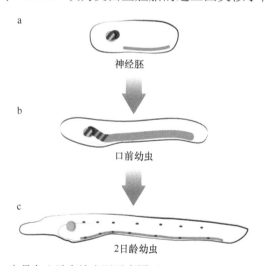

图 10-10　文昌鱼心脏和造血区示意图（Pascual-Anaya et al.，2013）

a. 神经胚，肾发生（绿色）-造血（红色）-心脏发生（蓝色）区已经决定。肾发生和造血区在左侧与哈氏肾管（Hatschek's nephridium）相联系。心脏发生区由腹部中胚层（相当于肠下血管原基）组成。b. 口前幼虫期，心脏发生区由咽部扩展至尾部。造血区由两侧向中间和后部扩展，直至和心脏发生区相接触。c. 基因 *Scl* 表达终止，预示早期造血作用完成，*Pdvegfr*⁺ 特异性血细胞（紫色）在背主动脉和肠下血管出现

基因组学研究已经非常明确地把尾索动物海鞘规整为脊椎动物的姐妹群，头索动物处于脊索动物系统发育的基部。前面我们详细介绍了文昌鱼和脊椎动物的心血管系统的组成及其发育，表明两者之间有许多相似之处，说明两者是同源性器官。基于这些，有学者提出脊椎动物的心脏起源于文昌鱼内柱动脉的观点（Harvey，1996；Fishman and

Chien，1997)。不过，这一观点已被更新的假设替代。Xavier-Neto 等（2010）认为，文昌鱼分散的由平滑肌驱动的泵血系统，很可能代表了脊索动物祖先循环系统的原始状态；在系统演化过程中，尾索动物和脊椎动物的共同祖先演化出一个由横纹肌构成的更为有效的集中泵血器官，被包裹在心包膜中（图 10-11）。尾索动物将所有的循环功能集中到这个主泵中，而脊椎动物则演化出腔室心脏，控制全身血液循环。

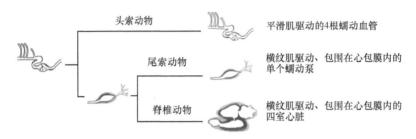

图 10-11　脊索动物心脏演化示意图（Xavier-Neto et al.，2010）

文昌鱼原始的泵血器官是海鞘和脊椎动物心脏的共同祖先代表，由此演化出被心包膜包围的横纹肌驱动的心脏

参 考 文 献

杨安峰, 程红. 1999. 脊椎动物比较解剖学. 北京: 北京大学出版社: 221-237.

Brusca R C, Brusca G J. 2003. Invertebrates. 2nd ed. Sunderland: Sinauer Associates: 868-871.

Davidson B. 2007. *Ciona intestinalis* as a model for cardiac development. Semin Cell Dev Biol, 18: 16-26.

Fishman M C, Chien K R. 1997. Fashioning the vertebrate heart, earliest embryonic decisions. Development, 124: 2099-2117.

Gilber S. F. 2014. Developmental Biology. 10th ed. Sunderland: Sinauer Associates: 449-459.

Harvey R P. 1996. *NK2* homeobox genes and heart development. Dev Biol, 178: 203-216.

Hilderbrand M. 1988. Analysis of Vertebrate Structure. 3rd ed. New York: John Wiley & Sons: 263-311.

Hirakow R. 1985. The vertebrate heart in phylogenetic relation to the prochordates. Forschr Zool, 30: 367-369.

Holland N D, Venkatesh T V, Holland L Z, et al. 2003. *AmphiNk2-tin*, an amphioxus homeobox gene expressed in myocardial progenitors: insights into evolution of the vertebrate heart. Dev Biol, 255: 128-137.

Kent G C. 1992. Comparative Anatomy of the Vertebrates. 7th ed. Boston: Mosby-Year Book, Inc.

Manasek F J. 1969. Embryonic development of the heart. Ⅱ. Formation of the epicardium. J Embryol Exp Morphol, 22: 333-348.

Moller P C, Philpott C W. 1973. The circulatory system of amphioxus (*Branchiostoma floridae*). Ⅰ. Morphology of the major vessels of the pharyngeal area. J Morphol, 139: 389-406.

Oliphant L W, Cloney R A. 1972. The ascidian myocardium: sarcoplasmic reticulum and excitation-construction coupling. Z Zellforsch, 129: 395-412.

Onimaru K, Shoguchi E, Kuratani S, et al. 2011. Development and evolution of the lateral plate mesoderm: comparative analysis of amphioxus and lamprey with implications for the acquisition of paired fins. Dev Biol, 359: 124-136.

Panopoulou G D, Clark M D, Holland L Z, et al. 1998. *AmphiBMP2/4*, an amphioxus bone morphogenetic protein closely related to *Drosophila* decapentaplegic and vertebrate *BMP2* and *BMP4*: insights into evolution of dorsoventral axis specification. Dev Dyn, 213: 130-139.

Pascual-Anaya J, Albuixech-Crespo B, Somorjai I M L, et al. 2013. The evolutionary origins of chordate hematopoiesis and vertebrate endothelia. Dev Biol, 375: 182-192.

Rahr H. 1979. Circulatory system of amphioxus *Branchiostoma lanceolatum* (Pallas). Light microscopic investigation based on intra-vascular injection technique. Acta Zool, 60: 1-18.

Rahr H. 1981. The ultrastructure of the blood-vessels of *Branchiostoma lanceolatum* (Pallas) (Cephalochordata). 1. Relations between blood-vessels, epithelia, basal laminae, and connective-tissue. Zoomorphology, 97: 53-74.

Revecca M. 1962. William Harvey, Trailblazer of Scientific Medicine. New York: Franklin Watts.

Ruppert E E. 1997. Cephalochordata (Acrania)//Harrison F W, Ruppert E E. Microscopic Anatomy of Invertebrates, Hemichordata, Chaetognatha and the Invertebrate Chordates. New York: Wiley-Liss: 349-505.

Schubert M, Escriva H, Xavier-Neto J, et al. 2006. Amphioxus and tunicates as evolutionary model systems. Trends Ecol Evol, 21: 269-277.

Simoes-Costa M S, Vasconcelos M, Sampaio A C, et al. 2005. The evolutionary origin of cardiac chambers. Dev Biol, 277: 1-15.

Stach T. 1998. Coelomic cavities may function as a vascular system in amphioxus larvae. Biol Bull, 195: 260-263.

Stephenson A, Adams J W, Vaccarezza M. 2017. The vertebrate heart: an evolutionary perspective. J Anat, 231: 787-797.

Storch V, Welsch U. 1974. Epitheliomuscular cells in *Lingula unguis* (Branchiopoda) and *Branchiostoma lanceolatum* (Acrania). Cell Tissue Res, 154: 543-545.

Xavier-Neto J, Davidson B, Simoes-Costa M S, et al. 2010. Evolutionary Origins of Hearts//Rosenthal N, Harvey R P. Heart Development and Regeneration. New York: Academic Press: 3-45.

第十一章

感光细胞与眼

光对地球大多数生物而言都是一个关键的环境因素。6亿多年前，早期生物便演化出能够传输光信号的光感受器（photoreceptor），这些光感受器可能介导早期生物的趋光、躲避捕食者和调控昼夜节律等生命过程。到约5.4亿年前的寒武纪生命大爆发时期，动物演化开始进入快速发展阶段，可成像的眼和视觉系统也随之逐渐出现。简单的眼可能就由一个感光细胞紧贴着一个包含屏蔽色素的细胞构成，而复杂的眼也出现于各种动物中，它们由各种光学元件组成，如脊椎动物的"成像眼"（camera eye）。

文昌鱼具有4种光感受器：额眼（frontal eye，FE）、板层小体（lamellar body，LB）、约瑟夫细胞（Joseph cell，JC）和背单眼（dorsal ocelli，DO），其已经成为研究脊索动物祖先感光及眼演化的珍贵模式动物。大量研究表明，文昌鱼的额眼和脊椎动物的侧眼具有同源性；板层小体和脊椎动物的松果体具有同源性；约瑟夫细胞和脊椎动物的内在光敏感视网膜神经节细胞（intrinsically photosensitive retinal ganglion cell，ipRGC）具有同源性。背单眼比较复杂，与脊椎动物内在光敏感视网膜神经节细胞及含黑暗视蛋白的侧线细胞可能都有一定的同源性。

第一节　脊椎动物的眼

脊椎动物具有视觉器官（visual organ），可以感受光刺激。其中，位于头部两侧的眼（eye）能将进入的光线形成适当影像投射到感光上皮即视网膜上，产生冲动并由视神经传至神经中枢，形成周围环境中的物体形状和方位。另外，低等脊椎动物头部背中线处还有第3只眼，也称顶眼或正中眼（medium eye）。正中眼也具有感光功能，但不能形成影像，可影响动物的生命节律。

一、眼的结构和发育

眼的构造在所有脊椎动物中基本一致，包括3层膜（外层巩膜、中间脉络膜和内层视网膜）、一套折光系统（角膜、房水、晶状体和玻璃体）和辅助结构。下面以哺乳类为例，对眼（图11-1）的结构作简要叙述。

1. 基本结构

眼球外膜前部为角膜（cornea），后部为巩膜（sclera）。角膜无色透明，外界的光线由此进入眼睛，并在光线聚焦中起着最为重要的作用。巩膜由致密的结缔组织所组成，具有维持眼球形态和保护眼内层的作用。

中膜即脉络膜（choroid），含有丰富的血管、神经和色素细胞。其中，血管可供给视网膜营养和氧气，而色素则能够吸收眼内多余的光线，起到保证视物清晰的作用。脉络膜后部贴附于巩膜内面，占很大比例，血管丰富；其前缘向前逐渐变厚，成为睫状体（ciliary body）。睫状体由睫状突和睫状肌组成，前者产生房水，而后者的收缩和舒张与晶状体（lens）的曲度调节有关，受副交感神经支配。哺乳类的睫状肌为平滑肌。中膜前部为一片黑褐色的环形膜，称为虹膜（iris），位于角膜和晶状体之间，中央为一圆形瞳孔（pupil）。虹膜类似于照相机的光圈，可以调节进入眼内光线的多少。虹膜内的色素细胞决定眼的颜色。

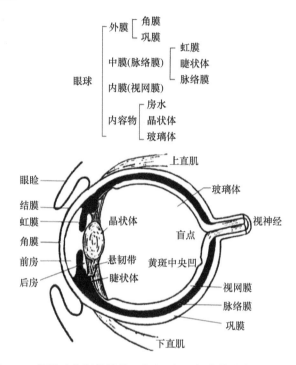

图 11-1　脊椎动物眼的结构（矢切面）（杨安峰和程红，1999）

内膜即视网膜（retina），位于眼球最内层，是感受光刺激的神经组织，其后部贴附于脉络膜前部。所有脊椎动物均具有发育良好的视网膜，其基底层由覆盖在脉络膜层之上的色素细胞组成，而含有感光细胞（视杆细胞和视锥细胞）的神经组织则位于该基底层之上。其中，视杆细胞对光更为敏感，因此能够感知较暗的光线；而视锥细胞则能够感知强光和色彩。视网膜的这些感光细胞能够将探测到的光信号转化为一系列的视觉电信号，经过复杂的神经通路传导给动物大脑。通过这一神经通路，动物可以经由视神经将眼和视皮层及其他脑部相关区域连接在一起。

房水为位于角膜和晶状体之间的前房和后房中充满的澄清液体，有曲折光线和营养眼球的作用。玻璃体（vitreous body）是无色透明的果冻样物质，填充位于晶状体与视网膜之间的眼球后内腔。晶状体无色透明，无血管和神经，呈双凸透镜状，为晶体纤维排列成复杂的同心圆而形成的构造，透光性好，形状稳定，具有弹性，受睫状肌的控制可改变曲度。

眼还包括眼睑（eyelids）、瞬膜（nictitating membrane）、结膜（conjunctiva）、泪腺（lacrimal gland）和眼肌辅助结构。眼睑为覆盖于眼球前面、能上下运动的皱褶，有清洁和湿润角膜的作用。瞬膜为上下眼睑内侧的一个透明皮褶，覆盖角膜，又称为第二眼睑，也具有润滑角膜的功能。结膜是位于眼睑内、覆盖在眼球表面（巩膜表层）的一层透明且富有血管的膜，可分泌黏液和泪液润滑眼球。泪腺位于眼眶后侧，分泌泪液保持角膜和结膜的湿润，并有一定的抗菌作用（内含抗菌肽）。多余泪液经眼内侧的鼻泪管流入鼻腔。眼肌为运动眼球的肌肉，包括内直肌、外直肌、上直肌、下直肌、上斜肌和下斜肌。

2. 眼的发育

眼由外胚层和中胚层间充质细胞共同产生。在胚胎发育早期，由前脑向两侧突出形成一对眼泡，并以一眼柄连于间脑。眼泡外端内凹形成双层结构的视杯。外胚层上皮贴近眼泡并增厚形成晶体板，并凸入视杯，后与表面上皮分离，落入视杯中成为晶状体（图 11-2）。视杯的外层分化为色素层，内层分化为视网膜，两层彼此贴近。视杯周围的间充质细胞形成眼球的其他结构，如中膜和外膜等。

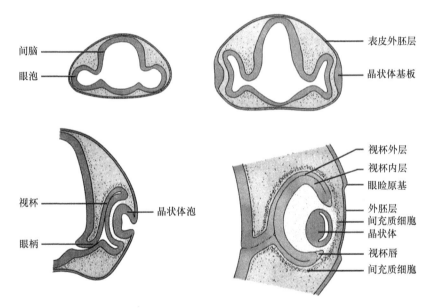

图 11-2　眼的发育（Hildebrand，1988）

头部横切面

3. 脊椎动物眼的比较

各类脊椎动物眼的基本结构较为稳定，但由于生活环境的不同，传导光波的介质不同，因而由水生到陆生乃至到空中飞翔的不同类群动物的眼，在折光系统、视觉调节及辅助结构方面都存在一定的差异（图 11-3）。无颌类脊椎动物的眼已基本具有有颌类脊椎动物眼一样的结构。七鳃鳗幼体时期，眼陷在带有色素的皮肤下，成体时才得以发育。无颌类和鱼类生活于水中，无需任何器官防止干燥，所以其眼睑只是眼眶周缘的皮褶，眼从不关闭。但是，少数鲨鱼具有能动的瞬膜，可由下向上延伸，遮盖眼球。鱼类均无泪腺。

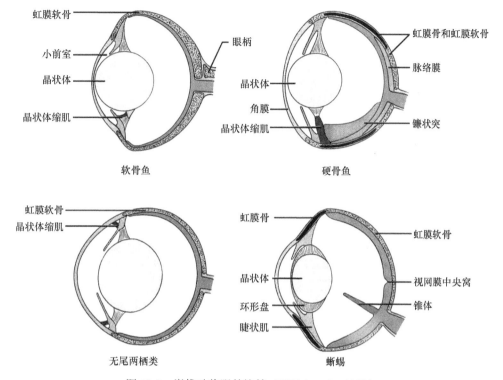

软骨鱼

虹膜软骨
小前室
晶状体
晶状体缩肌
眼柄

硬骨鱼

虹膜骨和虹膜软骨
脉络膜
晶状体
角膜
晶状体缩肌
镰状突

无尾两栖类

虹膜软骨
晶状体缩肌

蜥蜴

虹膜骨
虹膜软骨
晶状体
环形盘
睫状肌
视网膜中央窝
锥体

图 11-3 脊椎动物眼的比较（Hildebrand，1988）

两栖类的眼开始出现一些与陆生生活相适应的特征，如具有可活动的下眼睑和瞬膜防止角膜干燥后不透光。上眼睑不能活动。鼻泪管首次出现。

爬行类完全陆生，首次出现了泪腺。眼睑更灵活。巩膜中出现了骨质环片以保护眼球，同时提高了眼球的坚固性。

鸟类的眼睑和瞬膜发达，飞翔时瞬膜覆盖整个眼球以保护角膜。巩膜后面有薄骨片呈覆瓦状排列成环，形成巩膜骨环，保护鸟类飞翔时不会因强大的气流压力而眼球变形。

哺乳类眼的辅助结构完善，如前所述。泪腺发达。瞬膜退化。无巩膜骨环。

二、正中眼

少数低等脊椎动物在头顶部还有一个具有功能的第 3 只眼，即正中眼。在现存动物中，正中眼见于七鳃鳗和一些蜥蜴。正中眼是间脑顶部的凸起（图 11-4）。在较原始状态下，间脑向上有 2 个凸起，呈前后排列，前凸起为松果旁体（parapineal body），又称顶器或顶眼；后凸起为松果体（pineal body），又称松果眼。两者常合称脑上体复合体（epiphyseal complex）。松果旁体有感光能力，但在七鳃鳗中，松果旁体和松果体两者都能感光。七鳃鳗头顶部中央的皮肤色素消失而透明，其下方有松果体存在；松果体中空，上壁结构似晶状体，下壁结构似视网膜，含有感光细胞和神经节细胞，神经节细胞发出神经纤维束，通过松果体柄连到间脑右侧。七鳃鳗松果旁体的结构、功能均与松果体相似，其神经束连到间脑左侧。

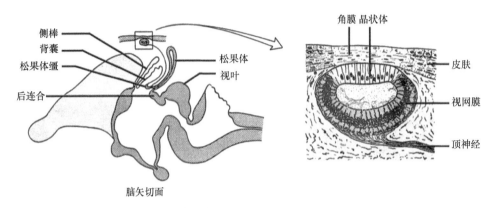

图 11-4　蜥蜴的正中眼（Hildebrand，1988）

在一些成体蜥蜴头部正中线处有一片半透明的角质鳞片，覆盖头顶的一个顶孔（parietal foramen），其中有顶眼即松果旁体，由角膜、晶状体及含有感光细胞的视网膜组成（图 11-4）。正中眼的视网膜与侧眼的视网膜相似，其中神经节细胞发出的神经纤维束进入间脑顶部。松果体在胚胎时期存在，成体退化。

正中眼不能成像，只有感光功能，作用相当于一个生物钟，监测光照长短和强度，调节体内生物节律，控制日光下的运动和性腺的季节性变化。正中眼是一个原始性结构，在早期脊椎动物中普遍存在，如甲胄鱼、盾皮鱼、总鳍鱼及早期两栖类和爬行类。在绝大多数现生脊椎动物中，正中眼退化，但松果体仍保留，成为内分泌腺，其分泌物一般与原来的感光功能有关。

第二节　眼的系统发生

光可能是动物演化过程中起作用最大的一种选择压力。动物眼的形状、大小、光学设计及其在身体上的位置都各不相同，但眼所提供的信息都是相同的，即光的波长和强度。

寒武纪动物已经出现了形式非常简单的眼——眼杯（Conway-Morris，1998）。这些简单的眼杯由位于遮光色素细胞构成的杯状结构中的少数光感受器（细胞）组成，它们可以感知光，即环境的明暗，借此选择合适的生存环境，但尚不能确定方位，无法探知捕食者或者猎物的存在。在动物演化过程中，伴随着肉食性和捕食行为的出现，现有动物的眼已发生了根本改变，形成了一个能够成像的光学系统。根据 Shu 等（2003）报道，最早的球状可成像眼在海口鱼已经出现。由此可见，可成像眼形成的时间很早，它可能经历了漫长时间的演化，才逐渐发展成现存脊椎动物的完美的光学成像系统。

一、动物眼的相似性和差异性

从逻辑上讲，眼可以是单一起源，即由单个祖先演化而来，也可以是多元起源，即在演化过程中经历多次演化而成。Parker（1998）认为，光作为行为信号的出现可能直接导致了眼演化的加速。他研究了从伯吉斯页岩（Burgess Shale）采集到的标本，认为某些标本，如软体动物威瓦亚虫（*Wiwaxia corrugata*）、环节动物刺加那迪亚虫（*Canadia spinosa*）和节肢动物马尔三叶形虫（*Marrella splendens*），其粗糙的身体表面显现出的均匀排列的结构可能充当着衍射光栅。在入射光线下，这些小动物身体上的凹槽可能将光线折射成各种颜色，反射出斑斓闪耀的彩虹，如同光盘的背面闪烁一样。因此，Parker 推测这些小动物可以通过刺样附属物闪烁形成的彩虹威慑掠食者，这些彩虹成为后生动物最早的视觉信号。在寒武纪，由光作为视觉信号引起的眼的快速演化，是一个很有吸引力的观点。但是，由于许多选择压力同时发挥作用，无法对光作为行为信号的重要性进行直接评估。

眼通过类似于相机光圈的小孔采光，并通过晶状体将光线聚焦于感光细胞上。感光细胞是特化的细胞，可以将光子转换为神经信号。有些眼缺乏瞳孔，甚至缺乏晶状体（如鹦鹉螺眼），但是，所有的眼不能没有专门的光传导细胞。到了寒武纪，具有功能的眼已在三大类动物中出现，即软体动物、节肢动物和脊索动物。在窝眼的基础上，这些动物中形成了 8 种视觉的光学解决方案，即产生了 8 种可以形成影像的眼（图 11-5）。在这 8 种视觉解决方案中，脊索动物占 2 种，其中以折射率梯度产生影像这一方案为水下生活的动物所共有（Land and Fernald，1992）。不同动物，包括软体动物、节肢动物和脊索动物的眼，在许多结构和功能细节方面很不相同。例如，感光细胞分为两种类型：具微绒毛的杆状感光细胞（rhabdomeric photoreceptor cell）和具纤毛的睫状感光细胞（ciliary photoreceptor cell）。微绒毛和纤毛都可以增加感光细胞膜的表面积，使细胞捕获更多的光传导分子——视蛋白（opsin）。一般认为，杆状（微绒毛型）感光细胞主要存在于原口动物（包含绝大多数无脊椎动物）中，而睫状（纤毛型）感光细胞主要存在于后口动物（包括脊索动物）中。不同类型感光细胞的生理反应也存在差异。微绒毛型感光细胞（杆状感光细胞）通过 G_q 或 G_o 介导的 G 蛋白偶联的信号级联反应引导细胞去极化（depolarization），也就是光子吸收可导致钠离子通道打开，以响应光刺激。相反，纤毛型感光细胞（睫状感光细胞）通过 G_t 介导的 G 蛋白信号级联反应引导超极化（hyperpolarization），也就是光子吸收可导致钠离子通道关闭，以响应光刺激。另外，脊椎动物和头足类的眼虽然都是单室（盒形）眼（single-chambered eye），但它们明显由胚胎的不同部分发育而来。头足类的眼由表皮基板（epidermal placode）连续内褶形成，而脊椎动物的眼则由神经板诱导上面覆盖的表皮形成晶状体而产生（图 11-6）。头足类的眼缺乏角膜，而脊椎动物的眼具有角膜。现存动物眼的结构、功能和发育方式的显著多样性表明，眼的演化是多元的。

二、感光细胞和视蛋白

一般而言，杆状感光细胞和睫状感光细胞分别存在于原口动物和后口动物中，但有些动物同时具有杆状感光细胞和睫状感光细胞。例如，文昌鱼、阔沙蚕、扇贝和昆虫等就同时具有两种感光细胞（Arendt et al.，2004；Lacalli，2004；Velarde et al.，2005）。对视蛋白及调控眼发育的转录因子的系统发生研究表明，杆状感光细胞和睫状感光细胞

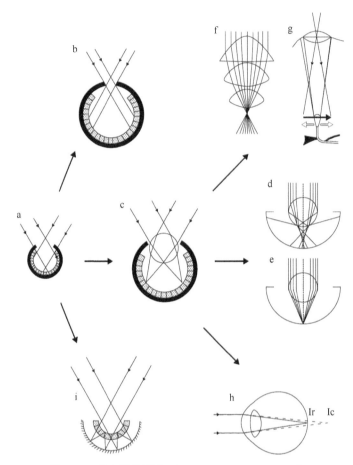

图 11-5　单室眼的演化（Land and Fernald，1992）

箭号示功能发展，而非特定演化途径。a. 窝眼（pit eye），普遍存在于绝大多数后生动物中；b. 针孔眼，见于鲍鱼和鹦鹉螺；c. 单晶状体眼；d. 均匀晶状体眼，无法聚焦；e. 具有折射率梯度的晶状体眼；f. 雄性角水蚤的多晶状体眼；g. 剑水蚤的双晶状体眼，实线箭号示图像位置，空心箭号示第二晶状体的运动方向；h.（陆地）人眼，具角膜和晶状体；i. 扇贝镜像眼；Ic. 由角膜单独形成的影像，Ir. 视网膜上的终极影像

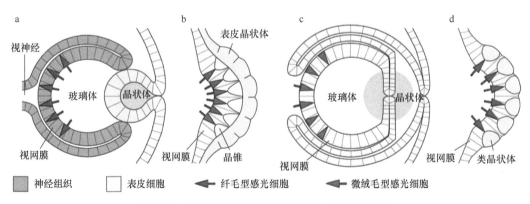

图 11-6　4 种类型眼的构建蓝图（Fernald，2000）

a. 脊椎动物眼；b. 节肢动物复眼；c. 头足类晶状体眼；d. 管栖多毛类和某些蛤类的复眼。眼的构造差异巨大。例如，在脊索动物中，感光细胞由中枢神经系统分化而来，而头足类和节肢动物的眼则由表皮分化而来。另外，脊椎动物的视网膜是倒置的（如感光细胞位于眼后面），而头足类的视网膜是正置的（如感光细胞位于眼前面）

在原始的两侧对称动物中就已经存在（Arendt，2003；Arendt and Wittbrodt，2001）。所以，在系统演化过程中，杆状感光细胞和睫状感光细胞可能是同时出现的。这些研究同时表明，脊椎动物的视杆细胞和视锥细胞可能来源于脊椎动物祖先中共同的睫状感光细胞前体；脊椎动物的视网膜神经节细胞可能是杆状感光细胞的姐妹细胞（Lamb et al.，2007）。

所有现存动物的眼，都依赖于基于维生素 A 的视觉色素，包含视蛋白。视蛋白的出现远早于眼的起源。需要指出的是，视蛋白不是动物用于光探测的唯一分子，因为可以感受蓝光和近紫外光的隐花色素（cryptochrome）或称蓝光/近紫外光-A 受体（blue/UV-A receptor）普遍存在于植物和动物中。除此之外，海绵动物幼体还可通过细胞色素 c 氧化酶探测光线（Bjorn and Rasmusson，2009）。但是，动物的眼只能依赖于视蛋白进行视觉光感受。视蛋白为 7 次跨膜蛋白，属于 G 蛋白偶联受体（G-protein coupled receptor，GPCR）家族成员。视蛋白结合有光敏发色团（chromophore），最常见的光敏发色团为11-顺式视黄醛（11-cis-retinaldehyde）。视蛋白和其他 G 蛋白偶联受体不同，因为在它的第 7 个螺旋结构中含有高度保守的赖氨酸（lysine），这有助于视蛋白和视醛酸共价结合。

遗传分析显示，所有视蛋白都具有同源性，即它们都是由一个共同祖先演化而来的。根据一级结构，视蛋白大致可为四大类：①c-型视蛋白（c-type opsin），存在于睫状感光细胞（脊椎动物典型的视觉感光细胞）中；②r-型视蛋白（r-type opsin），存在于杆状感光细胞（原口无脊椎动物典型的视觉感光细胞）中；③刺胞动物视蛋白（cnidopsin），只存在于刺胞动物中；④非视觉视蛋白（nonvisual opsin），也称为 Group4 视蛋白。根据序列及所偶联的 G 蛋白类型，c-型、r-型和 Group4 视蛋白又可细分为 7 个亚家族：脊椎动物视觉和非视觉视蛋白、脑视蛋白/硬骨鱼多重组织视蛋白［encephalopsin/teleost multiple tissue（TMT）opsin］、Gq-偶联/黑视蛋白（Gq-coupled/melanopsin）、神经视蛋白（neuropsin）、Go-偶联视蛋白（Go-coupled opsin）、视网膜色素上皮的周视蛋白（peropsin）和视网膜光异构酶（photoisomerase）。多数视蛋白具有两种功能：吸收光及激活视觉/非视觉系统的 G 蛋白。光吸收使光敏发色团 11-顺式视黄醛异构化为全-顺式视黄醛，这会导致视蛋白构象改变，并引发信号转导级联反应，响应光刺激。另外，不同的视蛋白偶联不同的 G 蛋白，可以参与不同的转导级联反应。

两侧对称动物通常具有 3 种视蛋白：c-型视蛋白、r-型视蛋白和光异构酶，而刺胞动物则具有 c-型视蛋白和特有的刺胞动物视蛋白。刺胞动物视蛋白似乎对应于两侧对称动物的 r-型视蛋白和光异构酶（Koyanagi and Terakita，2008；Kozmik et al.，2008；Suga et al.，2008）。有趣的是，在海绵动物、扁盘动物和领鞭毛虫等更低等的动物中，没有发现视蛋白基因。因此，推断视蛋白可能起源于早期的真后生动物，并在动物分化为刺胞动物和两侧对称动物这一关键节点前后分别演化出不同种类的视蛋白（Plachetzki and Oakley，2007；Suga et al.，1999）。

三、晶体蛋白

晶状体的组成也可以揭示眼的演化。在脊椎动物中，晶状体由上皮细胞形成，含有高浓度可溶性晶体蛋白（crystallin）。相比之下，无脊椎动物的晶体蛋白由眼特化的细胞所分泌。还有，寄生虫新异叶虫（*Neoheterocotyle rhinobatidis*）成对眼的晶体蛋白由线粒体产生（Rohde et al., 1999）。虽然晶体蛋白的细胞来源各不相同，但作为晶状体要发挥光学功能，其组成蛋白必须能形成折射率径向梯度，即晶状体边缘折射率低而中心部位折射率高。折射率梯度为水中生活的动物所不可或缺，并且也被陆生脊椎动物和无脊椎动物继承。最明显的例子是头足类，其晶状体虽然胚胎来源与脊椎动物不同，但同样组装成球形，并形成所需的折射率。

目前，发现有十几种晶体蛋白为晶状体组织所特有的蛋白。α晶体蛋白和β/γ晶体蛋白是脊椎动物特有的晶体蛋白，它们分别和热激蛋白以及血吸虫卵抗原（schistosome egg antigen）相关。不过，脊椎动物其余的晶体蛋白都是不保守蛋白，在体内其他组织可执行一些酶功能。令人惊奇的是，多数动物类群的特异性晶体蛋白其实都是相同酶基因的产物。例如，在鳄鱼和某些鸟类中，糖酵解酶中的乳酸脱氢酶 B 就是眼晶状体的主要蛋白。一个基因编码一个具有两种完全不同功能的蛋白，这种现象称为基因共享（gene sharing），这也可能是基因复制的先决条件。

晶状体的演化主要取决于在眼前部产生相对大量的具有折射功能的蛋白质，组装成具有特定浓度梯度的结构，使晶状体可以聚光。各种动物都选择合成相对容易调节的蛋白质来作为晶体蛋白，组建眼的晶状体，这一点显示出明显的趋同性。趋同演化产生的晶体蛋白浓度梯度，使脊椎动物和无脊椎动物的眼都获得了精致的折射率梯度，这也是使晶状体获得光学成像功能的唯一途径。显而易见，虽然各种动物眼的晶体蛋白没有同源性，但不同动物眼晶状体形成的策略是相同的。

四、眼发育相关基因

发育生物学大量研究表明，不同动物类似的发育过程受同源基因尤其是同源异型基因控制。Quiring 等（1994）通过一系列实验，首先发现在果蝇眼发育中具有重要作用的基因 *eyeless* 和小鼠的 *Small eye*（*Sey* 或 *Pax6*），以及人的 *Aniridia* 基因为同源基因。这些同源基因都编码一个具有配对域和同源域的转录因子。Halder 等（1995）证明，*eyeless* 和 *Pax6* 的靶向表达都可以诱导果蝇形成异位眼（ectopic eye），由此提出 *Pax6* 是眼发育的主控基因（master control gene）的假设。主控基因这一概念暗指基因调控的线性层次，即主控基因表达决定一个器官系统的构建。

序列分析发现，鼠和人的 PAX6 蛋白的氨基酸序列一致，并与果蝇 *eyeless* 基因编码的蛋白质序列高度相似。大量证据表明，同源基因 *Pax6* 基因及其启动子在演化过程中高度保守。在脊椎动物中，*Pax6* 基因参与几乎每一种类型视网膜细胞的形成，而这些

细胞可能都是由感光细胞前体演化而来的（Marquardt et al.，2001）。在果蝇中，*eyeless*
和 *eye gone* 一起决定眼盘（eye disc）的形成，而眼盘将形成包括感光细胞在内的所有类
型小眼细胞（Jang et al.，2003）。所以，同源基因 *Pax6* 对哺乳动物和昆虫眼的形态发生
不可或缺。需要指出的是，*Pax6* 不仅参与眼发育，还在动物体内的许多其他位置表达，
如在嗅觉上皮、脊髓、小脑和大脑皮层等都有表达（Engelkamp et al.，1999；Gotz et al.，
1998）。这说明 *Pax6* 并非感光细胞特异性基因，甚至不是眼特异性基因（Simpson and
Price，2002），即 *Pax6* 在细胞特化或分化中的作用并不仅限于感光细胞。由于 *Pax-6* 基
因像其他发育相关的重要基因一样，在眼出现前就已经存在，因此它可能只是在眼的形
成过程中被招募来参与其形态发生。

五、眼的演化模式

目前，广泛认为动物眼的起源是多元起源。Salvini-Plawen 和 Mayr（1977）根据对
不同动物眼的总体结构、感光细胞类型、组织来源、光受体轴突位置和其他解剖特征的
综合比较分析，推测眼至少经历过 40 次演化，甚至多达 65 次（Land and Fernald，1992）。
简而言之，眼的演化主要经历了两个阶段：第一阶段是形成简单的眼杯，第二阶段是出
现一个能够成像的光学系统。根据眼的结构和成像特点，动物的眼通常分为两大类：简
单眼（simple eye）和复眼（compound eye）。

一般而言，仅根据组织结构及相关基因序列和表达特征推测眼的系统发生，往往难
以勾画出完整图景。要了解眼的起源，不但需要对控制眼发育及其功能的遗传调控途
径进行更深入的分析，而且需要更多化石信息的佐证。根据现有数据对不同类型眼的
系统发生进行的总结如图 11-7 所示。其中，以高度代表视觉质量（光学质量），以水平面

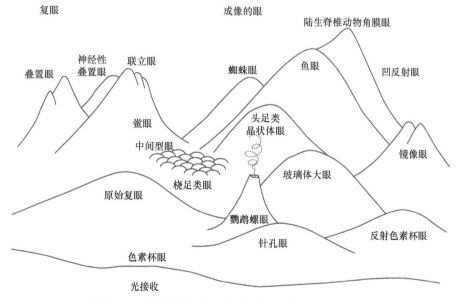

图 11-7　不同类型眼演化的可能模式（Fernald，2000）

表示演化距离。显而易见，不同类型的眼，形成高低不同的"小山峰"。同一类型眼的演化相当于由低到高的"爬山"，这相对简单，也易于实现。但是，从一种类型眼演化为另一种类型眼，相当于从一个"山顶"跨越到另一个"山顶"，而这是几乎不可能实现的（Dawkins，1996）。

第三节　感光细胞与眼起源

　　文昌鱼是研究脊索动物祖先感光细胞及脊椎动物眼的起源与演化的珍贵模式动物。文昌鱼具有 4 种光感受器（图 11-8）：额眼（FE）、板层小体（LB）、约瑟夫细胞（JC）和背单眼（DO）。文昌鱼个体发育自受精到变态的时间因种而异，历时数周乃至数月。但是，文昌鱼幼虫都是浮游幼虫，变态后营底栖钻沙生活，只有头部前端露出沙面以便滤食。因此，与这种生活方式的剧烈变化相联系，文昌鱼对光刺激反应也发生了剧烈变化。

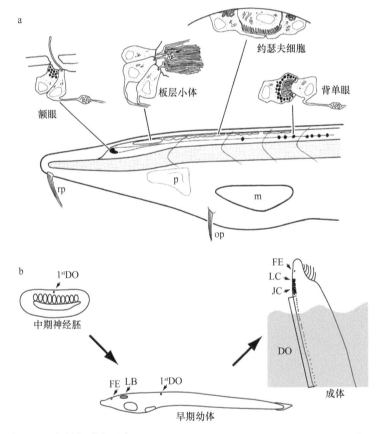

图 11-8　文昌鱼感光器官（Lacalli，2004；Pergner and Kozmik，2017）

a. 文昌鱼幼虫头部左侧观，示 4 种光感受器。背单眼和约瑟夫细胞是杆状感光细胞；额眼和板层小体具有睫状感光细胞。解剖学标志包括：m. 口；p. 口前凹（哈氏窝）；rp. 吻部乳突；op. 口乳突。阴影部分示脊索。肌节之间"人"字形边界，从口前凹上方第一节和第二节之间开始标出。b. 文昌鱼不同发育时期简化示意图，示中期神经胚、早期幼体和成体（垂直生活于沙中）。FE. 额眼；LB. 板层小体；LC. 板层细胞；JC. 约瑟夫细胞；DO. 背单眼

一、文昌鱼感光反应

早在 1834 年，Costa 就发现文昌鱼对光刺激能做出快速反应。到 20 世纪初，对文昌鱼感光反应已经有了比较深入的研究。Parker（1908）对文昌鱼对包括光刺激在内的各种物理刺激和化学刺激的反应进行过详细描述，观察到前人（Hesse，1898；Willey，1894）报道过的负趋光反应（即产生背离光源的定向运动）。Schomerus 等（2008）发现，成体文昌鱼夜间钻沙活动更为频繁。关于文昌鱼幼虫的感光反应也有些研究。Chin（1941）报道了昼夜不同时间文昌鱼浮游幼虫采集情况，发现幼虫白天趋向海底运动，随日落后光线减弱，幼虫趋向水面运动。Wickstead 和 Bone（1959）也观察到日落前后不久，文昌鱼幼虫在靠近水面处密度增大。显而易见，文昌鱼幼虫在水体中呈现典型的昼夜迁移运动。据 Webb（1969）描述，文昌鱼幼虫趋向水面移动是主动运动，但趋向海底移动是被动下沉，其间保持口张开，摄取食物。据认为，额眼对幼虫的光引导行为具有重要作用。在摄食过程中，文昌鱼幼虫在水体中采取垂直姿势，以便色素细胞可以屏蔽掉射向额眼感光细胞的大部分光线（Stokes and Holland，1995）。当光线方向改变时，幼虫可以在数分钟内改变身体定向。身体这种按光定向的作用对尽量减少顶光照射和提高辨光能力非常重要。文昌鱼早在神经胚时，就能对光刺激做出反应，如在培养皿里生长的佛罗里达文昌鱼神经胚，会向光线较强处的水面运动（Holland and Yu，2004）。不过，这种趋光性在其他文昌鱼胚胎中尚待证实。

光也影响文昌鱼产卵。饲养在实验室里的文昌鱼，通常在去掉光照后 1h（模拟日落后 1h）产卵。自然条件下，文昌鱼也于日落后产卵。另外，芦卡偏文昌鱼（*Asymmetron lucayanum*）的多数个体，一般在新月（农历每月初一）到来前一天产卵，这为光对动物行为的影响又提供了一个新证据（Holland，2011）。

显而易见，文昌鱼存在明显的各种光依赖性行为反应，包括神经胚的趋光性、幼虫的昼夜垂直移动、底栖成体的负趋光性和光依赖性产卵周期。文昌鱼所有这些光依赖性行为与多数海洋动物，包括脊椎动物的感光行为十分相似。

二、文昌鱼视蛋白

在脊椎动物中，隐花色素是否具有感光功能还不清楚，但其参与调节昼夜节律是极有可能的。在文昌鱼中已发现有 3 个隐花色素基因和至少 20 个视蛋白基因。目前，关于文昌鱼隐花色素基因的表达和功能尚缺乏研究。不过，视蛋白在文昌鱼的感光反应中可能远比隐花色素重要。这点与脊椎动物有相似之处。

水生动物通常比陆生动物具有更多的视蛋白基因，文昌鱼也不例外。在佛罗里达文昌鱼和欧洲文昌鱼基因组中，均发现有 21 个视蛋白基因；在白氏文昌鱼基因组中，发现有 20 个视蛋白基因。欧洲文昌鱼的 21 个视蛋白基因在不同发育阶段的胚胎和成体的不同组织中都有表达。除刺胞动物视蛋白外，文昌鱼具有所有主要类型视蛋白。例如，欧洲文昌鱼有 5 个 c-型视蛋白、9 个 Group4 视蛋白和 7 个 r-型视蛋白。有意思的是，所有文昌鱼都只有 1 个黑视蛋白基因，该基因在脊椎动物感光视网膜神经节细胞表达。视蛋白结构的一个重要特征是在其 C 端有一个由 3 个氨基酸组成的三肽，负责视蛋白形成三聚体。文昌鱼视蛋白三肽序列高度变异，包括 c-型视蛋白的 NKQ 三肽（该三肽为脊椎动物视觉视蛋白所特有）和黑视蛋白 HPK 三肽（该三肽为杆状感光细胞所特有）。文昌鱼视蛋白 Op12a 可以和 11-顺式视黄醛及全-顺式视黄醛结合。脊椎动物视蛋白与全-顺式视黄醛基本不能结合。在脊椎动物视蛋白中，光介导 11-顺式视黄醛转变为全-顺式视黄醛后，全-顺式视黄醛被释放出来，被 11-顺式视黄醛取代。全-顺式视黄醛亲和性的降低，不但促使脊椎动物视蛋白恢复期间全-顺式视黄醛被 11-顺式视黄醛快速替代，而且促使暗噪声（dark noise）完全还原。因此，在动物演化过程中，视蛋白一级结构的改变伴随着脊椎动物视觉视蛋白对 11-顺式视黄醛亲和性的增加及对全-顺式视黄醛亲和性的降低。文昌鱼视蛋白和脊椎动物视蛋白相比，前者激活下游信号级联反应潜能较差，不如后者。所以，脊椎动物视蛋白比其祖先视蛋白又有额外改进，可以更有效激活下游信号，进而使得每个捕获的光子产出更佳的信号。总之，有关视蛋白基因及其功能的研究表明，文昌鱼是研究脊椎动物视蛋白结构和功能演化的理想模式动物。

三、文昌鱼感光器官

文昌鱼具有额眼、板层小体、约瑟夫细胞和背单眼 4 种光感受器，每种光感受器都具有特殊结构。其中，额眼和板层小体由具纤毛的细胞构成。睫状感光细胞由于纤毛的存在，扩大了膜表面积，可以吸纳更多的光色素分子，有效捕获光子。文昌鱼睫状感光细胞相当于脊椎动物视觉感光细胞以及无脊椎动物的非视觉感光细胞（无脊椎动物如海蜇和缨鳃虫也具有睫状感光细胞）。文昌鱼的约瑟夫细胞和背单眼属于杆状感光细胞，通过形成微绒毛扩大膜表面积。这类细胞也是多数无颌类动物典型的感光细胞。由于色素细胞的存在，额眼和背单眼成为文昌鱼的定向光感受器，而由于缺乏色素细胞，板层小体和约瑟夫细胞为非定向光感受器。上述解剖学和分子生物学研究结果显示，文昌鱼光感受器和脊椎动物感光器官之间存在一定的同源性。

1. 额眼

额眼由于位于脑泡前端并具有色素细胞，早在 19 世纪就被认为是脊椎动物侧眼的同源器官。遗憾的是，早期有关文昌鱼感光作用的研究认为，背单眼在成体文昌鱼的光引导行为中起主要作用，而把额眼的作用给边缘化了。Hesse（1898）及后来的 Parker（1908）和 Crozier（1917）都证明成体文昌鱼光反应与背单眼有关。Parker 还重复了 Nagel（1896）和 Hesse（1898）的实验，证明切除带有额眼的身体前段，剩下的文昌鱼身体后半段仍能像完整个体一样对光线做出反应。这直接导致了对文昌鱼额眼的感光作用的怀疑，Hesse（1898）甚至否定了 Krause（1888）关于文昌鱼整个神经管都有感光功能的假设。当时，由于观察手段的限制，还没有观察到额眼向后面脑泡发出神经，这更加剧了对额眼感光作用的怀疑。然而，Parker（1908）却发现，当把文昌鱼横切成两段时，前半段对光有反应，而后半段虽然仍然保留着对弱酸（把酸加到水里）的反应能力，但失去了对光的反应能力，提示身体前端神经管（可能还包括额眼）为感光反应不可或缺的，而背单眼和运动神经元之间很可能并无直接联系。在成体文昌鱼中，额眼和背单眼与运动神经元之间的联系，迄今仍不清楚，但对佛罗里达文昌鱼幼虫的观察明显否定了Parker（1908）的结论，证明第一只背单眼和运动神经元之间存在直接联系（Lacalli，2002）。其实，Guthrie（1975）早就推测，额眼可能参与调节成体文昌鱼受到光刺激时的"惊吓反应"（startle response）。脑泡切除后的文昌鱼，不但对突然光照的反应更剧烈，而且反应比脑泡未切除个体更固定、更可靠。还有，如前所述，在幼虫垂直移动和捕食过程中，额眼的重要性也有明显体现。

电镜观察成体文昌鱼脑泡表明，其前端细胞横穿神经管纵轴成一行一行地排列（Meves，1973）。紧邻额眼色素细胞后面的一行细胞都是具纤毛细胞，正如预期，它们和脊椎动物视网膜感光细胞具有同源性。不过，脑泡其他神经元也具有纤毛，其纤毛形态没有脊椎动物视网膜中睫状感光细胞的结构那样复杂。Lacalli 等（1994）和 Lacalli（1996）根据对佛罗里达文昌鱼 12.5 天幼虫脑泡的电镜观察数据重建了额眼结构。目前，虽然数据有限，但仍然可以确定文昌鱼幼虫额眼的结构和成体文昌鱼额眼的结构可能差别不大，唯一不同之处是额眼色素点随幼虫生长而膨大。对文昌鱼 12.5 天幼虫所做的详细研究，为额眼和脊椎动物侧眼的同源性提供了有力支持。这一同源性建立在紧邻色素细胞后面的细胞是感光细胞的基础上，虽然它们超微结构没有睫状感光细胞精致。文昌鱼的色素杯由 3 行细胞构成，每行具有 3 个色素细胞。位于色素细胞背面的细胞横向排列成行，从前向后共有 4 行（Row1~Row4）。第 1 行（Row1）有 5 个细胞，为睫状感光细胞；第 2 行（Row2）共 10 个细胞，也具有纤毛，可能是中间神经元而非感光细胞；第 3 行（Row3）和第 4 行（Row4）细胞，都表现出神经元特征，可能起中间神经元的作用（图 11-9）。由于文昌鱼额眼的感光细胞排列成一行，其光感受视野很可能是一维的。

确定文昌鱼脑泡和脊椎动物脑同源性虽然有一定难度，但确定文昌鱼额眼和脊椎动物侧眼的同源性则相对容易。文昌鱼不但存在脊椎动物视网膜神经元和视网膜色素上皮发育相关的重要转录因子，而且它们都在发育的额眼中表达（Vopalensky et al.，2012）。额眼的色素细胞、感光细胞（第 1 行细胞）和中间神经元（第 2~4 行细胞）显示不同的表达指纹。*Otx* 在第 1 行感光细胞和色素细胞表达；*Pax4/6* 在第 1 行感光细胞及第 3、4 行细胞表达；*Rx* 先在第 1 行感光细胞表达，后在第 3、4 行细胞表达；*Pax2/5/8* 和 *Mitf* 在色素细胞表达（图 11-9）。*Otx* 和 *Pax4/6* 在文昌鱼发育早期表达，参与脑泡主要部分的形成；稍后，它们的表达局限于额眼。*Rx* 最早在晚期神经胚脑泡前端相当于正在发育的第 1 行感光细胞中开始表达；在发育过程中，*Rx* 和 *Pax4/6* 后移到第 3、4 行细胞表达。接下来，文昌鱼的同源基因 *Six3/6*（*Six3* 和 *Six6* 都参与脊椎动物眼发育）在发育的额眼表达。*Six3/6* 和 *Pax4/6* 在初级运动中心神经元，即最前端运动神经元表达，能对来自额眼的信号做出反应。用 BrdU 染色细胞显示，位于脑泡后背室（dorsal compartment）的运动神经元（控制游泳时肌肉运动），在中期神经胚就已经分化，而这时额眼神经元仍在发育中。*Pax4/6* 只在能被 BrdU 染色的脑泡部分细胞表达，证明其在额眼神经元分化中发挥作用。免疫组化研究还表明，文昌鱼额眼的感光细胞和脊椎动物的感光细胞一样，含有神经递质谷氨酸。

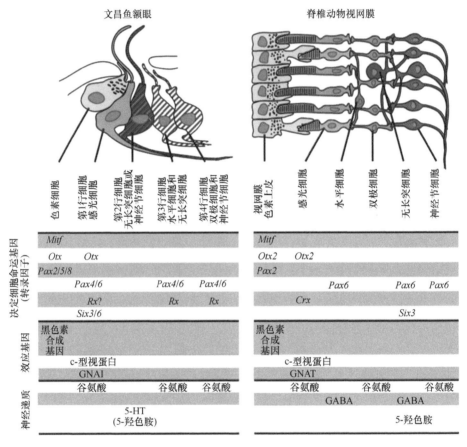

图 11-9　文昌鱼额眼的特定细胞和脊椎动物视网膜细胞的同源性示意图（Pergner and Kozmik，2017）

决定脊椎动物视网膜细胞形成的转录因子，只选择同源域转录因子进行描述，以简化与文昌鱼额眼细胞表达模式的比较（只有同源域转录因子表达定位到额眼细胞上）。基因表达模式也得到免疫组化验证，只有 *Rx* 在第 1 行感光细胞表达，还没有经抗体染色验证，所以仍有疑问。第 2、3 和 4 行细胞与脊椎动物视网膜中间神经元的同源性证据，还来自电镜观察到文昌鱼额眼的神经突出。免疫组化使用抗体包括：抗文昌鱼 Otx 抗体、抗文昌鱼 Pax4/6 抗体、抗 5-HT 抗体和抗谷氨酸抗体。GNAT. 鸟嘌呤核苷酸结合蛋白 α 亚基；GABA. γ-氨基丁酸；GNAI. 抑制性鸟嘌呤核苷酸结合蛋白亚基

　　基于 c-型视蛋白的表达和神经递质的存在，额眼的感光细胞可能在幼虫开始摄食时已经完成分化。这与行为学观察结果（Stokes and Holland，1995）一起，支持额眼参与文昌鱼的摄食过程。两个 c-型视蛋白（Op1 和 Op3）基因在额眼的感光细胞表达，支持它们是具有纤毛的细胞。还有，这两个 c-型视蛋白基因都在不同形态的细胞中表达，提示文昌鱼额眼的感光细胞可能存在光谱多样性。如上所述，文昌鱼 c-型视蛋白与脊椎动物 c-型视蛋白聚为一类。虽然脊椎动物 c-型视蛋白的起源问题尚未解决，但是很清楚，脊椎动物视蛋白初级结构经历过数次优化，才获得有效的下游信号激活潜能、不同光谱敏感度，以及和 11-顺式视黄醛更大的亲和力。在动物演化过程中，下游光传导级联反

应可能也有改变。在脊椎动物的视杆细胞和视锥细胞中，调节光传导级联反应的传导蛋白鸟嘌呤核苷酸结合蛋白α 亚基[guanine nucleotide-binding protein G（t） subunit alpha，GNAT 或 $G_\alpha t$]即三聚体 G 蛋白 G_α 亚基，在文昌鱼基因组中并没有找到。文昌鱼额眼细胞中的光传导可能由 G 蛋白抑制性鸟嘌呤核苷酸结合蛋白（GNAI）亚基完成。GNAT 只发现于脊椎动物中，它很可能由 GNAI 连续复制形成。GNAI 祖先基因在 2 轮基因组复制中形成 4 个基因。在脊椎动物中，第 1 个和第 2 个 GNAI（*GNAT1* 和 *GNAT2*）基因分别参与视杆细胞和视锥细胞的光传导；第 3 个基因演变成味传导蛋白（gustducin）基因，存在于味觉感受细胞中。有趣的是，七鳃鳗 GNAT3/X（脊椎动物 GNAT3 同源蛋白）可能参与其感光细胞的光传导级联反应。GNAT 基因在脊椎动物出现，还可能导致光传导级联反应的变化。脊椎动物视杆细胞和视锥细胞使用 cGMP 作为第二信使。光吸收后，GNAT 激活磷酸二酯酶，促使 cGMP 水平降低，导致 cGMP 敏感的环核苷酸门控离子通道（cyclic nucleotide-gated ion channel，CNG）关闭，感光细胞超极化。同样的级联反应也适用于所有脊椎动物睫状感光细胞。基于全基因组分析，文昌鱼可能具有不一样的光传导级联反应。文昌鱼光传导可能始于 GNAI，而 GNAI 抑制参与 cAMP 合成的腺苷酸环化酶的活性。抑制 cAMP 合成及磷酸二酯酶活性，引起 cAMP 水平下降，CNG 离子通道关闭和额眼的感光细胞超极化（图 11-10）。目前，GNAI 在文昌鱼额眼感光细胞中的表达已经得到证实。

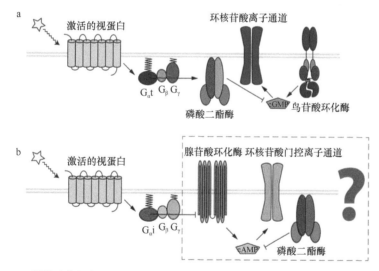

图 11-10　脊椎动物视杆细胞和视锥细胞的光传导级联反应与文昌鱼额眼感光细胞的光传导级联反应比较（Pergner and Kozmik，2017）

a. 脊椎动物感光细胞光传导级联反应；b. 文昌鱼额眼感光细胞光传导级联反应。未经验证的级联反应以方框框出

有证据显示，文昌鱼的色素细胞和第 1 行感光细胞分别与脊椎动物视网膜色素上皮细胞和感光细胞具有同源性。文昌鱼额眼的中间神经元和脊椎动物视网膜中间神经元也可能具有同源性。在文昌鱼中，色素细胞背面分化了的第 2 行细胞含有 5-羟色胺，而在脊椎动物中，视网膜无长突细胞（amacrine cell）也含有 5-羟色胺。另外，第 2 行细胞

发出纤维终端至脑泡中可能的"视觉加工中心"（visual processing center），显示其与脊椎动物视网膜神经节细胞的同源性。不过，文昌鱼色素细胞背面的第2行细胞的神经突起位于身体同侧，而脊椎动物视神经多数神经节细胞向对侧突起。另外，文昌鱼第2行细胞神经纤维形成不规则终端，且没有任何神经元突触。文昌鱼色素细胞背面的第4行细胞向对侧发出神经纤维，表明文昌鱼第4行细胞与脊椎动物视网膜神经节细胞具有同源性。文昌鱼和七鳃鳗的视觉过程（visual process）比较，也支持文昌鱼色素细胞背面的第2行细胞与脊椎动物视网膜神经节细胞具有同源性。七鳃鳗幼体和成体的眼有很大不同：幼体眼只由2层视网膜构成，没有晶状体，上面覆盖一层透明表皮；成体七鳃鳗的眼和成体盲鳗的眼相似。在变态过程中，七鳃鳗眼的结构和功能都变得更为复杂，和有颌类脊椎动物眼相似。对文昌鱼与七鳃鳗幼体、成体的视觉神经回路及脑模型进行比较，可以明显看出两者的相似性和演化的保守性。在文昌鱼和七鳃鳗中，感光细胞都是从前脑 *Otx* 和 *Pax6* 基因表达区发育而来的。此外，在文昌鱼和七鳃鳗幼体中，视觉信号都由向整合神经元发出突起的神经元传导，而这些神经元都来源于表达 *Pax* 基因的预定脑前区。这可能代表了脊索动物祖先的状态。在此基础上，经过逐渐修饰，演化出包括成体七鳃鳗在内的脊椎动物视觉回路（图 11-11）。在脊椎动物视觉回路中，信号被传导至由 *Pax2* 和 *Engrailed* 基因表达区界定的中脑的顶盖。文昌鱼不具有明显界限的间脑和中脑，但色素细胞背面的第2行神经元由脑泡类似于间脑和中脑的部分发出神经突起。

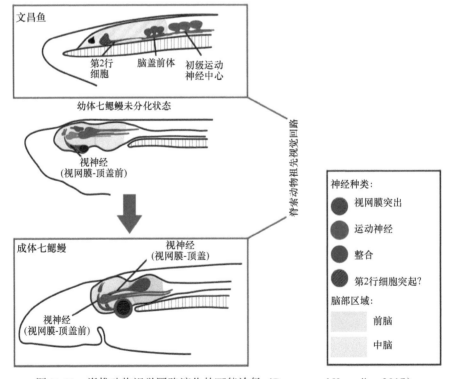

图 11-11　脊椎动物视觉回路演化的可能途径（Pergner and Kozmik，2017）
文昌鱼脑泡和脊椎动物原脑（更具体地说是间脑）与中脑具有一些共同特征，说明视觉回路的祖先状态可能是信号由感光细胞传导到中脑部分。因此，幼体七鳃鳗的视觉回路代表尚未完全分化的状态

　　总而言之，分子生物学研究结果为文昌鱼额眼和脊椎动物侧眼的同源性（Kemna，1904）提供了有力支持。基于基因表达模式，文昌鱼的额眼和脊椎动物的视杆细胞及视锥细胞具有同源性，可能是脊索动物共同祖先的感光细胞的代表。当然，额眼和视杆细胞及视锥细胞的超微结构也存在一些明显差异。很可能，视杆细胞和视锥细胞的细胞膜扩展，导致光子吸收改善，促进了对光空间解析能力的发展。这可能代表动物演化过程中捕食者和被捕食者之间"军备竞赛"（arms race）的关键一步。感光细胞膜表面积的扩展及视蛋白结构和光传导级联反应的改变，使脊椎动物祖先的眼变得更加灵敏，获得更高的空间解析能力，有利于更有效地捕食猎物。

2. 板层小体

　　文昌鱼板层小体和脊椎动物松果体器官（包括松果旁体和松果体）具有同源性。板层小体具有感光功能，最早由 Stair 于 1958 年注意到（Eakin and Westfall，1962）。那时，关于板层小体超微结构的描述混乱，没有人注意到它和脊椎动物视网膜感光细胞的相似性。脊椎动物视杆细胞和视锥细胞的细胞膜凸起与纤毛垂直，而文昌鱼板层小体细胞的细胞膜凸起与纤毛平行。有趣的是，脊椎动物松果眼感光细胞的细胞膜凸起也与纤毛平行。因此，文昌鱼板层小体和脊椎动物松果眼可能是同源器官。

　　文昌鱼板层小体的发育可能始于中期神经胚，由脑泡表达 Pax6 区域的后面部分发育而来。在佛罗里达文昌鱼中，Pax6 在板层小体的表达时期至少延长到 2 个鳃裂甚至半数鳃裂形成时。在脊椎动物中，Crx 参与侧眼和松果体器官发育，其在文昌鱼中的同源基因是 Otx。然而，在发育的板层小体中，未观察到 Otx 的表达。在所研究过的文昌鱼 4 个视蛋白基因中，也没有发现一个在板层小体中表达。因此，现在还难以确定板层小体细胞何时开始对光刺激有反应。

　　在佛罗里达文昌鱼中，板层小体细胞早在形成第 1 个鳃裂的幼虫中就已经出现。在幼体发育过程中，板层小体细胞数，从 1 个鳃裂幼虫时的 6 个细胞增加到 2 个鳃裂幼虫时的 8 个细胞，再增加到 12.5 天幼虫时的 40 个细胞。可见，幼虫板层小体发育和感光反应行为的出现存在明显的相关性。因此，板层小体可能参与文昌鱼幼虫早期的光反应过程。另外，文昌鱼幼虫的板层小体细胞发出神经突起至脑泡的"中脑被盖"（tegmentum），并且参与调节不同游泳方式的转换。板层小体细胞的神经突起，好像可以抑制"惊吓反应"，但有助于幼虫游泳过程中的悬停（hovering）。到发育后期，致密的板层小体解聚（可能是约瑟夫细胞向前延伸所致），在成体中只能看到一些分散的板层小体细胞。如前所述，文昌鱼幼虫表现出典型的昼夜节律行为（昼夜垂直迁移运动），而成体无论白天还是黑夜多数时间都生活在沙里。致密的板层小体只存在于幼虫中，而在成体中不存在，这有力地支持了它与脊椎动物松果体器官的同源性。脊椎动物松果体器官对于昼夜节律的维持至关重要，同样板层小体在维持文昌鱼幼虫昼夜节律中也不可或缺。成体文昌鱼夜间活动更为活跃，但负责昼夜节律控制的光感受器可能是约瑟夫细胞，而不是板层小体。板层小体对幼虫而言很重要，而且它在幼虫中远比在成体中发达。

　　特别有意思的是，板层小体细胞和约瑟夫细胞非常接近。在发育晚期，约瑟夫细胞在板层小体细胞上面生长，并盖住板层小体细胞。文昌鱼约瑟夫细胞和板层小体细胞的这种联系，代表着杆状感光细胞和睫状感光细胞非常接近。很可能，这类似于脊椎动物视网膜中视杆细胞和视锥细胞（睫状感光细胞）与内在光敏感视网膜神经节细胞（杆状感光细胞）的紧密相邻。睫状感光细胞和杆状感光细胞紧邻，说明两者之间可能存在突触传输。

总之，板层小体的主要特征，包括感光细胞超微结构、参与幼虫光引导行为及位于脑泡后部，都支持其与脊椎动物松果体器官具有同源性。有趣的是，脊椎动物松果体器官终生保留，而文昌鱼板层小体在成体中部分解体（可能失去一些感光功能）。

3. 杆状感光细胞

文昌鱼中存在的另外两种光感受器，即约瑟夫细胞和背单眼（有时也称 Hesse 器官），都由杆状感光细胞组成（Ruiz and Anadon，1991a，1991b）。杆状感光细胞表面有微绒毛凸起，是无脊椎动物典型的视觉感光细胞。在脊椎动物中，内在光敏感视网膜神经节细胞（ipRGC）被认为是脊索动物祖先杆状感光细胞的遗存，其表面没有微绒毛。迄今为止，背单眼和约瑟夫细胞到底是更像脊椎动物的内在光敏感视网膜神经节细胞（参与昼夜节律调节和瞳孔反射），还是更像无脊椎动物的感光细胞，仍难以确定。

（1）背单眼

背单眼和约瑟夫细胞具有一些共同点，但在形态、功能和发生方面也有明显差异。约瑟夫细胞和背单眼一个明显的不同之处是每个背单眼一般由 1 个感光细胞和 1 个色素细胞组成，因此，背单眼是定向光感受器。而约瑟夫细胞缺乏色素，因此，它是非定向光感受器。

第 1 背单眼作为文昌鱼最早的光感受器，在中期神经胚时已开始发育。第 1 背单眼在幼虫趋光反应中的作用尚不确定。随后，其他光感受器在中期神经胚开始发育，而更多的背单眼也伴随着神经胚的发育而逐渐形成。有趣的是，第 1 背单眼和后来形成的背单眼存在结构差异：第 1 背单眼由 2 个感光细胞组成，中间插入一个色素细胞（图 11-12），而后来发育的背单眼都由 1 个感光细胞和 1 个色素细胞组成。背单眼自脑泡和神经管的分界处即大约第 3 肌节向后，整条神经管都有分布。文昌鱼脑泡部分极少有背单眼分布，因此它不可能演化成脊椎动物的侧眼，即不可能是侧眼的前体。背单眼沿神经管两侧或腹部中央沟分布。据估计，成体文昌鱼神经管每侧背单眼总数约 1500 个，是成体文昌鱼中最丰富的光感受器。文昌鱼身体右侧分节，相对于左侧分节而言，后移大约半个肌节。与此一致，文昌鱼右侧背单眼，相对于左侧背单眼而言，也相应后移。纵向看，背单眼沿神经管分布变化很大，前端最多，中段最少，而末端又有增加。背单眼这种分布与刺激成体文昌鱼所需光强正好呈正相关关系。神经管前端部分对光最敏感，其次是尾部神经管，而身体中间部分神经管对光最不敏感（Parker，1908；Sergeev，1963）。据认为，背单眼可以为在沙中生活的成体文昌鱼提供有关钻沙深度的相关信息（Lacalli，2004）。

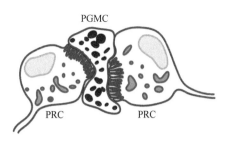

图 11-12　第 1 背单眼模式图（Pergner and Kozmik，2017）
PGMC. 色素细胞；PRC. 感光细胞

　　黑视蛋白作为背单眼和约瑟夫细胞的标记分子与生理功能组分，其基因在背单眼的感光细胞中表达。另外，编码雌激素相关受体（estrogen-related receptor）的基因，也在第 1 背单眼的两个感光细胞及背室的中间神经元表达。这些中间神经元显然受第 1 背单眼的神经支配。有些研究主要聚焦于参与脊椎动物和无脊椎动物视觉系统发育的转录因子如果蝇视网膜决定基因网络（retinal determination gene network，RDGN）成员的表达。文昌鱼视网膜决定基因网络的同源基因包括 *Pax*、*Six*、*Eya* 和 *Dach* 家族。不同发育时期胚胎原位杂交表明，*Pax6* 基因不在第 1 背单眼或后来发育的背单眼表达，可见 *Pax6* 不参与背单眼的发育。相反，在神经胚时期，*Pax2/5/8* 在第 1 背单眼发育区表达。随后，*Pax2/5/8* 和 *Dach* 沿神经管零星表达，然而这些表达是否发生在后来发育的背单眼正在分化的感光细胞中，尚难确定。*Six4/5* 和 *Eya* 基因似乎在文昌鱼神经胚第 1 背单眼区域的两个细胞表达，但这还需要用特异性的共表达基因如黑视蛋白基因来验证那两个细胞是否就是第 1 背单眼的两个感光细胞。在脊椎动物视网膜色素上皮中，参与色素合成反应的基因包括 *Mitf*、*Tyra*、*Tyrb* 和酪氨酸酶（tyrosinase）基因。这些基因都在文昌鱼第 1 背单眼的色素细胞区域表达，而且所产生的色素也是黑色素。这些结果表明，文昌鱼和脊椎动物使用相同的级联反应合成遮光色素。同时，这也说明文昌鱼的背眼和额眼这两个不同的光感受器，使用同样的色素合成级联反应系统。

（2）约瑟夫细胞

　　对约瑟夫细胞的描述最早来自成体文昌鱼（Joseph，1904；Watanabe and Yoshida，1986）。迄今为止，关于约瑟夫细胞早期发生的报道仍然很少。约瑟夫细胞由脑泡背部末尾部分发育而来。在文昌鱼幼虫中，约瑟夫细胞可能位于板层小体后面，而在成体中，约瑟夫细胞呈帽子状，覆盖在稀松的板层小体上面。成体文昌鱼有 400～450 个约瑟夫细胞。超微结构研究表明，约瑟夫细胞具有杆状感光细胞的特点，大部分细胞表面伸出微绒毛，被周围邻近的胶质细胞包围。每个约瑟夫细胞的细胞膜生出 1～2 根具有"9+0"结构的纤毛，但它们显然与视杆结构（视网膜中微小的棒状结构）无关。有趣的是，暗适应和光适应后的约瑟夫细胞的结构存在明显差异。暗适应的约瑟夫细胞与光适应的约瑟夫细胞相比，微绒毛细小而致密，排列更规则，其总体形态变化随细胞质中颗粒多少的变化而变化。同样，一些无脊椎动物感光细胞形态也随细胞质中颗粒多少的变化而变化。值得注意的是，上述变化即使在长期生活于黑暗状态的文昌鱼中也可以观察到。所以，这种变化可能受昼夜节律通路调控，而不是对光强的直接反应。目前，就约瑟夫细胞而言，关于明-暗循环对细胞结构的影响尚缺乏了解。有意思的是，当板层小体解聚时，约瑟夫细胞和背单眼数目则增加。这可能说明维持昼夜节律的功能可能正从幼虫的板层小体向成体的约瑟夫细胞和背单眼转换。由于背单眼的主要功能是为钻沙的文昌鱼提供垂直深度信息，因此，约瑟夫细胞可能在成体文昌鱼的昼夜节律调控中发挥主导作用。

背单眼感光细胞只有单根基部轴突。研究结果显示，文昌鱼幼虫的第 1 背单眼的凸起位于身体同侧，而成体中第 1 背单眼的凸起位于身体对侧。文昌鱼表现出两种游泳方式：主要参与昼夜移动的缓慢波浪式游泳和逃跑时肌肉的快速运动。可能有两种不同类型的肌肉参与执行这两种游泳运动，即表层肌负责缓慢运动，深层肌负责快速运动。跟踪第 1 背单眼轴突发现，其目标主要是背室的运动神经元，负责表层肌纤维神经支配。因此，第 1 背单眼可能参与缓慢游泳运动的调控。

在约瑟夫细胞中也能观察到一些轴突，但其末端不详。电镜观察文昌鱼幼虫，也未能提供任何有关约瑟夫细胞轴突的信息。不过，可以确定的是，约瑟夫细胞轴突发育较晚。

与存在至少两种不同视蛋白但下游级联反应不明的额眼感光细胞相比，人们对背单眼和约瑟夫细胞的了解要好些。如上所述，黑视蛋白是唯一在文昌鱼杆状感光细胞，即约瑟夫细胞和背单眼表达的视蛋白。文昌鱼黑视蛋白具有双稳定性，即它受到光照时，如同多数视蛋白一样，11-顺式视黄醛转变成全-顺式视黄醛，但全-顺式视黄醛不会从黑视蛋白中释放出来，而是通过吸纳另一个光子转变回去成为 11-顺式视黄醛。这是所有黑视蛋白和 r-型视蛋白的一个共有特征。文昌鱼黑视蛋白在蓝色光谱部分，即 470～485nm 处，具有最大吸光值，这和脊椎动物黑视蛋白一样。

利用分离的背单眼和约瑟夫细胞进行光传导级联反应研究已经取得了一些成果。这些研究不但证明了约瑟夫细胞和背单眼是感光细胞，而且发现了约瑟夫细胞和背单眼与无脊椎动物的杆状感光细胞及脊椎动物的内在光敏感视网膜神经节细胞的相似性。光照约瑟夫细胞和背单眼可以导致细胞膜去极化和膜导电性增加。这和在无脊椎动物杆状感光细胞及脊椎动物内在光敏感视网膜神经节细胞中观察到的变化一样。约瑟夫细胞和背单眼受到光照后，光传导级联反应由鸟嘌呤核苷酸结合蛋白 α 亚基（guanine nucleotide-binding protein Gq subunit alpha，GNAQ）激活开始。支持这一级联反应的证据是 GNAQ 和黑视蛋白基因在约瑟夫细胞与背单眼共表达。脊索动物祖先GNAQ 基因经历 2 轮基因组复制，形成 4 个 GNAQ 基因，并且出现功能分化。内在光敏感视网膜神经节细胞的光传导级联反应的核心（GNAQ 家族的黑视蛋白激活成员）也一样，经历基因复制和功能分化。约瑟夫细胞和背单眼光传导级联反应下一步是激活磷脂酶 C（phospholipase C，PLC），把磷脂酰肌醇二磷酸（phosphatidylinositol biphosphate，PIP_2）水解为肌醇 1,4,5-三磷酸（inositol 1,4,5-triphosphate，IP_3）和二酰甘油（diacylglycerol，DAG）。PLC 通路 IP_3 分支部分已经得到证明，但 DAG 在约瑟夫细胞和背单眼细胞膜的导电性变化调节中似乎没有什么作用。在内在光敏感视网膜神经节细胞中情况更为复杂，因为 IP_3 和 DAG 好像都不参与光传导级联反应。据认为，PIP_2 本身可能在光传导级联反应中作为第二信使发挥作用。另外，在无脊椎动物的杆状感光细胞中，所检测到的光传导级联反应下游效应子在种内和种间都有变化，包括美洲鲎的 IP_3 或 Ca^{2+}、果蝇和扇贝的 DAG 或其他代谢产物（如多不饱和脂肪酸）及果蝇的质子等。约瑟夫细胞和背单眼的感光细胞光传导级联反应再下一步，即瞬时受体电位通道（transient receptor potential channel，TRP 通道）反应已经得到证明，并且 TRP 通道在无脊椎动物杆状感光细胞和脊椎动物内在光敏感视网膜神经节细胞中都一样。对约瑟夫细胞和背单眼而言，Na^+ 运载大部分光电流，而 Ca^{2+} 对去极化只有适度贡献，K^+ 作用最小。不过，在约瑟夫细胞和背单眼中，Ca^{2+} 浓度升高早于 Ca^{2+} 通道的打开。这同样也出现于内在光敏感视网膜神经节细胞中。另外，在约瑟夫细胞和背单眼中都可以检测到内质网中内源性 Ca^{2+} 的释放。因此，Ca^{2+} 通道的开通可能由细胞内 Ca^{2+} 浓度升高调节。总之，约瑟夫细胞和背单眼的光传导级联反应是：黑视蛋白→GNAQ→IP_3→Ca^{2+} 增加→TRP 通道开通→Na^+ 和→Ca^{2+} 流入。与无脊椎动物和脊椎动物视觉光感受器及脊椎动物内在光敏感视网膜神经节细胞的光传导级联反应衰减相关的（视紫红质）拘留蛋白（arrestin），在约瑟夫细胞和背单眼中也存在。由于对内在光敏感视网膜神经节细胞和无脊椎动物光感受器光传导级联反应描述存在差异，因此，很难推断约瑟夫细胞和背单眼的光传导级联反应与哪个级联反应更相似。

总体而言，脊椎动物和无脊椎动物（包括文昌鱼）杆状感光细胞的光传导级联反应都很相似，但不同感光细胞的光敏性存在明显差异。脊椎动物的内在光敏感视网膜神经节细胞没有像杆状感光细胞那样精细的细胞膜凸起，导致光子捕获能力较差。与此一致，内在光敏感视网膜神经节细胞不如多数无脊椎动物视觉光感受器敏感。文昌鱼约瑟夫细胞和背单眼的光敏性，介于内在光敏感视网膜神经节细胞和无脊椎动物光感受器之间。据估计，黑视蛋白在约瑟夫细胞和背单眼的表达水平与典型的杆状感光细胞相当，但光照后光传导级联反应偏弱，表明光传导级联反应差异与总效率相关。实际上，虽然 TRP 通道好像不是限制性因素，但约瑟夫细胞和背单眼与无脊椎动物光感受器相比，每个光子激活的 TRP 通道数量都要低。约瑟夫细胞和背单眼的单光子敏感度和内在光敏感视网膜神经节细胞相似。然而，约瑟夫细胞和背单眼具有典型的杆状感光细胞的细胞膜凸起，它们总体比内在光敏感视网膜神经节细胞更敏感，所以能提供有关光照更好的信息。另外，内在光敏感视网膜神经节细胞的光照反应以秒级衰减，而约瑟夫细胞和背单眼的光照反应以毫秒级衰减。因此，文昌鱼含有黑视蛋白的光感受器不能像内在光敏感视网膜神经节细胞一样，有效发挥昼夜光感受器的作用。文昌鱼的约瑟夫细胞和背单眼可能代表了脊椎动物祖先表达黑视蛋白的光感受器的原始状态，在随后的演化过程中，它发生了适度修饰（失去细胞膜凸起、黑视蛋白表达降低和光传导级联反应变化）以降低光敏度，从而满足其作为昼夜节律受体的需求。

文昌鱼的约瑟夫细胞和背单眼与无脊椎动物的杆状感光细胞及脊椎动物的内在光敏感视网膜神经节细胞有许多相似之处。因此，约瑟夫细胞和背单眼与内在光敏感视网膜神经节细胞具有同源性。然而，基于它们在结构和发生方面存在一些差异，约瑟夫细胞和背单眼可能在功能上具有不同分工。一方面，背单眼可能主要负责调控文昌鱼的钻沙运动。Backfisch 等（2013）发现，杜氏阔沙蚕（*Platynereis dumerilii*）体内分布着含有非头部 r-型视蛋白的光感受器；在斑马鱼侧线器官中，具有含黑视蛋白（Opn4）的细胞。把所有这些加起来一起考虑，背单眼很可能是原始的非头部杆状感光细胞的代表。另一方面，现有证据支持约瑟夫细胞在成体文昌鱼中主要起昼夜节律调控者的作用。因此，它们至少在功能上更像脊椎动物的内在光敏感视网膜神经节细胞。不过，由于在其他脊索动物中还没有发现与约瑟夫细胞同源的细胞，而且约瑟夫细胞主要存在于成体文昌鱼中，现在还难以排除它们在文昌鱼行为学中发挥某种未知的作用，如可能具有阴影探测器的功能。只有少数感光细胞组成的额眼在文昌鱼幼虫阶段发挥作用，在成体中可能作用有限。由于约瑟夫细胞在成体文昌鱼露出沙面的身体前端（这部分通常暴露于自然光下）丰富，一般认为其功能可能是探测周围光线的突然变化（如由正在接近的捕食者引起的变化）或监测周围物体的运动。另一个有趣的问题是约瑟夫细胞的起源。它们是脊索动物祖先就有的细胞还是文昌鱼特有的细胞呢？这一问题的解决对揭示脊索动物祖先生活方式可能会很有帮助。如果是前者，那么脊索动物祖先可能是钻沙生活者；否则，钻沙便是次生特性，那脊索动物祖先可能就是皮卡虫（*Pikaia* sp.）样的游泳生活动物。在其他现存脊索动物如樽海鞘（salp）的眼中也发现有杆状感光细胞（Braun and Stach，2017）。对樽海鞘的脑和眼的观察显示，樽海鞘的眼位于类似于文昌鱼脑泡的区域（具有间脑和中脑）。尚不清楚樽海鞘的眼是否与约瑟夫细胞具有同源性，如果有，则它们极有可能代表脊索动物祖先的感光器官，至少说明脊索动物具有从背部中脑形成杆状感光细胞的潜能。如果真是这种情况，那文昌鱼板层小体（成体的数量与幼体额眼维持一样的水平）的功能可能仍然是调节成体文昌鱼的昼夜节律。

综上所述，我们从文昌鱼光引导行为观察开始，详细分析了文昌鱼 4 个不同的光感受器即额眼、板层小体、背单眼和约瑟夫细胞的解剖结构、形态、生理、基因表达谱与光传导级联反应。我们特别关注并讨论了文昌鱼光感受器和脊椎动物对应器官之间的同源性。基于解剖结构和基因表达谱结果，文昌鱼的额眼显然和脊椎动物的侧眼具有同源性，但尚需要在光传导级联反应及组织发生方面发现更多证据。基于感光细胞形态相似性和共同位于脑背部，文昌鱼板层小体和脊椎动物松果体器官具有同源性，但尚待组织发生和基因表达谱方面的研究证实。基于约瑟夫细胞功能，它们可能和脊椎动物与昼夜节律调节有关的内在光敏感视网膜神经节细胞具有同源性。文昌鱼背单眼可能分别和脊椎动物内在光敏感视网膜神经节细胞及含黑视蛋白的侧线细胞具有同源性。

参 考 文 献

杨安峰, 程红. 1999. 脊椎动物比较解剖学. 北京: 北京大学出版社.

Arendt D. 2003. Evolution of eyes and photoreceptor cell types. Int J Dev Biol, 47: 563-571.

Arendt D, Tessmar-Raible K, Snyman H, et al. 2004. Ciliary photoreceptors with a vertebrate-type opsin in an invertebrate brain. Science, 306: 869-871.

Arendt D, Wittbrodt J. 2001. Reconstructing the eyes of Urbilateria. Philos Trans R Soc Lond B Biol Sci, 356: 1545-1563.

Backfisch B, Veedin Rajan V B, Fischer R M, et al. 2013. Stable transgenesis in the marine annelid *Platynereis dumerilii* sheds new light on photoreceptor evolution. Proc Natl Acad Sci USA, 110: 193-198.

Bjorn L O, Rasmusson A G. 2009. Photosensitivity in sponge due to cytochrome c oxidase? Photochem Photobiol Sci, 8: 755-757.

Braun K, Stach T. 2017. Structure and ultrastructure of eyes and brains of *Thalia democratica* (Thaliacea, Tunicata, Chordata). J Morphol, 278: 1421-1437.

Castro A, Becerra M, Manso M J, et al. 2006. Anatomy of the Hesse photoreceptor cell axonal system in the central nervous system of amphioxus. J Comp Neurol, 494: 54-62.

Chin T G. 1941. Studies on the biology of the Amoy amphioxus *Branchiostoma belcheri* Gray. Phil J Sci, 75: 369-421.

Conway-Morris S. 1998. The Crucible of Creation. Oxford: Oxford University Press.

Costa G. 1834. Annuario zoologico. Cenni Zoologici, ossia descrizione sommaria delle specie nuove di animali discoperti in diverse contrade del regno nell' anno 1834 (cited from Willey 1894). Napoli: Azzolino.

Crozier W J. 1917. The photoreceptors of amphioxus. Contrib Bermuda Biol Stn Res (reprinted from Anat Rec vol. 11, 1916), 4: 3.

Dawkins R. 1996. Climbing Mount Improbable. New York: Norton.

Eakin R M, Westfall J A. 1962. Fine structure of photoreceptors in amphioxus. J Ultrastruct Res, 6: 531-539.

Engelkamp D, Rashbass P, Seawright A, et al. 1999. Role of *Pax6* in development of the cerebellar system. Development, 126: 3585-3596.

Fernald R D. 2000. Evolution of eyes. Curr Opin Neurobiol, 10: 444-450.

Gomez Mdel P, Angueyra J M, Nasi E. 2009. Light-transduction in melanopsin-expressing photoreceptors of amphioxus. Proc Natl Acad Sci USA, 106: 9081-9086.

Gotz M, Stoykova A, Gruss P. 1998. *Pax6* controls radial glia differentiation in the cerebral cortex. Neuron, 21: 1031-1044.

Guthrie D M. 1975. The physiology and structure of the nervous system of amphioxus (the lancelet) *Branchiostoma lanceolatum* Pallas. Symp Zool Soc Lond (Protochordates), 36: 43-80.

Halder G, Callaerts P, Gehring W J. 1995. Induction of ectopic eyes by targeted expression of the eyeless gene in *Drosophila*. Science, 267: 1788-1792.

Hesse R. 1898. Untersuchungen über die Organe der Lichtempfindung bei niederen Thieren. Ⅳ. Die sehorgane des Amphioxus. Z Wiss Zool, 63: 456-464.

Hildebrand M. 1988. Analysis of Vertebrate Struture. 3th ed. New York: John Wiley & Sons, Inc.

Holland L Z, Yu J K. 2004. Cephalochordate (amphioxus) embryos: procurement, culture, and basic methods. Methods Cell Biol, 74: 195-215.

Holland N D. 2011. Spawning periodicity of the lancelet, *Asymmetron lucayanum* (Cephalochordata), in Bihimi, Bahamas. Ital J Zool, 78: 478-486.

Jang C C, Chao J L, Jones N, et al. 2003. Two *Pax* genes, *eye gone* and *eyeless*, act cooperatively in promoting *Drosophila* eye development. Development, 130: 2939-2951.

Joseph H. 1904. Über eigentümliche Zellstrukturen im Zentralnervensystem von Amphioxus. Verh Anat Ges Ergänzungsh. z. Bd, 25: 16-26.

Kemna A. 1904. Les structures cerebrales dorsales chez les vertebres inferieurs. Ann Soc R Zool Belg, 39: 196-201.

Koyanagi M, Kubokawa K, Tsukamoto H, et al. 2005. Cephalochordate melanopsin: evolutionary linkage between invertebrate visual cells and vertebrate photosensitive retinal ganglion cells. Curr Biol, 15: 1065-1069.

Koyanagi M, Terakita A. 2008. Gq-coupled rhodopsin subfamily composed of invertebrate visual pigment and melanopsin. Photochem Photobiol, 84: 1024-1030.

Kozmik Z, Ruzickova J, Jonasova K, et al. 2008. Assembly of the cnidarian camera-type eye from vertebrate-like components. Proc Natl Acad Sci USA, 105: 8989-8993.

Krause W. 1888. Die Retina. Ⅱ. Die Retina der Fische. Int Monatssch Anat Physiol, 5: 132-148.

Lacalli T C. 1996. Frontal eye circuitry, rostral sensory pathways and brain organization in amphioxus larvae: evidence from 3D reconstructions. Phil Trans R Soc London B, 351: 243-263.

Lacalli T C. 2002. The dorsal compartment locomotory control system in amphioxus larvae. J Morphol, 252: 227-237.

Lacalli T C. 2004. Sensory systems in amphioxus: a window on the ancestral chordate condition. Brain Behav Evol, 64: 148-162.

Lacalli T C, Holland N D, West J E. 1994. Landmarks in the anterior central nervous system of amphioxus larvae. Phil Trans R Soc London B, 344: 165-185.

Lamb T D, Collin S P, Pugh E N Jr. 2007. Evolution of the vertebrate eye: opsins, photoreceptors, retina and eye cup. Nat Rev Neurosci, 8: 960-976.

Lamb T D, Pugh E N Jr. 2004. Dark adaptation and the retinoid cycle of vision. Prog Retin Eye Res, 23: 307-380.

Land M F, Fernald R D. 1992. The evolution of eyes. Annu Rev Neurosci, 15: 1-29.

Marquardt T, Ashery-Padan R, Andrejewski N, et al. 2001. *Pax6* is required for the multipotent state of retinal progenitor cells. Cell, 105: 43-55.

Meves A. 1973. Elektronmikroskopische Untersuchungen über die Zytoarchitektur des Gehirns von *Branchiostoma lanceolatum*. Zeitschrift für Zellforschung und Mikroskopische Anatomie, 139: 511-532.

Nagel W A. 1896. Der Lichtsinn augenloser Thiere. Eine biologische Studie. Jena: Fischer.

Nasi E, del Pilar Gomez M. 2009. Melanopsin-mediated light-sensing in amphioxus: a glimpse of the microvillar photoreceptor lineage within the deuterostomia. Commun Integr Biol, 2: 441-443.

Parker A R. 1998. Colour in Burgess Shale animals and the effect of light on evolution in the Cambrian. Proc R Soc B, 265: 967-972.

Parker G H. 1908. The sensory reactions of amphioxus. Proc Amer Acad Arts Sci, 43: 415-455.

Pergner J, Kozmik Z. 2017. Amphioxus photoreceptors - insights into the evolution of vertebrate opsins, vision and circadian rhythmicity. Int J Dev Biol, 61: 665-681.

Plachetzki D C, Oakley T H. 2007. Key transitions during the evolution of animal phototransduction: novelty, "tree-thinking", co-option, and co-duplication. Integr Comp Biol, 47: 759-769.

Quiring R, Walldorf U, Kloter U, et al. 1994. Homology of the eyeless gene of *Drosophila* to the small eye gene in mice and aniridia in humans. Science, 265: 785-789.

Rohde K, Watson N A, Chisholm L A. 1999. Ultrastructure of the eyes of the larva of *Neoheterocotyle rhinobatidis* (Platyhelminthes, Monopisthocotylea), and phylogenetic implications. Int J Parasitol, 29: 511-519.

Ruiz M S, Anadon R. 1991a. Some considerations on the fine structure of rhabdomeric photoreceptors in the amphioxus, *Branchiostoma lanceolatum* (Cephalochordata). J Hirnforsch, 32: 159-164.

Ruiz S, Anadon R. 1991b. The fine structure of lamellate cells in the brain of amphioxus (*Branchiostoma lanceolatum*, Cephalochordata). Cell Tissue Res, 263: 597-600.

Salvini-Plawen L V, Mayr E. 1977. On the evolution of photo receptors and eyes. Evol Biol, 10: 207-263.

Schomerus C, Korf H W, Laedtke E, et al. 2008. Nocturnal behavior and rhythmic period gene expression in a lancelet, *Branchiostoma lanceolatum*. J Bio Rhyth, 23: 170-181.

Sergeev B F. 1963. The sensory reactions of amphioxus and the effects of anesthesia (In Russian). Fiziol Zh SSSR (cited in Guthrie, 1975), 49: 60-65.

Shu D G, Conway-Morris S, Han J, et al. 2003. Head and backbone of the early Cambrian vertebrate *Haikouichthys*. Nature, 421: 526-529.

Simpson T I, Price D J. 2002. *Pax6*, a pleiotropic player in development. BioEssays, 24: 1041-1051.

Stokes M D, Holland N D. 1995. Ciliary hovering in larval lancelets (= amphioxus). Biol Bull, 188: 231-233.

Suga H, Koyanagi M, Hoshiyama D, et al. 1999. Extensive gene duplication in the early evolution of animals before the parazoan-eumetazoan split demonstrated by G proteins and protein tyrosine kinases from sponge and hydra. J Mol Evo, 48: 646-653.

Suga H, Schmid V, Gehring W J. 2008. Evolution and functional diversity of jellyfish opsins. Cur Biol, 18:

51-55.

Velarde R A, Sauer C D, Walden K K, et al. 2005. Pteropsin: a vertebrate-like non-visual opsin expressed in the honey bee brain. Insect Biochem Mol Biol, 35: 1367-1377.

Vopalensky P, Pergner J, Liegertova M, et al. 2012. Molecular analysis of the amphioxus frontal eye unravels the evolutionary origin of the retina and pigment cells of the vertebrate eye. Proc Natl Acad Sci USA, 109: 15383-15388.

Watanabe T, Yoshida M. 1986. Morphological and histochemical studies on Joseph cells of amphioxus, *Branchiostoma belcheri* Gray. Exp Biol, 46: 67-73.

Webb J E. 1969. On the feeding and behavior of the larva of *Branchiostoma lanceolatum*. Marine Biol, 3: 58-72.

Wickstead J H, Bone Q. 1959. Ecology of acraniate larvae. Nature, 184: 1849-1851.

Willey A. 1894. *Amphioxus* and the Ancestry of the Vertebrates. New York: Macmillan.

第十二章

神经嵴和基板的起源与演化

脊椎动物头部的许多结构，如前脑颅、面神经和嗅器官等，都由神经嵴（neural crest）和基板（placode）这两类迁移性外胚层来源的细胞发育而来。神经嵴是指神经沟闭合为神经管时，神经褶上的一部分细胞游离于神经管之外，形成的左右两条与神经管平行的细胞索，位于神经管的背外侧（图 12-1）。神经嵴细胞可分化为多种细胞和组织，包括色素细胞、肾上腺髓质和软骨细胞、鳃条软骨、耳前真皮、动脉弓平滑肌、成齿质细胞、前脑颅大部分，以及三叉神经、面神经、舌咽神经和迷走神经原基。

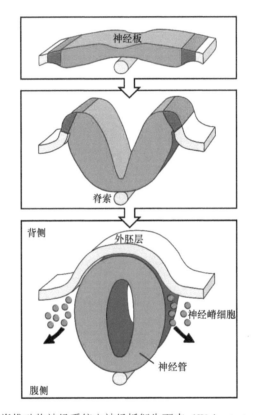

图 12-1　脊椎动物神经系统由神经板衍生而来（Wolpert et al.，1998）

神经管由神经板褶皱、闭合而成。神经管分化成脑和脊髓。神经嵴细胞来源于神经褶处的一些细胞，它们在神经褶融合形成神经管时，从神经管游离、迁移出来，形成将来的色素细胞、肾上腺髓质、软骨细胞、感觉神经和自主神经等

基板是胚胎头部外胚层加厚的部分。除去脑垂体和晶状体基板等少数基板为非神经源基板之外，其余基板都是神经源组织。神经源基板可以形成各种神经和神经节，以及嗅器官、顶眼、部分内耳和侧线。神经源基板主要分为两大类：背侧基板和腹侧基板（也称鳃上基板）。据认为，最早的有颌类脊椎动物，有 7 对头部背侧基板，形成大部分颅部感觉神经元，包括所有参与嗅觉、味觉、听觉和平衡的神经元，以及感觉受体细胞和感觉上皮。

虽然神经嵴和基板具有一些共同特征，如都起源于外胚层、具有迁移性和可以分化成多种细胞的潜能，但它们在所形成的细胞类型及发生地点上明显不同。神经嵴比基板分化的细胞类型更多；神经嵴起源于神经褶，而基板起源于颅面外胚层。另外，神经嵴

产生于神经胚形成期，基板的形成比神经嵴形成时期晚。有关脊椎动物神经嵴和基板的起源，以前一直是个谜。近年来，电子显微镜和发育基因表达的研究成果显示，文昌鱼胚胎中有些细胞已经具有脊椎动物神经嵴和基板的诸多特征。

第一节　神经嵴

无颌类七鳃鳗和有颌类脊椎动物都有神经嵴。盲鳗是否有神经嵴尚不确定，因为有关其胚胎发育的描述仍主要来自百年前的"古董"文献。但是，来自早期寒武纪的脊索动物化石（如海口鱼）显示，它们已具有明显的神经嵴衍生结构，如头部软骨和鳃弓。这说明，神经嵴可能在脊椎动物演化早期就已出现。

文昌鱼显然缺乏明显的神经嵴。用标记脊椎动物神经嵴的抗 HNK1 抗体做免疫组化试验，没有在文昌鱼胚胎中发现阳性信号。尽管如此，但文昌鱼和蛙、鸟和哺乳类一样，都是由胚胎背部外胚层形成神经板，再褶皱、卷曲成神经管。只有一点不同的是，文昌鱼胚胎在神经胚形成时，其非神经外胚层和神经板边缘细胞分离，并通过片状伪足（lamellipodium）从神经板向上迁移到背中线融合（Holland et al.，1996）。也只有在此时，文昌鱼胚胎神经板才开始卷曲，形成神经管。相比之下，蛙、鸟和哺乳类胚胎在非神经外胚层和神经板边缘脱离前，神经板已经开始卷曲，形成神经管。不过，在脊椎动物即将迁移和正在迁移的神经嵴细胞中特异性表达的基因，大多数也在文昌鱼胚胎神经板和邻近的非神经外胚层边缘的细胞中表达。这些基因包括 *BMP2/4*、*Sox1/2/3*、*Snail* 和 *Pax3/7* 等（图 12-2）。

第一个在文昌鱼非神经外胚层表达的基因是 *BMP2/4*。*BMP2/4* 可能在神经和非神经外胚层划分中充当一个古老角色。在果蝇、文昌鱼和脊椎动物中，*BMP2/4* 的同源基因都在非神经外胚层表达，在划分神经和非神经外胚层中发挥作用。*BMP2/4* 由非神经外胚层的高表达到神经外胚层的低表达转变，可能是神经嵴发育的关键因素。有趣的是，文昌鱼胚胎神经胚形成时，正在迁移的外胚层细胞边缘表达 *Distal-less* 基因。*Distal-less* 在脊椎动物胚胎中特异性表达于非神经外胚层和非神经外胚层边缘及正在迁移的神经嵴细胞中。需要指出的是，与神经嵴细胞不同的是，文昌鱼中表达 *Distal-less* 基因的细胞（=具片状伪足的细胞）仍然发育成表皮，不会分化成神经嵴细胞形成的组织，如色素细胞、软骨和感觉神经等。有时，在文昌鱼神经板边缘表达的基因，也在脊椎动物神经板边缘非神经外胚层表达，反之亦然。例如，*Wnt6* 基因在文昌鱼神经板边缘表达，而在脊椎动物神经板邻近的非神经外胚层也表达。另外，在脊椎动物和文昌鱼中，还有数个基因在神经褶边缘区域表达，如 *Snail/Slug* 和 *Msx*。这些基因后来都在神经板强表达。文昌鱼和脊椎动物神经板边缘的基因表达的相似性提示，神经嵴形成的遗传机制可能在文昌鱼和脊椎动物的共同祖先中就已经出现。

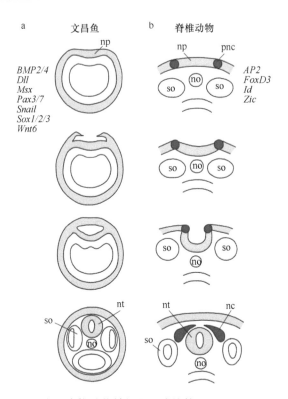

图 12-2　文昌鱼和脊椎动物神经胚形成比较（Holland et al.，2004）

a. 文昌鱼；b. 脊椎动物。文昌鱼和脊椎动物晚期神经胚，具有明显边缘的神经板开始形成。在早期神经胚中，文昌鱼神经板边缘与神经板脱离，细胞通过片状伪足向神经板上方运动，而脊椎动物神经板边缘细胞在卷曲过程中，仍保持与神经板连接。在晚期神经胚中，文昌鱼神经板的游离边缘在背中线融合，背部外胚层下面的神经板开始卷曲，而脊椎动物神经板已经完成卷曲，形成神经管。文昌鱼神经板完成卷曲，形成神经管，并与外胚层脱离，而脊椎动物神经管与外胚层脱离，神经板边缘产生一些游离细胞，迁移出来，将来形成色素细胞、感觉神经和自主神经等。在图 a 中列出的基因，在脊椎动物神经胚形成时，都在神经外胚层和非神经外胚层表达，但在文昌鱼神经胚形成时不表达。因此，它们可能是神经嵴细胞迁移和分化成不同组织所必不可少的因子。np. 神经板；pnc. 原始神经嵴；no. 脊索；so. 肌节；nt. 神经管；nc. 神经嵴

　　在海鞘中，这些神经嵴标志基因也在神经板和邻近的非神经外胚层边缘表达，但 *BMP2/4* 和 *distal-less* 这两个基因是例外。在海鞘胚胎中，细胞发育命运决定比较早，胚胎细胞数量也少，可能已经失去将神经外胚层和非神经外胚层加以区分的作用，因而导致 *BMP2/4* 表达模式的变化。虽然海鞘 *BMP2/4* 基因在神经板边缘某些细胞表达，但原肠作用时，它在非神经外胚层不表达。另外，海鞘的 3 个 *distal-less* 基因没有一个在神经板和非神经外胚层边缘细胞表达。在海鞘神经板和邻近的非神经外胚层边缘表达的基因包括 *Pax3/7*、*Snail* 和 *Msx* 的同源基因。这些基因开始表达相对较早，可能是细胞发育命运决定早的缘故。由于海鞘胚胎细胞数量少，表达这些基因的细胞也少。在真海鞘（*Halocynthia roretzi*）晚期原肠胚中，脊椎动物 *Pax3* 和 *Pax7* 的同源基因 *HrPax-37* 在胚胎背部两边将来形成神经板的各 3 个细胞中表达，其中两个细胞也形成肌肉。之后，*HrPax-37* 在神经板表达量下降，在邻近表皮细胞的表达量增加。虽然与脊椎动物或文昌鱼的 *Pax3/7* 表达模式不同，但 *HrPax-37* 的表达仍然显示它在决定神经板和非神经外胚层边缘中的一定作用。而且，*HrPax-37* 过表达可以诱导一些背部特异性基因表达。与脊

椎动物和文昌鱼中的 *Snail/slug* 基因一样，海鞘的同源基因 *Ci-Sna* 也在神经板边缘细胞及肌肉和躯干间充质前体细胞表达。虽然至神经胚开始时，它在这些细胞形成的组织中表达已经停止，但在尾神经索侧面室管膜细胞中仍然有表达。*Ci-sna* 和 *HrPax-37* 的表达模式有些重叠，但并不完全相同：两个基因都在脑泡背侧前体细胞表达，但 *HrPax-37* 只在室管膜背侧细胞前体表达，而在室管膜侧面细胞前体不表达。同样，海鞘 *Msx* 基因在神经褶和其他组织表达。不过，海鞘 *Wnt7* 基因的表达限于尾神经索的室管膜背侧和腹侧细胞。因此，虽然海鞘神经索细胞数量有限，且尾神经索缺少细胞体，但神经板和邻近的非神经外胚层边缘却表达神经嵴标志基因。由此可见，原始的脊索动物（文昌鱼和海鞘）神经板和邻近的非神经外胚层边缘细胞，已经形成神经嵴细胞的一些属性。

那么，是什么基因决定了迁移性神经嵴细胞的形成呢？研究发现，有些在脊椎动物神经嵴细胞开始迁移后表达的基因，如 *AP2*，在文昌鱼神经板边缘或非神经外胚层边缘都不表达。有些脊椎动物神经嵴细胞迁移前特异性表达的基因，其文昌鱼的同源基因在神经胚形成时，在神经板边缘细胞也不表达。例如，*Zic* 基因在文昌鱼早期神经胚的神经板表达，但当神经板开始卷曲时，其表达即被关闭；而神经胚形成之后，又在神经管背部细胞开始表达。与此相似，脊椎动物 4 个 *Id* 基因都是迁移前和正在迁移的神经嵴细胞特异性表达的基因，而文昌鱼的单个 *Id* 基因在早期原肠胚前端神经板表达，但当神经胚形成开始时，表达彻底关闭。在神经嵴演化过程中值得关注的一个基因是 *FoxD3*，它对神经嵴细胞迁移至关重要。脊椎动物有 5 个 *FoxD* 基因，只有 *FoxD3* 在神经嵴细胞表达（图 12-3）。文昌鱼只有 1 个 *FoxD* 基因，它在中胚层和前端神经管表达，但在神经板边缘细胞不表达（Yu et al.，2002）。已经鉴定到一段调控性 DNA，它可以驱动报告基因在文昌鱼 *FoxD* 基因正常表达的所有组织（区域）表达。虽然这段调控性 DNA

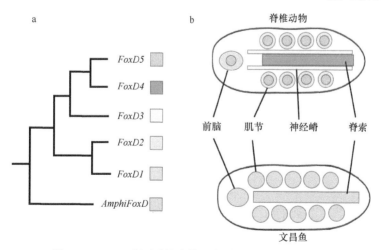

图 12-3　*FoxD* 基因系统演化和表达（Holland，2015）

a. 文昌鱼 *FoxD* 基因和脊椎动物基因组复制形成的 *FoxD* 基因的关系。b. *AmphiFoxD* 基因在文昌鱼前脑、肌节和脊索表达。在脊椎动物中，祖先型 *FoxD* 基因（即 *AmphiFoxD* 基因）表达区域已由复制形成的 5 个基因中的 4 个（*FoxD1*、*FoxD2*、*FoxD4* 和 *FoxD5*）基因分配承担。脊椎动物 *FoxD3* 则在神经嵴这个新的区域表达。实验证明，*FoxD3* 获得了新的调控元件和新的 N 端序列，这两者成就了其在神经嵴发育中的作用也可以驱使报告基因在鸡胚相应的组织表达，但不能驱动其在神经嵴细胞表达，显示脊椎动物基因复制后，*FoxD3* 获得了新的调控元件（Meulemans and Bronner-Fraser，2004）。研究也证实，脊椎动物中驱使 *FoxD3* 基因在迁移前神经嵴细胞表达的增强子，确实和文昌鱼 *FoxD3* 的调控序列没有相似性（Holland，2015）。不仅如此，FoxD3 蛋白的 N 端还演化出一段新的序列，使其可以诱导神经嵴基因如 *HNK1* 的表达（Ono et al.，2014）。综上可以看出，决定神经板和神经板边缘形成的基因在文昌鱼与脊椎动物中高度保守，但决定神经嵴发生的基因在文昌鱼和脊椎动物之间表达并不具有相似性。

对神经嵴相关基因调控区演化的研究结果，也来自对构建的跨物种报告基因的分析。Manzanares 等（2000）分析了所构建的一系列含有文昌鱼 *Hox* 基因（*AmphiHox1*、*AmphiHox2* 和 *AmphiHox3*）调控区的报告基因在脊椎动物中的表达情况。在脊椎动物中，*Hox* 基因参与神经管前后轴的形成。它们也在一些神经嵴细胞中表达，但开始表达的时间要比前面所述的迁移前神经嵴细胞中特异性表达基因的表达要晚些。所以，*Hox* 基因很可能作用于迁移前神经嵴细胞中特异性表达基因的下游。Manzanares 等（2000）发现，有一些调控元件如包括视黄酸受体在内的核受体结合位点，在文昌鱼和脊椎动物 *Hox* 基因中是保守的，但脊椎动物 *Hox* 基因中 *Krox20* 和 *kreisler* 的结合位点，在文昌鱼同源基因中则是不存在的。有趣的是，文昌鱼 *Hox* 基因调控区可以指导所构建的报告基因在脊椎动物神经嵴和基板中表达。这至少表明，某些驱使 *Hox* 基因在神经嵴表达的调控元件，在神经嵴前体细胞具备迁移能力之前就已经出现。这些结果和神经嵴标志基因在文昌鱼及海鞘中的表达模式，都显示决定神经嵴形成的基因调控网络的关键部分可能已经出现在文昌鱼和脊椎动物的共同祖先中。

第二节　基板

脊椎动物胚胎头部外胚层的加厚部分即基板，包括神经源基板和非神经源基板两类。非神经源基板形成脑垂体、牙齿、羽毛、头发和晶状体；神经源基板形成各种机械和化学感受结构，包括鼻嗅上皮、部分脑神经节、侧线、内耳感觉细胞和脑垂体中一些含有促性腺激素释放激素的神经元（gonadotropin-releasing hormone-containing neuron）。侧线仅存在于无颌类和无羊膜类脊椎动物中。除嗅板的感觉细胞属于初级神经元（primary neuron），向中枢神经系统发出轴突之外，其余神经源基板形成的所有神经细胞都是次级神经元，都缺乏轴突。

一、神经源基板的演化

文昌鱼和海鞘含有大量外胚层来源的感觉细胞（图 12-4）。不过，这些细胞的形态都与脊椎动物神经源基板产生的感觉细胞不同。因此，关于原索动物和脊椎动物外胚层来源的感觉细胞是否存在亲缘关系，尚有争论。脊椎动物最富特点的外胚层来源的感觉细胞是侧线中的机械感受细胞，它们组织成神经丘（neuromast），包括其纤毛的毛细胞

（hair cell）和顶端嵌入胶质杯状凹（gelatinous cupule）的支持细胞（supporting cell）。毛细胞的"毛"由一根固定的动纤毛（kinocilium）和许多可动的硬微绒毛（stereovilli）或称硬纤毛（stereocilia）组成。动纤毛是一种典型的含有一个基体（basal body）和一个微管核心的纤毛，而硬微绒毛是特化的微绒毛，长 5μm 以上，内部充满平行排列的微丝，顶端被细胞外细丝连在一起。受到机械刺激时，硬微绒毛一起摆动，可以诱发跨细胞膜受体电位。毛细胞为缺乏轴突的次级神经元，也存在于脊椎动物内耳中。

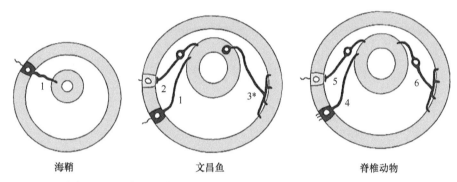

图 12-4　脊索动物表皮感觉细胞，不包括感光细胞和中胚层终末
感觉神经元（Holland and Holland，2001）

海鞘具有Ⅰ型感觉神经元（1），它向中枢神经系统发出一根轴突。文昌鱼表皮具有Ⅰ型和Ⅱ型两种感觉神经元。Ⅱ型感觉神经元（2）与另一个向中枢神经系统发出轴突的感觉神经元形成突触。3*代表中枢神经系统中的雷济厄斯双极细胞（Retzius bipolar cell），这些细胞的凸起是否终止于表皮尚不确定。在无羊膜动物早期胚胎中，也短暂出现过类似的神经元，称为罗-毕氏细胞（Rohon-Beard cell）。在脊椎动物中，Ⅰ型感觉细胞（4）存在于嗅基板中；其他外胚层感觉细胞为次级神经元（5）。在成体脊椎动物中，罗-毕氏细胞（脊髓中的巨神经节细胞）被背神经节（6）取代

1. 海鞘外胚层感觉细胞

文昌鱼中没有类似于脊椎动物神经乳突的结构。不过，在成体海鞘咽部有所谓的杯状器官（cupular organ），被认为可能与脊椎动物内耳的神经乳突具有同源性。和脊椎动物神经乳突一样，海鞘杯状器官的纤毛嵌入胞外基质中。但海鞘的胞外基质仅为覆盖全身的简单的外鞘（test）。另外，海鞘杯状器官的感觉细胞和脊椎动物的神经乳突细胞也不完全一样。海鞘杯状器官的感觉细胞具有单根长纤毛，周围被多根微绒毛包围或无微绒毛包围（图 12-5）；纤毛和微绒毛都缺乏动纤毛与硬微绒毛特有的结构分化。而且，海鞘杯状器官的感觉细胞具有轴突。脊椎动物 Pax2、Pax5 和 Pax8 的同源基因 Pax2/5/8 在海鞘围鳃腔原基（atrial primordium）的表达，提示围鳃腔原基与脊椎动物的听板（otic placode）可能具有同源性（Wada et al.，1998）。但文昌鱼 Pax2/5/8 基因的表达模式又不支持这一观点。文昌鱼 Pax2/5/8 不在外胚层感觉细胞表达，而在外胚层和内胚层将融合形成鳃裂的区域表达。在海鞘中，口和围鳃腔原基也是将来杯状器官发育的地方，由外胚层内陷形成（Katz，1983）。因此，海鞘 Pax2/5/8 可能和文昌鱼 Pax2/5/8 一样，也在内陷的外胚层并与内胚层融合形成鳃裂外部的区域表达。如果是这样，那么海鞘的围鳃腔原基就与脊椎动物听板没有同源性（Kozmik et al.，1999）。另外，盲鳗的侧线沟和半规管嵴都缺乏杯状器官，七鳃鳗的神经丘也没有杯状器官（Braun and Northcutt，1997），

这些都令海鞘杯状器官和脊椎动物神经丘的同源性更加存疑。因此，海鞘的杯状器官和脊椎动物的神经丘可能是独立起源与演化的器官。这种独立起源还可从以下事实得到佐证，即文昌鱼不但没有任何类似于杯状器官的结构，而且脊椎动物听板特异性遗传标记基因如 *Sox3* 和 *Pax2/5/8* 都不在文昌鱼中脑中部对面预期形成听板的外胚层表达。

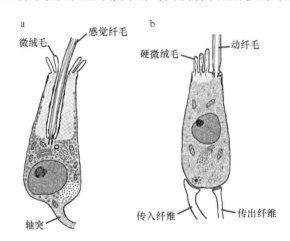

图 12-5   海鞘杯状器官的感觉细胞和鱼侧线系统感觉细胞（毛细胞）比较（Holland and Holland，2001）
a. 在海鞘杯状器官中，感觉细胞是初级神经元，向中枢神经系统发出轴突。感觉纤毛深陷到细胞内部，周围被一圈短的微绒毛包围。b. 脊椎动物毛细胞是次级神经元，与颅神经的传出纤维和传入纤维形成突触。毛细胞顶部具有单根动纤毛和一圈包括肌动蛋白纤维束的硬微绒毛

海鞘还存在另外一些外胚层感觉细胞。幼虫变态时，依赖吻部乳突（rostral papillae）吸附于基质上，而这乳突上面就有具纤毛的感觉细胞。在每个乳突基部，都有数个具有轴突的单纤毛感觉细胞。Pennati 等（1998）认为海鞘吻部的吸附性乳突和两栖类的胶黏腺（cement gland）有关，他们发现 *XAG* 基因在两栖类的胶黏腺表达，而在海鞘中它在吸附性乳突顶部表达。

2. 文昌鱼外胚层感觉细胞

与海鞘相比，文昌鱼具有更多的外胚层来源的感觉细胞，其中许多细胞一直保留到成体。文昌鱼表皮的纤毛细胞包括几种类型，每种类型都具有独特的形态。第 1 种类型的纤毛细胞（Ⅰ型纤毛细胞）有一圈短的微绒毛包围在 1 根纤毛周围（图 12-6）。这些细胞最早于胚胎发育 48h 后在幼虫身体两侧中间大约 1/3 部分出现，之后随继续发育而广泛分布，尤其在吻部表皮分布密集。第 1 种类型的纤毛细胞又分两个亚型：Ⅰa 和 Ⅰb。Ⅰa 型和 Ⅰb 型纤毛细胞都具有 1 根长达约 10μm 的纤毛，没有凹陷到细胞内，但是，Ⅰa 型纤毛细胞的纤毛被两种微绒毛包围，即内圈粗短的微绒毛和外圈细长的微绒毛（Lacalli and Hou，1999），而 Ⅰb 型纤毛细胞的纤毛只有细长的微绒毛包围。Ⅰb 型纤毛细胞是初级神经元，具有轴突，经背部第 1 和第 2 感觉神经延伸到中枢神经系统即脑泡前端（Fritzsch，1996）。Ⅰa 型纤毛细胞是否具有轴突，尚不确定。

文昌鱼幼虫晚期出现第 2 种类型的纤毛细胞（Ⅱ型纤毛细胞）（Stokes and Holland，

1995）。它们具有 1 根长约 3μm、顶端膨大的纤毛（图 12-6），被镶入的一圈微绒毛包围。第 2 种类型的纤毛细胞是次级神经元，缺乏轴突，通过短的细胞凸起和感觉细胞形成突触；后者再发出轴突到中枢神经系统。文昌鱼变态之后，口前触手（preoral cirri）具有Ⅰ型纤毛细胞，也可能具有Ⅱ型纤毛细胞。普遍认为，文昌鱼的Ⅰ型和Ⅱ型纤毛细胞都是感觉细胞，但它们是机械感觉细胞还是化学感觉细胞，尚存疑问。虽然有证据表明，文昌鱼可以对化学刺激、接触刺激和化学变化产生反应，但还缺乏对每种类型细胞功能的直接测试（Parker，1908）。

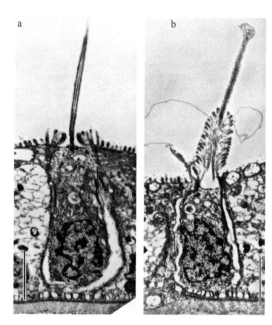

图 12-6　文昌鱼外胚层感觉细胞电镜照片（Lacalli and Hou，1999）

a. Ⅰ型纤毛细胞，示下半部分纤毛，纤毛具有典型"9+2"微管排列。b. Ⅱ型纤毛细胞，纤毛内排列 20～30 根轴向微管，并被镶入的一圈微绒毛包围。标尺=2μm

文昌鱼中还存在几种次要类型的感觉细胞。这些细胞包括吻端表面的纤毛细胞，其纤毛分布于不规则的隐窝内，表面具有分散的微绒毛。腹褶腹面的隐窝细胞（pit cell）也有凹陷的纤毛，但缺乏微绒毛。这些细胞的纤毛如同Ⅱ型纤毛细胞的纤毛一样，轴丝（axoneme）被平行排列的微管取代。在吻部右侧，有些带有纤毛刺（ciliary spine）的细胞，其轴丝为纤维中轴，上面沿整个纤毛每隔一定距离就出现一块水平小板，说明它们可能是机械感受器（Lacalli and Hou，1999）。文昌鱼口周围有口棘细胞（oral spine cell），属于次级感觉细胞（图 12-7），具有固定的纤毛伸出跨到口对面。口棘的作用是启动幼虫"咳嗽"反应，清除口中垃圾碎片。口棘细胞和周围一些中间神经元的突起形成突触，而这些中间神经元又与其他具有长轴突的周围神经元形成突触。具有长轴突的这些周围神经元被认为是感觉细胞，可以把信号传给神经索。这些周围中间神经元和脊椎动物味蕾的梅克尔样辅助细胞（Merkel-like accessory cell）相似。因此，Lacalli 等（1999）认为，文昌鱼的口棘细胞可能和脊椎动物的味蕾细胞具有同源性。在脊椎动物中，至少蝾螈的味蕾既不是由基板形成的，也不是由神经嵴形成的（Barlow and Northcutt，1995）。文昌鱼的纤毛丛或吻部乳头位于口前端略偏腹侧的地方。纤毛丛细胞的纤毛，在摄食时伸向前方，呈不规则缓慢摆动。Gilmour（1996）认为这些细胞也是感觉细胞，行使感觉功能，但Lacalli等（1999）认为它们只是纤毛效应器（ciliary effector），而不是感觉细胞，因为它们没有与口神经形成突触。

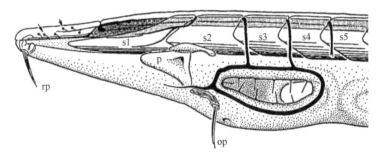

图 12-7　文昌鱼 12～14 天幼虫几种次要的外胚层感觉细胞（Lacalli et al.，1999）

口开于左侧，被口棘细胞包围。口棘细胞是次级感觉细胞，主要与内在神经元上的树突样突起形成突触。口棘由瓶状单纤毛细胞簇构成。口被口神经包围。德卡特勒法热小体（corpuscle of de Quatrefages）如箭号所示。德卡特勒法热小体发出轴突到吻端神经和第 1 背神经。纤毛凹（p）位于口前，它与哈氏盲囊连接形成成体哈氏窝。吻端乳突（rp）和口乳突（op）细胞都具有长纤毛。s1～s5 指第 1～5 肌节

3. 文昌鱼外胚层感觉细胞和脊椎动物基板的同源性

　　脊椎动物祖先外胚层来源的感觉细胞是初级神经元还是次级神经元，仍有争论。初级神经元伸出轴突到中枢神经系统，而次级神经元缺乏轴突。脊椎动物的嗅基板形成的感觉细胞是初级神经元，其他基板形成的感觉细胞是次级神经元。一般认为，脊椎动物祖先的感觉细胞可能具有轴突，所以它们可能与文昌鱼第 1 种类型的感觉细胞相似。不过，Lacalli 和 Hou（1999）认为，如果文昌鱼第 2 种类型的感觉细胞是化学感受细胞，那它们可能比第 1 种类型的感觉细胞更接近脊椎动物的化学感受细胞。而 Braun 和 Northcutt（1997）指出，海鞘杯状器官的纤毛细胞、盲鳗的侧线细胞及文昌鱼第 1、2 种类型的感觉细胞都有 1 根中央纤毛，周围被一圈微绒毛包围，这一点它们都非常相似。所以，他们认为脊索动物祖先的感觉细胞可能具有类似于纤毛细胞的形态。然而，他们没有说明脊椎动物祖先的感觉细胞是否具有轴突。

　　脊椎动物和文昌鱼发育基因表达模式的比较，有助于揭示两者的同源性。已经发现有几种脊椎动物的基板发育过程中都表达特定的转录因子。例如，形成嗅基板的嗅上皮，其特异性标志基因是 *Pax6*。在其他基板中，*Pax6* 只在晶状体基板表达。嗅上皮最先表达 *Pax6*。其他基因，包括数个 *Six* 基因、*eya*、*frizzled 2*、*frizzled 7*、*Msx-1*、*Msx-2* 和 *Sprouty4*，都在嗅基板表达，只是特异性略差些，因为它们除在嗅基板表达之外，也在其他几个基板表达。另外一些基因，如 *Sox2*、*Sox3*、*Neurogenin1*、*Neurogenin2*、*Delta-1*、*MyT-1* 和 *NeuroD*，在几乎所有基板都表达。在文昌鱼中，仅发现同源基因 *Pax6*、*Neurogenin*、*Msx* 和 *Sox1/2/3*，目前它们都已经被克隆了出来。*Sox1/2/3* 在文昌鱼中的表达局限于神经系统。相比之下，*AmphiPax6* 和 *AmphiNeurogenin*，广泛表达于早期幼虫

的头部外胚层，而 *AmphiMsx* 则只在幼虫头部两侧外胚层各一小块区域表达。因此，文昌鱼很可能存在类似于嗅上皮的组织。文昌鱼幼虫和成体吻端都富含感觉细胞，包括早期出现的第 1 种类型感觉细胞和晚期出现的第 2 种类型感觉细胞。Bone 和 Best（1978）认为，文昌鱼第 2 种类型感觉细胞具有机械感受功能，但 Baatrup（1981）从细胞形态推测它们不可能执行机械感受功能。Lacalli 和 Hou（1999）则认为，文昌鱼第 1 种类型感觉细胞为机械感受细胞，第 2 种类型感觉细胞为化学感受细胞。

　　Sharman 等（1999）报道，*AmphiMsx* 的表达位置代表将来形成德卡特勒法热小体（corpuscle of de Quatrefages）的区域。德卡特勒法热小体是特化的器官，位于文昌鱼晚期幼虫和成体吻端表皮下结缔组织中，可能具有感觉功能。在其他脊索动物中还没发现有类似于德卡特勒法热小体的同源器官。文昌鱼德卡特勒法热小体由 7 个鞘细胞包围着 1～4 个神经细胞组成（图 12-8），每个神经细胞都具有轴突和两根纤毛。轴突形成吻端神经的一部分，纤毛则伸入包围每个德卡特勒法热小体的基板（basal lamina）中。德卡特勒法热小体一直被认为是触觉或压力感受器（Baatrup，1982；Ruppert，1997），这从其分布于皮下结缔组织中似乎得到了一定证明。

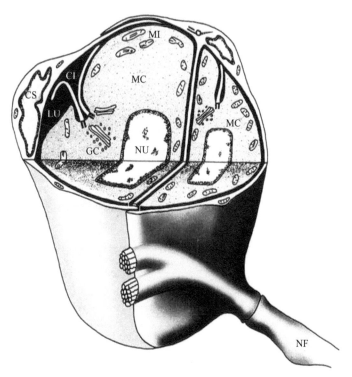

图 12-8　德卡特勒法热小体模式图，示两个主要细胞（MC）和两个鞘细胞（CS）（Baatrup，1982）

CI. 纤毛；GC. 高尔基体；LU. 空腔；MI. 线粒体；NF. 神经纤维束；NU. 细胞核

　　文昌鱼中还有一种感觉细胞，即雷济厄斯双极细胞。雷济厄斯双极细胞的胞体不在表皮中，而是位于中枢神经系统（图 12-4）。不过，它们发出轴突至表皮，所以可能是一种感觉细胞。这些细胞的胞体呈两排分布于神经索背侧，其突起形成神经纤维终止于表皮（Bone，1959）。然而，Lacalli 和 Hou（1999）没有观察到有神经突起延伸到身体表面。据认为，文昌鱼雷济厄斯双极细胞和七鳃鳗、硬骨鱼及两栖类幼体中的罗-毕氏细胞（Rohon-Beard cell）具有相似性（Demski et al.，1996）。罗-毕氏细胞是指脊髓中的巨神经节细胞，由产生神经嵴的神经板部分发育而来（Cornell and Eisen，2000）。不过，在罗-毕氏细胞中表达的 *islet* 基因，在文昌鱼的雷济厄斯双极细胞并不表达。在文昌鱼中唯一表达 *islet* 的细胞，位于第 5～6 肌节的神经索背部，而且这些细胞也不像雷济厄斯双极细胞那样沿着神经索分布（Jackman et al.，2000）。

二、非神经源基板的演化

除腺垂体之外，没有在无脊椎动物中发现有非神经源基板（如产生牙齿、毛囊和晶状体的基板）的同源结构。有证据显示，文昌鱼哈氏窝是腺垂体的同源器官。哈氏窝由位于文昌鱼幼虫口前方的纤毛凹和位于消化道左前方的盲囊（也称为哈氏盲囊）融合形成（图 12-9）。哈氏窝可以和促性腺激素释放激素受体抗体（Fang et al.，1999）及抗 Pit-1 蛋白抗体（Candiani and Pestarino，1998）产生阳性免疫反应。促性腺激素释放激素受体是腺垂体分泌激素；Pit-1 是一种转录因子，在脊椎动物腺垂体表达。所有这些都表明，哈氏窝是脊椎动物腺垂体的同源器官。另外，在脊椎动物中，*Pax6* 和 *islet1* 都在发育中的腺垂体的表皮细胞表达。同样，它们也在文昌鱼早期幼虫预定形成哈氏窝的盲囊（中胚层衍生物）中表达（Glardon et al.，1998；Jackman et al.，2000）。

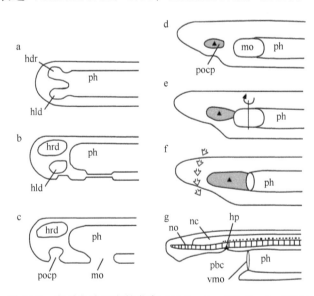

图 12-9　文昌鱼哈氏窝的发育（Holland and Holland，2001）

a～c. 背部观。d～f. 左侧观。a. 在中期神经胚，内胚层在咽部（ph）前端向外突出成囊状，成为哈氏左盲囊（hld）和右盲囊（hrd）。b. 在晚期神经胚，哈氏左盲囊和右盲囊从咽部掐断下来。口开始在左侧由内胚层和外胚层融合形成。c 和 d. 在早期幼虫中，哈氏左盲囊和口前纤毛凹（pocp）融合，口开通。e. 随着变态进行，口前缘沿页面平面旋转。口前纤毛凹上的小三角形指变态后，形成哈氏窝的区域。f. 变态后期，前端表皮部分向口旋转（空心箭号），因此带动口前纤毛凹从左侧向腹面移动，并在那里形成口前腔。g. 变态完成后，哈氏窝位于口前腔顶部（pbc），紧靠缘膜口前端（vmo）。nc. 神经索；no. 脊索；mo. 口；hp. 哈氏窝也有证据表明，海鞘的神经垂体导管（neurohypophyseal duct）和脊椎动物腺垂体是同源器官。在海鞘发育过程中，外胚层来源的神经垂体导管和咽部外凸部融合，形成神经腺（neural gland）原基。海鞘神经腺和脊椎动物腺垂体一样，可以和抗促性腺激素释放激素受体抗体（Mackie，1995；Tsutsui et al.，1998）、抗催乳素抗体（Pestarino，1984，1985；Terakado et al.，1997）及其他抗垂体特异性激素抗体（Zhang et al.，1982；Terakado et al.，1997）产生阳性免疫反应。这些都支持海鞘神经垂体导管与脊椎动物腺垂体存在同源性（Manni et al.，1999）。

脊椎动物、文昌鱼及海鞘的上述综合比较显示，调节神经嵴发育的大部分遗传系统（genetic machinery）在文昌鱼和脊椎动物共同祖先中已经形成。但神经板和邻近的非神经外胚层边缘的细胞各自迁移及分化形成不同类型神经细胞的能力，可能在脊椎动物形成早期才开始出现。外胚层来源的感觉细胞，可能在原始脊索动物就已经存在，但是，脊椎动物原始的外胚层感觉细胞是否具有轴突，尚存疑问。文昌鱼可能已经出现了脊椎动物嗅基板的同源结构，但明确的神经丘显然到脊椎动物才演化出来。另外，文昌鱼和海鞘都具有脊椎动物腺垂体的同源器官。因此，脊椎动物的嗅基板和腺垂体基板，可能是动物系统演化过程中最先出现的神经源基板和非神经源基板。

参 考 文 献

Baatrup E. 1981. Primary sensory cells in the skin of amphioxus (*Branchiostoma lanceolatum* (P)). Acta Zool, 62: 147-157.

Baatrup E. 1982. On the structure of the corpuscles of de Quatrefages (*Branchiostoma lanceolatum* (P)). Acta Zool, 63: 39-44.

Barlow L A, Northcutt R G. 1995. Embryonic origin of amphibian taste buds. Dev Biol, 169: 273-285.

Bone Q. 1959. The central nervous system in larval acraniates. Quart J Micros Sci, 100: 509-527.

Bone Q, Best A C G. 1978. Ciliated sensory cells in amphioxus (*Branchiostoma*). J Mar Biol Ass UK, 58: 479-486.

Braun C B, Northcutt R G. 1997. The lateral line system of hagfishes (Craniata: Myxinoidea). Acta Zool, 78: 247-268.

Candiani S, Pestarino M. 1998. Expression of the tissue specific transcription factor Pit-1 in the lancelet, *Branchiostoma lanceolatum*. J Comp Neurol, 392: 343-351.

Cornell R A, Eisen J S. 2000. Delta signaling mediates segregation of neural crest and spinal sensory neurons from zebrafish lateral neural plate. Development, 127: 2873-2882.

Demski L S, Beaver J A, Morrill J B. 1996. The cutaneous innervation of amphioxus: a review incorporating new observations with DiI tracing and scanning electron microscopy. Isr J Zool, 42 (Suppl.): 117-129.

Fang Y, Huang W, Chen L. 1999. Immunohistochemical localization of gonadotropin-releasing hormone receptors (GnRHR) in the nervous system, Hatschek's pit and gonads of amphioxus, *Branchiostoma belcheri*. Chin Sci Bull, 44: 908-911.

Fritzsch B. 1996. Similarities and differences in lancelet and craniate nervous system. Isr J Zool, 42(Suppl.): 147-160.

Gilmour T H J. 1996. Feeding methods of cephalochordate larvae. Isr J Zool, 42 (Suppl.): 87-95.

Glardon S, Holland L Z, Gehring W J, et al. 1998. Isolation and developmental expression of the amphioxus *Pax-6* gene (*AmphiPax-6*): insights into eye and photoreceptor evolution. Development, 125: 2701-2710.

Holland L Z. 2015. The origin and evolution of chordate nervous systems. Phil Trans R Soc B, 370: 20150048.

Holland L Z, Holland N D. 2001. Evolution of neural crest and placodes: amphioxus as a model for the ancestral vertebrate? J Anat, 199: 85-98.

Holland L Z, Laudet V, Schubert M. 2004. The chordate amphioxus: an emerging model organism for developmental biology. Cell Mol Life Sci, 61: 2290-2308.

Holland N D, Panganiban G, Henyey G, et al. 1996. Sequence and developmental expression of *AmphiDll*, an amphioxus *Distal-less* gene transcribed in the ectoderm, epidermis and nervous system: insights into evolution of craniate forebrain and neural crest. Development, 122: 2911-2920.

Jackman W R, Langeland J A, Kimmel C B. 2000. *islet* reveals segmentation in the amphioxus hindbrain homologue. Dev Biol, 220: 16-26.

Katz M J. 1983. Comparative anatomy of the tunicate tadpole (*Ciona intestinalis*). Biol Bull, 164: 1-27.

Kozmik Z, Holland N D, Kalousova A, et al. 1999. Characterization of an amphioxus paired box gene, *AmphiPax2/5/8*: developmental expression patterns in optic support cells, nephridium, thyroid-like structures and pharyngeal gill slits, but not in the midbrain-hindbrain boundary region. Development, 126: 1295-1304.

Lacalli T C, Gilmour T H J, Kelly S J. 1999. The oral nerve plexus in amphioxus larvae: function, cell types and phylogenetic significance. Proc R Soc B, 266: 1461-1470.

Lacalli T C, Hou S. 1999. A reexamination of the epithelial sensory cells of amphioxus (*Branchiostoma*). Acta Zool, 80: 125-134.

Mackie G O. 1995. On the "visceral nervous system" of *Ciona*. J Mar Biol Ass UK, 75: 141-151.

Manni L, Lane J, Sorrentino M, et al. 1999. Mechanism of neurogenesis during the embryonic development of a tunicate. J Comp Neurol, 412: 527-541.

Manzanares M, Wada H, Itasaki N, et al. 2000. Conservation and elaboration of *Hox* gene regulation during evolution of the vertebrate head. Nature, 408: 854-857.

Meulemans D, Bronner-Fraser M. 2004. Gene-regulatory interactions in neural crest evolution and development. Dev Cell, 7: 291-299.

Ono H, Kozmik Z, Yu J K, et al. 2014. A novel N-terminal motif is responsible for the evolution of neural crest-specific gene-regulatory activity in vertebrate *FoxD3*. Dev Biol, 385: 396-404.

Parker G H. 1908. The sensory reactions of amphioxus. Proc Am Acad Arts Sci, 43: 415-455.

Pennati R, Sotgia C, De Bernard F. 1998. Molecular similarity between ascidian adhesive papillae and amphibian cement gland. Animal Biol, 7: 97.

Pestarino M. 1984. Immunocytochemical demonstration of prolactin-like activity in the neural gland of the ascidian *Styela plicata*. Gen Comp Endocrinol, 54: 444-449.

Pestarino M. 1985. A pituitary like role of the neural gland of an ascidian. Gen Comp Endocrinol, 54: 444-449.

Ruppert E E. 1997. Cephalochordata (Acrania) // Harrison F W, Ruppert E E. Microscopic Anatomy of Invertebrates. Vol 15. New York: Wiley-Liss: 349-504.

Sharman A C, Shimeld S M, Holland P W H. 1999. An amphioxus *Msx* gene expressed predominantly in the dorsal neural tube. Dev Genes Evo, 209: 260-263.

Stokes M D, Holland N D. 1995. Embryos and larvae of a lancelet, *Branchiostoma floridae*, from hatching through metamorphosis: growth in the laboratory and external morphology. Acta Zool, 76: 105-120.

Terakado K, Ogawa M, Inoue K, et al. 1997. Prolactin-like immunoreactivity in the granules of neural complex cells in the ascidian *Halocynthia roretzi*. Cell Tissue Res, 289: 63-71.

Tsutsui H, Yamamoto N, Ito H, et al. 1998. GnRH-immunoreactive neuronal system in the presumptive ancestral chordate, *Ciona intestinalis* (Ascidian). Gen Comp Endocrinol, 112: 426-432.

Wada H, Saiga H, Satoh N, et al. 1998. Tripartite organization of the ancestral chordate brain and the antiquity of placodes: insights from ascidian *Pax-2/5/8*, *Hox*, and *Otx* genes. Development, 125: 1113-1122.

Wolpert L, Beddington R, Brockes J, et al. 1998. Principles of Development. Singapore: Stamford Press.

Yu J K, Holland N D, Holland L Z. 2002. An amphioxus winged helix/forkhead gene, *AmphiFoxD*: insights into vertebrate neural crest evolution. Dev Dyn, 225: 289-297.

Zhang Z Y, Zhu Y T, Chen D Y. 1982. Immonohistochemical demonstration of luteinizing hormone (LH) in Hatschek's pit of *Amphioxus* (*Branchiostoma belcheri* Gray). Chinese Sci Bull (Kexue Tongbao), 27: 1233-1234.

第十三章

免疫系统起源与演化

　　免疫（immunity）一词源于拉丁语 immunitas，为免除负担的意思。这本是一个法律用语，后来被医学上借用，表达免除感染、保护有机体避免发生疾病的意思，体现一种防御机制。对机体而言，一切外来物质，包括可以引起感染的微生物和非感染性大分子物质都是异己（非己）物质。这些非己物质统称为抗原（antigen）。因此，免疫是机体识别抗原、清除抗原和保护自身的防御机制。不过，保护机体免于感染和清除抗原的正常免疫机制，在某些情况下，也能引起机体损伤和疾病。因此，现代的免疫定义是机体对外来物质即抗原的一种反应。免疫学（immunology）是研究机体与抗原相遇后发生的个体、器官、组织、细胞、亚细胞和分子水平变化的科学。参与免疫的组织、细胞和分子组成免疫系统（immune system），免疫系统的功能本质上是免疫细胞对内外环境的抗原信号的反应，也就是"免疫应答"（immune response）。抗原分子以不同的结构形式与免疫细胞的抗原受体互相作用，进而诱发不同的细胞内信号，加上其他膜受体传导的共刺激信号（costimulatory signal），免疫细胞才能活化。免疫细胞，主要是 T 细胞和 B 细胞，接受抗原信号和辅助信号后，先后出现不同的细胞因子受体，与相应的细胞因子结合后，可以提供细胞活化和分化的信号。抗原信号和上述多种辅助因子信号共同向免疫细胞内传递，使细胞内发生一系列化学变化，包括钙离子的流入、激酶和其他酶系统的顺序活化和蛋白质磷酸化，产生不同的转录因子，促进相应的基因转录，最终导致细胞的活化、增殖、分化，以及产生抗体和细胞因子。T 细胞和 B 细胞只有在接受包括抗原信号在内的多信号刺激后才能活化，否则，就产生免疫失能（anergy）或耐受性（tolerance）。

第一节　天然免疫和适应性免疫

　　天然免疫（innate immunity）是生物在种系发展和演化过程中形成的固有防御机制。其特点是生来就有，不是某一个个体所特有的，也不是专对某一种病原（抗原）起作用，因此，又称为非特异性免疫（nonspecific immunity）或非获得性免疫（non-acquired immunity）。天然免疫是机体抵抗微生物感染的第一道防线，可以对微生物产生快速反应（图 13-1，表 13-1）。与天然免疫不同，适应性免疫（adaptive immunity）不是天生就有，而是个体在发育过程中接触抗原后发展而成的免疫能力，包括体液免疫和细胞免疫。适应性免疫作用有明显的针对性，即机体受到某种病原（抗原）刺激后，通过适应性应答获得免疫力，这种免疫力只对该特定病原有作用，对其他病原不起作用（图 13-1，表 13-1）。鉴于适应性免疫的高度专一性，因此又称为特异性免疫（specific immunity）或获得性免疫（acquired immunity）。适应性免疫反应比天然免疫反应启动要晚些。天然免疫是早在多细胞生物中就已形成的一种古老的自我保护机制，而适应性免疫起源较晚，大约出现于 5 亿年前的软骨鱼类的祖先中。

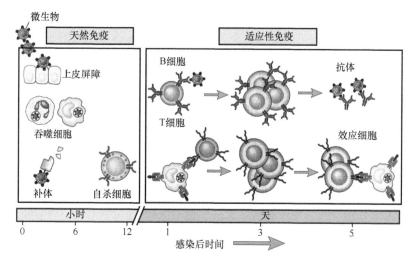

图 13-1　天然免疫和适应性免疫

天然免疫是抵抗感染的第一道防线。适应性免疫需要激活淋巴细胞，反应较晚。
天然免疫和适应性免疫的动力学（应答时间）是个近似值，并因感染不同而变化

表 13-1　天然免疫和适应性免疫特征

	天然免疫	适应性免疫
特点		
特异性	对相关的微生物类群共有的结构具有特异性	对微生物抗原及非微生物抗原具有特异性
多样性	有限	巨大；受体由体细胞基因片段重组产生
记忆	无	有
对自身抗原的应答	有	有
成分		
物理和化学屏障	皮肤，黏液表皮；抗菌化合物	表皮淋巴细胞；分泌到上皮表面的抗体
血液蛋白	补体	抗体
细胞	吞噬细胞（巨噬细胞，中性粒细胞）；自杀细胞	淋巴细胞

一、天然免疫

天然免疫防御机制包括以下几个方面。

1. 物理屏障

脊椎动物表皮细胞以紧密连接联系在一起。绝大多数微生物和外来物质一般不能穿透陆生动物完整的健康表皮。汗腺和皮脂中含有脂肪酸和溶菌酶，呈酸性，有一定的抗菌作用，也具有降低经皮肤感染的功能。黏膜覆盖机体许多内表面，如呼吸道、消化道、尿道和生殖道等。在呼吸道，黏膜分泌的黏液可以把微生物网罗住，经纤毛不断摆动向上运输，最终以痰的形式排出体外。鼻毛和咳嗽反射也有助于阻止细菌感

染呼吸道。清除呼吸道内微生物的主要成分是肺泡巨噬细胞，它可以捕捉和清除肺内感染的微生物。口腔、上呼吸道和胃肠道内环境不利于微生物生存，如唾液和鼻腔黏液中的溶菌酶、胃肠道内的蛋白酶及小肠内的胆汁等成分，对许多微生物均有不同程度的抑制和杀灭作用。阴道内低 pH 环境也有类似的抑菌功能。另外，神经系统的血脑屏障、孕妇和胎儿之间的胎盘屏障，对于保护神经系统和胎儿免受微生物感染都有重要作用。

　　水生无脊椎动物如软体动物和多毛类，覆盖在身体表面的黏液是保护其组织不受破坏、不被微生物侵袭的主要物理屏障。同样，鱼类表皮和鳞片是防止微生物感染（侵袭）的第一道屏障。鱼类表皮细胞分泌的黏液起非常重要的防卫作用，它可以捕捉住微生物，并限制其运动。另外，其黏液中往往含有可以抑制细菌生长甚至杀死细菌的化学物质，如蛋白酶抑制剂和溶菌酶等（表 13-1）。黏液也存在于鱼类鳃、消化道表面。鱼类在胁迫（如细菌感染）条件下，黏液分泌明显增加。

2. 吞噬作用

　　吞噬作用（phagocytosis）是指将入侵的异物颗粒如细菌摄取到细胞内，利用细胞内活性氧、溶菌酶等，将其杀死并清除的过程。具有吞噬异物能力的细胞称为吞噬细胞（phagocyte），主要包括巨噬细胞、白细胞和神经系统小胶质细胞等。如果入侵的微生物细胞过大（直径大于 10μm），则单个吞噬细胞难以将其摄入细胞内，这时几个吞噬细胞会共同作用，把微生物包裹起来，加以消化清除。具有吞噬辅助功能的许多因素，包括抗体和补体，称为调理素（opsonin）。

　　吞噬细胞是如何辨别自身细胞和异己细胞而不损伤宿主自身细胞的？原来，吞噬细胞/巨噬细胞表面具有可以和微生物结合的蛋白质分子，通常称为受体（receptor）。微生物如细菌表面具有真核生物没有的成分，如脂多糖（lipopolysaccharide）和脂磷壁酸（lipoteichoic acid）等，这些分子称为病原体相关分子模式（pathogen-associated molecular pattern）。吞噬细胞/巨噬细胞遇到入侵微生物，便通过受体与病原体相关分子模式结合将其吞噬清除。吞噬细胞/巨噬细胞存在于多种组织，它们时刻警戒、保卫着有机体。

3. 炎症

　　炎症（inflammation）是一种复杂的生理过程，是机体对各种入侵者的一种防御反应，表现为红、肿、热和痛等。参与炎症反应的成分包括神经、体液和细胞等。吞噬细胞吞噬作用的重要功能就是参与炎症，这是机体防御的重要组成部分。参与炎症的细胞主要是白细胞，包括巨噬细胞（macrophage）和细胞毒性 T 细胞（cytotoxic T cell）。例如，微生物侵入鱼体内之后，鱼体可能发生局部炎症反应，即血流增加，把对抗疾病的各种白细胞运送到炎症部位。其中，巨噬细胞可以吞噬入侵的微生物细胞，而细胞毒性 T 细胞可以破坏受到感染的宿主细胞。

4. 发热反应

发热由细菌产物引起，特别是革兰氏阴性细菌的内毒素（endotoxin）即脂多糖一般作为内源性热源物质被释放。另外，单核细胞和巨噬细胞分泌的细胞因子，包括白细胞介素-1 和干扰素，也可引起发热反应。发热环境不利于微生物生存。

5. 生物活性物质

许多组织可以合成对微生物有毒的物质，如水解酶、氧自由基、干扰素、碱性蛋白、肿瘤坏死因子和生长抑制剂等。这些物质可直接影响微生物的生存。补体是一组存在于血清和细胞表面具有酶原性质的蛋白质因子，它们既是表达抗体生理效应所必需的辅助因子，又是杀灭细菌和裂解细胞的重要效应分子。

二、适应性免疫

天然免疫存在于包括无脊椎动物和脊椎动物在内的所有动物中，但适应性免疫只存在于脊椎动物中。适应性免疫效率高，特异性强。

1. 适应性免疫类型

哺乳类的适应性免疫通常通过免疫接种（immunization）进行诱导。免疫接种就是机体接触外来抗原时，接受抗原信号的过程。应用抗原对个体进行主动免疫接种，从而获得针对该抗原的免疫能力的过程，称为主动免疫接种（active immunization）。与之相对应的是被动免疫接种（passive immunization），即把来自免疫个体的特异性抗体输给未免疫个体而被动获得适应性免疫能力的方法。另外，还有一种被动免疫方法称为继承性转移（adoptive transfer），即把免疫个体的免疫细胞转移到未免疫个体，从而获得免疫力的方法。根据介导应答的免疫成分的不同，适应性免疫可分为体液免疫和细胞免疫两种类型（图 13-2）。

（1）体液免疫

体液免疫（humoral immunity）是抗体参与介导的适应性免疫，因为抗体分子存在于血液等体液中，故名。在体液免疫中，B 细胞及其分泌的抗体负责对特定抗原的识别和清除，主要作用是对抗细胞外微生物及其分泌的毒素。

（2）细胞免疫

细胞免疫（cellular immunity）是指 T 细胞受到抗原或有丝分裂原刺激后，分化、增殖和转化为致敏淋巴细胞，产生适应性免疫应答的过程。这种免疫能力不能通过血清转移，只能通过致敏淋巴细胞传递，故称细胞免疫。细胞免疫的作用机制：一是直接杀伤作用，即致敏淋巴细胞与靶细胞特异性结合使靶细胞膜通透性增加，导致靶细胞肿胀

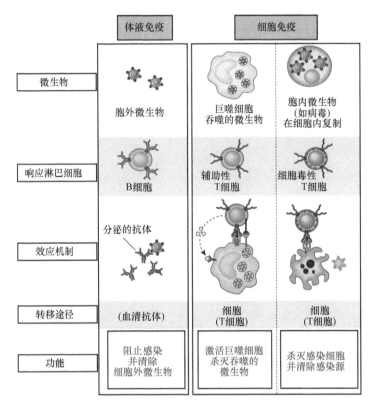

图 13-2　适应性免疫类型

在体液免疫中，B 细胞分泌抗体，防止感染，并清除细胞外微生物。在细胞免疫中，T 细胞要么激活巨噬细胞
杀灭所吞噬的微生物，要么激活细胞毒性 T 细胞直接销毁已被感染的细胞

溶解乃至死亡，而致敏淋巴细胞安然无恙，仍可继续攻击其他靶细胞，故称为细胞毒性
T 细胞；二是致敏淋巴细胞通过释放多种细胞因子，增加血管通透性，以利于吞噬细胞
的游走和体液因子的渗出，吸引响应免疫细胞到达病灶部位，活化巨噬细胞和粒细胞等，
强化其吞噬活性，协同达到清除异物的目的。细胞免疫的主要作用是抵抗细胞内的细菌
和病毒感染，通过诱导和促进细胞内微生物的破坏或感染细胞的裂解而发挥作用。

2. 适应性免疫应答的基本特征

适应性免疫应答是指免疫活性细胞对抗原的识别、活化、增殖、分化，以及最终发
生免疫效应的一系列复杂的生物学反应过程，主要特征如下。

（1）特异性

适应性免疫应答的一个重要特征是特异性（specificity），即免疫细胞对所提呈的抗
原具有高分辨能力，能严格区分自己和非己，只对特异的抗原分子应答，从而保护自己，
排除异己，维持内环境的稳定。淋巴细胞识别的抗原部位称为抗原决定簇（determinant）
或表位（epitope）。某一微生物或生物分子可能有多个抗原决定簇，因此能引起多个特
异性淋巴细胞的免疫应答。每个特异性淋巴细胞只对相应的抗原决定簇进行应答。B 细

胞和 T 细胞主要依赖细胞膜上的受体（membrane receptor）识别相应的抗原决定簇。这类受体称为淋巴细胞的抗原受体。

（2）多样性

个体内的淋巴细胞抗原特异性之总合称为淋巴细胞库（lymphocyte repertoire）。据估计，哺乳动物免疫系统可辨别至少 10^9 个不同的抗原表位。淋巴细胞库的多样性是淋巴细胞抗原受体的抗原结合部位结构高度变异的结果。换句话说，不同的淋巴细胞克隆，其抗原受体的结构和抗原特异性也不同，从而产生极其多样性的淋巴细胞库。

（3）记忆

适应性免疫应答的另一个显著特征是其具有记忆（memory）能力，称为免疫记忆，即能回忆以前与抗原分子进行过接触的能力，当免疫系统再次遇到同样抗原时，可以快速识别抗原，并做出更强的反应。所以，二次免疫应答比初次免疫应答更快、更强，二者存在质的差异（图 13-3）。因此，动物初次遇到抗原时，需要较长反应时间，甚至可能引起感染或者疾病，而再次遇到同样的抗原时，可以迅速做出反应，在引起麻烦之前将抗原加以清除。

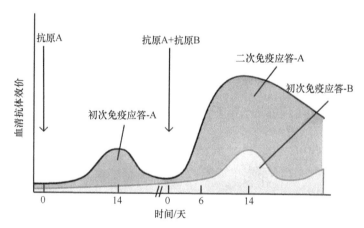

图 13-3　注射抗原后的初次免疫应答和二次免疫应答差异（体液免疫）
动物初次注射抗原后，产生的初级抗体效价低，10～17 天抗体效价达到峰值，且产生抗体的持续时间短。
动物再次注射同样抗原后，产生的二级抗体效价高，2～7 天抗体效价达到峰值，且产生抗体的持续时间长

免疫记忆与记忆细胞（memory cell）有关。记忆细胞是指以前对抗原刺激已产生应答的淋巴细胞，这种细胞即使无抗原刺激也能在体内长期存活，时刻准备对同一种抗原的再次进攻进行快速反应。另外，记忆细胞能对低浓度抗原应答并产生抗体，这些抗体结合抗原的亲和性大于从未受到过抗原刺激的细胞产生的抗体的亲和性。这是初次和二次免疫应答之间存在质的差异的一个重要原因。

（4）自我调节

所有正常的免疫应答都随抗原刺激后时间的推移而减退（图 13-3），这就是免疫应

答的自我调节（self-regulation）和自我限制，其最主要的原因是抗原诱导免疫应答，结果使得抗原被清除，因而活化淋巴细胞的刺激源消失。另外，随着抗原消失，效应淋巴细胞便处于静止状态，部分成为记忆细胞，或分化成半衰期（half life）短的终末细胞。再者，抗原和抗原刺激的免疫应答激发一系列机制，也会对应答本身进行反馈调节。

（5）自我和非我识别

　　免疫系统，包括天然免疫和适应性免疫系统，一个最显著的特征是区分外来和自身抗原的能力。机体内的淋巴细胞能对许多外来抗原进行识别和应答，但是，正常情况下，对存在于体内的自身潜在的抗原无应答性。免疫无应答性又称为耐受性。自身耐受必须由每一个个体的淋巴细胞经过学习获得。免疫耐受的原因一般认为是在发育过程中，淋巴细胞与自身抗原相遇，引起该细胞程序性死亡或无功能化。自身耐受的异常常常会导致对自身抗原的免疫应答和自身免疫病。

3. 适应性免疫应答分期

　　免疫应答始于淋巴细胞对外来抗原的识别，识别过程导致淋巴细胞活化，其效应以抗原被清除而告终。因此，适应性免疫应答可分为 3 期：识别期、活化期和效应期（图 13-4）。

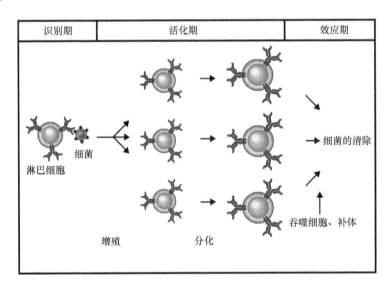

图 13-4　适应性免疫应答分期

图示对细菌的免疫应答。免疫应答包括细菌识别、淋巴细胞活化（增殖和分化）和效应（细菌清除）三个时期

（1）识别期

　　免疫应答的识别期（cognitive phase）包括外来抗原与成熟淋巴细胞表面特异性抗原受体的结合。这种淋巴细胞在抗原刺激之前就已存在。B 细胞是体液免疫细胞，它的抗原受体就是其表面的抗体分子，这些分子能结合外来蛋白质、多糖或可溶性脂类。T 细

胞是介导细胞免疫的细胞，它所表达的膜抗原受体只识别蛋白质抗原中的短肽序列，只对存在于其他细胞表面的肽进行抗原识别和特异性应答。

（2）活化期

免疫应答的活化期（activation phase）是继淋巴细胞特异性识别抗原后诱发的变化。在这一时期，被抗原激活的淋巴细胞经历两大变化：一是增殖，即抗原特异性淋巴细胞克隆的扩增和保护性应答的放大；二是分化，即从初始的抗原识别细胞分化为具有清除外来抗原功能的细胞，如 B 细胞从具有抗原识别功能的细胞分化为抗体分泌细胞，即浆细胞（plasma cell）。浆细胞分泌的抗体和可溶性（细胞外）抗原结合，给抗原带上标签，以便免疫系统其他成分将其清除，如巨噬细胞可把标记的抗原吞噬、消化，补体系统可以在抗原细胞表面钻孔致其死亡。一些 T 细胞分化成能活化吞噬细胞以杀伤细胞内微生物的细胞，其他 T 细胞成为能直接溶解靶细胞以杀伤外来抗原如病毒蛋白的细胞。T 细胞识别细胞结合抗原的能力使细胞免疫应答集中有效地抵抗细胞内微生物。淋巴细胞活化一般需要两种信号：一是由抗原提供；二是由其他细胞提供，这些细胞可能是辅助细胞（helper cell 或 accessory cell），如有一种白细胞即辅助性 T 细胞（helper T cell），与抗原结合后可以激活结合有抗原的 B 细胞，使得已经和抗原接触的 B 细胞大量繁殖。

对任何一种抗原应答的少量细胞最终达到清除抗原的目的，主要依靠两种机制：一是放大机制，二是生化机制。疫苗接种和抗原识别都能激活放大机制，从而使少数应答细胞和某些相关细胞迅速增殖扩充。经抗原识别而活化的淋巴细胞一般会向提供抗原和免疫反应的部位迁移，还会释放许多细胞因子，吸引更多淋巴细胞、吞噬细胞游走到病灶和免疫应答部位，并激发这些细胞的吞噬和杀伤功能。

（3）效应期

效应期（effector phase）是指致敏的淋巴细胞再次受到相应抗原的刺激时，产生抗体和淋巴因子，从而发动体液免疫和细胞免疫，有效清除抗原的阶段。在免疫应答的效应期起作用的淋巴细胞称为效应细胞（effector cell）。许多效应功能需要其他非淋巴细胞的协同作用和非特异性免疫机制的参与。例如，抗体结合外来抗原可明显增强吞噬细胞的吞噬作用，加速清除抗原；抗体还激活补体系统，补体系统参与微生物的溶解和吞噬作用过程；抗体也刺激肥大细胞（mast cell）脱颗粒和释放介质，这些介质作为急性炎症的血管活化物质，通过炎症过程消除感染。活化的 T 细胞分泌的细胞因子，也可加强吞噬细胞功能和刺激炎症性应答。

4. 适应性免疫应答与克隆选择学说

从认识免疫系统可对大量千差万别的抗原进行特异性应答开始，就有人提出了关于抗体多样性的产生和保持机制的问题。Burnet 于 1957 年提出的克隆选择学说（clonal selection theory）很好地解释了抗体的形成机制。该学说认为，适应性免疫应答是机体在抗原的刺激下对淋巴细胞的选择过程。其精髓是每个机体内都存在着许多个淋巴细胞克隆；不同克隆的淋巴细胞具有不同的表面受体，能与相对应的抗原决定簇发生互补结合。一旦某种抗原进入体内与相应的淋巴细胞表面受体结合，便选择性地激活了这一细胞克隆，使它扩增、分化成为效应细胞，产生大量抗体，而抗体分子的特异性与被选择的细胞表面受体相同。

三、天然免疫和适应性免疫的关系

天然免疫和适应性免疫是密切相关的一对免疫现象，共同构成机体的防御系统。两者既各有其自身特点，又相互协调，彼此加强（图 13-5）。就抵抗病原微生物而言，首先起作用的是物理屏障及吞噬细胞的天然免疫，其特点是反应快、作用范围广。但是，天然免疫反应强度弱，对某些抗原一时难以消除，必须与适应性免疫协同作用，才能彻底消灭入侵的病原体。适应性免疫对抗原具有记忆性，当再次遇到相同抗原时，可以产生强烈的免疫应答，作用强度远远超过没有针对性的天然免疫。但是，适应性免疫反应慢，出现需要一段时间。由于机体时时处处都会遇到各种异物，因此依赖快捷的天然免疫首先加以处理，更有利于机体健康。

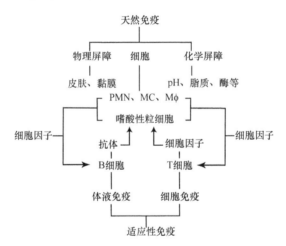

图 13-5　天然免疫和适应性免疫的关系
PMN. 中性粒细胞；MC. 单核细胞；Mϕ. 巨噬细胞

适应性免疫的发生和发展是建立在天然免疫基础之上的，因此，天然免疫是防御体系的基础。进入机体的抗原，如果没有吞噬细胞吞噬、加工处理和呈递，多数抗原将无法刺激适应性免疫系统。适应性免疫产生后，致敏淋巴细胞除直接杀伤靶细胞外，还释放细胞因子，增强巨噬细胞消灭抗原的能力。所以，适应性免疫依赖天然免疫才能更有效地发挥作用，清除异物。另外，适应性免疫也有明显加强天然免疫能力的作用。例如，荚膜杆菌不容易被吞噬，但经抗体调理作用后，吞噬细胞就容易将其吞噬。

天然免疫防御的主要机制和适应性免疫应答的效应机制基本相同。天然免疫应答也具有体液免疫和细胞免疫的成分。抗体激活的补体可直接杀灭许多细菌。所有补体蛋白质都出现于浆细胞的表面，并构成速发期（immediate phase）免疫应答的一部分。然而，许多细菌对补体的直接攻击有抵抗能力，需要急性期蛋白激活补体才能杀死这些细菌。

这种急性期蛋白与抗体不同，它没有特异性，能结合广谱微生物。吞噬细胞如巨噬细胞和中性粒细胞，不仅能吞噬和杀灭细胞外微生物，还释放趋化因子，可强化免疫系统其他细胞和分子的作用。

天然免疫对适应性免疫具有指导作用，主要体现在决定其抗原选择性和应答类型。在抗感染过程中，主要是决定适应性免疫应答类型、提供共刺激信号，以及降低抗原刺激阈。例如，利什曼原虫（*Leishmania* spp.）专性细胞内寄生，其感染的后果取决于辅助性 T 细胞亚群（Th1 细胞和 Th2 细胞）功能间的平衡。Th1 细胞介导的Ⅰ型应答反应属保护性免疫，可限制病变；若Ⅰ型应答过低或 Th2 细胞介导的Ⅱ型应答过强，将引起播散性感染。以利什曼原虫为抗原联合白细胞介素-12 免疫小鼠，可诱导特异性细胞发育，使小鼠获得对利什曼原虫攻击感染的抵抗力。这种抵抗力可通过特异性细胞转移给易感小鼠。白细胞介素-12 是启动保护性细胞免疫的有效佐剂，也可作为其他需要诱导Ⅰ型应答的免疫佐剂。抗原呈递细胞（antigen-presenting cell，APC）可通过其表面分子如 CD80 为 Th1 细胞提供共刺激信号，这种作用涉及 APC CD80 的羟基与 Th1 细胞表面 CD28 的氨基之间席夫（Schiff）碱的形成。另外，少量的抗原致敏树突状细胞（dendritic cell，DC）可激活体内细胞毒性 T 细胞（cytotoxic T cell，Tc 细胞）和抗肿瘤攻击的保护性作用；粒细胞-巨噬细胞集落刺激因子（granulocyte-macrophage colony-stimulating factor，GM-CSF）诱导分化的 DC 能加工完整的蛋白质为多肽，并通过主要组织相容性复合体（major histocompatibility complex，MHC）Ⅰ类分子呈递给 CD80$^+$ Tc 细胞。

第二节　脊椎动物免疫系统：从无颌类到哺乳类

比起无脊椎动物，脊椎动物免疫系统有了突破性发展。在基底脊椎动物无颌类如七鳃鳗中就出现了被称为类胸腺（thymoid）的淋巴上皮组织。随着动物的演化，淋巴组织和免疫器官以及各种免疫细胞和分子逐步出现，到哺乳类免疫系统达到最完善的程度。

一、免疫系统形态学和分子基础

淋巴系统是产生和储存淋巴细胞及其他血细胞的场所。淋巴系统由初级淋巴器官（primary lymphoid organ）和次级淋巴器官（secondary lymphoid organ）组成。初级淋巴器官也称中枢淋巴器官（central lymphoid organ），主要包括胸腺（thymus）和骨髓（bone marrow），它们是淋巴细胞早期分化的场所。淋巴干细胞在中枢淋巴器官内增殖、分化成为具有特异性抗原受体的细胞。淋巴干细胞在此增殖和分裂、分化，与抗原刺激无关，但是受激素及其所处微环境的影响，形成具有不同功能和不同特异性的处女型淋巴细胞，并输送到次级淋巴器官和淋巴组织中。次级淋巴器官也称周围淋巴器官（peripheral lymphoid organ），包括淋巴结（lymph node）、脾（spleen），以及黏膜相关性淋巴样组织（mucosa-associated lymphoid tissue）如肠相关淋巴组织（gut-associated lymphoid tissue，GALT）等。次级淋巴器官发生较迟，是接受抗原刺激并产生免疫应答的重要场所。在系统演化上，无颌类脊椎动物七鳃鳗已出现类似于胸腺的组织，两栖类开始出现骨髓，鸟类最早出现淋巴结。

脊椎动物特异性遗传革新（genetic innovation）伴随着包括淋巴细胞和树突状细胞在内的新型细胞及包括脾和胸腺在内的免疫相关器官的出现（图 13-6）。脊椎动物的演化超过 5 亿年，产生的一个结果是其天然免疫和适应性免疫细胞的功能合作，从而可以相互协调有效地进行免疫反应。因此，毫不奇怪，那些参与天然免疫和适应性免疫相互作用的许多分子在基底脊椎动物就已经出现。例如，七鳃鳗具有编码巨噬细胞迁移抑制因子（macrophage migration inhibitory factor，MIF）的同源基因，该基因在哺乳动物炎症反应时可由 T 细胞和骨髓单核细胞诱导表达。七鳃鳗也具有哺乳类的促炎细胞因子白细胞介素-17（interleukin 17，IL-17）和经典的趋化因子 IL-8。基因组和转录组数据比较发现，鱼类存在类似于哺乳类的细胞因子、白细胞介素、趋化因子及它们相关的受体，提示在哺乳动物免疫反应中发挥重要作用的基因普遍存在于低等脊椎动物中，只是每个基因家族可能会随物种及其演化地位的不同而发生变异。

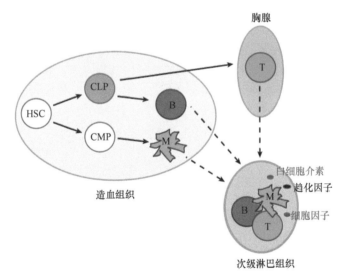

图 13-6　鱼类免疫系统不同类型免疫效应细胞的发育和功能互作（Boehm et al.，2012）

淋系和髓系淋巴细胞前体由普通造血组织中的造血干细胞（HSC）分化而来。淋系淋巴细胞前体（CLP）产生 T 细胞系和 B 细胞系。T 细胞前体迁移到胸腺（在七鳃鳗中该淋巴上皮组织称为类胸腺）进一步分化，而 B 细胞在造血组织内成熟。髓系淋巴细胞前体（CMP）产生许多不同类型的细胞，包括呈递抗原的树突状细胞（以 M 代表）。淋巴细胞和抗原呈递细胞通过细胞-细胞直接接触，以及细胞因子、白细胞介素和趋化因子相互作用，构成次级淋巴组织（如脾脏和肠系淋巴组织）中免疫反应调节的基础。注意，鱼类缺乏淋巴结。B. B 细胞；M. 树突状细胞；T. T 细胞

1. 骨髓单核细胞

骨髓单核细胞（myelomonocytic cell）行使多种功能，有些与形态发生和组织修复有关，而更多的是与免疫防御有关。骨髓单核细胞的一个重要免疫功能是吞噬病原微生物以及被感染或受损细胞。在适应性免疫背景下，这样一个天然免疫效应细胞可以为适应性免疫 B 细胞和 T 细胞提供有关组织受损及感染的信息，而这是通过损伤相关分子模

式（damage-associated molecular pattern，DAMP）或病原体相关分子模式（pathogen-associated molecular pattern，PAMP）激活的细胞因子、白细胞介素和趋化因子的表达来实现的。这样，骨髓单核细胞为免疫系统提供了关键的时空背景信息，并建立起免疫反应必需而又有效的细胞间通信系统。

骨髓单核细胞另一个免疫功能是把抗原呈递给淋巴细胞。树突状细胞（哺乳类抗原呈递细胞的典型）也存在于低等脊椎动物中，如在鱼类中已经发现有形态、吞噬作用和基因表达谱都与树突状细胞类似的细胞。不仅如此，还发现在斑马鱼中这类细胞可以以抗原依赖的方式激活 T 细胞。因此，巨噬细胞和树突状细胞代表着有颌类脊椎动物演化上的一个保守特征。这也得到了形态学证明，因为在软骨鱼的淋巴组织中发现有和树突状细胞形态一样的细胞。鉴于无颌类和有颌类脊椎动物免疫系统的相似性，预期七鳃鳗和盲鳗（也称八目鳗）中也存在抗原呈递细胞。确实，混合淋巴细胞反应（mixed lymphocyte reaction，MLR）表明，从盲鳗血液中分离的黏附性髓系细胞可以驱动同种异体排斥反应（alloresponse），说明其中存在应答淋巴细胞。

抗原特异性免疫应答可以通过天然或加工过的外源分子（抗原）呈递给淋巴细胞而启动。在有颌类脊椎动物中，抗原通过功能相互联系的两条途径呈递，以在细胞表面形成 MHC-多肽复合体而告终。编码 MHC 的染色体区域为有颌类脊椎动物的基因组所特有，它在无颌类脊椎动物基因组中不存在。因此，如果无颌类脊椎动物有功能相当的抗原呈递系统，那么其分子成分很可能与经典的 MHC 系统不同。

2. 淋巴细胞和分子

淋巴细胞作为免疫系统独特的细胞类型，是随脊椎动物的出现而出现的。所有脊椎动物都有两种主要的淋巴细胞：B 细胞和 T 细胞（图 13-7）。B 细胞和 T 细胞最早是在鸡中被发现的，后被证明存在于所有脊椎动物中。B 细胞由鸟类法氏囊（bursa of Fabricius）或哺乳类骨髓（bone marrow）产生，取其字头"B"而命名之；T 细胞由胸腺（thymus）产生，也取其字头"T"而命名之。

B 细胞在表面表达抗原受体，称为 B 细胞受体（B cell receptor，BCR）。遇到抗原刺激时，B 细胞将 BCR 作为抗体即免疫球蛋白（immunoglobulin，Ig）分泌出来。在有颌类脊椎动物中，至少存在两种 B 细胞：B1 细胞和 B2 细胞。在哺乳动物中，B1 细胞和 B2 细胞具有功能互补性。鱼类也存在两种功能和遗传特性都不同的 B 细胞。硬骨鱼的 B 细胞表达两种不同的免疫球蛋白同种型（isotype），即 IgM 和 IgZ（或 IgT）。表达 IgZ/T 的淋巴细胞构成肠道免疫相关的 B 细胞。转录因子 Ikaros 为 IgZ/T 的表达及其细胞谱系发育所必需。软骨鱼也有数个免疫球蛋白同种型，包括 IgM 和免疫球蛋白家族的新抗原受体（new antigen receptor，NAR）。七鳃鳗 B 样淋巴细胞在表面表达的抗原受体，称为可变淋巴细胞受体 B（variable lymphocyte receptor B，VLRB），遇到抗原刺激时，B 样淋巴细胞把 VLRB 作为抗体分泌出来。Ig+细胞和 VLRB+细胞编码表面受体分子与信号分子的基因都是同源基因，表明它们执行相似的功能。不过，迄今为止，还没有无颌类脊椎动物中存在第 2 种 B 样淋巴细胞的报道。

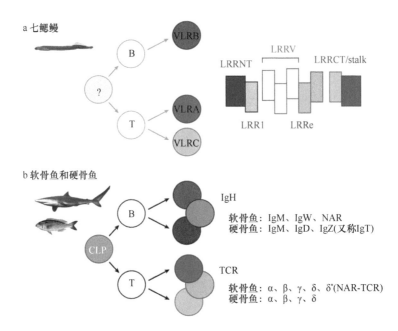

图 13-7　脊椎动物淋巴细胞系中通过体细胞基因重组产生的多样化抗原受体（Boehm et al.，2012）
a. 七鳃鳗的淋巴细胞系。功能性蛋白 VLR 具有模块结构，主要由 N 端重复序列 LRRNT、第 1 个富亮氨酸重复序列 LRR1、数量可变的内部 LRR 模块 LRRV 和终端 LRR（LRRe）组成，紧随其后是 C 端 LRR 结构域（LRRCT）和茎部（stalk）。b. 软骨鱼和硬骨鱼的淋巴细胞系。鱼类中，编码免疫球蛋白重链（IgH）的基因类型和基因组织结构变化很大。在软骨鱼中，已知至少有三种同种型免疫球蛋白重链，其中 IgM 和 IgW 的重链与轻链联系，而新的 NAR 抗原受体是单链抗体类型的代表，功能和骆驼的抗体相似。三种同种型免疫球蛋白由三个不同的可以独立进行 V（D）J 重组的基因簇编码。已知硬骨鱼的三个重链同种型免疫球蛋白由 1 个易位子结构（即抗原受体结构，其中许多可变区 V、多样性区 D、铰链区 J 与单个恒定区 C 一起出现）编码；数个 V 基因定位于编码 IgZ（或 IgT）和 IgM/D 两个复合体的上游。同种型 IgM 和 IgD 由不同剪接体产生，但具有相同的 D 区和 J 区。编码细胞受体 TCR 的基因较为简单。软骨鱼和硬骨鱼共同拥有 4 个基因编码α链、β链、γ链和δ链。CLP. 淋系淋巴细胞前体；VLRA. 可变淋巴细胞受体 A；VLRB. 可变淋巴细胞受体 B；VLRC. 可变淋巴细胞受体 C

　　与 B 细胞不同，脊椎动物 T 细胞抗原受体总是存在于细胞表面，即使受到抗原刺激也是如此。有颌类脊椎动物具有两种主要类型的 T 细胞：一类表达αβ T 细胞受体（T cell receptor，TCR）；另一类表达γδ TCR。但是，软骨鱼是个例外，它们的细胞还可表达另外几个抗原受体，包括变异的δ链 NAR-TCR 和嵌合型 Ig/TCR。存在两种以上不同类型的 T 细胞，并非有颌类脊椎动物所独有。七鳃鳗和盲鳗也具有两种 T 细胞，分别排他性地表达结构相似的抗原受体 VLRA 和 VLRC。在七鳃鳗和八目鳗中，表达 VLRA 和 VLRC 的细胞大致与有颌类脊椎动物的 T 细胞相似，而表达 VLRB 的细胞则与有颌类脊椎动物的 B 细胞相似。

3. 造血组织

　　所有免疫效应细胞（包括 B 细胞）都在造血组织（hematopoietic tissue）内发育、分化，只有 T 细胞例外，它在具有特殊解剖结构的胸腺内发育。鱼类造血组织存在多种形式，它们有时与肠管联系在一起，如七鳃鳗幼体的肠沟（typhlosole）；软骨鱼的造血组织为附于食道上的莱迪希器官（Leydig's organ）和小肠特化的螺旋瓣（spiral valve）。

鱼类还有一个重要的造血组织是肾。据认为，B 细胞在造血组织中特殊的环境下发育，空间上 B 细胞发育的位置和其他类型细胞如红细胞和髓样细胞的发育场所可以分开。如上所述，T 细胞在咽部胸腺的淋巴上皮结构中发育。七鳃鳗的胸腺造血组织（thymopoietic tissue），以位于鳃丝顶端的类胸腺这个结构单位分布于整个鳃篮（gill basket），而有颌类脊椎动物的胸腺造血组织，聚集成较大结构单位分布于少数咽弓中，其中硬骨鱼的胸腺造血组织形成两个对称的叶片。所有脊椎动物的胸腺在形态上都分化成皮质区和髓质区，这一点高度保守。在哺乳类，胸腺构成了胸腺细胞（thymocyte）从尚未分化的前体细胞到表达各种抗原受体的成熟 T 细胞逐级分化的基础。七鳃鳗的类胸腺是否也具有不同的功能分区，尚属未知。

值得注意的是，鱼类已经出现次级淋巴组织——肠系淋巴组织，但缺乏淋巴结。据认为，次级淋巴组织可以为免疫反应提供一个有助于其有效启动和调节的环境。软骨鱼和硬骨鱼次级淋巴组织的组织学结构也确实提示了这一点：在这些组织中，T 细胞、B 细胞和树突状细胞一起排列并存。七鳃鳗中是否存在类似的次级淋巴器官，目前也不清楚。

二、免疫系统遗传工具包

脊椎动物免疫系统在演化过程中最大的变化和参与抗原受体多样化的基因及基因网络有关。

1. 抗原受体组装和结构

无颌类和有颌类脊椎动物分别使用不同的组装机制和蛋白质结构建造功能性抗原受体。就蛋白质结构而言，有颌类脊椎动物的抗原受体隶属于 Ig 超家族。抗原受体 BCR 和 TCR 都是异聚体：前者由 2 条跨膜重链和 2 条轻链组成；后者由 2 个跨膜分子（α和β或者γ和δ）组成。在淋巴细胞内，抗原受体与细胞类型特异性的辅助受体（coreceptor）相联系，把抗原结合传递给下游信号通路。功能性抗原受体的基因，通过重组活化基因（recombination activating gene，RAG）编码的重组酶（recombinase）完成 V（D）J 的重排，即可变区基因片段 V、多样性区基因片段 D 和链接区基因片段 J 的重新组合，形成功能性抗原受体基因。除了这些序列元素的重排，非种系编码的序列变化（通常编码抗原受体的抗原结合表面）也对功能性 BCR 和 TCR 的多样性具有重要贡献。随着高通量测序技术的出现，不仅可以研究小鼠和人的抗体库的大小，而且可以研究低等脊椎动物抗体库的大小。例如，有报道，每条斑马鱼的抗体库大约由 5×10^3 条不同的 Ig 重链序列组成，假如它有同样数量的轻链库，那么就可以形成 2.5×10^7 条不同的轻链和重链组合链（即潜在特异性）。

无颌类脊椎动物抗原受体由富含亮氨酸重复序列蛋白质构成。和 IgM 一样，分泌型 VLRB 形成多体（multimer），证明无颌类和有颌类脊椎动物的抗体分子之间存在明显的功能相似性（图 13-7）。在七鳃鳗的淋巴细胞中，功能性 VLR 基因的组装通过胞苷脱氨酶（cytidine deaminase，CDA）来实现，其表达具有谱系特异性：CDA1 在 T 细胞表达，CDA2 在 B 细胞表达。估计 VLR 的潜在多样性有 10^{14} 种，可与 Ig 和 TCR 相媲美。

2. 抗原受体基因的起源

脊椎动物淋巴细胞中最终参与体细胞多样化的基因可能在脊椎动物共同祖先中就已存在（图 13-8）。系统发生分析表明，VLR 样基因来源于编码脊椎动物特异性糖蛋白 GPⅠbα（glycoprotein Ⅰbα；一种膜蛋白）的基因。另外，脊索动物基因组不但含有编码类似于 Ig 和 TCR 的蛋白质基因，而且含有无颌类脊椎动物参与 VLR 基因多样化的活化诱导的胞苷脱氨酶（activation-induced cytidine deaminase，AID）基因和载脂蛋白 B mRNA 编辑酶催化亚基（apolipoprotein B mRNA editing enzyme catalytic subunit，APOBEC）基因。胞苷脱氨酶属于 Aid-Apobec 脱氨酶家族（activation-induced cytidine deaminase/apolipoprotein B editing complex family）成员。它们可能由一个针对外来遗传物质的古老防御机制发展而来，同时继续存在于有颌类脊椎动物的基因组中，执行免疫功能，包括体细胞 Ig 编码基因的高频突变（hypermutation）。有趣的是，在鸟类等脊椎动物中，胞苷脱氨酶甚至是产生主要的 Ig 库所必需的，是有颌类和无颌类脊椎动物之间诸多具有显著相似功能的分子的一个典型代表。不过，VLR 基因的多样化完全依赖于

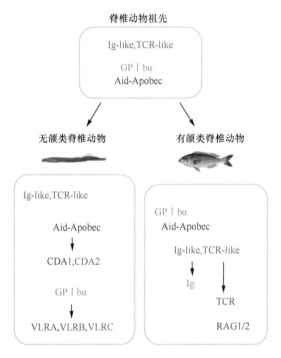

图 13-8　脊椎动物免疫系统的共享遗传工具包（Boehm et al.，2012）

演化上保守的基因所编码的蛋白质按无颌类和有颌类脊椎动物分别列出；脊椎动物祖先基因的编码能力是从现存脊椎动物推导而来的。据认为，编码 GPⅠbα（血小板糖蛋白受体复合体的一个组分）的基因通过连续复制，产生无颌类脊椎动物可变淋巴细胞受体和胞苷脱氨酶基因。胞苷脱氨酶基因可能是古老的 Aid-Apobec 基因后代。编码 RAG1 和 RAG2 的基因的形成可能是基因水平转移和转座子（跳跃基因）插入的结果。类似于 Ig 和 TCR 的蛋白质相当于由 Ig 超家族古老成员编码的 VJ 型可变结构域

脊椎动物共同祖先基因组中所存在基因的产物本身，而 Ig 和 TCR 基因的体细胞多样化则依靠 RAG 重组酶的作用对基因序列进行重排。重组酶基因被认为在无颌类和有颌类脊椎动物分开后，由转座酶（transposase）引起基因水平转移而被纳入有颌类脊椎动物的基因组中。这种演化上的不连续性，表明无颌类和有颌类脊椎动物的抗原受体基因的多样化机制是独立平行演化的。

对哺乳动物免疫系统中具有重要功能的种系基因编码的受体家族演化史研究表明，许多受体的特异性存在物种差异和种群差异。不过，补体系统、自然杀伤细胞受体以及细胞外和细胞内病原识别受体如凝集素、Toll 样受体、NOD 样受体和 RIG-Ⅰ样受体，在低等脊椎动物中都存在。此外，这些受体下游功能必需的细胞内某些信号级联反应成分也为所有脊椎动物所共有。

3. 谱系特异性转录因子和信号分子

无颌类和有颌类脊椎动物免疫系统功能的相似性远不止抗原受体的形成和表达这一点。它们不仅具有共同的启动和调节免疫反应的促炎趋化因子、细胞因子及其受体，而且使用同样的在演化上保守的关键转录因子，调节包括淋巴细胞在内的造血细胞的发育和分化。同样，初级淋巴器官中不同基质细胞分化必需的转录因子在无颌类和有颌类脊椎动物中也高度保守。

第三节 文昌鱼免疫系统：脊椎动物祖先免疫系统"活化石"

文昌鱼是基底脊索动物，其组织结构和发育上的许多特征都与脊椎动物相似。近年来，文昌鱼也成为比较免疫学，特别是脊椎动物免疫系统起源和演化研究的珍贵模式动物（Gao and Zhang，2018；Yuan et al.，2015；Zhang et al.，2009）。

一、免疫相关器官和细胞

如前所述，脊椎动物初级淋巴器官包括骨髓和胸腺，次级淋巴器官包括淋巴结、脾脏和肠系淋巴组织等。越来越多的证据显示，脊椎动物肝脏也是免疫器官，在天然免疫特别是急性期应答（acute phase response，APR）中发挥重要作用。文昌鱼消化系统包括鳃裂、肝盲囊和肠，它们被认为是免疫防御的第一道防线。文昌鱼鳃裂的主要功能是从海水中滤食微生物等食物颗粒，因此鳃裂连续不断地与微生物接触，构成文昌鱼免疫的第一道防线。在有颌类脊椎动物中，T 细胞在位于咽部的特化胸腺造血组织中发育；在无颌类脊椎动物中，T 样淋巴细胞在鳃丝和附近次级鳃片顶端类似于胸腺的淋巴上皮组织（类胸腺）中发育。有趣的是，在文昌鱼咽部，可能存在类似于淋巴细胞的细胞：它们细胞核很大，周围只有少量细胞质包围；受到微生物刺激后，细胞体积明显增大（Huang et al.，2007）。这些特征都与脊椎动物淋巴细胞相似。

在脊椎动物的次级免疫器官中，肠上皮由单层细胞组成，具有发达的免疫学功能。

文昌鱼的消化道结构在某些方面与脊椎动物相似，它们的黏膜包含吸收细胞和杯状细胞，这有助于其对营养物质的消化和吸收。此外，文昌鱼消化道上皮细胞不但分泌许多免疫效应分子如胞顶外基质蛋白（apextrin），而且具有活跃的吞噬功能。因此，文昌鱼消化道除去消化和吸收功能之外，还具有免疫防御作用。脊椎动物肝脏是补体成分如C3 和 Bf/C2 等合成的主要场所，而补体是抵御病原微生物入侵的一道重要防线。文昌鱼的肝盲囊被认为是脊椎动物肝脏的前体。我们的研究结果表明，肝盲囊细胞可以合成Bf/C2，并将其分泌到体液中，经循环系统输送到全身各处。我们还发现，文昌鱼肝盲囊是急性期应答主要器官，表达许多脊椎动物肝脏特异性急性期蛋白（acute phase protein，APP）基因，如巨球蛋白（macroglobulin）基因和转铁蛋白（transferrin）基因等。这些结果证实，文昌鱼肝盲囊和脊椎动物肝脏一样，是参与急性期应答的器官。因此，文昌鱼消化道，包括肝盲囊，可能与脊椎动物肝脏和肠相关淋巴器官一样，发挥重要的免疫防御作用。

脊椎动物参与适应性免疫的细胞主要包括 B 细胞、T 细胞和抗原呈递细胞。B 细胞通过分泌免疫球蛋白识别外来抗原物质来介导体液免疫应答。抗原呈递细胞在主要组织相容性复合体存在的情况下，将外来抗原物质呈递给 T 细胞表面的 TCR，这是 T 细胞介导的细胞免疫应答。在哺乳动物中，单核吞噬细胞、巨噬细胞、中性粒细胞和肥大细胞等都在先天性免疫防御中发挥着重要的作用。在低等的无脊椎动物中，特异性的吞噬细胞在其先天性免疫中也发挥着不可或缺的作用。例如，果蝇中的血细胞被认为与脊椎动物的单核吞噬细胞和巨噬细胞执行相似的功能。早在 1982 年，Rhodes 等就报道在文昌鱼的体腔中存在吞噬细胞，它们含有裂核（cleft nucleus）、溶酶体和纤毛。在文昌鱼肠黏膜中也存在类似的巨噬细胞。此外，还发现文昌鱼中有 MIF 因子（Du et al.，2004），它是调控巨噬细胞功能的重要细胞因子。在文昌鱼的肠黏膜中也存在类似于单核吞噬细胞的细胞。另外，在淋巴细胞激活、调控和成熟过程中起作用的一些基因，如 IKaro 家族的 IKZF1、早期的 B 细胞因子 EBF1 和 ETS 家族的转录因子基因，在文昌鱼基因组中也可以找到。对文昌鱼的基因组分析还发现了一些在抗原呈递过程中发挥作用的分子，如 PSMB7/10、PSMB5/8、PSMB6/9 和 GILT。综上所述，文昌鱼中可能存在类似于脊椎动物淋巴细胞的细胞雏形。

二、急性期应答

在感染、炎症、组织损伤等应激原作用于机体后的短时间（数小时至数日）内，即可出现血清成分的某些变化，称为急性期应答。参与急性期应答的物质称为急性期应答物（acute phase reactant）。急性期应答物多数是蛋白质，称为急性期蛋白（acute phase protein，APP）。急性期应答时，血浆中浓度增加的急性期蛋白种类繁多，可分 5 类，即参与抑制蛋白酶作用的 APP（如 α1 抗胰蛋白酶等）、参与血凝和纤溶的 APP（如凝血因子Ⅷ、纤维蛋白原和纤溶酶原等）、属于补体成分的 APP、参与转运的 APP（如血浆铜蓝蛋白等）和其他多种 APP（如 C-反应蛋白、纤维连接蛋白、血清淀粉样物质 A 等）。急性期应答时，有些血浆蛋白浓度也会降低，称为负 APP，如白蛋白和运铁蛋白等。我们发现，文昌鱼中存在类似于抗凝血酶（antithrombin，AT）的蛋白质，它在文昌鱼中受到脂多糖（lipopolysaccharide，LPS）刺激后，体液中的含量先略有降低，然后明显升高，但体液的总蛋白含量保持不变。这与哺乳动物受 LPS 刺激后，AT 先降后升的反应模式完全相同。同样，我们发现文昌鱼中存在类似于丙氨酸转氨酶（alanine aminotransferase，ALT）的蛋白质，在受到 LPS 刺激后，其体液中的 ALT 含量会增加，但体液的总蛋白含量保持不变，这一现象也与哺乳动物中的情况相似（Liang et al.，2006；Lun et al.，2006）。我们还在文昌鱼中发现了类似于甲状腺素视黄质运载蛋白（transthyretin，TTR）的蛋白质，当文昌鱼受到 LPS 刺激后，其表达会下调，这与真兽亚纲哺乳动物中的情况相似。在脊椎动物中，转录因子 HNF-4、C/EBP 和 STAT 都参与 APR 基因的表达调控。我们发现，文昌鱼和斑马鱼的 APR 基因表达受相似的调控网络的调节（Wang and Zhang，2011）。基于急性期应答蛋白和反应模式的相似性以及类似的基因表达调控网络，我们认为文昌鱼体内可能存在着类似于哺乳动物的急性期应答机制（Zhang et al.，2009）。

三、补体系统

补体系统是天然免疫的重要组成部分，它能够帮助抗体和吞噬细胞清除病原微生物，并起到连接天然免疫和适应性免疫的重要作用。补体系统的激活途径一般有经典途径、替代途径和凝集素途径。我们从文昌鱼体内已经克隆得到补体类似 C1q 基因（C1q-like gene），它与脊椎动物 C1q 序列相似度高，并同样含有与 IgG、C1r-C1s 结合的关键位点。序列分析显示，该基因与脊椎动物 C1q 直系同源，因此我们将其命名为 *BjC1q* 基因。实时定量 PCR 分析表明，*BjC1q* 基因在文昌鱼肝盲囊、后肠和脊索大量表达，并且其表达量在文昌鱼受到免疫刺激（细菌、脂磷壁酸或脂多糖）之后显著上升，提示 BjC1q 参与相关免疫反应。我们重组表达并纯化了 BjC1q 蛋白以及它的胶原结构域和头部的球状结构域（globular head domain，gC1q），并利用免疫酶标、免疫印迹、溶血活性测定和亲和层析等技术，重点研究了重组表达的 BjC1q 是否具有参与补体经典途径激活的能力。结果表明，重组表达的 BjC1q 可以形成多聚体，这是 C1q 激活经典途径所必需的；与人 C1q 蛋白一样，BjC1q 及其 gC1q 都能与脂磷壁酸和脂多糖结合，甚至还能与人 IgG 结合，但 BjC1q 不具备凝集素活性，这与七鳃鳗的 C1q 不同。更重要的是，将 BjC1q 加入去除了 C1q 的人血清后，补体经典途径的溶血活性可以得到恢复。我们还证明了 BjC1q 能够结合并激活人的 C1r-C1s。这表明 BjC1q 具有激活补体经典途径的能力。为了进一步证实这一点，我们又进行了下面一系列实验。首先，利用牵出试验（pull down experiment）分离并鉴定了文昌鱼中 BjC1q 的互作蛋白，该蛋白含有 3 个免疫球蛋白结构域，故命名为 BjIgSF。其次，我们发现 BjIgSF-BjC1q 的结合与 IgG-C1q 的结合都具有激活补体经典途径的能力。另外，C4 和 C3 沉降实验结果表明，文昌鱼体液具有激活 C4 和 C3 的能力，而去除 BjC1q 的体液或加热至 56℃的体液均失去激活能力。将重组表达的 BjC1q 加入去除了 BjC1q 的文昌鱼体液后，体液激活 C4 和 C3 的能力可以恢复，证明文昌鱼体液中存在具有激活 C4 和 C3 能力的 C1q-丝氨酸蛋白酶复合体。

BjIgSF、BjC1q-丝氨酸蛋白酶复合体等成分的存在表明，文昌鱼体内可能已经具有一个由 C1q 介导的补体激活途径（Gao et al.，2014）。我们推测，类似于脊椎动物简单的补体经典途径可能起源于文昌鱼类 C1q 介导的补体系统（图 13-9），这是关于脊椎动物补体经典途径起源的一个新观点。

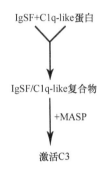

图 13-9　文昌鱼体内类 C1q 介导的补体激活途径
推测这条途径由 IgSF、C1q-like 蛋白、甘露糖凝集素相关的丝氨酸蛋白酶（MASP）和 C3 等元素组成

另外，我们证明文昌鱼中存在 C3a，其参与免疫应答的能力与脊椎动物 C3a 十分相似。我们从文昌鱼中克隆得到 C3a 基因片段，将其命名为 *BjC3a*。序列分析和同源建模显示，BjC3a 蛋白质结构与人 C3a 的结构相似，C 端都是 α 螺旋结构。人 C3a 的 C 端 α 螺旋部分具有杀菌功能，我们证明重组表达的 BjC3a 也具有抑菌活性。BjC3a 与脊椎动物 C3a 一样，能够增强鲈鱼巨噬细胞的免疫应答能力，如引起巨噬细胞的迁移、增强巨噬细胞对细菌的吞噬作用，还能增强巨噬细胞应对细菌时的呼吸爆发作用。我们同时重组表达了去除 C 端精氨酸的 BjC3a，命名为 BjC3a-desArg，并对其免疫活性进行了分析。脊椎动物 C3a 具有的趋化因子功能及调理功能，会随着血清羧肽酶对 C3a C 端精氨酸的切除而失去，但抑菌等功能得到保留。我们发现，文昌鱼 BjC3a-desArg 也保留了 C3a 抑菌和刺激呼吸爆发的能力，说明了 C3a-desArg 的免疫功能在进化过程中具有保守性（Gao et al.，2013）。这证明了无脊椎动物（文昌鱼）BjC3a 能够与脊椎动物（鲈鱼）巨噬细胞结合并介导相关免疫活性，表明在最原始的脊索动物文昌鱼体内已经出现了与脊椎动物补体系统引起的炎症应答类似的免疫反应。

四、抗病毒机制

天然免疫反应始于机体对病原体的识别，通过机体特有的模式识别受体，识别病原体表面携带的病原体相关分子模式，来启动天然免疫反应。RIG-Ⅰ-like 受体家族是被广泛研究的一类模式识别受体，包含 3 个成员：RIG-Ⅰ、MDA5 和 LGP2。它们在脊椎动物细胞内通过特异性地识别外源病毒 RNA，激活 NF-κB 和 IRF-3 依赖的信号通路，并最终释放Ⅰ型干扰素和促炎细胞因子。我们从文昌鱼中克隆得到了 LGP2 基因的完整可读框（open reading frame，ORF）。生物信息学分析结果显示，文昌鱼 LGP2 与脊椎动物 LGP2 具有很高的相似度（图 13-10）。实时定量 PCR 分析显示，文昌鱼 *lgp2* 在肝盲囊和肠中表达量较高，在其他各组织中有少量表达。利用合成的双链 RNA（dsRNA）的病毒类似物多肌胞苷酸 [polyinosinic acid-polycytidylic acid, poly（I：C）] 刺激文昌鱼，可以诱导 *lgp2* 在肝盲囊和肠中的表达量显著上调。利用牵出试验（pull-down experiment）发现，重组表达的 LGP2 在体外可以和 poly（I：C）相结合。细胞定位研究结果表明，文昌鱼 LGP2 在培养的鱼类细胞系 GS 细胞和 FG 细胞的细胞质中表达，与 LGP2 是细胞内受体的预期完全一致（图 13-11）；当 FG 细胞受到 poly（I：C）刺激后，LGP2 在

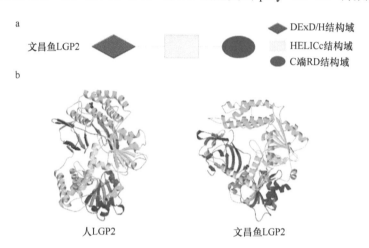

图 13-10　文昌鱼 LGP2 的结构域和三维结构

a. SMART 软件预测的文昌鱼 LGP2 结构域；b. SWISS-MODEL 在线预测的人 LGP2 和文昌鱼 LGP2 的三维结构

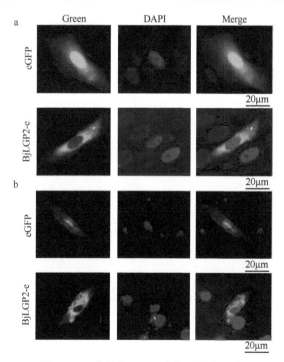

图 13-11　文昌鱼 LGP2 定位于细胞质中

a. 在鱼类 GS 细胞中的表达；b. 在鱼类 FG 细胞中的表达

FG 细胞内的表达能够提高干扰素（interferon，IFN）和 IFN 诱导基因（包括 *ifn-i*、*Mx* 和 *ISG56*）的表达。当 FG 细胞受到淋巴囊肿病病毒（lymphocystis virus，LCDV）侵染时，LGP2 在 FG 细胞内的表达能够诱导抗病毒基因 *ifn-i* 和 *Mx*，以及 RIG-Ⅰ样受体（RIG-Ⅰ-like receptor，RLR）信号转导相关基因 *MAVS*、*NF-κB* 和 *IRF-3* 的表达上调。此外，文昌鱼 LGP2 能够抑制 LCDV 在 FG 细胞内的复制，并能抑制新加坡石斑鱼虹彩病毒（Singapore grouper iridovirus，SGIV）在 GS 细胞内的转录（Liu et al.，2015）。综合上述，可见文昌鱼中已经具有类似于脊椎动物的结构和功能保守的模式识别受体 LGP2，它可能通过与脊椎动物类似的 RLR 信号转导途径参与抗病毒免疫反应（图 13-12）。有趣的是，文昌鱼基因组数据库检索虽然没有发现有干扰素存在（Li et al.，2009），但文昌鱼基因组中存在着 RLR 家族所有成员及其下游蛋白 MAVS（蛋白标识号：106569）、TBK1（蛋白标识号：123253）、IKKi（蛋白标识号：74350）、IRF-3（蛋白标识号：118813）和 IRF7（蛋白标识号：68560），这为文昌鱼 LGP2 和脊椎动物 LGP2 一样参与抗病毒免疫反应提供了进一步的证据。

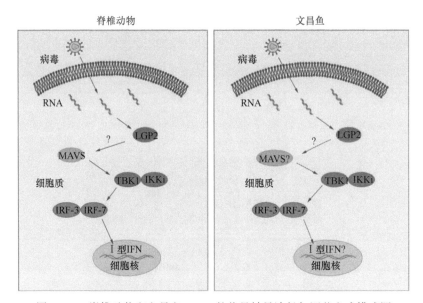

图 13-12　脊椎动物和文昌鱼 LGP2 的信号转导途径与调节方式模式图

蛭蛇毒素（viperin）是脊椎动物中一种熟知的抗病毒蛋白，它可以受Ⅰ型、Ⅱ型和Ⅲ型干扰素及一些 DNA 和 RNA 病毒、LPS 与 poly（I：C）诱导而表达。我们从文昌鱼中克隆得到一条蛭蛇毒素基因，命名为 *Bjvip*。它与人、黑猩猩和小鼠等 12 个物种的蛭蛇毒素序列高度相似，而且 N 端序列同样多变，中间区域和 C 端序列则非常保守。3D 结构预测则表明，该基因编码的蛋白质与其他动物中的蛭蛇毒素有非常相似的 3D 结构（图 13-13）。基因表达分析显示，*Bjvip* 主要在肝盲囊、肌肉、鳃和后肠中表达，而在卵巢、脊索和精巢中仅少量表达。用 poly（I：C）刺激文昌鱼，发现 *Bjvip* 在所有检测的组织（肝盲囊、肌肉、鳃和后肠）中表达量均明显升高，表明 poly（I：C）的刺激可以诱导 *Bjvip* 的表达。为了验证文昌鱼 BjVip 蛋白是否和脊椎动物的蛭蛇毒素一样具有抗病毒功能，我们构建了真核表达载体并转染入鱼类 FG 细胞后，用 LCDV 病毒感染细胞，通过实时定量 PCR 检测细胞内病毒的相对数量，发现在病毒感染 48h 和 72h 时，转染有目的蛋白组的细胞内病毒相对数量比转染空载质粒组细胞内的病毒相对数量明显要低，表明 BjVip 蛋白可以抑制细胞内 LCDV 病毒的复制。我们还构建了原核表达载体，表达 rBjVip 蛋白，再与白斑综合征病毒（white spot syndrome virus，WSSV）孵育后注射入对虾体内，发现在注射后 8～24h，肌肉和肝胰腺组织中的 WSSV 病毒的数量显著降低，表明 rBjVip 蛋白在体内也具有抗 WSSV 病毒的作用（Lei et al.，2015）。由此可见，文昌鱼蛭蛇毒素和脊椎动物蛭蛇毒素一样，参与抗病毒免疫反应。

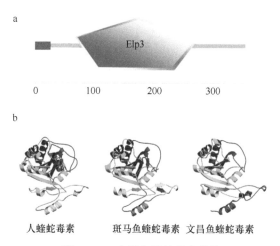

图 13-13　文昌鱼蛭蛇毒素结构

a. 文昌鱼蛭蛇毒素二级结构。1～23 位氨基酸为信号肽（红色），69～277 位氨基酸为 Elp3 结构域。

b. 人、斑马鱼和文昌鱼蛭蛇毒素三级结构比较，可见三者非常相似

五、原始 MHC 和 RAG

长期以来，学者们一直试图通过从海鞘和文昌鱼中寻找 Ig、TCR、MHC 和 RAG 蛋白来探索适应性免疫起源，但早期努力一直不成功。基因组学的发展给这个问题的解决带来了一丝新的希望。首先，发现文昌鱼中存在原始的 MHC 基因区（proto-MHC region）。人 MHC 基因区位于 6 号染色体上，另外在 1 号、9 号和 19 号染色体上还有 3 个 MHC 同源假基因簇。人 MHC 基因区和一系列参与适应性免疫抗原呈递的基因定位在一起。其中，许多基因是锚定基因，其功能和分布相当保守。Abi-Rached 等（2002）通过与人 4 个 MHC 基因区进行比较，发现文昌鱼基因组中存在 1 个具有许多人 MHC 的锚定基因的区域，可能就是原始的 MHC。

文昌鱼原始的 MHC 基因区和参与抗原呈递的 MHC-Ⅰ及 MHC-Ⅱ基因没有同线性，但它和人 1 号、6 号、9 号和 16 号染色体上的 MHC 基因区都具有同源性。文昌鱼原始的 MHC 基因区具有 9 个单拷贝锚定基因，即 *PBX1/2/3*、*PSMB7/10*、*PSMB5/8*、*BRD2/3/4/T*、*RXRA/B/G*、*NOTCH*、*CACNA1A/B/E*、*BAT1/DDX39* 和 *C3/4/5*。这 9 个基因在人 4 个 MHC 基因区都有，并且高度保守，且维持同线性存在。文昌鱼原始 MHC 基因区的所有基因

都位于一条染色体上，只有补体基因发生位移，转移到具有 *Hox* 基因簇的染色体上，并和 *Hox* 基因簇定位在一起（图 13-14）。

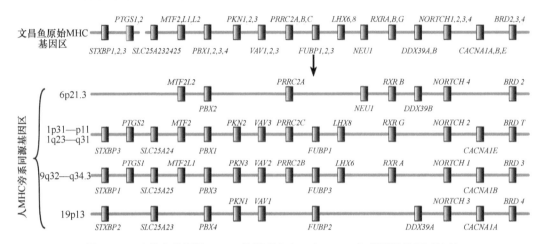

图 13-14　文昌鱼的原始 MHC 基因区和人 4 个 MHC 旁系同源基因区比较

文昌鱼原始 MHC 基因区和人的 4 个 MHC 旁系同源基因区相似，含有大量连锁基因。箭号示基因组复制

适应性免疫形成数量巨大的抗原受体，关键依赖于 RAG 介导的 V（D）J 重组。RAG 可识别 V、D 和 J 基因位点附近的重组信号序列（recombination signal sequence，RSS）。RAG 蛋白有两种：RAG1 和 RAG2。它们识别 RSS 有一个 12/23 规则，即 RAG1 和 RAG2 分别与 RSS12 和 RSS23 特异性结合。所形成的复合体把 RSS 和它们侧翼编码序列之间的 DNA 准确切开，经常会有少量核苷酸加入 DNA 分子末端或从 DNA 分子末端丢失，导致 V（D）J 新重组序列的形成。新的 V（D）J 序列编码可变的针对特定抗原的 TCR 或 BCR 分子。因此，RAG 蛋白在形成高可变性免疫受体过程中起着至关重要的作用。

Dong 等（2005）最早在文昌鱼中发现了 1 个与脊椎动物 RAG1 核心区域和 N 端序列同源的基因。Zhang 等（2014）发现文昌鱼类 RAG1 基因编码 1 个病毒相关蛋白，该蛋白远比脊椎动物 RAG1 短，但含有核心 RAG1（core RAG1，cRAG1）的中心结构域（central domain）。文昌鱼 RAG1 还含有返转录病毒 II 型核酸酶活性位点基序 DXN（D/E）XK，因此，它既可以裂解 DNA，又可以裂解 RNA。此外，文昌鱼 RAG1 和脊椎动物 RAG1 中央结构域 cRAG1 具有一些重要的共同属性，包括可以和 RAG2 互作和定位于细胞核中。尤其重要的是，重组的文昌鱼 RAG1 具有酶活性，可以识别 RSS，并可在小鼠 RAG2 存在时完成 V（D）J 重组；重组的文昌鱼 RAG1 还可以在 RAG1 缺陷小鼠中调节抗原受体基因的组装（Huang et al.，2016）。因此，文昌鱼 RAG1 基因编码 1 个和脊椎动物 RAG1 中央结构域 cRAG1 具有同样功能的蛋白质，这为介导 V（D）J 重组的演化做好了准备。

六、可变免疫受体

在文昌鱼中已经发现数个免疫球蛋白超家族成员，对其中 2 个成员即含可变区的几丁质结合蛋白（V region-containing chitin-binding protein，VCBP）及含可变区和恒定区蛋白（V and C domain-bearing protein，VCP）的研究较为深入（Litman et al.，2007；Xu，2011）。VCBP是分泌型蛋白，N端含有2个免疫球蛋白区，C端含有1个几丁质结合区。VCBP由5个富含多态性的基因家族所编码，其中VCBP2和VCBP5基因家族具有高频突变能力（图13-15）。VCBP基因在文昌鱼肠中表达，在抵御微生物入侵方面起着重要的作用。文昌鱼VCP含有2个胞外Ig结构域，即N端的V结构域和近膜端的C结构域；胞内区含有4个酪氨酸，这些酪氨酸可能具有传递活化信号的作用（Cannon et al.，2002）。VCP可以识别多种微生物，在文昌鱼免疫中发挥关键作用。

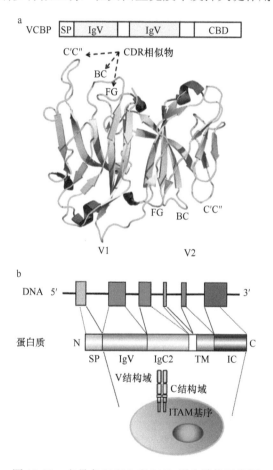

图 13-15 文昌鱼 VCBP 和 VCP 蛋白结构示意图

a. VCBP二级和晶体结构。黄色示β折叠或β股；绿色示环状结构；红色示α螺旋。b. 具有高可变性的VCP

综上所述，可见文昌鱼的免疫系统，尤其是在免疫细胞、急性期应答、补体系统、抗病毒机制和适应性免疫分子结构等方面，与脊椎动物有诸多相似之处。我们认为，文昌鱼免疫系统可以看作脊椎动物祖先原始免疫系统的"活化石"，即文昌鱼的免疫系统在很大程度上代表着脊椎动物祖先原始的免疫系统状态。文昌鱼虽然不具有类似于脊椎动物的适应性免疫系统，但具有适应性免疫演化所需的大多数分子（基因）素材，如免疫球蛋白超家族成员、原始 MHC 和 RAG。在脊椎动物演化过程中，这些基因素材何时以及如何被征用，最终产生现生脊椎动物的适应性免疫系统，将是一个非常有趣而又非常具有挑战性的研究课题。

参 考 文 献

刘建欣, 郑昌学. 2001. 现代免疫学——免疫的细胞和分子基础. 北京: 清华大学出版社: 1-13.

Abi-Rached L, Gilles A, Shiina T, et al. 2002. Evidence of en bloc duplication in vertebrate genomes. Nat Genet, 31: 100-105.

Boehm T, Iwanami N, Hess I. 2012. Evolution of the immune system in the lower vertebrates. Annu Rev Genom Hum Genet, 13: 127-149.

Cannon J P, Haire R N, Litman G W. 2002. Identification of diversified genes that contain immunoglobulin-like variable regions in a protochordate. Nat Immunol, 3: 1200-1207.

Dong M, Fu Y, Yu C, et al. 2005. Identification and characterisation of a homolog of an activation gene for the recombination activating gene 1 (*RAG1*) in amphioxus. Fish Shellfish Immunol, 19: 165-174.

Du J, Xie X, Chen H, et al. 2004. Macrophage migration inhibitory factor (MIF) in chinese amphioxus as a molecular marker of immune evolution during the transition of invertebrate/vertebrate. Dev Comp Immunol, 28: 961-971.

Gao Z, Li M, Ma J, et al. 2014. An amphioxus gC1q protein binds human IgG and initiates the classical pathway: implications for a C1q-mediated complement system in the basal chordate. Eur J Immunol, 44: 3680-3695.

Gao Z, Li M, Wu J, et al. 2013. Interplay between invertebrate C3a with vertebrate macrophages: functional characterization of immune activities of amphioxus C3a. Fish Shellfish Immunol, 35: 1249-1259.

Gao Z, Zhang S. 2018. Cephalochordata: Branchiostoma//Cooper E L. Advances in Comparative Immunology. Switzerland AG: Springer: 593-635.

Huang G, Xie X, Han Y, et al. 2007. The identification of lymphocyte-like cells and lymphoid-related genes in amphioxus indicates the twilight for the emergence of adaptive immune system. PLoS One, 2(2): e206.

Huang S, Tao X, Yuan S, et al. 2016. Discovery of an active RAG transposon illuminates the origins of V(D)J recombination. Cell, 166: 102-114.

Lei M, Liu H, Liu S, et al. 2015. Identification and functional characterization of viperin of amphioxus *Branchiostoma japonicum*: implications for ancient origin of viperin-mediated antiviral response. Dev Comp Immunol, 53: 293-302.

Li G, Zhang J, Sun Y, et al. 2009. The evolutionarily dynamic IFN-inducible GTPase proteins play conserved immune functions in vertebrates and cephalochordates. Mol Biol Evol, 26: 1619-1630.

Liang Y, Zhang S, Lun L, et al. 2006. Presence and localization of antithrombin and its regulation after acute lipopolysaccharide exposure in amphioxus, with implications for the origin of vertebrate liver. Cell Tissue Res, 323: 537-541.

Litman G W, Dishaw L J, Cannon J P, et al. 2007. Alternative mechanisms of immune receptor diversity. Curr Opin Immunol, 19: 526-534.

Liu N, Zhang S, Liu Z, et al. 2007. Characterization and expression of gamma-interferon-inducible lysosomal thiol reductase (GILT) gene in amphioxus *Branchiostoma belcheri* with implications for GILT in innate immune response. Mol Immunol, 44: 2631-2637.

Liu S, Liu Y, Yang S, et al. 2015. Evolutionary conservation of molecular structure and antiviral function of a viral receptor, LGP2, in amphioxus *Branchiostoma japonicum*. Eur J Immunol, 45: 3404-3416.

Lun L M, Zhang S C, Liang Y J. 2006. Alanine aminotransferase in amphioxus: presence, localization and up-regulation after acute lipopolysaccharide exposure. J Biochem Mol Biol, 39: 511-515.

Rhodes C P, Ratcliffe N A, Rowley A F. 1982. Presence of coelomocytes in the primitive chordate amphioxus

(*Branchiostoma lanceolatum*). Science, 217: 263-265.

Wang Y, Zhang S. 2011. Identification and expression of liver-specific genes after LPS challenge in amphioxus: the hepatic cecum as liver-like organ and "pre-hepatic" acute phase response. Funct Integr Genomics, 11: 111-118.

Xu A L. 2018. Amphioxus Immunity: Tracing the Origins of Human Immunity. Beijing: Science Press.

Yuan S C, Ruan J, Huang S, et al. 2015. Amphioxus as a model for investigating evolution of the vertebrate immune system. Dev Comp Immunol, 48: 297-305.

Zhang S C, Liang Y J, Ji G D, et al. 2009. Protochordate amphioxus is an emerging model organism for comparative immunology. Prog Natl Sci, 19: 923-929.

Zhang Y, Xu K, Deng A, et al. 2014. An amphioxus RAG1-like DNA fragment encodes a functional central domain of vertebrate core RAG1. Proc Natl Acad Sci USA, 111: 397-402.

第十四章

文昌鱼作为脊索动物祖先的其他证据

第三至十三章详细阐述了文昌鱼一些组织器官可能是脊索动物祖先或者其遗迹的代表，说明文昌鱼可能是脊索动物始祖的"活化石"。文昌鱼作为脊索动物始祖的代表，还体现在以下 6 个重要方面。

第一节　脊索

脊索（notochord 或 chorda dorsalis）是脊柱（vertebral column）的前体。脊柱由一定数量的脊椎骨组成（图 14-1）。脊椎骨是有颌类脊椎动物特有的典型结构。蚓螈有 250 块脊椎骨，而蛇脊椎骨多达 500 块。一块典型的脊椎骨的中央部分是椎体（centrum），椎体背面是椎弓（neural arch），许多椎弓相连形成椎管（vertebral canal）以容纳脊髓。椎体的腹面有脉弓（haemal arch），脉弓组成脉管（haemal canal），脉管是血管通过之处。椎弓和脉弓都有延伸的棘，分别称为椎棘（neural spine）和脉棘（haemal spine），如鱼类尾椎上的椎棘和脉棘。

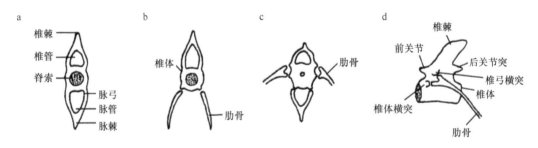

图 14-1　脊椎骨模式图（杨安峰和程红，1999）

a. 硬骨鱼的尾椎横切；b. 硬骨鱼躯干椎横切；c. 四足动物躯干椎横切；d. 四足动物躯干椎侧面观

鱼类和有尾两栖类的尾椎都有脉弓。羊膜动物尾椎的脉弓有些已经消失，但多数爬行类动物、某些鸟类和许多长尾类哺乳动物，在尾椎上还保留有不完整的脉弓，呈"Y"形，称为人字骨（chevron bone）。相邻两椎弓基部围着的孔，称为椎间孔（intervertebral foramen），其是脊神经伸出的孔道。

一、脊椎动物脊柱比较

在脊椎动物演化过程中，脊柱一方面增加身体的坚固性，另一方面增加身体的灵活性。最原始的脊柱没有分化或仅有些许分化，即仅分化为躯椎和尾椎，且两者的差异不大。随着脊椎动物由水生到陆生的演化，适应于陆地生活的需要，脊柱逐渐分化为 5 区：颈椎、胸椎、腰椎、荐椎和尾椎。

无颌类脊椎动物尚未出现脊柱，脊索终生保留，整个脊索没有任何分区，外包以厚的脊索鞘。在脊索背面每一体节内，有 2 对细小的软骨弓片（arch）。在有颌类脊椎动物中，弓片位于脊索的背面和腹面，由生骨节发生。每一对生骨节发生 4 对弓片，背腹各 2 对，即由每对生骨节尾节的背面生出一对基背弓片，腹面生出一对基腹弓片；由每对生骨节头节的背面生出一对间背弓片，腹面生出一对间腹弓片。无颌类体节内的软骨弓片，相当于基背弓片和间背弓片，即椎弓的初始原基。它们虽然不起任何支撑作用，但是代表着原始脊椎骨的萌芽。

　　鱼类适应水中生活，脊柱仅分化为躯椎和尾椎。软骨鱼类如角鲨的脊柱（图 14-2）虽然是软骨，但已具备典型椎骨的结构。除椎弓和脉弓之外，椎体也已经形成。椎体属双凹型，脊索已退化，残留于前后两椎体之间的菱形空隙内。在相邻两椎弓之间有间插弓，代表间背弓片。脉弓之间的间腹弓片已消失。少数种类，如鳐等的尾部呈现双椎体现象。全头鱼类（如银鲛）的椎体有许多钙化的软骨成环形包裹在脊索外面，每个体节有数个这样的软骨环。

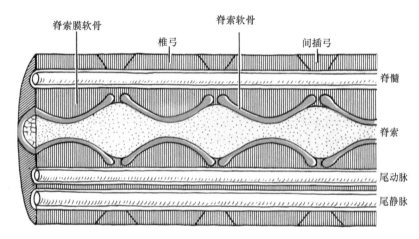

图 14-2　角鲨尾椎骨矢切面（Kent，1992）
钙化的脊索软骨已在脊索鞘（红色）沉积

　　软骨硬鳞鱼类（如鲟鱼）的脊柱远比无颌类脊椎动物进步，除椎弓外，还有脉弓形成，但缺少椎体。脊索终生存在，仍是支撑身体的主要结构。脊索背侧大的基背弓片合并成椎弓，介于基背弓片基部之间，为小的间背弓片。在脊索腹侧被大的基腹弓片包着，介于基腹弓片基部之间，为小的间腹弓片。硬骨硬鳞鱼的脊柱已全部骨化成硬骨。尾椎每个体节保留两个椎体，但仅后面的椎体有一个椎弓与一个脉弓，代表基背弓片和基腹弓片。

　　硬骨鱼类的脊柱已完全骨化，形成身体强有力的支撑，只是在连接椎弓和脉弓的位置常常没有骨化，仍保留软骨状态。需要指出的是，肺鱼的脊索终生保留，且很发达，椎体尚未形成，这被认为是原始状态，也有人认为是极度特化状态。

　　两栖类的脊柱不但增加了坚固程度，而且出现分区，椎体大多为前凹型或后凹型，支持力加强且椎间关节较灵活。两栖类的脊柱分化为颈椎、躯椎、荐椎和尾椎 4 区，比鱼类多了颈椎和荐椎的分化。胸部因两栖类肋骨不发达，并不成为明显的区域。有尾两栖类尾椎明显，但无尾两栖类尾椎只是一块尾杆骨。

　　脊椎动物由水生过渡到陆地生活，首先要解决的是身体承重问题，其次要解决的是头部活动的问题。适应这两方面的机能需要，首先是颈椎和荐椎的出现。鱼类没有颈椎的分化，头骨通过后颞骨与肩带相连，基本上不能活动。两栖类颈椎的分化使头部稍能活动，但还只有一块颈椎，属于过渡阶段。荐椎与腰带相连，荐椎的横突加大，这一特点在无尾两栖类特别明显。鱼类的腰带根本不与脊柱连接，在早期的两栖类化石中，腰带也不与脊柱连接，因此没有荐椎。由此可见，荐椎的出现直接与腰带有关，是后肢对身体载重的直接后果。

爬行类脊柱分化为颈椎、胸椎、腰椎、荐椎和尾椎 5 区。椎体大多为后凹型或前凹型。颈椎数目比两栖类增多，前 2 个颈椎分化为寰椎和枢椎。枢椎向前伸出的齿突实际上是寰椎的椎体。寰椎本身已无椎体，腹侧具关节面与头骨的枕髁相关联。羊膜动物出现的寰椎-枢椎组合，显然是对陆生生活的一种适应，这保证了头部能以齿突作为回转轴作仰俯及左右转动，使头部感觉器官获得充分利用。

爬行类动物胸椎极其明显，与肋骨、胸骨相接成为胸廓。荐椎的数目也增加，最少是 2 块，有宽阔的横突与腰带相连。后肢承受体重的能力比两栖类有所增强。需要指出的是，蛇的脊柱属于特化类型，分区不明显，仅分化为寰椎、尾椎和尾前椎。

鸟类的脊柱分区与爬行类分区相同，但由于鸟类适应飞翔生活，脊柱变异较大。颈长，颈椎 8～25 块。椎体呈马鞍形，颈部关节极为灵活。胸椎 3～10 块。最后一块胸椎、全部腰椎、荐椎和前面几块尾椎完全融合成一个整体，称为合荐骨（synsacrum）。后肢的腰带和合荐骨相接，形成坚固的腰荐部。鸟类颈椎的高度灵活性在一定程度上可以补偿腰荐部活动的不足。

哺乳类脊椎发达，分为明显 5 区。椎体属于双平型，两椎体间有富有弹性的椎间盘相隔。

二、文昌鱼脊索是脊椎动物祖先脊索的代表

脊索是脊柱的前体，个体发育中如此，系统发育中也是如此。脊索是脊索动物中起支持作用的一条棒状结构。它贯穿全身，位于消化道的背面，神经管的腹面，具弹性，不分节。所有脊索动物在早期发育阶段都具有脊索（图 14-3），但只有头索动物文昌鱼和一些低等脊椎动物（如无颌类）才终生保留。尾索动物如海鞘幼虫阶段具有完整脊索，但到成体脊索退化。多数脊椎动物只在胚胎期有脊索，成体阶段就被脊柱代替，脊索本身则完全退化或仅留残余。

关于脊索的起源，主要有两种不同的观点：一种认为脊索是由无脊椎动物的器官演化而来；另一种观点则认为脊索是从脊索动物门开始新出现的结构。目前，这两种观点都在一定程度上得到了分子生物学证据的证明，但仍然存在不少争论。不管脊索是如何起源的，多数学者都认为文昌鱼具有脊索，是基底脊索动物。成体文昌鱼的脊索表现出肌肉的特征，它的组成细胞主要是肌纤维，而且成体脊索表达的基因大约有 11% 是编码肌肉的组分，包括肌动蛋白、原肌球蛋白（tropomyosin）、肌钙蛋白（troponin）和肌酸激酶（creatine kinase）等基因，而其他脊索动物的脊索都不具备肌肉特征。因此，有人认为成体文昌鱼脊索是一个独特的器官。不过，成体文昌鱼脊索所具有的肌肉特征也可能是次生现象，就如其前端比神经管还长出一段一样，可能都是适应钻沙生活所致。

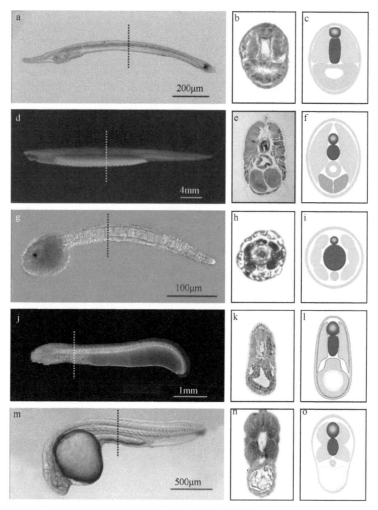

图 14-3　脊索动物脊索侧面观、横切面和示意图（Annona et al.，2015）

示意图中所示结构包括神经索（蓝色）、脊索（红色）、中轴肌（绿色）、内胚层（黄色）和性腺（淡紫色）。a～c. 文昌鱼
3 天幼虫；d～f. 文昌鱼成体；g～i. 海鞘尾芽期幼虫；j～l. 七鳃鳗第 26 期幼体；m～o. 斑马鱼咽神经胚期

　　文昌鱼脊索呈棒状，贯穿身体全长，这与脊椎动物胚胎脊索十分相似。长久以来，一直有一种观点认为文昌鱼脊索是脊椎动物脊索的前体，即脊椎动物的脊索是由类似于文昌鱼脊索的结构演化而来的（Kowalevsky，1877）。围绕脊索发育及其诱导信号系统的研究成果明显支持上述观点。

　　脊索作为脊索动物胚胎的特征性核心器官，主要有下述两个功能。一方面，脊索类似于软骨组织，负责支撑并维持身体的前后和背腹轴向；另一方面，脊索在脊索动物胚胎体内，作为背腹轴及左右轴的中心区域，能够分泌一些信号分子并传递到周围组织，提供细胞发育命运和位置的具体信息。脊索分泌的信号分子主要在诱导中枢神经系统、调控左右不对称、主血管系统的动静脉分化，以及体节等组织的发育、分化等方面起重要作用。因此，脊索是器官发育分化的一个信号组织中心。脊索对周围组织的一个最主要诱导作用是诱导神经管的形成。在脊椎动物发育过程中，脊索的移植及其移除实验都证明，脊索有促进底板形成的能力，即可以决定脊髓腹侧细胞的发育命运。同样，文昌鱼胚胎神经管的形成也需要脊索的诱导。在脊椎动物发育过程中，脊索分泌的信号分子 Nodal 参与胚胎左右不对称轴和结构的建立。同样，在文昌鱼胚胎发育过程中，信号分子 Nodal 也参与其左右不对称结构的形成（Ono et al.，2018）。

脊椎动物胚胎的脊索源于中内胚层，由组织者中一些细胞发育而来。原肠作用时，组织者位于胚孔背唇处。同样，文昌鱼脊索也来源于中内胚层，由组织者细胞发育而来。在脊椎动物中，T-Box 基因 *Brachyury* 是胚胎发育中诱导脊索发生及分化的必要核心基因。在两栖类和鱼类的胚胎中，*Brachyury* 首先在胚孔（爪蛙）边缘区（marginal zone）或胚环（斑马鱼）表达，然后在脊索表达，最后在尾芽区持续表达。*Brachyury* 在尾芽区的表达可能是其在边缘区表达的延续，反映了该区域胚胎细胞的内陷或内卷运动。在尾索动物海鞘中，*Brachyrury* 基因也在脊索前体细胞中表达，而且是脊索发育的关键因子。文昌鱼 *Brachyury* 基因的表达与其在脊椎动物胚胎中的表达模式基本完全相同（图 14-4），先在预定中胚层（原肠胚内卷的中胚层）表达，接着在分化的中胚层和脊索表达，然后在尾芽区表达（Zhang et al.，1997；Terazawa and Satoh，1997）。

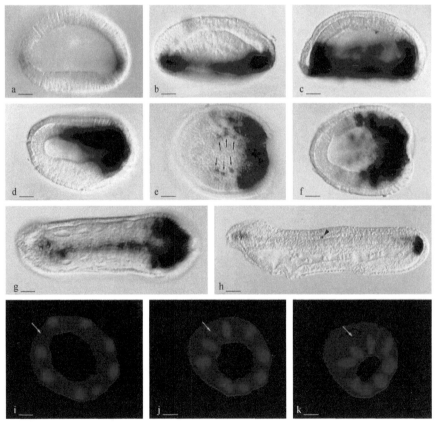

图 14-4 胚胎原位杂交，示文昌鱼 *Brachyury* 基因的表达

动物极向上；尾端（大致相当于植物极）向右。箭号示背神经管的黑素细胞。a～h，Brachyury 基因在不同发育时期文昌鱼胚胎中的表达；i～k，示经脂溶性荧光染料 DiI 标记的早期原肠胚的胚唇细胞（i），在原肠作用（j）至早期神经胚（k）期间的迁移运动。标尺=50μm

综上所述，可以推测文昌鱼脊索是脊椎动物祖先脊索的代表，或者说脊椎动物的脊椎是由类似于文昌鱼脊索这样的结构演化而来的。无颌类脊椎动物仍然保留有脊索，这无疑为这一推测提供了有力证据。有趣的是，Shu 等（2003）发现海口鱼化石中，脊索和软骨型脊椎骨同时存在，这很可能说明在系统演化过程中，脊索先形成软骨型脊柱，再演化出现存脊椎动物的硬骨性脊柱。

第二节　肌节

肌肉具有收缩特性。动物各种动作如游泳、爬行、跳跃、飞翔、行走和奔跑乃至摄食、自卫等，都依赖肌肉收缩来完成。脊椎动物肌肉系统大体可分为体（节）肌和脏肌两类。依体节（somite）划分的体肌即肌节（myomere）。发育过程中，体节成对排列于胚胎神经管两侧，其均是由轴旁中胚层发育而来的。体节中胚层分化出生皮节（dermatome）、生骨节（sclerotome）和生肌节（myotome）。体节在脊椎动物出现前就已存在，至少可追溯到原索动物文昌鱼和海鞘。体肌由生肌节发育而来。

一、肌肉结构

构成肌肉的结构单位是肌细胞。肌细胞细而长，呈纤维状，所以也称肌纤维（muscle fiber）。解剖学上所谓的一块肌肉，其实是由许多肌纤维束组成的，整块肌肉的外面包有肌外膜（epimysium）；肌纤维束外面包有肌束膜（perimysium），内含有大量肌纤维；每根肌纤维的外面包有极薄的疏松结缔组织，称为肌内膜（endomysium）。肌纤维的细胞质称肌浆（sarcoplasm），内含大量能收缩的肌原纤维（myofibril）。分布于肌肉内的血管和神经沿肌束膜进入，为肌肉的收缩运动提供营养。神经受损伤后，可引起所支配肌肉的瘫痪和萎缩。

脊椎动物的肌肉有颜色发红的"红肌"和颜色发白的"白肌"之分，如鸡的胸肌是白肌，大腿肌是红肌。多数动物肉眼观察往往不能截然分清红肌和白肌。脊椎动物的红肌和白肌之分，是由 3 类在机能上和形态上都有区别的肌纤维所致。这 3 类肌纤维是：红肌纤维、白肌纤维和中间纤维。红肌纤维呈红色，直径较小，血管较多，富含肌红蛋白（myoglobin）和线粒体，收缩力较小，反应迟缓但持久而不易疲劳；白肌纤维呈白色，直径较大，血管较少，肌红蛋白和线粒体含量较少，收缩力大，反应迅速，但易疲劳；中间纤维则介于红肌纤维和白肌纤维之间。

二、脊椎动物肌肉的比较

脊椎动物体肌是具有一定形态的肌肉块，分布于皮肤下面躯干部的一定位置，附着于骨骼上，受运动神经支配。体肌的肌纤维有许多明亮和暗淡的横纹间隔排列，所以又称横纹肌。体肌的两端借肌腱固着于不同的骨块上，其中一端肌肉收缩时并不引起所附着骨块明显运动，称为起点；另一端肌肉收缩时就会牵动所附着骨块一起动起来，称为终点。起点和终点之间的多肉部分称为肌腹。与体肌不同，脏肌是平滑肌，形成内脏器官的肌肉部分，受自主神经支配，不能随意运动。它由细长的细胞或肌纤维构成，没有横纹。心脏的肌肉有时称为心肌，虽然它在组织学上与平滑肌不同，但因心脏属于内脏，所以心肌也可列入脏肌范畴。

无颌类脊椎动物肌肉由原始肌节组成，肌节呈"W"形（图 14-5）。背腹之间没有水平骨质隔（horizontal skeletogenous septum），所以肌节还没有轴上肌和轴下肌之分。

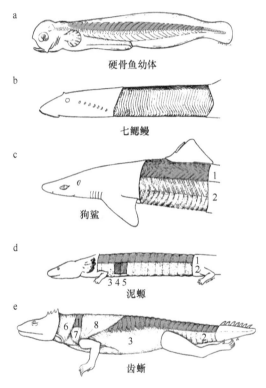

图 14-5　部分脊椎动物躯干肌（Kent，1992）

1. 轴上肌（红色）；2. 轴下肌；3. 外斜肌；4. 内斜肌；5. 腹部横机。在 e 图中，肢体肌是：6. 斜方肌；7. 肩胛背肌；8. 背阔肌。在 a 图中，密集小点部分指脊索位置。在 c 图和 d 图中，1 和 2 被水平骨质隔分开。七鳃鳗缺乏水平骨质隔

鱼类仍保留肌节形态，体肌都有分节现象，但已经开始出现水平骨质隔，水平骨质隔从脊柱直达皮肤侧线所在位置，于是所有的肌节被分为背部的轴上肌和腹部的轴下肌，也称为背肌和侧肌（类似于高等动物的腹肌）。鱼类还出现了偶鳍肌。从两栖类开始，脊椎动物体肌的分化逐渐趋向复杂，而且肌节互相融合。无尾两栖类的肌肉已经明显失去分节现象，分化出颈肌、躯干肌、尾肌和附肢肌。

脊椎动物的头部肌肉主要是脏肌，体肌退化，只留有眼肌、枕肌和舌下肌（鳃下肌）。水生脊椎动物仍保留有鳃肌和颌肌，但形态上它们表现为横纹肌，与体肌没有什么区别。到了陆生脊椎动物，颌肌逐渐演化为咀嚼肌和颜面肌，鳃肌退化，而舌下肌则随着舌的发达而更加复杂化。从爬行类开始，产生了皮下肌，它们由躯干肌、附肢肌和头部脏肌分离出表皮层附在皮肤上所形成。哺乳类的皮下肌最为发达，分成皮肤肌和颈阔肌，但

猩猩和人只有颈阔肌发达，在面部分化成若干表情肌。另外，哺乳动物还出现了它们特有的横膈膜。这是一块圆形肌肉，和其他肌肉的区别是其肌腱位于肌肉中央。横膈膜把体腔分为胸腔和腹腔两部分，有食道和血管在上面穿过。横膈膜有两种作用：一个是参与呼吸活动，即由其上升和下降分别导致胸腔扩大和缩小，从而加强肺的呼吸能力；另一个是与腹部肌肉协同运动，对腹部挤压以利于动物排泄粪便。

　　总而言之，在成体水生动物中，体肌分化很少，基本上保持分节的结构。演化到陆栖脊椎动物，体肌分化成各种形状的肌肉块。在分化过程中，肌节经过复杂的变化，失去早期的分节现象，仅在少数区域还保留分节的遗迹，如背部深层肌肉棘间肌及腹部中央的腹直肌。

三、文昌鱼肌节代表脊椎动物祖先肌节的遗迹

　　成体文昌鱼全身保持着原始的肌节形态，从前到后排列整齐，没有任何变化。肌节呈 "<" 形。肌节间以结缔组织（主要为胶原蛋白）的肌隔分开。背腹之间没有水平骨质隔，肌节没有轴上肌和轴下肌之分。这些特征被认为是脊椎动物祖先肌节的原始状态，即就解剖特征而言，文昌鱼肌节是脊椎动物祖先肌节最接近的代表。无颌类脊椎动物肌肉仍然由原始肌节组成，也明显支持这一观点。特别是近年来，有关肌节发育的分子生物学研究成果为这一观点提供了更多有力证据。

　　文昌鱼和脊椎动物的肌节都由轴旁中胚层形成。在脊椎动物胚胎中，第 1 个体节在躯干的前部出现，新的体节从前体节中胚层的前部以规律的间隔时间出芽而形成（Onai，2018；Onai et al.，2015；Onimaru et al.，2011）。文昌鱼早期体节形成，表面上看与脊椎动物似有所不同。文昌鱼最前端的 8～10 个体节来源于原肠背壁。在晚期原肠胚直至神经胚期，原肠背壁的两侧中胚层带开始与脊索板及内胚层分离。与此同时，这条中胚层带形成分节，每节由许多呈方形的细胞组成，此即中胚层分节。在中胚层带的腹面向背外侧拱起一条纵沟，沟的凹面朝向原肠腔并沿着中胚层带由前向后分节，且随着纵沟逐渐加深而断开，结果每一个中胚层分节均形成一个具开口的囊状凹陷，封闭后称为肠体腔囊（图 14-6）。随后，中胚层带与脊索及内胚层完全脱离，成为位于外胚层和脊索、内胚层之间的组织。Holland 等（2008）认为文昌鱼胚胎前端的这些肠体腔囊体节

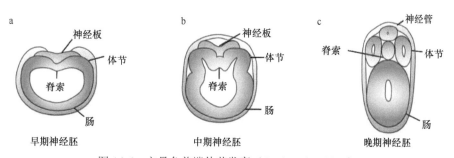

图 14-6　文昌鱼前端体节发育（Onai et al.，2015）

a. 在早期神经胚，前端原肠背壁两侧开始向外胚层扩展；b. 在中期神经胚，前端体节膨大，形成开口的囊状结构，仍与原肠顶壁相连；c. 在晚期神经胚，体节和原肠顶壁断开

很可能是七鳃鳗及鲨鱼头腔的同源组织。头腔的肌肉壁所形成的组织在演化上相当于脊椎动物的眼和下颌肌。与前端体节不同，文昌鱼的后部体节从晚期神经胚开始，每隔一段时间直接以尾芽方式分出（Schubert et al.，2001），这与脊椎动物体节形成基本相似。

脊椎动物体节形成依赖于 3 个相互作用的信号通路，即 Notch、Wnt/β-catenin 和转化生长因子（transforming growth factor，FGF）信号通路。由 Notch 和 Wnt/β-catenin 信号的振荡导致的体节基因的周期性表达，指导体节分节，这一机制称为"钟摆"（clock-and-wave）机制。脊椎动物体节在胚胎的两侧同时出现。即使与胚胎的其他部位分离，前体节中胚层仍会在适当的时间和正确的方向产生分节。这种同步化的体节形成首先由 Notch 信号通路决定。一方面，Notch 表达水平随体节形成出现有规律的振荡，在表达 Notch 和不表达 Notch 的界面形成体节的边界；另一方面，Notch 信号通路还控制体节形成的时间周期性。研究显示，Notch 信号通路的靶基因在前体节中胚层的表达呈现动态的周期性变化，这也是 Notch 信号通路控制体节周期性形成的关键。*Hairy* 基因是被发现的第一个 Notch 靶基因，它呈现动态的周期性表达变化。*Hairy* 最初在前体中胚层的尾端有较宽的表达区域，之后变窄并向前移动，如此不断重复，在前体节中胚层上呈现从后到前的波浪。注意，这种动态的表达变化不是细胞运动，而是由区域内基因表达的"开"和"关"引起的。除 *Hairy* 外，Notch 的其他靶基因及 Wnt/β-catenin 信号通路的一些靶基因都以这种循环方式转录，并在前体节中胚层中充当自主性的体节分子钟作用。另外，从前到后出现的 FGF 浓度梯度的每一次升降，都会引起一群前体节中胚层细胞分节。

文昌鱼前端体节和后端体节形成方式不同。那么它们的形成机制是否也有区别呢？另外，文昌鱼体节形成和脊椎动物体节形成的机制是否保守？基因表达及大规模的表达序列标签（expressed sequence tag，EST）分析鉴定出大量在文昌鱼体节上表达的基因。它们主要分为两类：一类是在文昌鱼所有体节包括前端和后端体节中均表达的基因，至少有 15 个，包括 *Tbx15/18/22*、*Notch*、*Wnt3* 和 *Hairy* 等；一类是只在前端体节形成过程中表达的基因，至少有 4 个，如 *Engrailed* 基因。*Engrailed* 基因在文昌鱼前端体节中表达，但它既不在文昌鱼后端体节中表达，也不在其他脊椎动物体节中表达，表明其在前端体节分节中可能具有一定作用。不过，由于更多的基因在文昌鱼所有体节上表达，而不仅仅是前端体节上表达（图 14-7），因此从根本上来说其前端和后端体节的形成机制可能是相似的（Beaster-Jones et al.，2008），即使有些区别也是十分细微的。例如，*Hairy* 家族在脊椎动物体节形成中能够调控 Notch 信号通路；在文昌鱼中，*Notch* 在所有体节中表达，但 *HairyB* 只在前端体节表达，而 *HairyC* 和 *HairyD* 则在前端和后端体节中均表达，表明 Notch 信号通路在前端和后端体节形成中的作用有细微差别。在前端和后端体节均表达的 15 个基因中，*Lcx*、*Axin* 和 *Paraxis* 这 3 个基因在成形的体节出现前，在原肠胚期至神经胚期的后端中内胚层和尾芽中表达，提示它们可能参与维持前体节中胚层的未分节和未分化状态。这 3 个基因都是 Wnt/β-catenin 信号通路的靶基因，所以可能与 Wnt/β-catenin 信号通路有关，对 Wnt/β-catenin 信号通路起负调控作用。

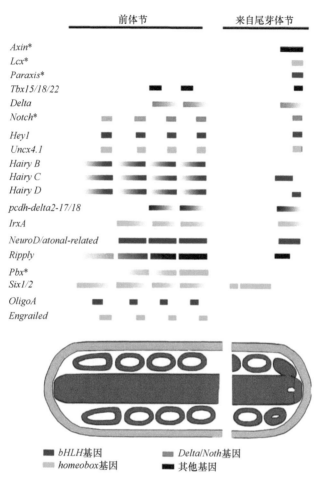

图 14-7　文昌鱼体节发生中的分节基因表达示意图（Beaster-Jones et al.，2008）

中期神经胚的基因表达在左边。尾芽和后端新产生体节中的基因表达在右边。原肠胚和神经胚的后端未分节中胚层中的基因表达没有显示。中胚层表达的基因以星号表示。多数基因在尾芽/后端新产生体节中及前端肠腔体节中表达，但有 3 个基因（*Axin*、*Lcx* 和 *bHLH*）只在尾芽表达，另有两个基因（*OligA* 和 *Engrailed*）只在肠腔体节表达

　　文昌鱼体节出现后，将形成肌节（中央）和非肌节（侧部）两部分。肌节部分将会发育成肌纤维。需要指出的是，文昌鱼中的肌纤维与脊椎动物中的不同，肌纤维并没有融合，仍保持单核状态，最终形成肌肉。文昌鱼的非肌节体节最终分化成真皮和中轴支撑系统的细胞外基质，这有点类似于脊椎动物的生皮节和生骨节。

　　由上述不难看出，文昌鱼的肌节发生与脊椎动物的肌节发生在结构和肌肉特异基因表达等方面都十分相似，只是比脊椎动物的肌节发生要简单些。因此，文昌鱼肌节可能是最接近脊索动物祖先肌节的代表。

第三节　附肢

　　脊椎动物具有成对的附肢（paired appendages），包括鱼类的胸鳍（pectoral fin）和

腹鳍（pelvic fin）及其四足动物的同源器官前肢（forelimb）和后肢（hindlimb）。成对附肢的出现使脊椎动物获得了更大的运动和摄食能力，是非常成功的演化。那么，在动物系统演化过程中，脊椎动物附肢是怎样形成的？这是一个非常重要的问题，吸引着许多发育和进化生物学家从不同角度对它进行探讨。

早在 19 世纪 70 年代，Gegenbaur（1870）就提出脊椎动物成对的附肢可能由鳃弓和鳃条演化而来，而 Thacher（1877）和 Mivart（1879）则认为脊椎动物附肢可能由与文昌鱼腹褶同源的鳍褶演化而来。Balfour（1881）基于对软骨鱼胚胎双鳍发育的研究，进一步发展了"鳍褶说"（fin-fold theory）。根据这一学说，陆生脊椎动物的附肢是由鱼类成对的鳍演化而来，而鱼鳍则由连续的鳍褶形成。鳍褶位于躯干两侧，一边一条，其最初对水中运动的鱼类可能起"稳定器"作用。

古生物学证据表明，最早的成对的鳍状结构在无颌类祖先中就已经出现。发育生物学研究结果表明，Hox 蛋白激活前鳍/前肢启动基因 *Tbx5* 转录，是鳍/肢原基形成的关键。

一、有颌类脊椎动物的附肢发育

有颌类脊椎动物的鳍/肢芽（fin/limb bud）来源于侧板中胚层。它的形成包括多个步骤，开始时以沿体轴在躯干特定部位形成的小凸起出现。首先，侧板中胚层形成 2 个亚区：前端侧板中胚层（也称心脏中胚层）和后端侧板中胚层。预定形成鳍/肢芽的区域就位于后端侧板中胚层。视黄酸信号在侧板中胚层分裂成前端侧板中胚层和后端侧板中胚层 2 个亚区的过程中起着至关重要的作用，在这一过程中，*Hox* 基因在后端侧板中胚层内沿前后轴呈同线性重叠表达。然后，侧板中胚层加厚，并沿胚胎从前向后方向顺次分裂成体壁中胚层和脏壁中胚层。同时，附肢启动基因在预定附肢形成区表达。比较而言，对小鼠胚胎发育过程中后端侧板中胚层的附肢分化基因调控网络研究比较深入（图 14-8）。*Tbx5* 和 *Tbx4* 分别在预定前肢和后肢形成区表达，并在启动其生长过程中发挥重要作用。在前肢预定形成区域，视黄酸信号和β-联蛋白信号（β-catenin signaling）一起与吻端表达的 *Hox* 基因协作，直接调节 *Tbx5* 的表达，而尾部表达的 *Hox* 基因抑制 *Tbx5* 的表达，将其限制在预定前肢形成区。*Tbx4* 的表达对于诱导后肢发育不可或缺，而它在后肢预定形成区的表达由 *Hox* 基因激活。另外，*Islet1* 介导激活的β-联蛋白信号也是诱导后肢形成所必需的。在早期前肢形成区，*Hox9* 的同源基因为 *Hand2* 基因的表达并建立后端边界所必不可少的，而 Hox5 和 Plzf（promyelocytic leukemia zinc finger）则协同调节，抑制 *Shh* 在前端边界表达。相比之下，后肢的后端边界由 *Islet1* 调节 *Hand2* 在预定后肢形成区的表达而建立。

二、文昌鱼腹部中胚层的分化

从前面内容不难看出，T-box 基因 *Tbx5* 和 *Tbx4* 编码两个密切相关的转录因子，分别是最早启动脊椎动物前肢和后肢生长的两个因子。有颌类脊椎动物都有 *Tbx5* 和 *Tbx4*，

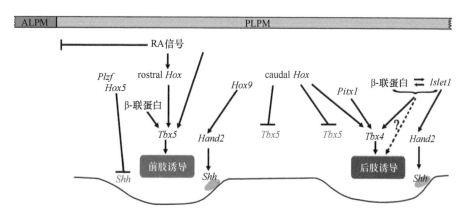

图 14-8　小鼠胚胎发育过程中附肢形成的基因调控网络（Tanaka，2016）

视磺酸信号参与侧板中胚层分成前端侧板中胚层和后端侧板中胚层两个亚区。在后端侧板中胚层中，*Tbx5* 和 *Tbx4* 分别在预定前肢形成区和预定后肢形成区表达，在决定附肢形成中发挥关键作用。*Hox* 基因表达与后端侧板中胚层分化成前肢原基、后肢原基和肢间区有关。在预定前肢形成区，吻端表达的 Hox 蛋白、视黄酸信号和β-联蛋白信号协同作用，激活 *Tbx5* 转录。尾部表达的 Hox 蛋白抑制 *Tbx5* 表达，使其表达只限于预定前肢形成区。另外，Hox 蛋白和 Pitx1 蛋白激活 *Tbx4* 在预定后肢形成区表达。*Islet1* 也是后肢形成所必需的。*Islet1* 为β-联蛋白在细胞核内积累所不可或缺的，而β-联蛋白又是维持 *Islet1* 的表达不可或缺的。在前肢后端区域，Hox9 蛋白启动 *Hand2* 表达，确立后端边界，而在前肢前端区域，则由 Hox5 蛋白和 Plzf 协同调节，抑制 *Shh* 表达确立前端边界。在后肢后端区域，Islet1 蛋白激活 *Hand2* 表达，确立后端边界。ALPM. 前端侧板中胚层，PLPM. 后端侧板中胚层

分别在后端侧板中胚层预定形成前肢和后肢的区域表达。现存文昌鱼只有单个 T-box 基因 *AmphiTbx4/5*。Minguillon 等（2009）发现，*AmphiTbx4/5* 在 56h 幼虫腹部后端中胚层表达，而这个位置也正是文昌鱼原始的管状心脏（蠕动血管）形成之处。与此相一致，文昌鱼的同源基因，如脊椎动物参与心脏形成的 *Nk2-tinman* 和 *BMP2/4* 同源基因，也在腹部后端中胚层表达（Holland et al.，2003）。因此，*Tbx4/5* 的原始功能可能与心脏发育有关，而这一功能也被脊椎动物 *Tbx5* 和 *Tbx4* 保留了下来，因为 *Tbx5* 和 *Tbx4* 都在心脏原基表达，并且为心脏发育所不可或缺。另外，Shimeld 和 Holland（2000）报道，文昌鱼腹部中胚层可能和脊椎动物侧板中胚层具有同源性，提示原始的 *Tbx4/5* 基因在腹部侧板中胚层样的组织内表达（图 14-9）。有趣的是，转基因研究表明，文昌鱼唯一的 *AmphiTbx4/5* 基因就可启动小鼠附肢的生长，说明它已经具有指导附肢发育的能力。需要指出的是，*Hand1* 和 *Hand2* 基因在斑马鱼、鸡与小鼠胚胎中都在侧板中胚层表达，而文昌鱼的同源基因 *AmphiHand* 在整个腹部中胚层表达（图 14-10）。同样，脊椎动物 *Nkx2.5* 和 *Tbx20* 都在前端侧板中胚层表达，而文昌鱼的同源基因 *AmphiNkx2-tin* 和 *AmphiTbx20* 在整个腹部中胚层表达。这些结果表明，在分子水平上，文昌鱼腹部中胚层尚未出现类似于脊椎动物心脏侧板中胚层和后端侧板中胚层的分化。在七鳃鳗中，*Tbx20* 在侧板中胚层前端表达，而 *Myb* 在 *Tbx20* 表达区域后面的中胚层细胞表达。*Myb* 是有颌类脊椎动物 *c-myb* 的同源基因，*c-myb* 在后端侧板中胚层表达。这些结果说明，七鳃鳗侧板中胚层可能已经出现类似于有颌类脊椎动物前端侧板中胚层和后端侧板中胚层样的分区。

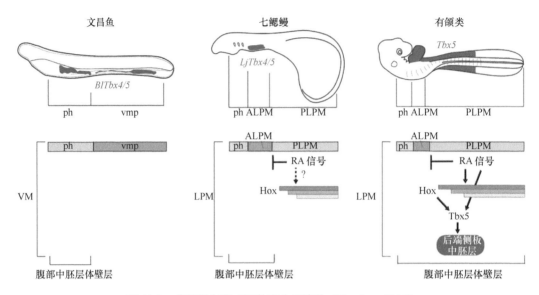

图 14-9　前肢预定形成区的产生和演化（Tanaka，2016）

浅蓝色、橘黄色和绿色分别代表咽中胚层（ph）、咽后腹部中胚层（vmp）/前端侧板中胚层（ALPM）及后端侧板中胚层（PLPM）。腹部中胚层（VM）/侧板中胚层（LPM）在七鳃鳗和有颌类脊椎动物分化成前端侧板中胚层和后端侧板中胚层，但在文昌鱼中没有分化。视黄酸信号参与前端侧板中胚层和后端侧板中胚层的分化过程。*Hox* 基因在七鳃鳗和有颌类脊椎动物中呈嵌套式表达（粉红色），在文昌鱼中不表达。胚胎中的蓝色区域为 *Tbx5* 同源基因（*BlTbx4/5*、*LjTbx4/5* 和 *Tbx5*）在腹部中胚层/侧板中胚层的表达区。在文昌鱼中，*BlTbx4/5* 在咽中胚层和咽后腹部中胚层表达（蓝色），和心脏标记基因 *AmphiNkx2.5-tin/AmphiTbx20* 表达模式相似。在七鳃鳗中，*LjTbx4/5* 在前端侧板中胚层表达（蓝色），但在尚未分开的后端侧板中胚层不表达。在有颌类脊椎动物中，视黄酸信号和 Hox 蛋白直接激活 *Tbx5* 在后端侧板中胚层表达（蓝色），形成前肢

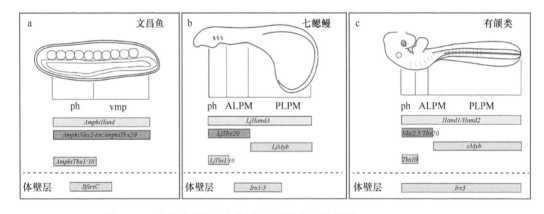

图 14-10　腹部中胚层和侧板中胚层的分区模式图（Tanaka，2016）

黄色、橘黄色、绿色和浅蓝色分别表示腹部中胚层/侧板中胚层分子标记（*AmphiHand*、*LjHandA*、*Hand1* 和 *Hand2*）、咽中胚层（ph）和前端侧板中胚层分子标记（*AmphiNkx2-tin*、*AmphiTbx20*、*LjTbx20*、*Nkx2.5* 和 *Tbx20*）、后端侧板中胚层分子标记（*LjMyb* 和 *cMyb*）以及咽中胚层分子标记（*AmphiTbx1/10*、*LjTbx1/10* 和 *Tbx10*）的分布。粉红色代表在腹部中胚层体壁层表达的 *Irx3* 同源基因（*BfIrxC*、*Irx1/3* 和 *Irx3*）的分布。vmp. 咽后腹部中胚层；ALPM. 前端侧板中胚层；PLPM. 后端侧板中胚层

　　七鳃鳗 *Tbx1/10* 是有颌类脊椎动物 *Tbx1* 和 *Tbx10* 的同源基因。在有颌类脊椎动物中，*Tbx1* 和 *Tbx10* 是咽中胚层表达的标记基因。Tiecke 等（2007）发现，*Tbx1/10* 在七鳃鳗中的表达也局限于咽中胚层。有趣的是，文昌鱼 *Tbx1/10* 的表达同样局限于咽部腹面中

胚层，说明文昌鱼腹部中胚层已经出现咽部腹中胚层和从咽部向后的尾部腹中胚层分区。这显示文昌鱼腹中胚层虽然没有分出心脏中胚层和后端中胚层，但前后轴已经建立。

在文昌鱼和七鳃鳗中，以前研究表明，视黄酸信号参与各种器官前后轴的建立（Koop et al.，2014；Tanaka，2016）。文昌鱼和七鳃鳗中都存在视黄酸受体。用过量的视黄酸或者视黄酸抑制剂处理，都可以影响文昌鱼和七鳃鳗前后轴的模式形成。有趣的是，用视黄酸处理的七鳃鳗胚胎不能形成心脏，这与视黄酸参与侧板中胚层分成前端侧板中胚层和后端侧板中胚层观点一致（图 14-9）。视黄酸信号决定前后轴模式形成这一机制，很可能在脊椎动物和文昌鱼共同祖先中就已经出现。不过，文昌鱼中视黄酸信号决定前后轴形成的作用，可能和脊椎动物中的并不完全相同。

显而易见，文昌鱼虽然没有附肢，但调控附肢形成的许多因子和信号途径的雏形在文昌鱼已经出现。对文昌鱼胚胎的发育分析为脊椎动物附肢的起源和演化研究提供了重要线索。

第四节　凝血系统

凝血亦称血液凝固（blood coagulation 或 blood clotting），是指血液由流动的液体状态变成不能流动的凝胶状态的过程，是生理性止血的重要环节。血液凝固的实质就是血浆中的可溶性纤维蛋白原变成不可溶的纤维蛋白的过程。

一、哺乳动物的血液凝固

哺乳类凝血基本过程是一系列蛋白质的有限水解过程，并受正、负反馈回路调节。凝血首先由凝血因子Ⅶ（blood coagulation factor Ⅶ，FⅦ）与组织因子（tissue factor，TF）接触而启动。组织因子为一种糖蛋白，存在于大多数组织细胞的细胞膜中。TF-FⅦ形成复合物诱导 FⅦ活化为蛋白酶 FⅦa，而 TF-FⅦa 导致凝血因子 FIX 和凝血因子 F X 活化（图 14-11）。在缺乏活化的辅助因子 F V a 时，F X a 只产生微量凝血酶（thrombin）。虽然这一起始阶段形成的微量凝血酶尚不足以启动显著的纤维蛋白（fibrin）聚合，但它可以反过来通过限制性蛋白水解作用来激活 F V 和 FⅧ，引起凝血酶的大量生成，这一阶段称为放大期（propagation phase），最终导致纤维蛋白凝块的形成。放大作用可以不依赖 TF-FⅦa 而发生。TF 途径抑制因子（TF pathway inhibitor，TFPI）可以使 TF-FⅦa 迅速失活。

凝血酶也可以通过蛋白水解作用激活抗凝血途径（anticoagulant pathway）。凝血酶和细胞受体即凝血调节蛋白（thrombomodulin，TM）结合，并通过变构机制改变其底物特异性，导致凝血酶的促凝基质，包括 F V、FⅧ和纤维蛋白原（fibrinogen），不再能被凝血酶有效水解。凝血酶-凝血调节蛋白复合物的底物蛋白 C（protein C，PC），是一种可以被水解为活化 PC（activated PC，APC）的酶原。APC 及其辅助因子蛋白 S（PS）组成的复合物，可以被促凝辅助因子 F V a 和 FⅧa 再水解而迅速失活，构成一个负反馈回路。凝血作用的进一步负调节可通过抗凝血酶（antithrombin）实现。抗凝血酶是丝氨酸蛋白酶抑制蛋白（serpin），可以抑制 FIXa、F X a 和凝血酶的活性。另外，蛋白 Z（protein

Z，PZ）也可以对凝血作用进行负调节。PZ 的结构虽然和 FⅦ、FⅨ、FⅩ 及 PC 相同，但由于它缺少催化活性位点关键的组氨酸和丝氨酸残基而不具备丝氨酸蛋白酶活性，可以和 FⅩa 及 PZ 依赖性蛋白酶抑制剂（丝氨酸蛋白酶抑制蛋白超家族成员）形成复合物，从而抑制 FⅩa 的催化活性。

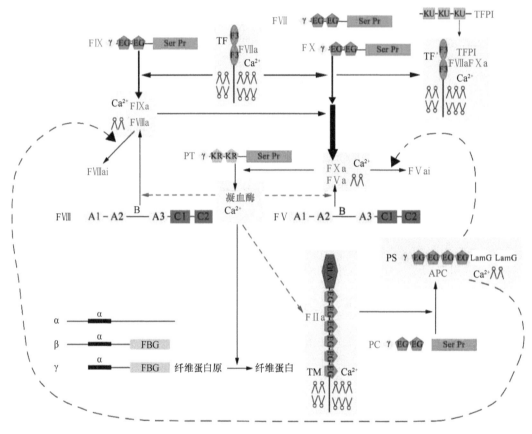

图 14-11　哺乳动物血液凝固网络（Davidson et al.，2003）

红色虚线表示由凝血酶激活，黑色虚线表示通过活化蛋白 C（凝血酶-凝血调节蛋白的底物）/
蛋白 S（活化蛋白 C 的辅助因子）的负反馈调节

凝血所形成的纤维蛋白凝块也可以被纤溶酶（plasmin，PL）降解。PL 是纤溶酶原（plasminogen，PLG）在其激活物（plasminogen activator，PA）的作用下产生的，是导致纤维蛋白降解最直接的因子。在生理状态下，PL 与 PLG、PA 等结合在血管内皮细胞表面，一旦有少量纤维蛋白形成，PLG 就被激活为 PL，后者则在局部将纤维蛋白降解，以避免血栓形成，保证血流通畅。

二、脊椎动物凝血系统比较

Doolittle 和 Surgenor 于 1962 年首先报道鱼类存在基于组织因子的凝血作用。后来，在鸟类、爬行类、两栖类、硬骨鱼、软骨鱼及无颌类脊椎动物（七鳃鳗和盲鳗）中都发现有类似功能的凝血系统的相关因子，而且随着动物系统演化，凝血系统明显由简单变得更为复杂。例如，无颌类脊椎动物具有凝血酶原和纤维蛋白原，但缺少对激活凝血酶非常重要的因子 FIX 和 FVIII；斑马鱼具有 FVII、FIX、FX、TFPI 和抗凝血酶；鸡具有 FV、FVII、FIX、FX、PC、凝血酶原和抗凝血酶。有趣的是，爬行动物有 FXII，但它在鸟类中却丢失了。

哺乳动物与非哺乳动物相比，具有更高的血压、更复杂的心血管系统和更高的代谢率，所有这些都使其在维持血液的流动性与凝结的平衡中面对更大的挑战。因此，哺乳动物的凝血系统较为复杂，如其具有通过接触反应而启动内源凝血途径的接触因子（contact factor）系统，包括高分子量激肽原（high-molecular-weight kininogen，HMWK）及 FXI、FXII和激肽释放酶原 3 个蛋白酶。哺乳类所拥有的复杂的凝血组分，使其仅需一个小刺激就有可能产生一个最大反应，而这反过来又使得凝血系统需要一个更灵敏的开关反应。

接触因子系统也随动物演化而呈现由简单到复杂的变化趋势。在鱼类，已经发现有 HMWK，但没有发现 FXI、FXII和激肽释放酶原 3 个蛋白酶因子（Zhou et al.，2008）；而到了四足动物，才首次出现相关蛋白酶因子的前体（Ponczek et al.，2008）。另外，鱼类的 HMWK 在结构上也与哺乳类 HMWK 有所不同。鱼类 HMWK 缺少一个负责接触激活（contact activation）的特殊功能域，而该功能域也是在四足动物中才首次出现（Zhou et al.，2008）。

三、文昌鱼凝血系统

文昌鱼有类似于脊椎动物简单的循环系统和原始的心脏，长期以来被认为受伤部位的循环系统细胞的凝结是仅有的止血机制，尚无证据表明其存在纤维蛋白凝块（Fry，1909）。对文昌鱼基因组进行的详细分析也没有发现典型的凝血因子基因，但发现少许相似组分。文昌鱼基因组中具有大量的包含纤维蛋白原相关结构域（fibrinogen-related domain，FRED）的分子，但它们不具备纤维蛋白原所特有的结构域。同样，文昌鱼基因组中有些基因含有与脊椎动物凝血酶原相似的丝氨酸蛋白酶结构域，但缺少编码凝血酶原特有的辅助结构域如 GLA 结构域（Doolittle，2009）。不过，Hanumanthaiah 和 Jagadeeswaran（2002）发现文昌鱼中存在类似于凝血酶的活性物质，可以降解人的纤维蛋白原，而且这种降解活性可以被凝血酶特异性抑制剂水蛭素（hirudin）抑制。

抗凝血酶是凝血系统中的一个关键蛋白，作为凝血酶的主要抑制剂通过抑制凝血酶和其他凝血因子的活性，在血液凝结过程中维持着凝血与抗凝的平衡。我们应用免疫组化方法证明文昌鱼中存在类似于抗凝血酶的分子（Liang et al.，2006）。所克隆的文昌鱼类似抗凝血酶基因，含有脊椎动物抗凝血酶特有的两个肝素结合位点，并带有 Gly-Arg-Ser 保守基序的活性中心螺旋。不仅如此，重组表达的文昌鱼类抗凝血酶，可以与牛凝血酶形成稳定复合物，并抑制其活性（Chao et al.，2012）。另外，纤维蛋白溶解系统是凝血系统的重要组成部分，对于维持血液的流动性和血管的完整性起着至关重要的作用。PLG 是纤维蛋白溶解系统的中心组分，能够转变为活性形式的 PL，降解纤维蛋白原，溶解血栓。我们发现文昌鱼中也存在类似于脊椎动物的 PLG，而且其表达模式也和脊椎动物十分相似，主要在肝盲囊表达（Liang and Zhang，2006）。克隆获得的文昌鱼 PLG 基因所编码的蛋白质的 N 端存在两个 kringle 结构域，C 端存在丝氨酸蛋白酶结构域，且序列与脊椎动物 PLG 高度相似。重组表达的文昌鱼类 PLG，可以被人尿激酶纤维蛋白溶酶原激活剂激活，并具有与人 PLG 类似的功能（Liu and Zhang，2009）。这些结果表明，文昌鱼虽然缺乏脊椎动物那样典型的凝血因子和凝血系统，但是已经出现一些原始的凝血因子，成为凝血因子基因演化的素材，为脊椎动物凝血系统的形成奠定了基础。

第五节　嗅觉

在人和动物的所有感觉中，嗅觉（olfaction）是最古老、最原始的感觉。嗅觉与生命活动的多种本能行为密切相关，如觅食、择偶、躲避天敌、母婴接触、繁衍生殖和情感交流等，是机体适应纷繁复杂自然环境的有力武器。人感受气味物质即嗅质（odorant）刺激并产生嗅觉反应的器官主要是鼻子。鼻腔顶部有嗅觉感受器即嗅细胞（olfactory cell），它们含有嗅觉受体（olfactory receptor，OR）分子。OR 基因存在于所有脊椎动物中。基底脊索动物文昌鱼也具有类似于脊椎动物的 OR 基因，所以 OR 基因起源可以追溯到脊索动物的共同祖先。

一、嗅觉受体

Buck 和 Axel（1991）首先在大鼠中发现 OR，它们属于 G 蛋白偶联受体超家族成员。OR 由 300～350 个氨基酸组成，含有 7 个跨膜结构域，每个跨膜结构域由 19～26 个氨基酸组成一个疏水区（图 14-12）。OR 含有数个基序，其中一个基序 MAYDRYVAIC 位于第 3 跨膜区交界处和第 3、第 4 跨膜区之间形成的胞内环上。在 7 个跨膜结构域中，第 3、第 4 和第 5 跨膜结构是与嗅质相结合的部位，其氨基酸序列变化最大，这也是它们与不同嗅质结合的结构基础。一种气味分子可以和多种嗅觉受体结合，一个嗅觉受体也可以和多种气味分子结合。

小鼠 OR 基因主要在嗅觉上皮表达，但也有小部分基因在犁鼻器（vomeronasal organ）表达。犁鼻器是许多哺乳动物（人是否存在尚不确定）感知性外激素的特异性器官。

二、脊椎动物 OR 基因比较

根据从 27 种脊索动物基因组中鉴定的 OR 基因，可以看出不同动物的 OR 基因变化很大。总体而言，OR 基因没有内含子，全部 OR 基因只有一个外显子。但是，OR 基因编码区上游常会有 5′端非翻译区存在。另外，OR 假基因比例很高，不同动物中 OR 假基因占总 OR 基因的比例可达 20%～60%，这是 OR 基因家族的一大特征。

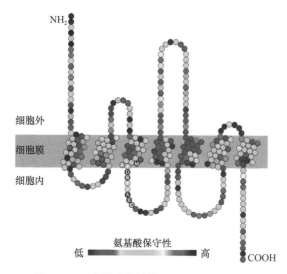

图 14-12　嗅觉受体结构（Niimura，2009）

不同颜色表示每个位置的氨基酸的保守性，蓝色示可变性高，红色示保守性高。图中也标出基序 MAYDRYVAIC 位置

　　人类基因组中大约含 1000 个不同的 OR 基因（约占人类基因总数的 3%），其中近半数 OR 基因退化为假基因，失去功能。另外，OR 基因数量也因人而异，会发生变化。已知不同人的嗅觉感受明显不同。例如，大概每 10 人中会有一人无法嗅出极毒气体氰化氢的气味（淡淡的杏仁味）。

　　灵长类与其他哺乳动物相比，OR 基因数量较少。这是灵长类更依赖视觉感知环境变化的一种反映。所以，灵长类部分 OR 基因发生退化，成为假基因，嗅觉也跟着退化。

　　许多非灵长类哺乳动物基因组大约有 1000 个 OR 基因，说明嗅觉对这些动物非常重要。不过，海豚是个例外，因为其重返海洋，适应海洋生活而失去嗅觉器官，并演化出复杂的回声定位系统。这说明陆生动物祖先使用的嗅觉系统对于水生动物来说是不好使的。其实，海豚基因组中 OR 基因极少，而且绝大多数是假基因。鸭嘴兽是半生活于水中的卵生动物，其 OR 基因也比较少。鸭嘴兽的喙是一个感觉器官，兼具电感受器和机械感受器的功能，可以感知猎物如淡水虾在水中产生的微弱电场变化。

　　哺乳动物 OR 蛋白依据氨基酸序列可分为 2 类，即 I 类 OR 和 II 类 OR，它们分别倾向于同亲水和疏水配体结合。哺乳动物的嗅觉灵敏性与其基因组中的功能性 OR 基因的数目和比例呈正相关关系。小鼠基因组中有 1500 个 OR 基因，功能性 OR 基因的数量约是人的 3 倍；狗的功能性 OR 基因的数量约是人的 2 倍。众所周知，鼠和狗的嗅觉灵敏度都高于人，说明决定嗅觉灵敏度的关键因素之一是功能性 OR 基因的数量。需要指出的是，狗 OR 基因数量虽然少于小鼠，但其基因多态性更高，因此具有更好的嗅觉。

　　鱼类生活在水中。嗅质在水中的扩散速度虽然不如在空气中快，但嗅觉同样是鱼类获取环境信息的重要手段。鱼类和哺乳动物一样，依赖嗅觉发现食物、逃避危险和识别不同个体。鱼类还利用嗅觉信息辨识其所在环境中的位置。鲑鱼具有溯河洄游、返回出生地的强大能力，而这就与其嗅觉有关：在发育敏感时期，鲑鱼会"铭记"住出生地的特异性气味，待发育至成体时便依据这种气味记忆返回出生地。

鱼类只有约 100 个 OR 基因。鱼类嗅觉主要鉴别 4 种类型的水溶性气味分子：氨基酸、性腺类固醇激素、胆汁酸和前列腺素。这些分子都是非挥发性气体，人类难以通过嗅觉感知到它们的存在。

系统演化分析显示，非哺乳类脊椎动物 OR 基因分为两种类型：1 型和 2 型（注意哺乳类 OR 分为 I 类和 II 类）。哺乳动物的 I 类 OR 和 II 类 OR 都属于 1 型。无颌类七鳃鳗中 1 型和 2 型 OR 基因都存在。因此，系统演化过程中这两种类型受体的分离可能发生在无颌类与有颌类出现分化之前。硬骨鱼和四足动物（两栖类、爬行类、鸟类和哺乳类）OR 基因也可分为 7 组，分别命名为 α、β、γ、δ、ε、ζ 和 η 组。其中，η 组属于 2 型 OR 基因，其余 6 组属于 1 型 OR 基因。除 η 组外，2 型 OR 基因还包括一些非 OR 基因。有趣的是，α 和 γ 两组 OR 基因只存在于四足动物中，鱼类可能缺乏这两组 OR 基因；δ、ε、ζ 和 η 四组 OR 基因只存在于鱼类和两栖类中，爬行类、鸟类和哺乳类完全缺乏这四组 OR 基因。两栖类有些特殊，具有全部 7 组 OR 基因。以上分析结果显示，α 和 γ 两组 OR 基因可以探测空气中的嗅质，而 δ、ε、ζ 和 η 四组 OR 基因可以探测水溶性嗅质。β 组 OR 基因例外，它既存在于水生动物中，也存在于四足动物中，因此，可能具有探测空气嗅质和水溶性嗅质（如乙醇）的双重功能。在哺乳类中，γ 组 OR 基因对应 II 类 OR；α 和 β 组 OR 基因对应 I 类 OR。

一般认为，鱼类和四足动物的共同祖先保留有 7 组全套 OR 基因。在系统演化过程中，四足动物由于适应陆生，失去了除 α 和 γ 及一小部分 β 之外的所有 OR 基因。由于嗅觉对陆生动物远比水生动物重要，因此，四足动物通过基因复制而使 OR 基因数量显著增加。不过，鱼类 OR 基因数量虽然没有哺乳类多，但鱼类 OR 基因比哺乳类更具多样性。

三、文昌鱼 OR 基因

通过生物信息学分析，已从佛罗里达文昌鱼基因组中鉴定出 50 个全长和 11 条部分序列的 OR 基因。文昌鱼 50 个全长 OR 基因中，有 35 个 OR 基因像脊椎动物 OR 基因一样没有内含子。文昌鱼这 50 个 OR 基因形成两个亚家族；亚家族 1 包含 40 个基因，亚家族 2 包含 10 个基因。不过，文昌鱼所有全长 OR 基因都和脊椎动物 1 型 OR 基因聚类成为一支（Niimura，2009）。这提示非哺乳类脊椎动物的 2 型 OR 基因可能是由 1 型 OR 基因演化而来的。文昌鱼 OR 基因的一个特点是其 C 端很长。其中，有一个 OR 基因已经被证明在文昌鱼吻端上皮的双极神经元表达，推测可能具有化学感觉功能（Satoh，2005）。有意思的是，在海鞘中没有发现类似于脊椎动物的 OR 基因，说明嗅觉基因在海鞘中已经丢失，这可能与其营不活跃的固着生活有关。虽然在无脊椎动物果蝇、线虫和海胆中也发现了 OR 基因，但无脊椎动物的 OR 基因和脊椎动物的 OR 基因不仅序列同源性很低，而且其 OR 基因包括内含子，所编码的 OR 拓扑结构与脊椎动物的 OR 结构又是反向。因此，无脊椎动物的 OR 和脊椎动物的 OR 二者的起源与演化可能是不同的。

综上所述，文昌鱼是目前发现的具有脊椎动物样 OR 基因的唯一无脊椎动物（图 14-13）。由于文昌鱼和脊椎动物同属脊索动物大家庭，文昌鱼 OR 基因及其嗅觉系统可能最接近脊椎动物祖先的嗅觉系统。

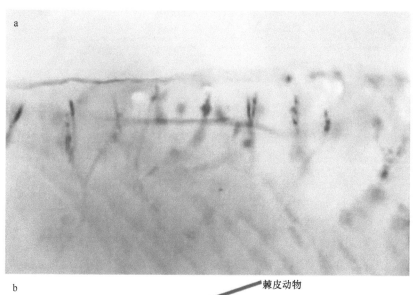

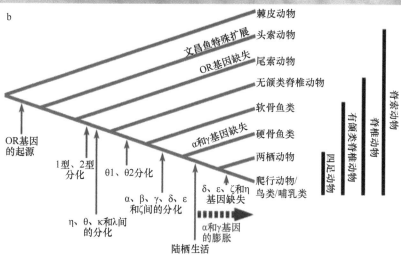

图 14-13　脊索动物嗅觉受体基因的起源和演化
a. 文昌鱼一个 OR 基因 *AmphiGPCR1* 在双极细胞表达。b. 脊索动物基因家族演化示意图。
由于嗅觉对陆生动物很重要，四足动物中α和γ两组 OR 基因显著扩展

第六节　骨骼

　　脊椎动物最明显的特征之一是其骨骼元素：骨、牙齿、皮肤鳞片、盔甲和软骨。骨骼元素被广泛认为是脊椎动物祖先演化出来的一个新的结构，随后在各种脊椎动物中辐射演化。所有脊椎动物胚胎期的头部软骨都由单一类型的软骨细胞组成。胚胎软骨由紧密排列的多边形或盘状细胞组成，这些细胞可以分泌胶原蛋白和硫酸软骨素蛋白多糖，形成均匀的胞外基质。现代生物学研究发现，文昌鱼不但具有包含类似于脊椎动物胶原

蛋白的结缔组织和支持结构，而且其组织结构、基因表达模式和骨骼形成的基因调控网络都与脊椎动物软骨十分相似。文昌鱼的胶原蛋白可能由肌节侧区细胞衍生的细胞分泌。因此，文昌鱼由肌节衍生的细胞分泌的含有胶原蛋白的结缔组织，可能是脊椎动物祖先原始骨骼组织的代表。

一、骨骼多样性

骨骼是动物的支持系统，使动物躯体维持一定形态，同时可以保护内部器官，并可以使身体进行各种动作。骨骼主要有 3 种：流体静力骨骼（hydrostatic skeleton）、外骨骼（exoskeleton）和内骨骼（endoskeleton）。

1. 流体静力骨骼

流体静力骨骼由封闭的体内间隔中处于一定压力下的流体组成，主要存在于腔肠动物、扁形动物、线虫和环节动物中。这些动物通过肌肉改变充满流体的间隔形态，控制它们的形状和运动。例如，水螅可以紧闭口，再用体壁上可收缩的细胞束紧中央腔肠而使身体变长（由于水不可压缩，腔肠直径变小必然导致长度增加）。扁形动物的流体静力骨骼是处于一定压力下的组织间液，体壁肌肉收缩挤压流体静力骨骼使身体向前运动。线虫的流体静力骨骼是假体腔内维持一定压力的液体，纵肌收缩挤压体腔内流体静力骨骼导致波样运动。环节动物的流体静力骨骼是体腔液。环节动物分成许多体节，不同体节间的体腔由隔膜分开，通过纵肌和环肌收缩每个体节都可以单独改变形状。流体静力骨骼不能为动物提供保护，当然也无法为较大的陆生动物提供身体支撑。

2. 外骨骼

外骨骼是沉淀于动物体表的坚硬外套。例如，多数软体动物生活于外套膜分泌形成的石灰（钙）质外壳内。软体动物个体不断长大，壳外边缘不断增加，直径随之变大。蛤和其他双壳类通过连接到外骨骼内面的闭壳肌使外壳闭合。

节肢动物的外骨骼是表皮细胞分泌的无细胞角质层。肌肉连接到角质层延伸至体内的角质小片上。角质层 30%～50%的成分是几丁质（类似于纤维素的多糖）。几丁质纤维包埋于蛋白质组成的基质中，形成类似于玻璃纤维的兼具强度和韧性的复合物。起保护作用的角质层内部含有丰富苯醌（benzoquinone），它能使外骨骼中蛋白质发生更多交联而增加硬度。螃蟹和龙虾等甲壳动物还可以通过增加钙盐，增强部分外骨骼硬度。相反，这些动物腿等关节处的角质层薄而柔韧，只含少量无机盐，蛋白质交联也有限，便于活动。节肢动物外骨骼一旦形成，便无法变大，因此，必须周期性脱落（蜕皮）才能生长，之后形成新的角质层。

3. 内骨骼

内骨骼位于动物软组织内，由硬的支持性结构组成，如脊椎动物的硬骨。海绵的内骨骼是无机物组成的硬骨针（spicule）或者蛋白质组成的软纤维，支撑着海绵身体。海胆内骨骼是分散在表皮下面由碳酸镁和碳酸钙组成的小骨片（ossicle），通常由蛋白质纤维联系在一起。海胆小骨片彼此联系较为紧密，而海星小骨片之间联系较为疏松，这使得海星较易改变腕的形状。

脊椎动物内骨骼包括软骨、硬骨和两者的组合物。哺乳类有 200 多块骨骼，有些骨骼融合在一起，有些骨骼在关节处通过韧带连接起来，便于自由活动。解剖学上通常把脊椎动物骨骼系统分成中轴骨骼和附肢骨骼，中轴骨骼包括头骨、脊柱、肋骨和胸骨，附肢骨骼包括带骨和肢骨。

脊椎动物内骨骼组织学上可分为软骨和硬骨两种。软骨是低等脊椎动物如无颌类和软骨鱼等的骨骼组织。两栖类以上的脊椎动物，只有胚胎期的骨骼是软骨组织，成体则为硬骨所代替，仅在骨端、关节面、椎骨间、气管、耳郭、腹侧肋骨和胸骨等处仍有软骨存留。

硬骨是多数脊椎动物骨骼的主要组成部分，是体内最主要的支持组织。硬骨内含有大约 65%的无机盐（绝大部分是磷酸钙、碳酸钙和少量氟化钙）、氯离子和钠离子，其余 35%是以蛋白质为主的有机成分。

二、脊椎动物骨骼起源

对脊椎动物幼体和成体软骨细胞的组织学特性研究已有一百多年的历史。与成体软骨存在多样性不同，所有脊椎动物胚胎期的头部软骨都由单一类型细胞软骨组成。胚胎软骨细胞可以分泌纤维状胶原蛋白和硫酸软骨素蛋白多糖，形成均匀的胞外基质。传统和现代组织学研究都没有在无脊椎动物中发现有与脊椎动物同源的细胞软骨，但有些无脊椎动物具有类似于细胞软骨的内骨骼元素。例如，原口动物蝤、头足类和沙氏多毛蠕虫具有软骨样组织，但系统演化分析表明，它们是彼此独立起源的，而且与脊椎动物软骨无关。

1. 文昌鱼具有包含胶原蛋白的结缔组织

演化发育生物学一个反复出现的主题是远缘类群之间的结构可能由保守的发育机制而产生，揭示出一些始料未及的同源性。我们知道，脊椎动物骨骼通过两种组织发生方法形成（Hirasawa and Kuratani，2015；Long，2012）：一种是脊索内骨化（形成中轴骨骼和附肢骨骼），另一种是膜内骨化（主要形成头骨和外骨骼）。简单来说，通过脊索内骨化形成骨骼需要先形成软骨作为起始支架，而膜内骨化形成骨骼则不需要先形成软骨。间质细胞受音猬因子（sonic hedgehog）基因表达诱导，成为预定形成软骨的细胞（图14-14）。这些预定形成软骨的间质细胞开始彼此聚拢到一起，位于外层的细胞以后变成骨骼，而内层细胞开始表达一个关键的转录因子 *Sox9*（*SoxE*），并直接激活重要的软骨基因如胶原蛋白 2 基因和软骨蛋白聚糖（aggrecan）基因的表达。最外层的细胞称为软骨膜细胞（perichondral cell），形成软骨膜（外鞘），而内层表达 *Sox9* 的细胞继续快速分裂。之后，软骨细胞停止分裂，体积开始增加，转变成肥大软骨细胞（hypertrophic chondrocyte）。其间，肥大软骨细胞分泌印第安刺猬因子（Indian hedgehog），并激活软骨膜细胞内 *Runx2*（又一关键转录因子）基因表达，从而启动下游成骨途径（osteogenic pathway）。就膜内骨化而言，间质细胞聚拢一起，在低水平 BMP 诱导下，前成骨细胞产生 Runx2 转录因子。接着，这些前成骨细胞的 *Runx2* 基因表达下调，开始产生骨桥蛋白（osteopontin），使之形成类似于软骨细胞的成骨细胞。再后来，这些细胞表达 *Indian hedgehog* 基因，成为预定形成骨骼的成骨细胞（osteoblast）。Hedgehog 信号通路、Sox9（SoxE）和 Runx2 组成的基因调控网络，是构成脊椎动物成骨途径的关键元件。

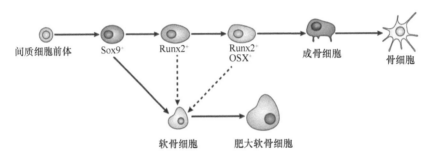

图 14-14　成骨细胞分化（Long，2012）

形成成骨细胞和软骨细胞的间质细胞前体开始表达转录因子 Sox9，继而表达 Runx2 和 OSX，最终导致成骨细胞形成。有些成骨细胞埋入骨基质，可以发育成为骨细胞。Sox9⁺细胞具有双向潜能，它也可分化成软骨细胞

　　文昌鱼被广泛认为不存在与脊椎动物的骨骼、鳞片和牙齿等同的前体细胞和组织。但是，解剖学和组织学研究表明，文昌鱼中具有与脊椎动物软骨同源的结构。首先，咽部鳃裂由被称为鳃条的结构组成，而电镜观察显示，这些鳃条由包含胶原蛋白的骨杆（skeletal rod）支撑。用 II 型胶原蛋白（collagen II）抗体进行免疫组化染色，证明文昌鱼鳃裂存在纤维状胶原蛋白（Rychel et al.，2006）。不仅如此，II 型胶原蛋白基因 *ColA* 也在成体文昌鱼鳃条周围的细胞及鳃裂形成期幼虫的咽弓表达（Rychel and Swalla，2007；Meulemans and Bronner-Fraser，2007）。文昌鱼 *Runx*、*SoxE* 和 *Hedgehog*（*Hh*）基因都在成体鳃条表达，特别是在与胶原蛋白基质紧邻的细胞中表达。这些都说明，文昌鱼可能使用和脊椎动物骨骼形成相似的基因调控网络，指导鳃裂骨骼组织的形成。

　　文昌鱼口笠触手的骨杆也和脊椎动物细胞软骨具有同源性。爱茜蓝（alcian blue）是鉴定脊椎动物细胞软骨常用的染料。文昌鱼口笠触手可被爱茜蓝清楚着色（图 14-15），特别是其组织切片和脊椎动物胚胎的鳃条软骨高度相似（Jandzik et al.，2015）。就发育机制而言，文昌鱼口笠触手的形成需要 FGF 信号，而 FGF 信号也在脊椎动物软骨发育中发挥作用。发育中的文昌鱼口笠触手还表达脊椎动物软骨标记基因如 *ColA*、*SoxE* 和 *SoxD*。

　　文昌鱼中其他软骨样结构包括脊索周围的纹状胶原蛋白鞘（脊索鞘）和神经管周围的胶原蛋白鞘（神经鞘）。*ColA* 基因不但在胚胎脊索和神经管表达，而且一直到成体脊索和神经管都表达，特别是在脊索背部和腹部边缘紧邻胞外胶原蛋白基质处集中表达。有趣的是，*SoxE* 和 *Runx* 也在胚胎的神经管与脊索表达，提示保守的基因调控网络也在文昌鱼神经管和脊索中发挥作用，决定软骨样结构的形成。

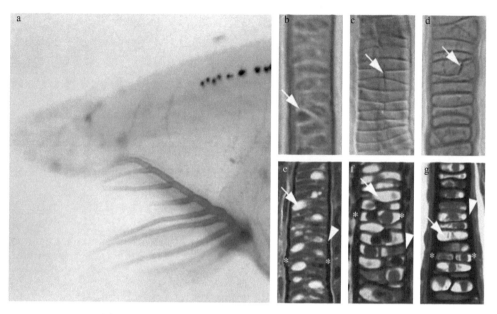

图 14-15　文昌鱼口部软骨的发育（Jandzik et al.，2015）

a. 文昌鱼幼虫变态后口部软骨爱茜蓝染色。b. 文昌鱼幼虫口笠触手软骨细胞爱茜蓝染色。c. 七鳃鳗幼体鳃条软骨细胞爱茜蓝染色。d. 斑马鱼幼体鳃条软骨细胞爱茜蓝染色。箭号指正在分裂的软骨细胞。e. 文昌鱼幼虫口笠触手甲苯胺蓝（toluidine blue）染色。f. 七鳃鳗幼体鳃条甲苯胺蓝染色。g. 斑马鱼幼体鳃条甲苯胺蓝染色。细胞核呈蓝色，细胞软骨的酸性胞外基质呈紫色。星号示正在分裂的软骨细胞成对细胞核。箭号指成熟软骨细胞的液泡。箭头指酸性胞外基质

2. 胶原蛋白分泌细胞

关于文昌鱼骨骼元素的多数研究是在成体或者幼虫上完成的，所以一个重要的问题还没有回答，即文昌鱼中产生胶原蛋白基质的细胞是从哪里来的？在脊椎动物中，骨骼组织的前体细胞由体壁中胚层、侧板中胚层和神经嵴细胞衍生而来。由于文昌鱼没有典型的神经嵴，推测文昌鱼骨骼元素的前体细胞可能来自中胚层。其实，这已经得到分子生物学一些研究证据的证明。例如，脊椎动物软骨生成标记基因如 *SoxD*、*Twist*、*Alx*、*Barx*、*Bapx*、*Ets* 和 *ColA* 主要在文昌鱼胚胎中胚层表达，其中，许多也在肌节中表达。

脊椎动物肌节分为 3 部分：生皮节、生肌节和生骨节。其中，生骨节位于肌节腹内侧，它经历去表皮化（deepithelialization）形成椎骨和肋架。文昌鱼肌节分为生肌节（内侧区）和非生肌节（侧区）两部分（图 14-16）。文昌鱼肌节内侧区即近中肌节，是肌节形成区，预定形成背部分节的肌肉，而文昌鱼肌节侧区即侧面肌节，是非肌节形成区，它很可能与脊椎动物生骨节相对应（Shimeld and Holland，2000）。不过，文昌鱼侧面肌节的发育命运还不是很清楚。透射电镜观察发现，在文昌鱼胚胎发育中，位于生肌节和非生肌节交汇处的细胞向内侧延伸，包围脊索和神经管。虽然没有观察到文昌鱼非生肌节细胞的去表皮化，但生肌节和非生肌节交汇处细胞的行为还是让人联想到脊椎动物脊柱形成过程中生骨节的细胞行为。因此，文昌鱼肌节的这一区域可能和脊椎动物生骨节存在同源性。有趣的是，*ColA* 也在文昌鱼神经胚肌节可能的生骨节区域表达，且稍后

在其衍生的脊索和神经管周围的细胞表达。不仅如此,肌节侧区也形成表皮下的薄层间皮(mesothelium);肌节内侧区腹部向腹面延伸,形成内脏周围体腔的间皮。同样,*ColA*也在这些由非生肌节衍生而来的细胞表达,而且直到成体都表达。这些观察提示,由非生肌节形成的细胞可能是脊索、神经管、表皮和其他结缔组织周围的胞外胶原蛋白基质的贡献者(Yong and Yu,2016)。

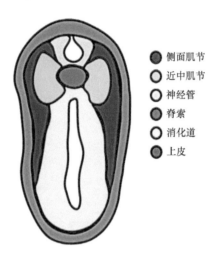

● 侧面肌节
○ 近中肌节
○ 神经管
● 脊索
○ 消化道
● 上皮

图 14-16 文昌鱼神经胚期肌节示意图(Yong and Yu,2016)

综上所述,文昌鱼明显含有类似于脊椎动物的基于胶原蛋白的骨骼元素,其组织学、基因表达模式和骨骼形成的基因调控网络(分化途径)都与脊椎动物软骨十分相似。文昌鱼的胶原蛋白可能由肌节侧区细胞衍生的细胞所分泌。因此,文昌鱼由肌节衍生的细胞所分泌的含有胶原蛋白的结缔组织,很可能是脊椎动物祖先原始骨骼组织的代表。

参 考 文 献

杨安峰, 程红. 1999. 脊椎动物比较解剖学. 北京: 北京大学出版社.

Annona G, Holland N D, D'Aniello S. 2015. Evolution of the notochord. Evol Dev, 6: 30.

Balfour F M. 1881. On the development of the skeleton of the paired fins of Elasmobranchii, considered in relation to its bearings on the nature of the limbs of the vertebrata. Proc Zool Soc Lond, 1881: 656-671.

Beaster-Jones L, Kaltenbach S L, Koop D, et al. 2008. Expression of somite segmentation genes in amphioxus: a clock without a wavefront? Dev Genes Evol, 218: 599-611.

Buck L, Axel R. 1991. A novel multigene family may encode odorant receptors: a molecular basis for odor recognition. Cell, 65: 175-187.

Cauna N. 1963. Concerning the nature and evolution of limbs. J Anat, 97: 23-34.

Chao Y, Fan C, Liang Y, et al. 2012. A novel serpin with antithrombin-like activity in *Branchiostoma japonicum*: implications for the presence of a primitive coagulation system. PLoS One, 7(3): e32392.

Davidson C J, Tuddenham E G, Mcvey J H. 2003. 450 million years of hemostasis. J Thromb Haemost, 1: 1487-1494.

Doolittle R F. 2009. Step-by-step evolution of vertebrate blood coagulation. Cold Spring Harb Symp Quant Biol, 74: 35-40.

Doolittle R F, Surgenor D M. 1962. Blood coagulation in fish. Am J Physiol, 203: 964-970.

Fry H J B. 1909. Blood platelets and coagulation of the blood in marine chordates. Folia Hematol, 8: 467-503.

Gegenbaur C. 1870. Grundzfige der vergleichenden Anatomie. Leipzig: W. Englemann.

Hanumanthaiah R, Day K, Jagadeeswaran P. 2002. Comprehensive analysis of blood coagulation pathways in teleostei evolution of coagulation factor genes and identification of zebrafish factor Ⅷ. Blood Cells Mol Dis, 29: 57-68.

Hirasawa T, Kuratani S. 2015. Evolution of the vertebrate skeleton: morphology, embryology, and development. Zool Lett, 1: 2.

Holland L Z, Holland N D, Gilland E. 2008. Amphioxus and the evolution of head segmentation. Integr Comp Biol, 48: 630-646.

Holland N D, Venkatesh T V, Holland L Z, et al. 2003. *AmphiNk2-tin*, an amphioxus homeobox gene expressed in myocardial progenitors: insights into evolution of the vertebrate heart. Dev Biol, 255: 128-137.

Jandzik D, Garnett A T, Square T A, et al. 2015. Evolution of the new vertebrate head by co-option of an ancient chordate skeletal tissue. Nature, 518: 534-537.

Kent G C. 1992. Comparative Anatomy of the Vertebrates. 7th ed. Boston: Mosby-Year Book, Inc.

Koop D, Chen J, Theodosiou M, et al. 2014. Roles of retinoic acid and Tbx1/10 in pharyngeal segmentation: amphioxus and the ancestral chordate condition. Evo Devo, 5: 36.

Kowalevsky A. 1877. Weitere Studien über die Entwickelungsgeschichte des *Amphioxus lanceolatus*, nebst einem Beitrage zur Homologie des Nervensystems der Würmer und Wirbelthiere. Arch Mik Anat, 13: 181-204.

Kozmik Z, Holland L Z, Schubert M, et al. 2001. Characterization of amphioxus AmphiVent, an evolutionarily conserved marker for chordate ventral mesoderm. Genesis, 29: 172-179.

Liang Y J, Zhang S C. 2006. Demonstration of plasminogen-like protein in amphioxus with implications of the origin of vertebrate liver. Acta Zool (Stockh), 87: 141-145.

Liang Y J, Zhang S C, Lun L, et al. 2006. Presence and localization of antithrombin and its regulation after acute lipopolysaccharide exposure in amphioxus, with implications for the origin of vertebrate liver. Cell & Tissue Res, 323: 537-541.

Liu M, Zhang S. 2009. A kringle-containing protease with plasminogen-like activity in the basal chordate *Branchiostoma belcheri*. Biosci Rep, 9: 385-395.

Long F. 2012. Building strong bones: molecular regulation of the osteoblast lineage. Nat Rev Mol Cell Biol, 13: 27-38.

Meulemans D, Bronner-Fraser M. 2007. Insights from amphioxus into the evolution of vertebrate cartilage. PLoS One, 2: e787.

Minguillon C, Gibson-Brown J J, Logan M P. 2009. *Tbx4/5* gene duplication and the origin of vertebrate paired appendages. Proc Natl Acad Sci USA, 106: 21726-21730.

Mivart S G. 1879. Notes on the fins of elasmobranchs, with considerations on the nature and homologues of vertebrate limbs. Trans Zool Soc Lond, 10: 439-484.

Niimura Y. 2009. On the origin and evolution of vertebrate olfactory receptor genes: comparative genome analysis among 23 chordate species. Genome Biol Evol, 1: 34-44.

Onai T. 2018. The evolutionary origin of chordate segmentation: revisiting the enterocoel theory. Theory Biosci, 137: 1-16.

Onai T, Aramaki T, Inomata H, et al. 2015. On the origin of vertebrate somites. Zool Lett, 1: 33.

Onimaru K, Shoguchi E, Kuratani S, et al. 2011. Development and evolution of the lateral plate mesoderm: comparative analysis of amphioxus and lamprey with implications for the acquisition of paired fins. Dev Biol, 359: 124-136.

Ono H, Koop D, Holland L Z. 2018. Nodal and Hedgehog synergize in gill slit formation during development of the cephalochordate *Branchiostoma floridae*. Development, 145(15): dev162586.

Ponczek M, Gailani D, Doolittle R F. 2008. Evolution of the contact phase of vertebrate blood coagulation. J Thromb Haemost, 6: 1876-1883.

Rychel A L, Smith S E, Shimamoto H T, et al. 2006. Evolution and development of the chordates: collagen and pharyngeal cartilage. Mol Biol Evol, 23: 541-549.

Rychel A L, Swalla B J. 2007. Development and evolution of chordate cartilage. J Exp Zool B Mol Dev Evol, 308: 325-335.

Satoh G. 2005. Characterization of novel GPCR gene coding locus in amphioxus genome: gene structure, expression, and phylogenetic analysis with implications for its involvement in chemoreception. Genesis, 41: 47-57.

Schubert M, Holland L Z, Stokes M D, et al. 2001. Three amphioxus Wnt genes (*AmphiWnt3*, *AmphiWnt5*, and *AmphiWnt6*) associated with the tail bud: the evolution of somitogenesis in chordates. Dev Biol, 240: 262-273.

Shimeld S M, Holland P W. 2000. Vertebrate innovations. Proc Natl Acad Sci USA, 97: 4449-4452.

Shu D G, Conway-Morris S, Han J, et al. 2003. Head and backbone of the early Cambrian vertebrate *Haikouichthys*. Nature, 421: 526-529.

Tanaka M. 2013. Molecular and evolutionary basis of limb field specification and limb initiation. Dev Growth Differ, 55: 149-163.

Tanaka M. 2016. Developmental mechanism of limb field specification along the anterior-posterior axis during vertebrate evolution. J Dev Biol, 4(2): E18.

Terazawa K, Satoh N. 1997. Formation of the chordamesoderm in the amphioxus embryo: analysis with *Brachyury* and *fork head/HNF-3* genes. Dev Genes Evol, 207: 1-11.

Thacher J K. 1877. Ventral fins of ganoids. Trans Conn Acad, 4: 283-242.

Tiecke E, Matsuura M, Kokubo N, et al. 2007. Identification and developmental expression of two Tbx1/10-related genes in the agnathan *Lethenteron japonicum*. Dev Genes Evol, 217: 691-697.

Yong L W, Yu J K. 2016. Tracing the evolutionary origin of vertebrate skeletal tissues: insights from cephalochordate amphioxus. Curr Opin Genet Dev, 39: 55-62.

Zhang S C, Holland N D, Holland L Z. 1997. Topographic changes in nascent and early mesoderm in amphioxus embryos studied by DiI labeling and by *in situ* hybridization for a *Brachyury* gene. Dev Genes Evol, 206: 532-535.

Zhou L, Li-Ling J, Huang H, et al. 2008. Phylogenetic analysis of vertebrate kininogen genes. Genomics, 91: 129-141.